C·H·Beck

PAPERBACK

Von der Antike bis in unsere Tage haben sich Wissenschaftler und Philosophen darüber gewundert, dass eine so abstrakte Disziplin wie die Mathematik die Natur derart perfekt erklären kann. Das Staunen darüber bildet den roten Faden, an dem der Astrophysiker Mario Livio mit großer Lebendigkeit durch die Geistesgeschichte des mathematischen und naturwissenschaftlichen Denkens führt.

«Freundlicherweise wird die Natur von allgemeingültigen Gesetzen und nicht von Feld-, Wald- und Wiesen-Regeln mit beschränkter Reichweite gelenkt.» Mario Livio

Mario Livio, geboren in Rumänien und aufgewachsen in Israel, ist Astrophysiker am Hubble Space Telescope Science Institute in Baltimore. Er ist Autor zahlreicher erfolgreicher populärwissenschaftlicher Bücher, darunter «Der goldene Schnitt», «Die unlösbare Gleichung» und «Das beschleunigte Universum».

Mario Livio

Ist GOTT *ein* MATHEMATIKER?

Warum das Buch der Natur in der Sprache der Mathematik geschrieben ist

Aus dem Englischen von
Susanne Kuhlmann-Krieg

C.H.Beck

Titel der englischen Originalausgabe: «Is God a Mathematician?»

Zuerst erschienen 2009 bei Simon & Schuster, Inc., New York

Die deutsche Ausgabe dieses Buches erschien zuerst 2010
in gebundener Form im Verlag C.H.Beck.
Von 2013 bis 2020 erschien die deutsche Ausgabe in 7 Auflagen
bei dtv Verlagsgesellschaft.

Mit 64 Abbildungen

1., durchgesehene Auflage in C.H.Beck Paperback. 2023

www.chbeck.de
Satz: Janß GmbH, Pfungstadt
Druck und Bindung: Druckerei C.H.Beck, Nördlingen
Umschlaggestaltung: Kunst oder Reklame, München
Printed in Germany
ISBN 978 3 406 80756 5

myclimate

klimaneutral produziert
www.chbeck.de/nachhaltig

Für Sofie

INHALT

Anhang

Kapitel 1

EIN MYSTERIUM

Vor einigen Jahren hatte ich eine Vorlesung an der Cornell University zu halten. Auf einer meiner PowerPoint-Folien prangte die Frage: «Ist Gott ein Mathematiker?» Kaum erschien sie auf der Leinwand, hörte ich einen Studenten in der ersten Reihe nach Luft schnappen: «Gott, ich hoffe nicht!»

Nun sollte meine rhetorische Frage aber weder meinen Zuhörern eine philosophische Definition von Gott aufnötigen, noch hatte ich vor, auf hinterhältige Weise Leute zu düpieren, die sich vor der Mathematik fürchten. Ich wollte lediglich die Sprache auf ein Mysterium bringen, das die Jahrhunderte hindurch einige der hellsten Köpfe beschäftigt hat – die offenkundige Allgegenwart und Allmacht der Mathematik. Beides sind Eigenschaften, die man in aller Regel mit einer Gottheit assoziiert, wie der britische Physiker James Jeans (1877–1946) einst sinnierte: «Das Universum scheint von einem Vollblutmathematiker entworfen.» Nicht nur zur Beschreibung und Erklärung des Kosmos im Großen, sondern auch im Zusammenhang mit den chaotischsten Unterfangen des Menschen scheint die Mathematik in beinahe übernatürlicher Weise tauglich zu sein.

Ob nun Physiker darangehen, Theorien des Universums zu formulieren, Marktanalysten sich den Kopf darüber zerbrechen, wann der nächste Börsenkrach zu erwarten ist, Neurobiologen Modelle für die Funktion von Gehirn und Nervensystem entwerfen oder Statistiker des militärischen Geheimdienstes Betriebsmittelzuweisungen zu optimieren versuchen – sie alle bedienen sich der Mathematik. Damit nicht genug, bedienen sie sich, auch wenn sie Formeln und Gesetze anwenden, die in verschiedenen Zweigen der Mathematik entwickelt wurden, doch alle derselben, auf der ganzen Welt einheitlichen Mathematik. Was ist es, das der Mathematik solch unglaubliche Macht verleiht? Oder, wie Einstein sich einst fragte: «Wie ist es möglich, dass die Mathematik, die doch ein *von aller Erfahrung unabhängiges* [die Kursivierung ist von mir] Produkt des menschlichen Denkens ist, auf die Gegenstände der Welt so vortrefflich passt?»

Derlei andächtiges Staunen ist nicht neu. Einige der Philosophen des antiken Griechenlands – allen voran Pythagoras und Platon – waren bereits voller Ehrfurcht für die der Mathematik augenscheinlich innewohnende Fähigkeit, das Universum nach ihren Regeln zu formen und zu lenken, obwohl sie offenbar jenseits aller menschlichen Macht, sie zu ändern, zu bestimmen oder zu beeinflussen, existiert. Der politische Philosoph Thomas Hobbes (1588–1679) aus England konnte seine Bewunderung ebenfalls nicht verbergen. In seinem *Leviathan*, Hobbes' ungemein eindrucksvollem Werk über das, was er als Grundlagen einer Gesellschaft und ihrer Regierung betrachtet, führt er die Geometrie als Lehrbeispiel für rationales Argumentieren an:

> Weil nur die Wahrheit in der richtigen Zusammensetzung der Worte, womit wir etwas bejahen wollen, besteht, so muß der Wahrheitsfreund sich der Bedeutung seiner jeweiligen Worte bewusst sein und sie regelmäßig ordnen; sonst wird er sich ebenso verwickeln wie ein Vogel, der sich auf der Leimrute desto fester anklebt, je emsiger er sich davon losmachen will. Deshalb macht man in der Geometrie, die vielleicht die einzige gründliche Wissenschaft ist, den Anfang des Unterrichts damit, daß man die Bedeutung der dabei zu gebrauchenden Wörter genau bestimmt, das heißt mit anderen Worten: man schickt eine Definition voran.

Jahrtausende hochkarätiger mathematischer Forschungen und gelehrter philosophischer Spekulationen haben relativ wenig Licht in die rätselhafte allumfassende Erklärungsmacht von Mathematik zu bringen vermocht. Das Geheimnis ist eher noch ein Stück undurchdringlicher geworden. Der renommierte Mathematiker und Physiker Roger Penrose aus Oxford beispielsweise sieht darin inzwischen nicht mehr nur ein einfaches, sondern vielmehr ein dreifaches Mysterium. Penrose unterscheidet drei verschiedene «Welten»: die Welt unserer bewussten Wahrnehmung, die physikalische Welt und eine platonische Welt der mathematischen Formen. Die erste Welt ist die Heimat all unserer mentalen Bilder – wie wir die Gesichter unserer Kinder wahrnehmen, einen atemberaubenden Sonnenuntergang empfinden oder auf die entsetzlichen Bilder eines Krieges reagieren. Dies ist auch die Welt, in der Liebe, Eifersucht und Vorurteile ihren Sitz haben, ebenso unsere Wahrnehmung von Musik, des Geruchs von Essen und von Angst. Die zweite Welt ist jene, die wir normalerweise als physikalische Realität betrachten. Real vorhandene Blumen, Aspirin-Tabletten, weiße Wolken und Düsenflugzeuge haben ihren Platz in dieser Welt, dazu Galaxien, Planeten, Atome, Pavianherzen und menschliche Gehirne. Die platonische Welt der mathematischen Formen, die nach Penrose eine eigene, der physikalischen und mentalen Welt vergleichbare Realität besitzt, ist das Mutterland der Mathematik. Sie ist der Ort, an dem Sie die natürlichen Zahlen 1, 2, 3, 4, … antreffen, dazu all die Formen und Lehrsätze der euklidischen Geometrie, Newtons Bewegungsgesetze, die String- und die Katastrophentheorie sowie mathematische Modelle zur Beschreibung des Aktienmarktverhaltens. Und nun, so Penrose, kommen die drei Mysterien: Erstens: Die physikalische Welt scheint Gesetzen zu gehorchen, die eigentlich in der Welt der mathematischen Formen beheimatet sind. Das deckt sich mit dem, was schon Einstein so erstaunt hatte. Der Nobelpreisträger für Physik Eugene Wigner (1902–1995) war darüber nicht minder verblüfft:

> Dass die mathematische Sprache in so wunderbarer Weise zur Formulierung von Gesetzen der Physik taugt, ist ein wunderbares Geschenk, das wir weder verstehen noch verdienen. Wir sollten dankbar dafür sein und hoffen, dass es uns auch für künftige Forschungen erhalten bleibt und dass es sich – auf Gedeih und Verderb, zu unserer Freude, ja, vielleicht auch zu unserem Erstaunen – auf viele Zweige des Lernens ausweiten wird.

Zweitens, das wahrnehmende Ich selbst – unser Geist, Sitz unserer bewussten Wahrnehmungen – hat es irgendwie fertiggebracht, der physikalischen Welt zu entfliehen. Wie entstand der *Geist* wirklich aus *Materie*? Ob wir je in der Lage sein werden, eine Theorie der Funktionsweise von Bewusstsein zu entwickeln, die so schlüssig und überzeugend ist wie, sagen wir, unsere gegenwärtige Theorie des Elektromagnetismus? Am Ende schließt sich der Kreis auf wundersame Weise, denn das wahrnehmende Bewusstsein ist aus geheimnisvollen Gründen imstande, Zugang zur mathematischen Welt zu erlangen, indem es einen Schatz an abstrakten mathematischen Formen und Konzepten entdeckt oder schafft und formuliert.

Penrose bietet für keines der drei Mysterien eine Erklärung, sondern stellt vielmehr lakonisch fest: «Es besteht kein Zweifel, dass es nicht drei Welten gibt, sondern nur *eine*, deren wahrhafte Beschaffenheit wir jedoch zum gegenwärtigen Zeitpunkt nicht einmal erahnen können.» Ein Zugeständnis übrigens, das von deutlich mehr Bescheidenheit zeugt als die Antwort des Lehrers in Alan Bennetts Theaterstück *Forty Years On* auf eine ziemlich ähnliche Frage:

> Foster: Ich habe immer noch eine etwas vage Vorstellung von der Dreifaltigkeit.
> Lehrer: Drei in eins, eins in drei, ganz einfach. Wenn Sie irgendwelche Probleme damit haben, fragen Sie Ihren Mathelehrer.

Das Rätsel ist sogar noch ein bisschen vertrackter, als ich es eben dargestellt habe. Der große Erfolg der Mathematik bei der Erklärung der Welt um uns herum (ein Erfolg, den Wigner als geradezu «unbegreifliche Effizienz oder Erklärungsmacht der Mathematik» bezeichnet hatte) hat genau genommen zwei Seiten, eine erstaunlicher als die andere. Zuerst ist da ein Aspekt, den man als «den aktiven» bezeichnen könnte. Wenn Physiker durch das schummrige Labyrinth der Natur streifen, leuchten sie ihren Weg mit Hilfe der Mathematik aus – die Instrumente, die sie entwickeln und verwenden, die Modelle, die sie konstruieren, und die Erklärungen, die sie ersinnen, sie alle sind ihrem Wesen nach mathematischer Natur. Das ist offenkundig bereits ein Wunder für sich. Newton betrachtete einen fallenden Apfel, den Mond und die Gezeiten am Strand (bei denen ich mir übrigens nicht ganz sicher bin, dass er sie überhaupt zu sehen bekommen hat!) – keine Spur von mathematischen Gleichungen –, und trotzdem war er irgendwie imstande, aus all diesen natürlichen Phänomenen klare, schlüssige und unglaublich genaue mathematische Gesetze für das

Wirken der Natur herzuleiten. Ganz ähnlich brauchte der schottische Physiker James Clark Maxwell (1831–1879) nur vier mathematische Gleichungen, als er das System der klassischen Physik auf *alle* in den Sechzigerjahren des 19. Jahrhunderts bekannten elektrischen und magnetischen Phänomene ausweitete. Lassen Sie sich das einen Augenblick lang auf der Zunge zergehen. Die Erklärung einer langen Reihe von Versuchsergebnissen zu Licht und Elektromagnetismus, die zu beschreiben zuvor Bände in Anspruch genommen hatte, wurde auf vier prägnante Formeln reduziert. Einsteins allgemeine Relativitätstheorie ist, was das betrifft, sogar noch erstaunlicher – sie ist das perfekte Beispiel für eine außerordentlich präzise, in sich stimmige mathematische Theorie für etwas so Fundamentales wie die Struktur von Raum und Zeit.

Aber es gibt, was die aberwitzige Tauglichkeit der Mathematik anbelangt, auch eine «passive» Seite, und diese ist derart überraschend, dass der «aktive» Aspekt im Vergleich dazu schier verblasst. Von Mathematikern zu reinem Selbstzweck – ohne irgendwelche Anwendungen im Hinterkopf – ersonnenen Prinzipien und Zusammenhänge erwiesen sich Jahrzehnte (in manchen Fällen Jahrhunderte) später völlig unerwartet als Lösung für Probleme der physikalischen Realität! Wie ist das möglich? Betrachten wir zum Beispiel den recht amüsanten Fall des exzentrischen britischen Mathematikers Godfrey Harold Hardy (1877–1947). Hardy war derart stolz auf die Tatsache, dass seine Arbeit nichts weiter sei als reine, absolut zweckfreie Mathematik, dass er mit großem Nachdruck erklärte: «Keine Entdeckung von mir hat, direkt oder indirekt, zum Guten oder Schlechten, das allgemeine Wohlbefinden der Welt auch nur in geringster Weise beeinflusst oder wird dies vermutlich jemals tun!» Stellen Sie sich vor: Er hatte unrecht! Eine seiner Arbeiten feierte Auferstehung im Hardy-Weinberg-Gesetz (benannt nach Hardy selbst sowie dem deutschen Arzt Wilhelm Weinberg [1862–1937]), einem fundamentalen Prinzip, mit dessen Hilfe Genetiker die Evolution von Populationen untersuchen. Einfach ausgedrückt, besagt das Hardy-Weinberg-Gesetz, dass in einer hinreichend großen Population, in der sich alle Angehörigen nach dem Zufallsprinzip paaren können (und in der Migration, Mutation und Selektion nicht stattfinden), die genetische

Beschaffenheit der Population von einer Generation zur nächsten unverändert bleibt. Sogar Hardys vermeintlich so abstrakte Arbeit zur Zahlentheorie – die Untersuchung der Eigenschaften natürlicher Zahlen – fand unerwartet praktische Anwendung. Im Jahr 1973 gelang dem britischen Mathematiker Clifford Cocks unter Anwendung der Zahlentheorie ein Durchbruch in der Kryptographie – der Entwicklung von Codes und Verschlüsselungen. Cocks Entdeckung machte ein weiteres Statement von Hardy hinfällig. In seinem 1940 erschienenen, berühmt gewordenen Buch *A Mathematician's Apology* («Verteidigungsschrift eines Mathematikers») verkündete Hardy: «Niemand hat bislang einen kriegstauglichen Zweck für die Zahlentheorie auftun können.» Ohne Zweifel irrte Hardy auch hier. Codes sind für die militärische Kommunikation absolut unerlässlich. Selbst Hardy also, einer der schärfsten Kritiker der angewandten Mathematik, wurde in die Formulierung nützlicher mathematischer Theorien «hineingezogen» (hätte er noch gelebt, hätte er sich vermutlich mit Händen und Füßen dagegen gewehrt).

Aber das ist lediglich die Spitze des Eisbergs. Kepler und Newton entdeckten, dass die Planeten unseres Sonnensystems sich auf Umlaufbahnen bewegen, die die Form von Ellipsen haben – dieselben Kurven hatte der griechische Mathematiker Menaichmos (etwa 350 v. Chr.) zwei Jahrtausende zuvor bereits beschrieben. Die neue Art von Geometrie, wie sie Georg Friedrich Bernhard Riemann (1826–1866) im Jahr 1854 in einem berühmt gewordenen Habilitationsvortrag dargelegt hat, erwies sich als genau das Instrumentarium, das Einstein brauchte, um die Beschaffenheit des Kosmos zu erklären. Eine mathematische «Sprache» namens Gruppentheorie, von dem jungen Talent Évariste Galois (1811–1832) eigentlich nur zu dem Zweck entwickelt, die Lösbarkeit algebraischer Gleichungen zu untersuchen, ist heute zu einer Sprache geworden, die von Physikern, Ingenieuren, Linguisten und sogar Anthropologen verwendet wird, um die Symmetrien der Welt zu beschreiben. Darüber hinaus hat die Entdeckung mathematischer Symmetriemuster in gewissem Sinne den gesamten wissenschaftlichen Prozess auf den Kopf gestellt. Jahrhunderte hindurch hatte der Weg zum Verständnis kosmischen Wirkens mit dem Sammeln von Fakten begonnen, die aus Experimenten und

Beobachtungen stammten. Daraus bemühten sich die Wissenschaftler dann durch Versuch und Irrtum allgemeine Naturgesetze herzuleiten. Der Erkenntnisprozess begann mit Beobachtungen vor Ort, dann wurde Puzzleteilchen um Puzzleteilchen zusammengesetzt. Mit der im 20. Jahrhundert gewonnenen Erkenntnis, dass die Strukturen der subatomaren Welt wohldefinierten mathematischen Korrelationen gehorchen, begannen die modernen Physiker genau den umgekehrten Weg zu gehen. Sie stellten die mathematischen Symmetrieprinzipien an den Anfang unter der Annahme, dass die Naturgesetze und damit auch alle Bausteine von Materie bestimmten Mustern folgen müssten, und leiteten aus dieser Forderung allgemeine Gesetze her. Woher weiß die Natur, dass sie diesen abstrakten mathematischen Symmetrien zu gehorchen hat?

Im Jahr 1975 spielte Mitch Feigenbaum, ein junger mathematischer Physiker am Los Alamos National Laboratory, mit seinem Taschenrechner (Marke HP-65). Er untersuchte das Verhalten einer einfachen Gleichung. Dabei fiel ihm auf, dass sich das Ergebnis einer Rechenfolge, die sich bei seinen Betrachtungen immer wieder ergab, einer bestimmten Zahl mehr und mehr annäherte: 4,669… Zu seinem Erstaunen tauchte, wenn er andere, ähnlich strukturierte Gleichungen untersuchte, exakt diese Zahl wieder auf. Auch wenn er keine Erklärung dafür hatte, zog Feigenbaum daraus prompt den Schluss, dass diese Zahl eine Universalie darstellen müsse, die irgendwie den Übergang von Ordnung zu Chaos beschreibt. Es verwundert nicht, dass die physikalische Forschergemeinde darauf zunächst einigermaßen skeptisch reagierte. Warum schließlich sollte ein und dieselbe Zahl das Verhalten von offenkundig höchst unterschiedlichen Systemen beschreiben? Nach sechsmonatiger Begutachtung durch Angehörige der Fachwelt wurde Feigenbaums erster Artikel zu diesem Thema abgelehnt. Nur wenig später hat sich allerdings in Experimenten herausgestellt, dass flüssiges Helium, das von unten erhitzt wird, sich genau in der von Feigenbaums Universallösung vorhergesagten Weise verhält. Und das war nicht das einzige System, das diesem Muster gehorchte. Feigenbaums magische Zahl tauchte bei jedem Übergang vom geregelten Fluss einer Flüssigkeit zur Turbulenz auf, sogar bei Wasser, das aus einem Hahn tropft.

Die Liste solcher Gelegenheiten, bei denen Mathematiker die Bedürfnisse künftiger Generationen auf den verschiedensten wissenschaftlichen Disziplinen sozusagen «vorwegnahmen», ließe sich beliebig fortführen. Eines der faszinierendsten Beispiele für das geheimnisvolle und sehr oft völlig unerwartete Wechselspiel zwischen der Mathematik und der realen physikalischen Welt bietet die Geschichte der *Knotentheorie* – der mathematischen Betrachtung von Knoten. Ein mathematischer Knoten ähnelt einem ganz normalen Knoten in einer Schnur, bei der die Schnurenden nahtlos ineinander übergehen. Das heißt, der mathematische Knoten ist eine geschlossene Kurve ohne lose Enden. Seltsamerweise leitete sich der Hauptbeweggrund für die Entwicklung der mathematischen Knotentheorie aus einem inkorrekten Atommodell her, das im 19. Jahrhundert aufgestellt wurde. Nachdem man das Modell – nur zwei Jahrzehnte nachdem es ersonnen worden war – aufgegeben hatte, entwickelte sich die Knotentheorie zu einem relativ orchideenhaften Zweig der reinen Mathematik weiter. Erstaunlicherweise fand dieses abstrakte Unterfangen plötzlich breite Anwendung in der modernen Wissenschaft – auf Gebieten wie der Molekularstruktur von DNA bis hin zur Stringtheorie, dem Versuch, die subatomare Welt mit der Gravitationstheorie zu versöhnen. Ich werde auf diese bemerkenswerte Angelegenheit in Kapitel 8 zurückkommen, denn sie illustriert vielleicht am eindrücklichsten, wie sich aus dem Versuch, die physikalische Realität zu erklären, neue Zweige der Mathematik ergeben können und wie diese sich dann in den abstrakten Sphären der Mathematik zu verlieren scheinen, nur um schließlich völlig unerwartet zu ihren Ursprüngen zurückzukehren.

Entdeckt oder erfunden?

Schon der kurze Abriss, den ich bisher gegeben habe, zeugt in höchst eindrucksvoller Weise von einem Universum, das entweder von Mathematik gelenkt wird oder zumindest der Analyse durch die Mathematik zugänglich ist. Wie dieses Buch zeigen wird, scheint vieles, vielleicht sogar alles, was der Mensch anpackt, einer inneren mathematischen Choreographie zu gehorchen, sogar dort, wo man es am wenigsten erwartet. Betrachten Sie zum Beispiel eine Gegebenheit aus der Welt der Finanzen – das Black-Scholes-Modell zur Bewertung von Finanzoptionen (1973). Das Black-Scholes-Modell brachte seinen Schöpfern (Myron Scholes und Robert Carhart Merton) den Nobelpreis für Wirtschaftswissenschaften ein (Fischer Black verstarb, bevor der Preis verliehen wurde). Die Schlüsselgleichung in dem Modell macht es möglich zu verstehen, wie Aktienoptionen zu bewerten sind (Optionen sind Finanzinstrumente, die es dem Bieter ermöglichen, an einem bestimmten Zeitpunkt in der Zukunft Aktien zu einem vorher ausgemachten Preis zu erstehen). Hier aber kommt die große Überraschung: Kern dieses Modells ist ein von Physikern bereits seit Jahrzehnten untersuchtes Phänomen – die Brown'sche Molekularbewegung, die Wärmebewegung kleinster Teilchen wie in Wasser treibenden Pollen oder Rauchpartikeln in der Luft. Als sei das noch nicht genug, gilt dieselbe Gleichung auch für ein paar hunderttausend Sterne in Sternenhaufen. Ist das nicht wirklich, um es mit den Worten von *Alice im Wunderland* zu sagen, «merkwürdiger und merkwürdiger»? Was immer der Kosmos schließlich tun mag, Wirtschaft und Finanzen sind definitiv Welten, die vom Menschen ersonnen wurden.

Oder nehmen Sie ein geläufiges Problem, mit dem sich die Hersteller von Microchips und Computerdesigner herumschlagen müssen. Sie verwenden Laserbohrer, um Zehntausende von Löchern in ihre Platinen zu stanzen. Um die Kosten dafür gering zu halten, wollen sie verhindern, dass ihre Bohrer wie «bummelnde Touristen» umherirren. Das Problem besteht folglich darin, die kürzeste «Tour» zwischen den Löchern zu finden, das heißt, jede einzelne Lochposition genau einmal anzusteuern. Zufällig hat sich die Mathematik mit ebendiesem Problem – berühmt geworden unter dem Namen *Problem des Handlungsreisenden* – bereits seit den 1920er Jahren auseinandergesetzt. Im Prinzip geht es darum, dass ein Handlungsreisender oder ein Politiker auf Wahlkampftour in möglichst ökonomischer Weise eine bestimmte Anzahl von Städten erreichen muss, wobei die Kosten der Fahrt zwischen zwei Städten bekannt sind und der Reisende irgendwie die billigste Möglichkeit herausfinden muss, alle Orte anzufahren und zu seinem Ausgangspunkt zurückzukehren. Das Problem des

Handlungsreisenden wurde 1954 für 49 Städte in den Vereinigten Staaten gelöst. Im Jahr 2004 wurde eine Lösung für 24 978 Orte in Schweden vorgelegt. Mit anderen Worten: Die Elektronikindustrie, Firmen, die Lastwagen auf die Reise schicken, um Päckchen abholen und ausliefern zu lassen, ja sogar die Hersteller von japanischen Glücksspielautomaten – den Pachinko-Automaten, bei denen Tausende Nägel eingeschlagen werden müssen – verlassen sich bei so simplen Dingen wie dem Bohren, der Erstellung von Zeitplänen oder dem physikalischen Design von Computern auf die Mathematik.

Die Mathematik ist sogar in Gebiete vorgedrungen, die traditionellerweise nicht mit den Naturwissenschaften assoziiert werden. So gibt es beispielsweise ein *Journal of Mathematical Sociology* (im Jahr 2006 immerhin bei Band 30 angelangt), das sich mit der mathematischen Beschreibung komplexer soziologischer Strukturen, Organisationen und sogenannter informeller Gruppen befasst. Die Artikel dieser Zeitschrift behandeln Themen, die von einem mathematischen Modell für die Vorhersage der öffentlichen Meinung bis hin zu Prognosen über die Interaktion in sozialen Gruppierungen reichen.

Den Bogen in diese Richtung – von der Mathematik zu den Geisteswissenschaften – weiter gespannt, kommen wir zum Feld der Computerlinguistik, das ursprünglich allein von Computerspezialisten und Informatikern beackert wurde und nun zu einem interdisziplinären Forschungsgebiet geworden ist, das Linguisten, kognitive Psychologen, Logiker und Experten für künstliche Intelligenz vereint, um den Feinheiten von natürlichen Sprachen auf die Spur zu kommen.

Ist es ein gemeiner Schabernack, der mit uns getrieben wird und dank dessen alles menschliche Ringen um Verstehen und Begreifen letztlich nur dazu führt, dass wir nach und nach immer verzwicktere Ebenen einer Mathematik aufdecken, auf deren Fundament das Universum und wir, seine komplexen Geschöpfe, entstanden sind? Ist die Mathematik, wie die Lehrer gerne sagen, das geheime Lehrbuch – eines, aus dem der Professor lehrt –, während den Studenten eine sehr viel simplere Version an die Hand gegeben wird, damit der Lehrende immer als der Klügere dasteht? Oder, um die biblische Metapher zu verwenden, ist die Mathematik so etwas wie die Frucht der Früchte vom Baum der Erkenntnis?

Wie ich zu Beginn des Kapitels kurz angemerkt hatte, wirft die aberwitzige Wirkmächtigkeit der Mathematik viele faszinierende Rätsel auf: Führt also die Mathematik ein Dasein, das vom menschlichen Geist ganz und gar unabhängig ist? Mit anderen Worten: *Entdecken* wir mathematische Wahrheiten nur, so wie Astronomen bis dahin unbekannte Galaxien entdecken? Oder ist die Mathematik nichts weiter als eine menschliche *Erfindung?* Falls die Mathematik tatsächlich in einem fernen Märchenland beheimatet ist, wie sieht dann die Beziehung zwischen dieser mystischen Welt und der physikalischen Realität aus? Wie verschafft sich das menschliche Gehirn mit den ihm eigenen bekannten Einschränkungen Zugang zu einer solch ewigen, unveränderbaren Welt außerhalb von Raum und Zeit? Ist aber andererseits die Mathematik nichts weiter als eine menschliche Erfindung, verfügt sie also nicht über ein unabhängiges Dasein außerhalb unseres Geistes – wie lässt sich dann die Tatsache erklären, dass in so vielen Fällen das Formulieren von mathematischen Wahrheiten auf wundersame Weise Fragen über den Kosmos und das menschliche Leben vorwegnimmt, die erst viele Jahrhunderte später gestellt werden? Das sind keine trivialen Fragen. Wie wir in diesem Buch wieder und wieder sehen werden, sind sich selbst Mathematiker, Kognitionswissenschaftler und Philosophen unserer Tage über die Antwort nicht einig. Im Jahr 1989 verlieh der französische Mathematiker Alain Connes, Gewinner der beiden prestigeträchtigsten Preise auf dem Gebiet der Mathematik – der Fields-Medaille (1982) und des Crafoord-Preises (2001) –, seiner Sicht der Dinge in deutlichen Worten Ausdruck:

> Nehmen Sie zum Beispiel die Primzahlen [solche, die nur durch eins und sich selbst teilbar sind], die, wie ich finde, eine stabilere Wirklichkeit darstellen als die materielle Welt, die uns umgibt. Der Mathematiker bei der Arbeit lässt sich mit einem Forscher vergleichen, der sich aufmacht, die Welt zu erkunden. Man entdeckt grundlegende Tatsachen durch Erfahren. Wenn man zum Beispiel ein paar einfache Rechnungen durchführt, wird einem klar, dass die Reihe der Primzahlen offenbar endlos weitergeht. Aufgabe des Mathematikers ist es somit zu beweisen, dass die Menge an Primzahlen unendlich ist. Dank Euklid ist dies natürlich eine alte Erkenntnis. Eine der interessantesten Konsequenzen aus seinem Beweis ist der Umstand, dass es,

> sollte jemand eines schönen Tages behaupten, er habe die größte aller Primzahlen entdeckt, sehr leicht sein wird, ihn zu widerlegen. Dasselbe gilt für jeden Beweis. Wir rennen daher gegen eine Wirklichkeit an, die jeden Zoll so unanfechtbar ist wie die physikalische Realität.

Martin Gardner, berühmter Autor zahlreicher Texte zur Freizeitmathematik, rechnet sich ebenfalls zum Lager derjenigen, die die Mathematik als *Entdeckung* betrachten. Für ihn steht außer Frage, dass Zahlen und die Mathematik ihr eigenes Dasein führen, ob die Menschen nun von ihnen wissen oder nicht. Er hat dazu einmal scherzhaft bemerkt: «Wenn zwei Dinosaurier auf einer Lichtung auf zwei andere Dinosaurier treffen, dann sind da vier Dinosaurier, auch wenn ihnen keine Menschen zuschauen, die dies feststellen könnten, und die Biester zu blöde sind, um das zu wissen.» Wie Connes betont, sind die Vertreter des Paradigmas von der Mathematik als Entdeckung (das, wie wir sehen werden, der platonischen Weltsicht verpflichtet ist) der Ansicht, dass wir es, sobald uns ein bestimmtes mathematisches Konzept – sagen wir das der natürlichen Zahlen 1, 2, 3, 4, … – einmal aufgegangen ist, auf der Stelle mit unbestreitbaren Fakten zu tun bekommen – beispielsweise $3^2 + 4^2 = 5^2$, völlig unabhängig davon, was wir von diesen Relationen halten. Das vermittelt, wie er findet, zumindest sehr den Eindruck, als stünden wir in Kontakt mit einer existierenden Realität.

Andere sind da anderer Ansicht. Bei der Rezension eines Buches, in dem Connes seine Ideen darlegte, bemerkte der britische Mathematiker Sir Michael Atiyah (im Jahr 1966 Gewinner der Fields-Medaille und im Jahr 2004 des Abelpreises):

> Jeder Mathematiker muss Verständnis für Connes haben. Wir alle haben das Gefühl, dass die ganzen Zahlen oder Kreise tatsächlich in einem abstrakten Sinne existieren und dass die platonische Sicht [die in Kapitel 2 im Einzelnen dargelegt werden soll] etwas äußerst Verführerisches hat. Aber können wir dem wirklich beipflichten? Wäre das Universum eindimensional oder gar diskret, ist schwer zu verstehen, wie sich eine Geometrie hätte entwickeln sollen. Es mag so aussehen, als befänden wir uns mit den ganzen Zahlen auf sichererem Terrain und als sei Zählen wirklich eine urtümliche Form des Erfas-

> sens. Aber lassen Sie uns einen Augenblick annehmen, Intelligenz hätte ihren Sitz nicht in der Menschheit, sondern in irgendeinem komplett isolierten, solitär lebenden Polypen in den tiefsten Tiefen des Pazifik genommen. Dieses Wesen hätte keinerlei Begegnungen mit einzelnen Gegenständen, sondern nur mit dem Wasser, von dem es umgeben ist. Seine sensorischen Erfahrungen bestünden aus Fließgeschwindigkeit, Temperatur und Druck. In einem solchen reinen Kontinuum stellt sich die Frage nach dem Diskreten nicht, und so gäbe es nichts zu zählen.

Atiyah ist daher der Ansicht, dass der «Mensch die Mathematik durch die Idealisierung und das Abstrahieren von Elementen der physikalischen Welt *geschaffen* [Kursivierung von mir] hat». Der Linguist George Lakoff und der Psychologe Rafael Núñez sind derselben Ansicht. In ihrem Buch *Where Mathematics Comes From* («Woher die Mathematik kommt») gelangen sie zu dem Schluss: «Mathematik ist ein natürlicher Bestandteil unseres Menschseins. Sie entspringt unserem Körper, unserem Gehirn und unseren Alltagserfahrungen in der Welt.»

Der Standpunkt von Atiyah, Lakoff und Núñez wirft eine andere interessante Frage auf. Wenn die Mathematik wirklich eine durch und durch menschliche Erfindung ist, kann sie dann wahrhaft universal sein? Mit anderen Worten: Wenn es intelligente außerirdische Lebensformen gibt, würden diese dann dieselbe Mathematik erfinden? Carl Sagan (1934–1996) war davon überzeugt, dass die Antwort auf die letzte Frage Ja lauten müsste. In seinem Buch *Unser Kosmos* schreibt er bei der Diskussion der Frage, was für eine Art von Signalen eine intelligente Zivilisation ins All senden würde: «Es ist höchst unwahrscheinlich, daß bei einem natürlichen physikalischen Prozeß ausschließlich Primzahlen enthaltende Radiobotschaften ausgestrahlt werden sollten. Erhielten wir eine solche Botschaft, könnten wir daraus auf eine Zivilisation im All schließen, die zumindest eine gewisse Vorliebe für Primzahlen hegt.» Wie sicher aber ist das? In seinem 2002 erschienenen Buch *A New Kind of Science* («Eine neue Art von Wissenschaft») vertritt der Mathematiker und Physiker Stephen Wolfram den Standpunkt, dass das, was wir als «unsere Mathematik» bezeichnen, durchaus nur eine Variante aus einer reichen Vielfalt an mathematischen «Geschmacksrichtungen» sein könnte. So könnten wir zum Beispiel, statt die Natur mit Gesetzen zu beschreiben, die auf mathematischen Gleichungen basieren, ganz andere Gesetzmäßigkeiten heranziehen, denkbar wären solche, wie sie durch einfache Computerprogramme verkörpert werden. Darüber hinaus haben einige Kosmologen vor kurzem sogar die Möglichkeit erörtert, dass unser Universum nur ein kleines Rädchen in einem *Multiversum* – einer riesigen Menge von Universen – sein könnte. Sollte eine solche Vielfalt tatsächlich existieren – würden wir dann wirklich erwarten, dass in anderen Universen dieselbe Mathematik gälte wie in dem unseren?

Molekularbiologen und Kognitionswissenschaftler bringen noch einen anderen Gesichtspunkt in die Diskussion, der sich auf die Untersuchung der Beschaffenheit unseres Gehirns gründet. Für einige dieser Forscher unterscheidet sich die Mathematik nicht allzu sehr von Sprache. Anders ausgedrückt: In diesem «kognitiven» Szenario hat sich im Laufe von Äonen, in denen Menschen zwei Hände, zwei Augen und zwei Brüste vor Augen hatten, eine abstrakte Definition der Zahl 2 herauskristallisiert, ziemlich genau so, wie das Wort «Vogel» irgendwann begonnen hat, für eine ganze Reihe von zweiflügligen, des Fliegens mächtigen Wesen zu stehen. Mit den Worten des französischen Neurowissenschaftlers Jean-Pierre Changeux: «Für mich ist die axiomatische Methode der klare Ausdruck von zerebralen Funktionen und von auf dem Gebrauch der Sprache beruhenden kognitiven Fähigkeiten des Menschen.» Wenn die Mathematik jedoch nichts weiter ist als eine weitere Sprache, wie lässt sich dann die Tatsache erklären, dass Kinder zwar Sprachen problemlos erlernen, in vielen Fällen aber nur schwer mit der Mathematik zurande kommen? Das schottische Wunderkind Marjory Fleming (1803–1811) beschrieb auf höchst charmante Weise die Schwierigkeiten, die ein Schüler mit der Mathematik haben kann. Dieses junge Mädchen, das seinen neunten Geburtstag nicht mehr erleben sollte, hinterließ Tagebücher, die mehr als neuntausend Worte Prosa und fünfhundert gereimte Verszeilen umfassen. An einer Stelle klagt sie: «Ich muss euch nun von der schrecklichen und erbärmlichen Plackerei berichten, die das Einmaleins für mich bedeutet, ihr könnt es euch nicht vorstellen. Das Teuflischste ist 7 mal 7 und 8 mal 8, die Natur selbst hält so etwas nicht aus.»

Einige der verzwickten Fragen, die ich Ihnen vorgestellt habe, lassen sich auch in anderer Form stellen: Gibt es irgendwelche grundlegenden Unterschiede zwischen der Mathematik und anderen Ausdrucksweisen des menschlichen Geistes wie der bildenden Kunst und der Musik? Falls nein, warum weist die Mathematik dann eine derart imposante Kohärenz und Schlüssigkeit auf, wie sie sich bei keiner anderen menschlichen Schöpfung zeigen? Euklids Geometrie zum Beispiel ist (da, wo sie gilt) heute noch genauso zutreffend wie im Jahr 300 v. Chr. Sie repräsentiert «Wahrheiten», die sich uns förmlich aufdrängen. Der Musik des antiken Griechenlands zu lauschen oder an den naiven Vorstellungen eines Aristoteles festzuhalten, sehen wir uns hingegen weit weniger veranlasst.

Nur sehr wenige wissenschaftliche Fächer berufen sich heutzutage noch auf Ideen, die bis zu dreitausend Jahre alt sind. Die jüngste Forschung auf mathematischem Gebiet kann sich genauso gut auf Theoreme berufen, die wir im vergangenen Jahr oder letzte Woche publiziert haben, wie auf eine Formel zur Beschreibung der Kugeloberfläche, die Aristoteles um 250 v. Chr. bewiesen hat! Das Atommodell des 19. Jahrhunderts hat kaum zwei Jahrzehnte überlebt, weil neue Erkenntnisse bewiesen haben, dass Teile der Theorie auf Irrtümern fußten. So und nicht anders schreitet Wissenschaft fort. Newton würdigte (oder auch nicht! Siehe Kapitel 4) in Zusammenhang mit seinem großen Weitblick die Riesen, auf deren Schultern er gestanden hat. Er hätte sich auch bei den Riesen entschuldigen können, weil er deren Arbeit obsolet machte.

In der Mathematik laufen die Dinge nicht nach diesem Muster. Auch wenn sich der zum Beweis gewisser Sachverhalte notwendige Formalismus geändert haben mag, so hat sich die Mathematik selbst doch nicht verändert. Ja, wie der Mathematiker und Autor Ian Stewart es einmal ausgedrückt hat: «In der Mathematik gibt es ein Wort für länger zurückliegende Ergebnisse, die später verändert wurden – man nennt sie schlicht und einfach *Fehler*.» Anders als in anderen Wissenschaften werden Fehler in der Mathematik nicht deshalb als Fehler bezeichnet, weil sich neue Befunde ergeben haben, sondern aufgrund einer sorgfältigeren und schlüssigeren Auseinandersetzung mit denselben alten mathematischen Weisheiten. Macht das die Mathematik tatsächlich zu Gottes ureigener Sprache?

Wenn Sie glauben, es sei nicht so wichtig zu verstehen, ob die Mathematik erfunden oder entdeckt wird, dann überlegen Sie einmal, wie ideologisch befrachtet die Unterscheidung in Erfindung und Entdeckung bei einer anderen Frage ist: Ist Gott eine Entdeckung oder eine Erfindung? Oder, noch provokanter: Hat Gott den Menschen nach seinem Bilde geschaffen? Oder haben die Menschen sich einen Gott nach ihrem Bild geschaffen?

Ich will in diesem Buch versuchen, viele dieser spannenden Fragen (und noch eine ganze Reihe mehr) und die dazugehörigen nicht minder spannenden Antworten anzupacken. In diesem Prozess werden Erkenntnisse zur Sprache kommen, die die größten Mathematiker, Physiker, Philosophen, Kognitionswissenschaftler und Linguisten vergangener Jahrhunderte und unserer Zeit gewonnen haben. Auch will ich die Meinungen, Mahnungen und Vorbehalte vieler moderner Denker würdigen. Wir beginnen diese spannende Reise mit den bahnbrechenden Gedanken einiger der frühesten Philosophen.

Kapitel 2

Mystiker: Der Numerologe und der Philosoph

Menschen waren stets von dem Wunsch beseelt, den Kosmos zu verstehen. Ihr Streben, dem auf den Grund zu gehen, «was das alles zu bedeuten hat», überstieg um Längen alles, was sie zum bloßen Überleben, der Verbesserung ihrer ökonomischen Situation oder ihrer Lebensqualität leisten mussten. Das heißt nun nicht, dass sich jedermann ständig mit der Suche nach irgendeiner natürlichen oder metaphysischen Ordnung befasst hätte. Leute, die alle Hände voll zu tun haben, ihren Lebensunterhalt zu sichern, können sich nur selten den Luxus leisten, über den Sinn des Lebens nachzugrübeln. In der Galerie derer aber, die nach Gesetzmäßigkeiten und Mustern gefahndet haben, mit denen sich die offenkundige Komplexität des Universums würde erklären lassen, gab es einige wenige, die turmhoch über den Rest der Menschheit hinausragten.

Für viele ist der Name des französischen Mathematikers, Wissenschaftlers und Philosophen René Descartes (1596–1650) gleichbedeutend mit dem Anbruch der Moderne auf dem Gebiet der Philosophie. Descartes war einer der Hauptarchitekten der Verlagerung von einer bloßen Beschreibung der natürlichen Welt in all ihren Eigenschaften, wie wir sie mit unseren Sinnen unmittelbar wahrnehmen, hin zu Erklärungen, die sich durch mathematisch wohldefinierte Quantitäten ausdrücken lassen. Statt sich darauf zu beschränken, vage charakterisierte Gefühle, Gerüche, Farben und Empfindungen zu Protokoll zu geben, war Descartes darauf aus, mit seinen wissenschaftlichen Erklärungen bis hinunter auf die unterste Mikroebene vorzudringen, und er bediente sich dabei der Sprache der Mathematik:

> Denn völlig frei bekenne ich, daß ich keine andere Materie der körperlichen Dinge zugestehe, als jene in jeder Weise teilbare, formbare und bewegliche, die die Geometer Quantität nennen und die sie als Gegenstand ihren Beweisen zugrunde legen … Und weil auf diese Weise alle Naturphänomene erklärt werden können, wie im Folgenden deutlich werden wird, glaube ich, daß keine anderen Prinzipien der Physik zugestanden werden dürfen und auch keine anderen zu wünschen sind.

Interessanterweise klammerte Descartes aus seiner großen wissenschaftlichen Vision die Bereiche «Denken und Geist» aus, weil er sie als unabhängig von der mathematisch erklärbaren Welt der Materie erachtete. Obschon kein Zweifel daran besteht, dass Descartes einer der einflussreichsten Denker der vergangenen vier Jahrhunderte gewesen ist (ich werde in Kapitel 4 auf ihn zurückkommen), so war er doch nicht der Erste, der die Mathematik auf eine zentrale Position erhoben hat. Ob Sie es glauben oder nicht, die radikale Vorstellung von einem von mathematischen Prinzipien durchdrungenen und gesteuerten Kosmos – eine Vorstellung, die in gewissem Sinne sogar weiter ging als die von Descartes – war erstmals (wenn auch mit stark mystischem Beigeschmack) über zweitausend Jahre zuvor geäußert worden. Die Person, der die Legende die Aussage zuschreibt, die menschliche Seele empfinde Musik, wenn sie sich mit der reinen Mathematik befasse, war der große, geheimnisumwitterte Pythagoras.

Pythagoras

Pythagoras (ca. 572–497 v. Chr.) war womöglich der erste Mensch, der beides war – einflussreicher Naturphilosoph und charismatischer spiritueller Philosoph zugleich, Wissenschaftler und religiöser Denker. Ja, er gilt als derjenige, der die Begriffe «Philosophie» – wörtlich: die Liebe zur Weisheit – und «Mathematik» – die Kunst des Lernens – eingeführt hat. Auch wenn keine der Schriften des Pythagoras erhalten geblieben ist (wenn es sie denn je gegeben hat, vieles wurde seinerzeit mündlich weitergegeben), verfügen wir über drei sehr ausführliche, wenngleich nur teilweise verlässliche Biographien seiner Person aus dem 3. Jahrhundert. Eine vierte, anonyme, ist in den Schriften des byzantinischen Patriarchen und Philosophen Photius (ca. 820–891) erhalten. Das Hauptproblem bei dem Versuch, Pythagoras' persönlichen Beitrag einzuschätzen, liegt darin, dass seine Anhänger und Schüler – die Pythagoreer – all ihre Ideen unweigerlich ihm zuschrieben. Infolgedessen fand sogar Aristoteles (384–322 v. Chr.) es schwierig zu sagen, welcher Teil der pythagoreischen Philosophie einigermaßen sicher Pythagoras selbst zugeschrieben werden kann, und so nimmt er in der Regel eher allgemein Bezug auf «die Pythagoreer» oder die «sogenannten Pythagoreer». Dessen ungeachtet wird in Anbetracht des großen Ruhmes des Pythagoras in der nachfolgenden Tradition gemeinhin davon ausgegangen, dass er der Urheber zumindest einiger der pythagoreischen Theorien gewesen sein muss, denen sich Platon und sogar Kopernikus so verpflichtet gefühlt haben.

Es bestehen kaum Zweifel, dass Pythagoras zu Beginn des 6. Jahrhunderts v. Chr. auf der Insel Samos, unmittelbar vor der Küste der heutigen Türkei, geboren wurde. Er war möglicherweise bereits in jungen Jahren weit gereist, vor allem nach Ägypten und vielleicht auch nach Babylon, wo ihm zumindest ein Teil seiner mathematischen Bildung zuteilgeworden sein dürfte. Schlussendlich emigrierte er in eine kleine griechische Kolonie in Kroton (heute Crotone) unweit der Südspitze Italiens, wo sich rasch eine höchst motivierte Gruppe von Schülern und Anhängern um ihn versammelte.

Der griechische Geschichtsschreiber Herodot (ca. 485–425 v. Chr.) bezeichnet Pythagoras als den «vortrefflichsten Philosophen unter den Griechen», und der vorsokratische Dichter und Philosoph Empedokles (ca. 492–432 v. Chr.) fügte voll Bewunderung hinzu: «Doch es lebte unter jenen ein Mann von übermenschlichem Wissen, der anerkannt den größten Geistesreichtum besaß und mannigfacher Künste mächtig war. Denn sobald er nur mit allen seinen Geisteskräften sich reckte, schaute er leicht in seinen zehn und zwanzig Menschenleben jedes einzelne Ding in der ganzen Welt.»

Doch nicht alle waren in gleicher Weise beeindruckt. In Kommentaren, in denen möglicherweise eine gewisse persönliche Rivalität durchscheint, attestiert der Philosoph Heraklit von Ephesos (ca. 535–475 v. Chr.) Pythagoras zwar ein ungemein breites Wissen, fügt aber gleich darauf verächtlich hinzu: «Viel Lernen lehrt noch keine Weisheit, anderenfalls hätte es Hesiod [einen griechischen Dichter, der um 700 v. Chr. gelebt hat] und Pythagoras weise gemacht.»

Pythagoras und die frühen Pythagoreer waren weder Mathematiker noch Wissenschaftler im strengen Sinne. Kern ihrer Lehren war vielmehr eine metaphysische Philosophie der Zahlen und ihrer Bedeutung. Für die Pythagoreer waren Zahlen lebendige Entitäten und universell gültige Prinzipien zugleich, die von den himmlischen Sphären bis zur menschlichen Ethik alles durchdrangen. Mit anderen Worten: Zahlen wurden zwei verschiedene, einander ergänzende Aspekte zugeschrieben. Auf der einen Seite verfügten sie über eine greifbare physische Existenz, auf der anderen waren sie abstrakte Konzepte, auf die sich alles andere gründete. Die Zahl 1 zum Beispiel – die *Monas* – wurde zum einen als Grundlage für alle anderen Zahlen betrachtet, als Entität, so real wie Wasser, Luft und Feuer, die an der Struktur der physikalischen Welt teilhatte, zum anderen als Idee – die metaphysische Einheit im Ursprung aller Schöpfung. Der englische Gelehrte der Philosophiegeschichte Thomas Stanley (1625–1678) beschrieb die beiden Bedeutungen, die die Pythagoreer Zahlen beimaßen, in wunderbarer Weise (wenn auch im Englisch des 17. Jahrhunderts):

> Die Zahl ist zwiefach in ihrem Wesen, geistig (oder nichtmateriell) und wissenschaftlich. Das Geistige ist das ewige Wesen der Zahl, welches Pythagoras in seinen Ausführungen über die Götter als *das glücklichste Prinzip des Himmels und der Erde sowie der Natur zwischen beiden* erkannte … es ist das, was man *das Prinzip, den Urquell und die Wurzel aller Dinge* nennt … Wissenschaftlich an der Zahl ist das, was Pythagoras *die Ausdehnung und das Hervorbringen jener fruchtbaren Beweggründe* nennt, *die der Monas oder deren viele eigen sind.*

Zahlen wurden demnach nicht einfach nur als Mittel gesehen, um die Menge oder Anzahl von irgendetwas zu notieren, vielmehr galt es, sie zu entdecken, und man betrachtete sie als formende Prinzipien, die in der Natur wirkten. Alles im Universum – angefangen von materiellen Gegenständen wie der Erde bis hin zu abstrakten Konzepten wie Gerechtigkeit – war durch und durch Zahl.

Die Tatsache, dass jemand Zahlen aus sich heraus faszinierend findet, ist vielleicht nicht ganz so überraschend. Schließlich haben selbst die gewöhnlichen Zahlen, mit denen wir es im täglichen Leben zu tun haben, ein paar höchst interessante Eigenschaften. Betrachten Sie einmal die Anzahl der Tage in einem Jahr – 365. Sie können leicht nachprüfen, dass 365 die Summe aus drei aufeinanderfolgenden Quadratzahlen ist: $365 = 10^2 + 11^2 + 12^2$. Aber das ist noch nicht alles, 365 ist auch die Summe der beiden nächsten Quadratzahlen ($365 = 13^2 + 14^2$)! Oder betrachten Sie die Tage des mittleren Mondmonats: 28. Diese Zahl ist die Summe all ihrer Divisoren oder Teiler (der Zahlen, durch die sie ohne Rest teilbar ist): $28 = 1 + 2 + 4 + 7 + 14$. Zahlen mit dieser besonderen Eigenschaft werden als *vollkommene* oder *perfekte Zahlen* bezeichnet (die ersten vollkommenen Zahlen sind 6, 28, 496, 8218). Man beachte auch, dass 28 die Summe der dritten Potenz der beiden ersten ungeraden Zahlen ist: $28 = 1^3 + 3^3$. Selbst eine Zahl, die in unserem Dezimalsystem so weidlich zur Anwendung gelangt wie die 100, hat ihre eigenen Besonderheiten: $100 = 1^3 + 2^3 + 3^3 + 4^3$.

Also gut, Zahlen können eine gewisse Faszination ausüben. Dennoch mag man sich fragen, wo die pythagoreische Zahlenverliebtheit ihren Ursprung hat. Woher kam die Vorstellung, dass nicht nur alle Dinge durch eine Zahl beschreibbar, sondern dass alle Dinge Zahl *sind*? Da Pythagoras darüber nichts geschrieben hat oder seine Schriften verloren gegangen sind, ist es nicht leicht, diese Frage zu beantworten. Was von Pythagoras' Argumentation überliefert ist, basiert auf einer Handvoll vorplatonischer Fragmente und auf von Philosophen – vorwiegend Platonikern und Aristotelikern – sehr viel später geführten (und somit nicht allzu verlässlichen) Diskussionen. Das Bild, das sich aus dem Zusammenfügen der einzelnen Indizien ergibt, lässt vermuten, dass die Erklärung für die Zahlenversessenheit der Pythagoreer sich aus zwei Beschäftigungen herleiten könnte, die auf den ersten Blick nichts miteinander zu tun haben: aus musikalischen Experimenten und aus der Beobachtung des Himmels.

Wenn wir verstehen wollen, wie jene geheimnisvollen Bande zwischen Zahlen, den Sternen und der Musik haben Gestalt annehmen können, müssen wir mit der interessanten Tatsache beginnen, dass die Pythagoreer eine Methode hatten, Zahlen mit Hilfe von Kie-

Abbildung 1

seln oder Punkten *bildlich* darzustellen. So stellten sie beispielsweise die natürlichen Zahlen 1, 2, 3, 4, … als Dreiecksformationen von Steinchen dar (siehe dazu Abbildung 1). Das Dreieck, das sich auf einer Grundlinie aus vier Steinen konstruieren lässt (und aus insgesamt zehn Steinen besteht), trug den Namen *Tetraktys* (was so viel bedeutet wie vierfach oder «Vierheit») und wurde von den Pythagoreern als Sinnbild der Vollkommenheit betrachtet. Diese Tatsache fand Eingang in eine Anekdote des griechischen Satirikers Lucian (ca. 120–180 n. Chr.): Pythagoras bittet jemanden zu zählen. Als der Mann «1, 2, 3, 4» zählt, unterbricht ihn Pythagoras mit den Worten «Sieh doch! Was du für vier hältst, ist in Wirklichkeit 10, vollkommenes Dreieck und unser Schwur.» Der neoplatonische Philosoph Iamblichos (ca. 250–325 n. Chr.) berichtet uns, dass die Pythagoreer folgende Eidesformel verwendeten, wenn sie einen Schwur taten:

> Bei ihm, der die Heilige Vier gab unsrem Geschlechte,
> Quell der Wurzelkräfte des immerströmenden Werdens

Warum war die Tetraktys so hoch geschätzt? Weil sie in den Augen der Pythagoreer des 6. Jahrhunderts die gesamte Natur des Universums einzufangen schien. In der Geometrie – dem Ausgangspunkt für die epochale Revolution griechischen Denkens – repräsentierte die Zahl 1 einen Punkt •, 2 eine Linie •—•, 3 eine Fläche  und 4 einen dreidimensionalen Tetraeder 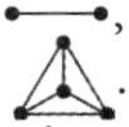. Die Tetraktys umfasste demnach alle wahrgenommenen Dimensionen des Raumes.

Das aber war nur der Anfang. Die Tetraktys hatte sogar bei der wissenschaftlichen Betrachtung von Musik ihren Auftritt. Pythagoras und den Pythagoreern wird allgemein die Entdeckung zugeschrieben, dass die Unterteilung einer Saite in aufeinanderfolgende ganzzahlige Verhältnisse harmonische und konsonante Intervalle hervorbringt – etwas, das man bei jeder Aufführung eines Streichquartetts zu hören bekommt. Wenn zwei ähnlich gespannte Saiten gleichzeitig gezupft werden, ergibt sich immer dann ein angenehmer Klang, wenn die Längen der Saiten in einfachem ganzzahligem Verhältnis zueinander stehen. Saiten gleicher Länge klingen zum Beispiel unisono, ein Verhältnis von 1 : 2 lässt eine Oktave erklingen, 2 : 3 ergibt die reine Quinte, 3 : 4 die reine Quarte. So wurde die Tetraktys nicht nur der Vollkommenheit ihrer räumlichen Eigenschaften halber geschätzt, sondern auch als Repräsentation jener mathematischen Verhältnisse, die der Harmonie der musikalischen Tonsprache zugrunde liegen. Diese augenscheinlich so magische Vereinigung von Raum und Musik war für die Pythagoreer ein machtvolles Sinnbild und das Fundament für ihren Glauben an die Harmonie des Alls.

Und wie passte der Himmel zu alledem? Pythagoras und die Pythagoreer hatten auch zur Astronomie etwas zu sagen – ihre Rolle mag nicht von entscheidender Bedeutung gewesen sein, zu vernachlässigen ist sie jedoch auch nicht. Immerhin gehörten sie zu den Ersten, die befanden, dass die Erde eine Kugel sein müsse (vermutlich aufgrund der vermeintlichen mathematisch-ästhetischen Überlegenheit der Kugel). Sie waren außerdem vermutlich die Ersten, die feststellten, dass die Planeten, Sonne und Mond jeder für sich eine eigene unabhängige West-Ost-Bewegung vollführen, in einer Richtung, hieß das, die der täglichen (Schein-)Rotation der Sphäre der Fixsterne entgegengesetzt war. Diesen leidenschaftlichen Beobachtern des mitternächtlichen Himmels konnten selbstredend auch die auffälligsten Eigenschaften der einzelnen Sternbilder dort oben nicht entgangen sein – Gestalt und Anzahl. Jedes Sternzeichen ist erkennbar an der Zahl der Sterne, aus denen es besteht, und an der geometrischen Anordnung, der die Sterne darin gehorchen. Diese beiden Merkmale aber trafen genau ins Mark der pythagoreischen Zahlenlehre, wie die Tetraktys beispielhaft zeigt. Die Pythagoreer waren derart entzückt von den vielfältigen Beziehungen zwischen geometrischen Figuren, Sternkonstellationen, musikalischen Harmonien und Zahlen, dass

Zahlen für sie einerseits den Stoff bildeten, aus dem das Universum und alles Seiende bestand, andererseits aber auch die Prinzipien (Bestimmtheiten und Zustände) definierten, die das Seiende lenken. Zahlen und Proportion galten ihnen als das «Erste, deren Natur sich durch alle Dinge hindurchzieht». Kein Wunder also, dass Pythagoras' Maxime lautete: «Alles ist Zahl.»

Aus zwei Aussagen von Aristoteles geht hervor, wie ernst die Pythagoreer diese Maxime nahmen. In seiner *Metaphysik* erklärt Aristoteles an einer Stelle: «Zu dieser Zeit, aber auch schon vorher, beschäftigten sich die sogenannten Pythagoreer als Erste mit der Mathematik, bauten sie weiter aus und waren, da sie sich mit ihr sehr auseinandergesetzt hatten, der Meinung, daß in ihren Prinzipien die Prinzipien der Dinge gelegen seien.» An anderer Stelle beschreibt Aristoteles anschaulich die Verehrung von Zahlen und die besondere Rolle der Tetraktys: «Wie Eurytos [ein Schüler des Pythagoreers Philolaos] festlegte, welches die Zahl von etwas sei, wie etwa dies die Zahl des Menschen und jenes die Zahl des Pferdes, wobei er wie diejenigen, die die Zahlen auf dreieckige und viereckige Figuren zurückführen, ebenso mit Steinchen die Gestalt von Lebenden nachbildete.» «Dreieckige und viereckige Figuren» – beides trifft auf die Tetraktys zu, dazu auf eine weitere faszinierende pythagoreische Konstruktion – das Winkelmaß (ein rechter Winkel oder Gnomon).

Das Wort «Gnomon» («Zeiger») leitet sich von einem babylonischen Gerät zur Zeitmessung her, das wie eine Sonnenuhr funktioniert. Dieser Apparat wurde offenbar von Pythagoras' Lehrer – dem Naturphilosophen Anaximander (ca. 611–547 v. Chr.) – in Griechenland eingeführt, und es besteht kein Zweifel, dass der Schüler hinsichtlich der Geometrie und ihrer Anwendung in der *Kosmologie* – dem Studium des Universums in seiner Gesamtheit – von den Vorstellungen seines Lehrers beeinflusst worden ist. Später wurde der Begriff «Gnomon» für ein Instrument verwendet, mit dem sich – ähnlich wie mit einem Zimmermannswinkel – rechte Winkel auftragen ließen, und auch für die rechtwinklige Ergänzung, die aus einem Quadrat ein größeres Quadrat macht (siehe Abbildung 2): Wenn Sie zu einem Quadrat aus 3 × 3 Steinchen sieben Steinchen addieren, die in einem rechten Winkel (einem Gnomon) zu einer Reihe angeordnet sind, erhalten Sie ein Quadrat aus

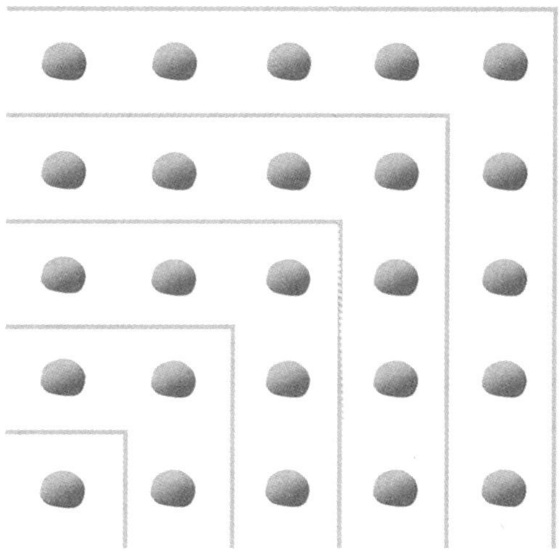

Abbildung 2

sechzehn (4 × 4) Steinchen. Es handelt sich dabei um die figurierte Darstellung der folgenden Gegebenheit: In der Folge der ungeraden ganzen Zahlen 1, 3, 5, 7, 9, … ergibt die Summe aus zwei aufeinanderfolgenden Elementen (von 1 ausgehend) stets eine Quadratzahl. Zum Beispiel: $1 = 1^2$, $1 + 3 = 4 = 2^2$, $1 + 3 + 5 = 9 = 3^2$, $1 + 3 + 5 + 7 = 16 = 4^2$, $1 + 3 + 5 + 7 + 9 = 25 = 5^2$ und so weiter. Die Pythagoreer betrachteten diese enge Beziehung zwischen dem Gnomon und dem Quadrat, an das es «sich anschmiegt», als ein Symbol für das Wissen im Allgemeinen: Auch der Wissende sucht die intime Nähe zum Wissen. Die Macht der Zahl schien daher nicht beschränkt auf eine Beschreibung der physikalischen Welt, sondern bildete auch die Grundlage mentaler und emotionaler Prozesse.

Auf die mit dem Gnomon assoziierten Quadratzahlen gründet sich vermutlich auch der berühmte *Satz des Pythagoras*. Dieses gefeierte Stück Mathematik besagt, dass ein Quadrat, das man über der Grundseite oder Hypotenuse eines beliebigen rechtwinkligen Dreiecks zeichnet, in seiner Fläche gleich der Summe der Fläche der

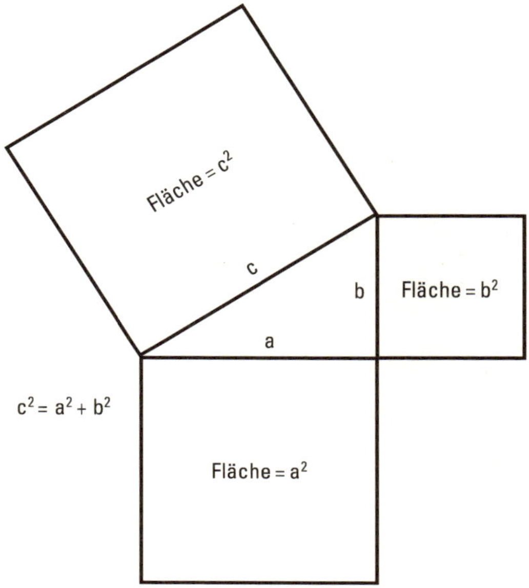

Abbildung 3

Quadrate über den beiden kürzeren Seiten oder Katheten ist (siehe dazu Abbildung 3). Die Entdeckung dieses Satzes wird recht hübsch nachempfunden in dem berühmten Frank-and-Ernest-Cartoon aus Abbildung 4. Wie der Gnomon in Abbildung 2 zeigt, ergibt sich durch das Hinzufügen einer Quadratzahl in Gestalt eines Gnomons – hier: $9 = 3^2$ – zu einem Quadrat der Größe 4×4 ein neues Quadrat der Größe 5×5: $3^2 + 4^2 = 5^2$. Die Zahlen 3, 4, 5 können demnach die Seitenlängen in einem rechtwinkligen Dreieck repräsentieren. Ganze Zahlen, die diese Eigenschaft haben (als da zum Beispiel wären: 5, 12, 13, denn $5^2 + 12^2 = 13^2$), nennt man «Pythagoreische Zahlentripel».

Wenige mathematische Sätze genießen denselben Bekanntheitsgrad wie der Satz des Pythagoras. Als die Republik Nicaragua im Jahr 1971 «die zehn mathematischen Gleichungen, die das Antlitz der Erde

Abbildung 4

SATZ DES PYTHAGORAS: Benannt nach dem griechischen Mathematiker Pythagoras, besagt dieser Satz, dass in einem rechtwinkligen Dreieck, in dem a und b die Schenkel des rechten Winkels bilden und c die Länge der dem rechten Winkel gegenüberliegenden Hypotenuse ist, gilt: $a^2 + b^2 = c^2$.
«Du magst ja recht haben, Pythagoras … Aber jeder lacht dich aus, wenn du das Ding ‹Hypotenuse› nennst.»

verändert haben», als Motto für eine Briefmarkenserie wählte, zierte der Satz des Pythagoras die zweite Marke der Reihe (die erste zeigte «1 + 1 = 2») (Abbildung 5).

War Pythagoras wirklich der erste Mensch, der diesen wohlbekannten, ihm zugeschriebenen Lehrsatz formuliert hat? Einige der frühen griechischen Historiker waren mit Sicherheit dieser Ansicht. In einem Kommentar zu den *Elementen* – jener von Euklid (ca. 325–265 v. Chr.) verfassten umfassenden Abhandlung zur Geometrie und zur Zahlentheorie – schrieb der griechische Philosoph Proklos (ca. 411–485 n. Chr.): «Wenn wir auf jene hören, die sich gerne der alten Geschichte annehmen, werden wir einige finden, die diesen Satz dem

Abbildung 5

Pythagoras zuschreiben und behaupten, er habe zu Ehren dieser Entdeckung zwei Ochsen geopfert.» Wie dem auch sei: Pythagoreische Zahlentripel lassen sich bereits auf einer babylonischen Keilschrifttafel mit der Bezeichnung Plimpton 322 finden, die in etwa aus der Zeit der Hammurabi-Dynastie (ca. 1900–1600 v. Chr.) stammen. Außerdem hat man geometrische Konstruktionen, die auf dem Satz des Pythagoras fußen, in Indien gefunden, und zwar im Zusammenhang mit der Errichtung von Altären. Diese Konstruktionen waren zum Beispiel auch dem Autor des Satapatha Brahmana (einem alten überlieferten indischen Schrifttext, der unter anderem vedische Rituale erläutert) wohlbekannt, der sein Werk mindestens ein paar hundert Jahre vor Pythagoras verfasst hat. Doch ob Pythagoras nun der Verfasser des Lehrsatzes war oder nicht, es besteht kein Zweifel, dass die allgegenwärtigen Verknüpfungen, die in den Augen seiner Anhänger Zahlen, Formen und das Universum harmonisch miteinander verwoben, die Vorstellung der Pythagoreer von einer metaphysischen Ordnung des Kosmos nährte.

Eine andere Vorstellung, die in der pythagoreischen Welt eine zentrale Rolle spielte, war die der *kosmischen Gegensätze.* Da die Gegenüberstellung von Gegensatzpaaren ein Grundprinzip der ionischen Wissenschaftstradition war, ist es nur natürlich, dass die ordnungsversessenen Pythagoreer sie übernahmen. Ja, Aristoteles berichtet uns, dass sogar ein Arzt namens Alkmaion, der in Kroton lebte, als Pythagoras dort seine berühmte Schule hatte, der Vorstellung anhing, dass alle Dinge eine «Zweiheitlichkeit aufweisen», das heißt durch gegeneinander gewichtete Gegensatzpaare charakterisiert sind. Das Hauptgegensatzpaar der Pythagoreer bestand in dem *Begrenzenden*, repräsentiert durch die ungeraden Zahlen, und dem *Unbegrenzten*, repräsentiert durch die geraden. Das Begrenzende ist die Kraft, die dem Ungezähmten, Grenzenlosen Ordnung und Harmonie bringt. Beides, die Komplexität des Universums im Großen wie auch die mikrokosmischen Feinheiten des menschlichen Lebens, sollten, so stellte man es sich vor, durch eine Reihe von Gegensätzen, die einander irgendwie entsprachen, charakterisiert und durch die Balance zwischen diesen gelenkt werden. Diese ein bisschen schlichte Schwarz-Weiß-Sicht der Welt spiegelt sich in einer Auflistung der zehn pythagoreischen Gegensatzpaare in der *Metaphysik* des Aristoteles:

Grenze – Unbegrenztes
Ungerades – Gerades
Eines – Menge
Rechtes – Linkes
Männliches – Weibliches
Ruhendes – Bewegtes
Gerades – Krummes
Licht – Finsternis
Gutes – Böses
Quadrat – ungleichseitiges Viereck

Die Grundphilosophie, die sich in diesen Gegensatzpaaren ausdrückt, beschränkt sich übrigens nicht auf das antike Griechenland. Die beiden chinesischen Prinzipien Yin und Yang – bei denen Yin für alles Schattige und Dunkle, Yang hingegen für das Helle und Warme steht – reflektieren dasselbe Bild. Dem nicht allzu unähnlich ist die Weltsicht, die als Vorstellung von Himmel und Hölle ins Christentum übernommen wurde (und sogar Eingang gefunden hat in die Verlautbarungen amerikanischer Staatspräsidenten, die Dinge sagen wie «You are either with us, or you are with the terrorists» – «Wenn Sie nicht auf unserer Seite stehen, dann stehen Sie auf der der Terroristen»). Allgemeiner gesagt, es war schon immer so, dass die Bedeutung des Lebens durch den Tod und die Bedeutung von Wissen durch das Unwissen an Klarheit gewinnt.

Nicht alle pythagoreischen Lehren hatten unmittelbar mit Zahlen zu tun. Zur Lebensweise der eingeschworenen pythagoreischen Gemeinschaft gehörten einigen Berichten zufolge auch der Vegetarismus, ein starker Glaube an die Metempsychose – die Unsterblichkeit der Seele und die Seelenwanderung – und ein – allerdings nicht zweifelsfrei erhärtetes – etwas rätselhaftes Verbot, Bohnen zu verzehren. Für das Bohnengebot sind die verschiedensten Erklärungen bemüht worden. Sie reichen von einer vermeintlich empfundenen Ähnlichkeit zwischen Bohnen und Genitalien bis hin zum Vergleich des Bohnenessens mit dem Verzehr von lebenden Seelen. Letztere betrachtete wohl die Winde, die das Bohnenessen häufig mit sich bringt, als Beleg für den ausgehauchten Odem eines Geschöpfs.

Die älteste überlieferte Anekdote über Pythagoras handelt von dem Glauben an die Reinkarnation der Seele in anderen Lebewesen. Folgende fast schon poetische Erzählung stammt von dem Dichter Xenophanes von Kolophon: «Sie sagen, er [Pythagoras] sei einst darüber zugekommen, als ein Hund geschlagen wurde, und habe voller Mitleid gesagt: ‹Halt ein und schlage ihn nicht, denn seine Seele ist die eines Freundes, ich weiß es, denn ich habe sie sprechen gehört.›»

Pythagoras hat seinen unverwechselbaren Fingerabdruck nicht nur in den Lehren der griechischen Philosophen, die unmittelbar nach ihm kamen, hinterlassen, sondern dieser blieb bis in die Lehrpläne der mittelalterlichen Universitäten hinein erhalten. Die sieben Fächer, die dort gelehrt wurden – die «sieben freien Künste» –, waren unterteilt in ein sogenanntes *Trivium* aus Dialektik, Grammatik und Rhetorik und das *Quadrivium*, das die Lieblingsgebiete der Pythagoreer umfasste: Geometrie, Arithmetik, Astronomie und Musik. Die himmlische «Harmonie der Sphären» – jene Musik, die die Planeten auf ihren

Umlaufbahnen erzeugen sollten und die, so sagen es seine Schüler, nur Pythagoras hören konnte, hat Dichter und Forscher gleichermaßen inspiriert. Der berühmte Astronom Johannes Kepler (1571–1630, der die Gesetze der Planetenbewegungen entdeckt hat, wählte für eines seiner bedeutendsten Werke den Titel *Harmonice Mundi* («Kosmische Harmonie»). Ganz im pythagoreischen Geiste entwickelte er für die einzelnen Planeten sogar kleine musikalische «Themen» (genau wie der Komponist Gustav Holst drei Jahrhunderte später).

Wenn wir die pythagoreische Philosophie ihres mystischen Überwurfs entkleiden, bleibt ein Skelett übrig, das im Hinblick auf die Fragestellung dieses Buches noch immer Wichtiges über die Mathematik, ihr Wesen und ihre Beziehung zur physikalischen Welt einerseits und zum menschlichen Geist andererseits zu sagen hat. Pythagoras und die Pythagoreer waren die Urväter der Suche nach einer kosmischen Ordnung. Man kann sie als die Begründer der reinen Mathematik betrachten, weil sie sich im Unterschied zu ihren Vorgängern – den Babyloniern und Ägyptern – ungeachtet möglicher praktischer Anwendungen der Mathematik als abstraktem Gebiet widmeten. Die Frage, ob die Pythagoreer die Mathematik auch als wissenschaftliches Werkzeug etabliert haben, ist schon etwas kniffliger zu beantworten. Gewiss haben sie alle Phänomene mit Zahlen in Zusammenhang gebracht, doch zum Zentrum ihrer Studien wurden immer mehr die Zahlen selbst – nicht die Phänomene oder deren Ursachen. Für die wissenschaftliche Forschung war dies keine übermäßig fruchtbare Richtung. Dennoch: Grundlegend für die pythagoreische Lehre war der implizite Glaube an das Vorhandensein allgemeingültiger Naturgesetze. Dieser Glaube, der zum zentralen Stützpfeiler moderner Wissenschaft geworden ist, hat seine Wurzeln, wie man annimmt, möglicherweise in dem Begriff des Schicksals in der griechischen Tragödie. Noch bis weit in die Renaissance hinein hielt sich – bar jedes konkreten Beweises dafür – der feste Glaube an das Vorhandensein eines Gefüges aus Gesetzen, mit denen sich sämtliche Phänomene würden erklären lassen; erst Galilei, Descartes und Newton machten daraus eine These, die sich durch induktive Beweisführung verteidigen ließ.

Ein weiterer wesentlicher Beitrag, der den Pythagoreern zuzuschreiben ist, war die ernüchternde Entdeckung, dass ihre «Zahlen-

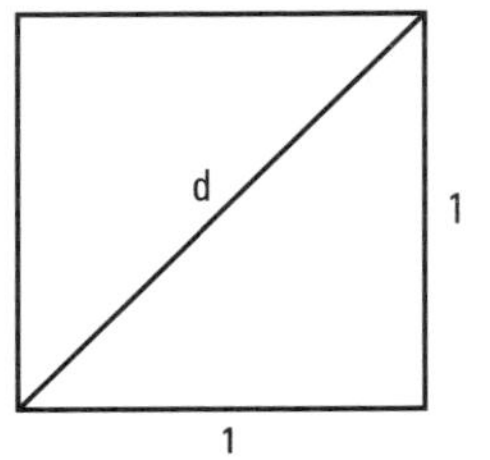

Abbildung 6

religion» in der Realität bedauerliche Mängel aufwies. Die ganzen Zahlen 1, 2, 3, ... reichen nämlich nicht einmal für einfachste mathematische Konstruktionen, von der Beschreibung des Universums gar nicht zu reden. Werfen Sie einen Blick auf das Quadrat in Abbildung 6, bei dem die Länge einer Seite jeweils die Einheit eins hat, die Länge der Diagonalen haben wir mit *d* bezeichnet. Mit Hilfe des Satzes von Pythagoras lässt sich die Länge der Diagonalen, die das Quadrat in zwei Dreiecke teilt, problemlos aus jedem der beiden Dreiecke bestimmen. Dem Lehrsatz zufolge ist das Quadrat über der Diagonalen (der Hypotenuse) gleich der Summe der Quadrate über den beiden kurzen Seiten (den beiden Kathetenquadraten), in diesem Falle also $d^2 = 1^2 + 1^2$ oder $d^2 = 2$. Wenn Sie das Quadrat einer positiven Zahl kennen, bestimmen Sie die Zahl selbst, indem Sie die Quadratwurzel daraus ziehen (angenommen $x^2 = 9$, dann lautet der positive x-Wert $x = \sqrt{9} = 3$). Aus $d^2 = 2$ folgt somit $d = \sqrt{2}$. Das aber war ein echter Schock – eine Entdeckung, die die akribische Konstruktion der pythagoreischen auf diskreten natürlichen Zahlen begründeten Zahlenphilosophie in ihren Grundfesten erschütterte. Einem aus den Reihen der Pythagoreer (möglicherweise war es Hippasos von Metapont, der in der ersten Hälfte des 5. Jahrhunderts v. Chr. wirkte) gelang es zu beweisen, dass sich die Quadratwurzel aus 2 nicht als Verhältnis zweier ganzer Zahlen darstellen lässt. Mit anderen Worten: Selbst wenn wir eine Unendlichkeit an ganzen Zahlen zur Verfügung haben, ist die Suche nach zwei Zahlen, deren Verhältnis zueinander $\sqrt{2}$ ergibt, von Anbeginn an zum Scheitern verurteilt. Zahlen, die sich (wie 3/17, 2/5, 1/10, 6/1) als

Verhältnis zweier ganzer Zahlen darstellen lassen, nennt man *rationale Zahlen*. Die Pythagoreer bewiesen, dass $\sqrt{2}$ keine rationale Zahl ist. Ja, bald nach dieser Entdeckung realisierte man auch, dass weder $\sqrt{3}$ noch $\sqrt{17}$, noch die Quadratwurzel irgendeiner anderen Zahl, die selbst keine Quadratzahl (wie 16 oder 25) darstellt, eine rationale Zahl ist. Die Konsequenzen aus dieser Erkenntnis waren dramatisch: Die Pythagoreer zeigten, dass wir gezwungen sind, der Unendlichkeit der rationalen Zahlen eine weitere Unendlichkeit einer neuen Art von Zahlen hinzuzufügen – solche, die wir heute als *irrationale Zahlen* bezeichnen. Die Bedeutung dieser Entdeckung für die nachfolgende Entwicklung der Mathematik kann nicht genug betont werden. Unter anderem führte sie im 19. Jahrhundert zu der Erkenntnis, dass es «abzählbare» und «nichtabzählbare» Unendlichkeiten gibt. Die Pythagoreer aber waren von dieser Krise ihrer Philosophie dermaßen erschüttert, dass sie, wie der Philosoph Iamblichos berichtet, den Mann, der die irrationalen Zahlen entdeckt und ihre Beschaffenheit auch jenen enthüllt hatte, die «nicht würdig waren, an den Lehren teilzuhaben …, so tief verabscheut haben, daß sie ihn nicht nur aus der Lehr- und Lebensgemeinschaft ausschlossen, sondern ihm auch ein Grabmal errichteten mit der Begründung, ihr einstiger Gefährte sei aus dem Leben unter Menschen ausgeschieden».

Wichtiger vielleicht als die Entdeckung der irrationalen Zahlen war die revolutionär neue Hinwendung der Pythagoreer zum mathematischen Beweis – einem Vorgehen, bei dem sich, ausgehend von gewissen Axiomen oder Aussagen, die Gültigkeit eines mathematischen Satzes einzig auf logischen Schlussfolgerungen beruhend, zweifelsfrei nachweisen ließ. Vor den Griechen hatten nicht einmal die Mathematiker erwartet, dass jemand sich auch nur im Geringsten für die mentalen Anstrengungen interessieren würde, die sie zu einer bestimmten Entdeckung veranlasst hatten. Wenn ein mathematisches Rezept in der Praxis funktionierte – zum Beispiel beim Aufteilen von Landparzellen –, war das Beweis genug. Die Griechen hingegen wollten wissen, warum es funktionierte. Mag auch der Begriff Beweis bereits von dem Philosophen Thales von Milet (ca. 625–547 v. Chr.) eingeführt worden sein, so waren doch die Pythagoreer diejenigen, die dieses Vorgehen zu einem unschlagbaren Werkzeug zur Ermittlung mathematischer Wahrheiten erhoben. Dieser Durchbruch in der Logik war von ungeheurer Bedeutung. Auf Axiome gegründete Beweise stellten die Mathematik mit einem Schlag auf ein sehr viel solideres Fundament, als jede andere der zu jener Zeit von den Philosophen diskutierten Disziplinen es vorweisen konnte. War ein schlüssiger, auf der Basis gewisser Postulate in logischen Schritten gewonnener Beweis einmal vorgelegt, war die Gültigkeit der betreffenden mathematischen Aussage im Prinzip unangreifbar geworden. Sogar Arthur Conan Doyle, geistiger Vater des berühmtesten Detektivs der Welt, zollte dem besonderen Status des mathematischen Beweises Tribut. In *Eine Studie in Scharlachrot* heißt es, seine Schlussfolgerungen seien «so unfehlbar wie die Kernsätze des Euklid».

Was die Frage betrifft, ob Mathematik entdeckt oder erfunden worden ist, so hegten Pythagoras und die Pythagoreer diesbezüglich wenig Zweifel – Mathematik war real, unveränderbar, allgegenwärtig und erhabener als alles, was der fehlbare menschliche Geist hervorbringen könnte. Die Pythagoreer betteten das Universum buchstäblich in ihre Mathematik ein. Ja, wenn es nach den Pythagoreern ging, war nicht Gott ein Mathematiker, sondern die *Mathematik war Gott!*

Die Bedeutung der pythagoreischen Philosophie liegt nicht nur im unmittelbaren Wert ihrer Aussagen. Dadurch dass sie den Boden bereiteten und zu einem gewissen Grad auch die Agenda für die nächste Philosophengenerationen – insbesondere für Platon – vorgaben, sicherten sich die Pythagoreer eine beherrschende Position im westlichen Denken.

In Platons Höhle

Der berühmte britische Mathematiker und Philosoph Alfred North Whitehead (1861–1947) erklärte einst: «Die sicherste allgemeine Charakterisierung der philosophischen Tradition Europas lautet, dass sie aus einer Reihe von Fußnoten zu Platon besteht.»

In der Tat war Platon (ca. 428–347 v. Chr.) der Erste, der Bereiche wie Mathematik, Naturwissenschaften und die Sprachwissenschaft mit Gebieten wie Religion, Ethik und Kunst vereinte und in einer ganzheitlichen Weise abhandelte, die im Grunde genommen die Philosophie als eine eigene Disziplin definierte. Für Platon war die Philosophie keine abstrakte, von der Praxis des Alltags losgelöste Angelegenheit, sondern vielmehr ein Leitfaden, eine Anleitung, wie Menschen ihr Leben führen, Wahrheit erkennen und ihre Politik ausrichten sollten. Vor allem vertrat er den Standpunkt, dass die Philosophie uns Zugang zu einem Reich an Wahrheiten eröffnen kann, das weit jenseits dessen liegt, was wir entweder direkt mit unseren Sinnen erfassen oder mit unserem einfachen Menschenverstand herleiten können. Wer war dieser unermüdliche Sucher nach dem reinem Wissen, dem absoluten Guten und der ewigen Wahrheit?

Platon, Sohn des Ariston und der Periktione, wurde in Athen oder Aigina geboren. Abbildung 7 zeigt eine römische Herme mit dem Kopf des Platon, vermutlich die Kopie eines älteren griechischen Originals aus dem 4. Jahrhundert v. Chr. Seine Familie blickte sowohl väterlicherseits als auch mütterlicherseits auf eine lange ruhmreiche Ahnenreihe zurück, zu der so berühmte Gestalten gehörten wie Solon, der große Staatsmann und Gesetzgeber, und Kodrus, der letzte König von Athen. Platons Onkel Charmides und Kritias, der Cousin seiner Mutter, waren alte Freunde des berühmten Philosophen Sokrates (ca. 470–399 v. Chr.) – eine Verwandtschaft, die in vielfältiger Weise prägenden Einfluss auf den Geist des jungen Platon gehabt haben wird. Ursprünglich hatte Platon vorgehabt, eine politische Laufbahn einzuschlagen, doch eine Reihe gewaltsamer Ausschreitungen der politischen Fraktion, die ihn seinerzeit umwarb, ließ ihn davon Abstand nehmen. Diese frühe Abwendung von der Politik mag ihn später im Leben vielleicht bewogen haben, ausführlich darzulegen, was er bei der Erziehung künftiger Staatenlenker für unverzichtbar hielt. In einem Fall versuchte er sogar (wenn auch erfolglos), auf den Tyrannen von Syrakus, Dionysios II., einzuwirken.

Nach der Hinrichtung des Sokrates begab sich Platon mehrere Jahre lang auf Reisen, bis er schließlich um 387 v. Chr. sesshaft wurde und seine berühmte Philosophenschule gründete, die Akademie, der er bis zu seinem Tod als Leiter oder *Scholarch* vorstand. Sein Neffe und Schüler Speusippos wurde sein Nachfolger. Im Unterschied zu den

Abbildung 7

akademischen Institutionen unserer Tage war die Akademie ein eher informeller Zusammenschluss von Intellektuellen, die unter Platons Führung eine Fülle an Interessen verfolgten. Es gab keine Unterrichtsgebühren, keinen festgeschriebenen Lehrplan, noch nicht einmal echte Fakultätsmitglieder. Dennoch muss es offenbar eine einigermaßen ungewöhnliche «Aufnahmebedingung» gegeben haben. Einer Festansprache des römischen Kaisers Julian des Apostaten zufolge, der im 4. Jahrhundert n. Chr. lebte, hing über dem Eingang zu Platons Akademie eine nicht unbedingt einladende Inschrift. Zwar findet sich der Wortlaut dieser Inschrift im Text der Lobrede nicht, aber in einer Randnotiz aus dem 4. Jahrhundert n. Chr. wird sie in etwa mit den Worten zitiert: «Lasst keinen der Geometrie Unkundigen eintreten.» Da zwischen der Gründung der Akademie und der ersten Erwähnung dieser Inschrift acht Jahrhunderte liegen, können wir nicht allzu sicher sein, dass es sie wirklich gegeben hat. Kein Zweifel besteht jedoch darüber, dass die Haltung, die in dieser Forderung durchschimmert, Platons persönlicher Ansicht entspricht. In einem seiner berühmten Dialoge, *Gorgias*, schreibt Platon, «dass die geometrische Gleichheit eine große Macht ist unter Göttern und Menschen».

Die Schüler an jener Akademie sorgten im Allgemeinen für sich selbst, und einige von ihnen – darunter der große Aristoteles – blieben zwanzig Jahre dort. Platon betrachtete diesen langfristigen Austausch zwischen kreativen Köpfen als das beste Mittel, zu neuen Ideen zu gelangen, und die Themen spannten dabei einen Bogen von der Metaphysik und der Mathematik bis hin zu Ethik und Politik. Auf dem Gemälde *Die Schule von Platon* des belgischen Malers Jean Delville (1867–1953), einem Vertreter des Symbolismus, sieht man Platons Schüler in beinahe göttlicher Reinheit: wunderschöne Gestalten, mit überirdischen Attributen ausgestattet. Um das Gelehrt-Vergeistigte der Schüler zu unterstreichen, malte Delville sie unbekleidet, sie wirken androgyn, was als ursprünglicher Zustand des Menschen galt.

Mich hat schwer enttäuscht, dass die Archäologen nie imstande waren, die Überreste von Platons Akademie zu finden. Auf einer Reise nach Griechenland im Sommer 2007 begnügte ich mich daher mit dem Nächstbesten: Platon erwähnt die Stoa des Zeus Eleutherios, einen überdachten Wandelgang aus dem 5. Jahrhundert v. Chr., als seinen Lieblingsort zum Reden mit Freunden. Also habe ich die Überreste dieser Säulenhalle im Nordwesten des alten «Marktplatzes», der Agora, zu Platons Zeiten Zentrum des bürgerlichen Lebens von Athen, besichtigt (siehe Abbildung 8) und muss gestehen, dass mir, als ich den Weg entlangschlenderte, der Hunderte, wenn nicht gar Tausende von Malen von diesem großen Mann beschritten worden sein muss, ein leichter Schauer den Rücken hinunterlief, obwohl die Temperatur an diesem Tag mindestens 45 Grad Celsius betrug.

Die legendäre Inschrift über Platons Akademie kündet deutlich von Platons Einstellung zur Mathematik. Und wirklich wurde der größte Teil der wichtigeren mathematischen Forschungen des 4. Jahrhunderts von Leuten unternommen, die in irgendeiner Weise mit der Akademie assoziiert waren. Dennoch war Platon selbst kein Mathematiker von großem technischem Geschick, und sein un-

Abbildung 8

mittelbarer Beitrag zur Mathematik war vermutlich recht gering. Vielmehr war er ein hingebungsvoller Zuhörer, eine Quelle der Motivation und des Ansporns, ein intelligenter Kritiker und ein inspirierender Mentor. Der Philosoph und Historiker Philodemos malte im 1. Jahrhundert ein klares Bild der Situation: «Zu jener Zeit war großer Fortschritt in der Mathematik zu sehen, da Platon als Vordenker Probleme zu umreißen verstand und die Mathematiker darangingen, sie ernstlich zu untersuchen.» Und der Philosoph und Mathematiker Proklos schwärmte: «Platon … brachte die Mathematik im Allgemeinen und die Geometrie im Besonderen weit voran durch seine Leidenschaft für diese Studien. Es ist nur zu bekannt, dass seine Schriften über und über mit mathematischen Ausdrücken gespickt sind und dass er allerorten versucht, unter den Schülern der Philosophie Begeisterung für die Mathematik zu wecken.» Mit anderen Worten: Platon, dessen mathematisches Wissen im Großen und Ganzen als auf der Höhe seiner Zeit gelten kann, konnte mit Mathematikern auf Augenhöhe diskutieren und war, obwohl seine mathematischen Leistungen nicht herausragend waren, imstande, Probleme aufzuzeigen.

Eine weitere verblüffende Demonstration von Platons Wertschätzung für die Mathematik findet sich in seinem vielleicht wichtigsten Werk *Der Staat*, einer schwindelerregenden Verbindung von Ästhetik, Ethik, Metaphysik und Politik. Im Buch VII legt Platon (über seine zentrale Figur Sokrates) einen ehrgeizigen Lehrplan dar, der aufzählt, was einem Staatsoberhaupt idealerweise an Erziehung zukommen sollte. Dieser strenge, allerdings ziemlich idealisierte Lehrplan sieht eine Ausbildung von früher Kindheit an vor, unterbrochen von der Beschäftigung mit Spiel, Sport und Reisen. An denjenigen, die Vielversprechendes ahnen lassen, wird das erzieherische Programm weitergeführt mit nicht weniger als zehn Jahren Mathematik, fünf Jahren Dialektik und fünfzehn Jahren Praxiserfahrung auf allen möglichen Gebieten, zu denen unter anderem auch das Kriegshandwerk und verschiedene Ämter gehören, die «für die Jugend von Bedeutung sind». Platon erklärt sehr genau, warum er der Ansicht war, dass dies ein notwendiges Training für künftige Politiker sei:

> Nun dürfen also nur Leute an die Macht kommen, die keine Liebhaber von ihr sind; sonst werden ihre Nebenbuhler mit ihnen Streit anfangen … Doch wen wolltest du sonst dazu nötigen, sich mit der Obhut über die Stadt zu befassen, wenn nicht die, die die größte Einsicht haben, wie die Stadt am besten verwaltet wird, und die andere Ehren und ein besseres Leben kennen als das des Staatsmannes?

Herzerfrischend, oder? Und obschon eine derart anspruchsvolle Erziehung vermutlich sogar zu Platons Zeiten nicht praktikabel gewesen ist, so steht doch sogar noch George Washington auf dem Standpunkt, dass eine gründliche Ausbildung in Mathematik und Philosophie für einen künftigen Politiker keine schlechte Sache sei:

> Die Wissenschaft von den Zahlen ist in gewissem Maße nicht nur unentbehrliches Requisit für jeden Schritt in einem bürgerlichen Leben, sondern die Untersuchung mathematischer Weisheiten gewöhnt den Geist an Methode und Folgerichtigkeit seiner Gedankengänge und bildet eine Beschäftigung, die einem vernunftbegabten Wesen in besonderem Maße angemessen ist. In einem umwölkten Daseinszustand, in dem der ziellosen Suche so viele Dinge unsicher scheinen, ist sie es, die den Fähigkeiten des Verstandes ein Funda-

> ment bietet, auf das sie sich gründen können. Aus der erhobenen Position mathematischer und philosophischer Gedanken werden wir unfehlbar zu weit edleren Mutmaßungen und Meditationen geführt.

Für die Frage nach dem Wesen von Mathematik sogar noch bedeutender als Platon der Mathematiker oder Platon der Scheinmathematiker war Platon der Mathematikphilosoph. Seine wegweisenden Ideen erhoben ihn nicht nur weit über alle anderen Mathematiker und Philosophen seiner Generation, sondern machten ihn auch zu einer einflussreichen Gestalt für die kommenden Jahrtausende.

Platons Vorstellung vom wahren Wesen der Mathematik lässt sich aus seinem berühmten Höhlengleichnis herleiten. Er betont darin die grundsätzliche Anzweifelbarkeit all jener Informationen, die uns die menschlichen Sinne liefern. Was wir als reale Welt wahrnehmen, so Platon, ist nicht realer als Schatten, die an die Wand einer Höhle geworfen werden. Hier die berühmte Stelle aus *Der Staat:*

> Stelle dir Menschen vor in einer unterirdischen höhlenartigen Behausung; diese hat einen Zugang, der zum Tageslicht hinaufführt, so groß wie die ganze Höhle. In dieser Höhle sind sie von Kind auf, gefesselt an Schenkeln und Nacken, so daß sie an Ort und Stelle bleiben und immer nur geradeaus schauen; ihrer Fesseln wegen können sie den Kopf nicht herumdrehen. Licht aber erhalten sie von einem Feuer, das hinter ihnen weit oben in der Ferne brennt. Zwischen dem Feuer und den Gefesselten aber führt oben ein Weg hin; dem entlang denke dir eine kleine Mauer errichtet, wie die Schranken, die die Gaukler vor den Zuschauern sich errichten und über die hinweg sie ihre Kunststücke zeigen. … Stelle dir nun längs der kleinen Mauer Menschen vor, die allerhand Geräte vorübertragen, so daß diese über die Mauer emporragen, Statuen von Menschen und anderen Lebewesen aus Stein und Holz und in mannigfacher Ausführung … glaubst du, diese Menschen hätten von sich selbst und voneinander je etwas anderes zu sehen bekommen als die Schatten, die das Feuer auf die ihnen gegenüberliegende Seite der Höhle wirft?

Platon zufolge unterscheiden wir Menschen uns prinzipiell nicht von jenen Gefangenen in der Höhle, die die Schatten für ihre Wirklichkeit halten. (Abbildung 9 zeigt eine Radierung von Jan Saenredam aus dem Jahr 1604, die diese Allegorie darstellt.) Vor allem, so Platon, gelten mathematische Wahrheiten nicht für Kreise, Dreiecke und Quadrate, die sich auf ein Stück Papyrus oder mit einem Stock in den Sand zeichnen lassen, sondern für abstrakte Objekte, die in einer idealen Welt der wahren und vollkommenen Formen existieren. Diese platonische Welt der mathematischen Formen ist eine andere als die physikalische Welt, und es ist diese erste Welt, in der mathematische Aussagen wie der Satz des Pythagoras wahr sind und gelten. Das rechtwinklige Dreieck, das wir vielleicht auf ein Stück Papier zeichnen, ist nichts weiter als eine unvollkommene Kopie – eine Annäherung – an das wahre abstrakte Dreieck.

Eine weitere grundlegende Fragestellung, mit der sich Platon ausführlicher befasst hat, betrifft das Wesen des mathematischen Beweises als eines Verfahrens, das auf *Postulaten* und *Axiomen* basiert. Beides sind Grundaussagen, die als selbstverständlich gelten. Das erste euklidische Postulat beispielsweise besagt, «dass man von jedem Punkt nach jedem Punkt die Strecke ziehen kann». In *Der Staat* vereint Platon auf wunderbare Weise das Konzept der Postulate mit seiner Vorstellung von der Welt der mathematischen Formen:

> Ich denke, du weißt, daß die Leute, die sich mit Geometrie und Rechnungen und ähnlichen Dingen beschäftigen, von bestimmten Voraussetzungen ausgehen. Bei jedem Beweisgang nehmen sie das Ungerade und das Gerade, die Figuren und die drei Arten von Winkeln und anderes, was damit verwandt ist, und legen es, als ob sie darüber Bescheid wüßten, ihrer Untersuchung zugrunde. Dabei denken sie nicht daran, sich und anderen darüber Rechenschaft zu geben, da diese Dinge ja jedem klar seien. Von diesen Grundlagen aus leiten sie nun gleich das weitere ab und gelangen schließlich folgerichtig zu dem, worauf sie es mit ihrer Untersuchung abgesehen hatten … Und du weißt doch auch, daß sie die sichtbaren Gestalten zu Hilfe nehmen und ihre Reden auf diese beziehen, obschon eigentlich nicht sie den Gegenstand ihres Nachdenkens bilden, sondern jene, von denen diese die Abbilder sind. Wegen des Vierecks selbst führen sie ihre Beweise, oder wegen der Diagonale selbst, aber nicht wegen derjenigen, die sie zeichnen. Und so auch bei jedem anderen: die (sichtbaren)

> Gestalten selbst, die sie da modellieren und zeichnen und wovon es auch wieder Schatten und Spiegelbilder im Wasser gibt, die verwenden sie ihrerseits als Bilder, während sie jenes zu erblicken suchen, das man auf keine andere Weise erblicken kann als mit dem vernünftigen Nachdenken.

Platons Ansichten bildeten die Grundlage dessen, was in der Philosophie im Allgemeinen und in Diskussionen um das Wesen der Mathematik im Besonderen als *Platonismus* bezeichnet wird. Der Platonismus im weitesten Sinne vertritt den Glauben an eine abstrakte ewige und unveränderliche Realität, die unabhängig von der vergänglichen Welt, die wir mit unseren Sinnen wahrnehmen, existiert. Dem Platonismus zufolge ist die reale Existenz mathematischer Objekte eine ebenso objektive Tatsache wie die Existenz des Universums selbst. Und es existieren nicht nur natürliche Zahlen, Kreise und Quadrate, sondern auch imaginäre Zahlen, Funktionen, Fraktale, nichteuklidische Geometrien und unendliche Mengen, dazu eine Vielzahl an Lehrsätzen über all diese Entitäten. Kurz, jedes mathematische Konzept und jede «objektiv wahre» Aussage (die Definition folgt später), die je formuliert oder gedacht wurden, sowie eine unendliche Zahl an Konzepten und Aussagen, die noch nicht entdeckt oder gedacht wurden, sind absolute Entitäten oder Universalien, die weder geschaffen noch zerstört werden können. Sie existieren ungeachtet dessen, ob wir um sie wissen oder nicht. Es erübrigt sich zu sagen, dass diese Objekte nichts physisch Greifbares sind – sie existieren in einer autonomen Welt des zeitlos Seienden. Die Platoniker betrachteten die Mathematiker wie Erforscher fremder Länder – als solche konnten sie mathematische Wahrheiten nur entdecken, nicht aber erfinden. Genauso, wie Amerika bereits lange vor seiner Entdeckung durch Kolumbus (oder Leif Eriksson) vorhanden war, existierten in der platonischen Ideenwelt mathematische Lehrsätze, lange bevor die Babylonier anfingen, die ersten mathematischen Überlegungen anzustellen. Für Platon waren die einzigen Dinge, die wahrhaft und wirklich ganz und gar existierten, jene abstrakten Formen und Ideen der Mathematik; denn nur in der Mathematik, so seine feste Überzeugung, können wir absolut sicheres und objektives Wissen erlangen. Folgerichtig war in

Abbildung 9

Platons Denken die Mathematik eng mit dem Göttlichen verknüpft. In seinem Dialog *Timaios* bedient sich der Schöpfergott der Mathematik, um die Welt zu erschaffen, und in *Der Staat* gilt die Kenntnis der Mathematik als entscheidender Schritt zum Erfassen der göttlichen Vorsehung. Platon ist niemand, der sich der Mathematik bedient, um Naturgesetze zu formulieren, die durch Experimente getestet werden können. Für ihn ist der mathematisch schlüssige Charakter der Welt schlicht Folge der Tatsache, dass Gott sich immer und überall der Mathematik bedient hat.

Platon weitete seine Idee der «wahren Formen» auch auf andere Disziplinen aus, hier insbesondere auf die Astronomie. Er vertrat die Ansicht, dass wir in der wahren Astronomie den Himmel sich selbst überlassen und nicht versuchen sollten, die Anordnungen und offenkundigen Bewegungen der Sterne zu erklären. Platon betrachtete die wahre Astronomie vielmehr als eine Wissenschaft, die sich mit den Gesetzen der Bewegung in einer idealen, mathematischen Welt befasst, für die der beobachtbare Himmel eine bloße Illusion darstellt, so wie auf Papier gezeichnete geometrische Figuren nur unvollkommene Abbilder wahrer Figuren sind.

Platons Gedanken zur Astronomie werden sogar von inbrünstigen Platonikern kontrovers betrachtet. Verteidiger seiner Überlegungen erklären, was Platon wirklich meine, sei nicht, dass wahre Astronomie sich mit einem idealen Himmel befassen solle, der nichts mit dem beobachtbaren zu tun habe, sondern dass sie sich nicht darin erschöpfen dürfe, sich mit den von der Erde aus beobachtbaren Bewegungen der Sterne abzugeben, und sich stattdessen mit den tatsächlichen Bewegungen der Sterne befassen müsse. Andere halten dagegen, dass eine zu wörtliche Auslegung der platonischen Aussagen der Entwicklung einer beobachtenden Astronomie als Wissenschaft ernsthaft im Weg gestanden hätte. Doch wie auch immer man die Haltung Platons interpretieren mag – was die Grundlagen der Mathematik betrifft, muss der Platonismus als eine der führenden Lehren betrachtet werden.

Aber existiert die platonische Welt der Mathematik wirklich? Und wenn ja, wo genau befindet sie sich? Und was sind jene «objektiv wahren» Aussagen, die diese Welt bevölkern? Oder hängen die Mathematiker, die dem Platonismus nahestehen, schlicht und einfach derselben romantischen Art von Überzeugung an, von der auch der große Renaissancekünstler Michelangelo beseelt war? Einer Anekdote zufolge glaubte Michelangelo fest daran, dass seine fantastischen Skulpturen in den von ihm bearbeiteten Marmorblöcken bereits vorhanden waren und seine Rolle einzig darin bestand, sie freizulegen.

Moderne Platoniker (jawohl, die gibt es durchaus, und ihre Ansichten kommen in späteren Kapiteln zu Wort) sind fest davon überzeugt, dass die platonische Welt der mathematischen Formen und Begriffe Realität ist, und warten mit, wie sie finden, sehr konkreten Beispielen für objektiv wahre mathematische Aussagen aus dieser Welt auf.

Betrachten Sie folgende leicht nachzuvollziehende Aussage: Jede gerade ganze Zahl, die größer ist als 2, lässt sich als Summe zweier Primzahlen (Zahlen, die nur durch die Zahl 1 oder durch sich selbst teilbar sind) darstellen. Diese einfach klingende Aussage ist unter dem Namen Goldbach'sche Vermutung bekannt, denn eine ganz ähnliche Annahme ist in einem Brief zu lesen, den der preußische Amateurmathematiker Christian Goldbach am 7. Juni 1742 geschrieben hat. Sie können die Gültigkeit dieser Aussage für die ersten geraden Zahlen leicht selbst überprüfen: 4 = 2 + 2, 6 = 3 + 3, 8 = 3 + 5, 10 = 3 + 7 (oder 5 + 5), 12 = 5 + 7, 14 = 3 + 11 (oder 7 + 7), 16 = 5 + 11 (oder 3 + 13) und so weiter. Die Aussage ist so einfach, dass der britische Mathematiker G. H. Hardy einst erklärte, jeder «Narr hätte darauf kommen können». Tatsächlich hatte der große französische Mathematiker und Philosoph René Descartes diese Vermutung bereits lange vor Goldbach geäußert. Sie zu beweisen aber hat sich als etwas weit Schwierigeres erwiesen. Im Jahr 1966 gelang dem chinesischen Mathematiker Chen Jingrun ein wichtiger Schritt in Richtung eines Beweises. Er konnte zeigen, dass jede hinreichend große gerade Zahl die Summe zweier Zahlen ist, von denen die eine eine Primzahl, die andere aber durch höchstens zwei Primfaktoren definiert ist. Ende 2005 hatte der portugiesische Forscher Tomás Oliveira e Silva gezeigt, dass die Vermutung für Zahlen bis 3×10^{17} gilt (dreihundert Billiarden). Den heroischen Bemühungen zahlreicher talentierter Mathematiker zum Trotz steht aber noch jetzt, da ich dies schreibe, ein endgültiger Beweis aus. Selbst der zusätzliche Ansporn durch einen vom 20. März 2000 bis zum 20. März 2002 ausgelobten Preis von 1 Million Dollar (als Werbegag für einen Roman mit dem Titel *Onkel Petros und die Goldbach'sche Vermutung*) brachte nicht den gewünschten Erfolg. Hier allerdings haben wir die Crux mit dem Begriff «objektive Wahrheit» in der Mathematik: Angenommen, im Jahr 2016 wird ein schlüssiger Beweis aufgestellt. Könnten wir dann sagen, die Aussage sei schon wahr gewesen, als Descartes erstmals über das Problem nachgedacht hat? Die meisten Menschen wären sich einig, dass diese Frage töricht ist. Wenn eine Aussage bewiesenermaßen wahr ist, dann ist sie *immer* schon wahr gewesen, auch als wir noch nicht wussten, dass sie wahr ist. Oder lassen Sie uns ein anderes unschuldig wirkendes Beispiel anschauen, es trägt den Namen *Catalan'sche Vermutung.* Die Zahlen 8 und 9 sind aufeinanderfolgende ganze Zahlen, und beide lassen sich als Potenzen ausdrücken: $8 = 2^3$ und $9 = 3^2$. Im Jahr 1844 vermutete der belgische Mathematiker Eugène Charles Catalan (1814–1894), dass (0 und 1 ausgeschlossen) unter allen möglichen Potenzen ganzer Zahlen die beiden Zahlen 8 und 9 das einzige direkt aufeinanderfolgende Paar von echten Potenzen bildet. Mit anderen Worten: Sie können Ihr Leben damit zubringen, alle möglichen Potenzen von ganzen Zahlen niederzuschreiben, aber außer 8 und 9 werden Sie keine zwei weiteren Zahlen finden, die nur um 1 differieren. Im Jahr 1342 hatte der französische Philosoph und Mathematiker Levi ben Gerson (1288–1344) tatsächlich einen kleinen Teil dieser Vermutung bewiesen: dass nämlich 8 und 9 die beiden einzigen Potenzen von 2 und 3 sind, die sich nur um 1 unterscheiden. Ein weiterer wichtiger Schritt wurde von dem Mathematiker Robert Tijdeman im Jahr 1976 getan. Doch immerhin hatte der Beweis für die allgemeine Formulierung der Catalan'schen Vermutung die besten mathematischen Köpfe mehr als 150 Jahre lang beschäftigt. Am 18. April 2002 legte der rumänische Mathematiker Preda Mihailescu schließlich einen vollständigen Beweis für diese Vermutung vor. Seine Arbeit wurde 2004 veröffentlicht und ist inzwischen komplett akzeptiert. Wieder werden Sie vielleicht fragen: Ab wann war die Catalan'sche Vermutung wahr? Im Jahr 1342? Oder 1844? Vielleicht 1976? Im Jahr 2002 oder erst 2004? Liegt es nicht auf der Hand, dass die Aussage immer wahr gewesen ist und wir es nur nicht gewusst haben? Das sind Wahrheiten von der Art, die die Platoniker als «objektive Wahrheiten» bezeichnen würden.

Manche Mathematiker, Philosophen, Kognitionswissenschaftler und andere «Mathematikanwender» (Computerwissenschaftler zum Beispiel) erachten die platonische Welt als ein der Fantasie weltfremder, verträumter Geister entsprungenes Hirngespinst (ich werde auf diesen Standpunkt und einige andere im Verlauf des Buches noch zurückkommen). Ja, im Jahre 1940 äußerte der berühmte Mathematikhistoriker Eric Temple Bell tatsächlich folgende Prophezeiung:

> Den Propheten zufolge wird der letzte Anhänger des platonischen Ideals in der Mathematik es bis zum Jahr 2000 den Dinosauriern nachgetan haben. Ihres mythischen Gewandes der ewigen Gültigkeit entkleidet, wird die Mathematik endlich gesehen werden als das, was sie immer war, eine konstruierte menschliche Sprache, von mensch-

lichen Wesen zu bestimmten, von ihnen selbst formulierten Zwecken erdacht. Der letzte Tempel einer überkommenen Wahrheit wird verschwunden sein, zusammen mit dem Nichts, das er als Heiligstes in seinem Inneren barg.

Bells Prophezeiung hat sich als falsch erwiesen. Zwar haben sich Lehrmeinungen entwickelt, die dem Platonismus diametral entgegengesetzt sind (allerdings in beiderlei Richtung), doch haben diese es nicht vermocht, den Geist (und die Herzen!) aller Mathematiker und Philosophen zu erobern, die über diese Frage heute so uneins sind wie eh und je.

Angenommen jedoch, der Platonismus hätte den Sieg davongetragen, und wir alle wären mit Leib und Seele Platoniker. Erklärt der Platonismus tatsächlich die «unbegreifliche Erklärungsmacht» der Mathematik bei der Beschreibung unserer Welt? Eigentlich nicht. Denn warum sollte sich die physikalische Realität nach Gesetzen verhalten, die in einer abstrakten platonischen Welt gelten? Das war schließlich eines der von Penrose benannten Mysterien, und Penrose selbst ist mit Haut und Haaren Platoniker. Für den Augenblick werden wir demnach die Tatsache akzeptieren müssen, dass, selbst wenn wir dem Platonismus anhingen, das Rätsel um die Macht der Mathematik dadurch nicht gelöst würde. Um es mit Wigner zu sagen: «Es fällt schwer, sich des Eindrucks zu erwehren, dass wir es hier mit einem Wunder zu tun haben, das in seinem außergewöhnlichen Wesen vergleichbar dem Wunder ist, das den menschlichen Geist befähigt, tausend Argumente aneinanderzureihen, ohne sich in Widersprüche zu verwickeln.»

Um die Größenordnung dieses Wunders voll und ganz zu würdigen, müssen wir uns in Leben und Vermächtnis einiger der Wunderwirker selbst vertiefen – die Köpfe hinter der Entdeckung einiger jener mathematisch so unfassbar präzisen Naturgesetze.

Kapitel 3

MAGIER: DER MEISTER UND DER KETZER

Im Unterschied zu den Zehn Geboten wurden die Naturgesetze der Menschheit nicht in Steintafeln gehauen übergeben. Die Geschichte der Naturwissenschaft ist die Geschichte vom Aufstieg und Fall zahlloser Vermutungen, Hypothesen und Modelle. Viele scheinbar kluge Überlegungen und Ideen haben sich als Fehlstarts erwiesen oder in Sackgassen geführt. Manche Theorien, die man zu ihrer Zeit für absolut unangreifbar gehalten hat, haben rasch zu bröckeln begonnen, als man sie der Feuerprobe durch Experimente und Beobachtungen unterzog, und galten am Ende schließlich als komplett überholt. Selbst die außerordentlichen geistigen Fähigkeiten der Urheber mancher dieser Ideen machten Letztere nicht immun dagegen, irgendwann über den Haufen geworfen zu werden. Der große Aristoteles zum Beispiel glaubte, dass Steine, Äpfel und andere Dinge von Gewicht herunterfielen, weil sie ihrem natürlichen Daseinsort zustrebten, und dieser sei der Mittelpunkt der Erde. Wenn sie sich dem Erdboden näherten, so Aristoteles, nimmt ihre Geschwindigkeit zu, weil sie glücklich seien, heimkehren zu können. Luft (und Feuer) hingegen strebten aufwärts, weil der natürliche Platz der Luft in den himmlischen Sphären sei. Allen Gegenständen ließ sich somit je nach ihrer Zuordnung zu einem der vier Grundelemente des Seins – Erde, Feuer, Luft und Wasser – ein bestimmtes Wesen zuordnen.

> Unter den vorhandenen (Dingen) sind die einen von Natur aus, die anderen sind auf Grund anderer Ursachen da. Von Natur aus: Die Tiere und deren Teile … und die einfachen unter den Körpern, wie Erde, Feuer, Luft und Wasser … All diese erscheinen als unterschie-

> den gegenüber dem, was nicht von Natur besteht. Von diesen hat nämlich ein jedes in sich selbst einen Anfang von Veränderung und Bestand, teils bezogen auf den Raum, teils auf Wachstum und Schwinden, teils auf Eigenschaftsveränderung … denn Naturbeschaffenheit ist doch eine Art Anfang und Ursache von Bewegung und Ruhe an dem Ding, dem sie im eigentlichen Sinne, an und für sich … zukommt … Naturbeschaffenheit hat alles, was einen Anfang hat. Und alles dieses sind Wesen; denn Naturbeschaffenheit ist etwas Zugrundeliegendes, und Naturbeschaffenheit kommt immer an Zugrundeliegendem vor. Naturgemäß ist dieses und alles, was diesem, insofern es dies ist, zukommt, z. B. dem Feuer der Auftrieb nach oben.

Aristoteles hatte sogar den Versuch unternommen, ein quantitatives Bewegungsgesetz zu formulieren. Er stellte fest, dass schwerere Gegenstände schneller fallen, wobei die Geschwindigkeit dem Gewicht direkt proportional sei (das heißt, ein Gegenstand, der doppelt so schwer ist als ein anderer, sollte mit doppelter Geschwindigkeit fallen). Nun mag zwar die Alltagserfahrung dieses Gesetz durch und durch vernünftig erscheinen lassen – ein Ziegelstein fällt tatsächlich schneller zu Boden als eine Feder, die man aus derselben Höhe fallen lässt –, doch hat Aristoteles seine quantitative Aussage nie genauer untersucht. Irgendwie ist es ihm nie in den Sinn gekommen – oder er hat es nie für nötig gehalten – zu überprüfen, ob zwei zusammengebundene Ziegelsteine tatsächlich doppelt so schnell fallen wie ein einzelner. Galileo Galilei (1564–1642), der sehr viel mathematischer und kritisch-experimentell dachte, konnte als Erster zeigen, dass Aristoteles komplett danebengelegen hatte. Mittels eines pfiffigen Gedankenexperiments gelang es Galilei zu belegen, dass Aristoteles' Gesetz einfach keinen Sinn ergab, weil es logisch nicht schlüssig war. Er argumentierte folgendermaßen: Angenommen, Sie binden zwei Gegenstände aneinander, von denen der eine schwerer ist als der andere. Wie viel schneller würde der zusammengesetzte Gegenstand fallen als jeder der beiden allein? Einerseits könnte man – nach dem Gesetz des Aristoteles – annehmen, dieser müsse irgendeine mittlere Fallgeschwindigkeit haben, die irgendwo zwischen den Fallgeschwindigkeiten der jeweiligen Gegenstände allein liegt, weil der leichtere Gegenstand den schwereren in seiner Geschwindigkeit bremsen müsste.

Andererseits müsste in Anbetracht dessen, dass der zusammengesetzte Gegenstand schwerer ist als beide seiner Teile, dieser sogar rascher fallen als der schwerere von beiden, womit wir es mit einem klaren Widerspruch zu tun haben. Der einzige Grund dafür, dass eine Feder sanfter zur Erde segelt als ein Ziegelstein, ist der, dass die Feder einen höheren Luftwiderstand erfährt – aus derselben Höhe in einem Vakuum fallen gelassen, würden Feder und Stein gleichzeitig auf dem Erdboden auftreffen. Diese Tatsache ist in zahllosen Experimenten nachgewiesen worden, sicher in keinem spektakulärer als in dem des Apollo-15-Astronauten David Randolph Scott. Scott, der siebente Mensch, der einen Fuß auf die Mondoberfläche gesetzt hat, ließ gleichzeitig aus einer Hand einen Hammer und aus der anderen eine Feder fallen. Da dem Mond eine nennenswerte Atmosphäre abgeht, trafen Hammer und Feder gleichzeitig auf der Mondoberfläche auf.

Das Erstaunliche an Aristoteles' fehlerhaftem Bewegungsgesetz ist nicht, dass es falsch war, sondern dass es fast zweitausend Jahre hindurch akzeptiert worden ist. Wie kann eine falsche Idee so bemerkenswert lange überleben? Dies war ein klarer Fall der Verkettung von günstigen Umständen – des Zusammenwirkens von drei ganz unterschiedlichen Kräften, das eine unangreifbare Lehrmeinung hat entstehen lassen. Zum einen war da die schlichte Tatsache, dass Aristoteles' Gesetz in Ermangelung präziser Messungen mit der Alltagserfahrung des gesunden Menschenverstands übereinzustimmen schien – ein Blatt Papyrus schwebte in der Luft, ein Klumpen Blei hingegen nicht. Es bedurfte des Genius eines Galilei, um zu zeigen, dass der gesunde Menschenverstand uns irreleiten kann. Zweitens lagen da der unvergleichliche Ruhm und die unangefochtene Autorität des Gelehrten Aristoteles in der Waagschale. Schließlich war er der Mann, der die Grundfesten für einen Großteil der westlichen Kultur gelegt hatte. Ob es sich nun um die Untersuchung von Naturphänomenen aller Art oder die Fundamente von Ethik, Metaphysik, Politik oder Künsten handelte, Aristoteles hatte das passende Buch dazu geschrieben. Und das war noch nicht alles. In gewissem Sinne brachte Aristoteles uns bei, *wie* wir zu denken haben, indem er die ersten formalen Überlegungen zur Logik angestellt hat. Heute kennt so gut wie jedes Schulkind Aristoteles' bahnbrechendes, in sich geschlossenes System einer logischen Argumentation, den sogenannten *Syllogismus:*

1. Alle Griechen sind Menschen.
2. Alle Menschen sind sterblich.
3. Deshalb sind alle Griechen sterblich.

Der dritte Grund für die unglaubliche Zählebigkeit von Aristoteles' falscher Theorie war die Tatsache, dass die christliche Kirche sich diese Theorie sehr rasch als offizielle orthodoxe Lehrmeinung zu eigen gemacht hatte. Für die meisten Versuche, Aristoteles' Behauptungen in Frage zu stellen, war dies Abschreckung genug.

Trotz seiner eindrucksvollen Beiträge zur Systematisierung der deduktiven Logik ist Aristoteles nicht gerade für seine mathematischen Leistungen bekannt. Es mag ein wenig überraschen, aber der Mann, der letztlich die Wissenschaft zu einem organisierten Unterfangen gemacht hat, war der Mathematik weit weniger (und sicher sehr viel weniger als Platon) zugeneigt und in Physik eher schwach. Ungeachtet dessen, dass Aristoteles sich durchaus über die Wichtigkeit numerischer und geometrischer Relationen für die Naturwissenschaften im Klaren gewesen ist, betrachtete er die Mathematik dennoch als abstrakte Disziplin, die von der physikalischen Realität losgelöst existiert. Infolgedessen würde Aristoteles, obschon er ohne Zweifel ein intellektuelles Kraftwerk gewesen ist, auf meiner Liste der «Mathematik-Magier» nicht erscheinen.

Ich verwende den Begriff Magier in diesem Zusammenhang für diejenigen, die buchstäblich Kaninchen aus leeren Zylindern zaubern konnten, solche, die nie zuvor gedachte Verknüpfungen zwischen der Mathematik und der Natur hergestellt haben, die komplexe natürliche Phänomene beobachteten und daraus kristallklare mathematische Gesetze herzuleiten vermocht haben. In manchen Fällen haben diese überlegenen Denker ihre Experimente und Beobachtungen sogar verwendet, um die Mathematik voranzubringen. Die Frage nach der unbegreiflichen Macht der Mathematik zur Erklärung der Natur hätte sich ohne diese Magier nie gestellt. Dieses Mysterium ergab sich erst aus den wundergleichen Einsichten dieser Forscher.

Kein einzelnes Buch wird all den überragenden Wissenschaft

lern und Mathematikern gerecht werden können, die an unserem Verständnis vom Universum mitgewirkt haben. In diesem und dem folgenden Kapitel möchte ich mich daher auf vier dieser Geistesriesen der vergangenen Jahrhunderte beschränken, über deren Status als Magier nicht der geringste Zweifel bestehen kann – einige aus der Crème de la Crème der Wissenschaftswelt. Der erste Magier auf meiner Liste ist eines einigermaßen ungewöhnlichen Ereignisses halber besonders gut in Erinnerung – dafür, dass er splitterfasernackt durch seine Heimatstadt geflitzt ist.

Gib mir einen Ort zum Stehen, und ich werde die Welt aus den Angeln heben

Hätte der Mathematikhistoriker Eric Temple Bell über die Top drei unter den Mathematikern zu entscheiden, so würde seine Antwort lauten:

> Auf jeder Liste der drei «größten» Mathematiker der Menschheitsgeschichte wird der Name Archimedes erscheinen müssen. Die beiden anderen, die in der Regel mit ihm in eine Reihe gestellt werden, sind Newton (1642–1727) und Gauß (1777–1855). Unter Berücksichtigung des Reichtums – respektive der Armut – der mathematischen und physikalischen Wissenschaften des jeweiligen Zeitalters, in dem diese Giganten gelebt haben, sind manche Leute, wenn sie deren Leistungen vor dem damaligen Hintergrund zu beurteilen haben, geneigt, Archimedes an die erste Stelle zu setzen.

Archimedes (287–212 v. Chr., Abbildung 10 zeigt eine Büste, die angeblich Archimedes darstellen soll, in Wirklichkeit jedoch vermutlich die eines spartanischen Königs ist) war in der Tat der Newton oder Gauß seiner Zeit, ein Mann von solcher Brillanz, Fantasie und Einsicht, dass nicht nur seine Zeitgenossen, sondern noch viele Generationen nach ihm seinen Namen voll Staunen und Ehrfurcht nannten. Zwar ist er besser durch seine genialen Erfindungen auf dem Gebiet der Ingenieurskunst bekannt, doch Archimedes war in erster Linie Mathematiker, und seine Mathematik war ihrer Zeit um Jahrhunderte

Abbildung 10

voraus. Leider ist nur wenig über Archimedes' Jugend und seine Familie bekannt. Seine erste Biographie – geschrieben von einem gewissen Herakleides – ist nicht erhalten, und das wenige, das wir über sein Leben und seinen gewaltsamen Tod wissen, stammt in erster Linie aus der Feder des römischen Geschichtsschreibers Plutarch (46–120 n. Chr.). Dieser war genau genommen eher an den militärischen Leistungen des römischen Generals Marcellus interessiert, der Archimedes' Heimatstadt Syrakus im Jahr 212 v. Chr. einnahm. Zum großen Glück für die Geschichte der Mathematik muss Archimedes Marcellus während der Belagerung derartig viel Kopfzerbrechen bereitet haben, dass die drei großen Historiker der Zeit – Plutarch, Polybios und Livius – ihn in ihren Berichten nicht übergehen konnten.

Archimedes wurde in Syrakus geboren, einer zu jener Zeit griechischen Siedlung auf Sizilien. Seinen eigenen Schilderungen zufolge war er der Sohn des Astronomen Phidias, über den außer der Tatsache, dass er das Verhältnis der Durchmesser von Sonne und Mond errechnet hatte, wenig bekannt ist. Archimedes war möglicherweise entfernt mit König Hieron II. verwandt, der selbst uneheliches Kind eines Adligen war (seine Mutter war eine von dessen Sklavinnen gewesen). Ungeachtet irgendwelcher familiären Bande, die Archimedes möglicherweise mit der königlichen Familie verbunden haben mögen, hielten beide, König Hieron und dessen Sohn Gelon, immer große Stücke auf ihn. Als Jugendlicher verbrachte Archimedes einige Zeit in Alexandria, wo er Mathematik studierte, bis er zu einem emsigen Forscherleben nach Syrakus zurückkehrte.

Archimedes war wahrhaft ein Mathematiker aller Mathematiker. Plutarch zufolge erachtete er «jegliche Wissenschaft, die es mit der praktischen Anwendung zu tun hatte, für niedrig und gemein … und setzte seinen Ehrgeiz einzig an das, dem das Schöne und Hohe, unvermischt mit allem Zwange Unterworfene, eigen ist …». Archimedes unablässige Beschäftigung mit «der reinen Mathematik» und das Ausmaß, in dem er davon absorbiert war, ging offenbar sehr viel weiter als die Leidenschaft anderer, die sich in dieser Disziplin übten. Dazu noch einmal Plutarch:

> Daher darf man auch wohl dem Glauben schenken, was über ihn erzählt wird, daß er im Banne einer ihm wesenseigenen, stets in ihm wirksamen Verzauberung sogar das Essen vergaß, jede Körperpflege unterließ, und wenn er mit Gewalt dazu gebracht wurde, sich zu salben und zu baden, geometrische Figuren auf die Kohlebecken malte, und wenn sein Körper gesalbt war, mit dem Finger Linien darauf zog, ganz erfüllt von dem reinen Entzücken und wahrhaft von seiner Muse besessen.

Trotz seiner Verachtung für die angewandte Mathematik und der geringen Bedeutung, die Archimedes selbst seinen mechanischen Überlegungen beimaß, war er für seine einfallsreichen Erfindungen sogar noch berühmter als für sein mathematisches Genie.

Die wohl bekannteste Anekdote um Archimedes bedient das Klischee des geistesabwesenden Mathematikers. Diese amüsante Geschichte wurde erstmals von dem römischen Architekten Vitruvius im 1. Jahrhundert v. Chr. berichtet und soll sich folgendermaßen zugetragen haben: König Hieron wollte den unsterblichen Göttern eine goldene Krone opfern. Als diese dem König gebracht wurde, entsprach zwar ihr Gewicht dem des Goldes, das zu ihrer Herstellung verbraucht worden war, doch der König hegte trotzdem den Verdacht, dass ein Teil des Goldes gegen Silber ausgetauscht worden sein könnte. Da er seinen Argwohn weder ablegen noch erhärten konnte, wandte er sich an den Meister unter den Mathematikern – an Archimedes. Eines Tages, so die Legende, stieg Archimedes ins Bad, immer noch mit dem Problem beschäftigt, wie er einen möglichen Betrug dieser Art wohl würde nachweisen können. Als er sich jedoch ins Wasser legte, wurde ihm schlagartig klar, dass sein Körper eine gewisse Menge an Wasser verdrängte, das über den Wannenrand trat. Daraus formte sich in seinem Kopf auf der Stelle eine Lösung. Von Freude überwältigt, sprang Archimedes aus der Wanne und rannte pudelnackt durch die Stadt wobei er laut «*Heureka!*» («Ich hab's!») gerufen haben soll.

Einen weiteren berühmten Ausspruch des Archimedes etwa der Form «Gib mir einen festen Punkt zum Stehen, und ich werde die Welt aus den Angeln heben» findet man bei einer raschen Google-Suche (in der einen oder anderen Version) auf über 200 000 Internetseiten. Dieses kühne Wort, das fast nach dem Leitbild irgendeines Großunternehmens klingt, wurde von Thomas Jefferson ebenso zitiert wie von Mark Twain und John F. Kennedy, ja er kommt sogar in einem Gedicht von Lord Byron vor. Der berühmte Satz bildete allem Anschein nach den Höhepunkt von Archimedes' Forschungen zum Problem der Bewegung eines gegebenen Körpers mittels einer gegebenen Kraft. Plutarch berichtet uns, dass Archimedes als König Hieron von ihm eine praktische Demonstration seiner Fähigkeit zum Versetzen eines schweren Gewichts mittels einer kleinen Kraft verlangt hatte, mit Hilfe einer Seilwinde ein voll bemanntes und beladenes Schiff – «einen königlichen Dreimaster» – an Land bewegt habe. Wie Plutarch voller Bewunderung schreibt, «zog [er] ihn dann selbst, weitab sitzend, an sich heran, indem er ohne Hast nur sacht mit der Hand am Ende eines Flaschenzuges zog, so daß das Schiff ruhig und ohne Schwanken auf ihn zukam, als führe es durch die See». Andere Quellen berichten leicht modifizierte Versionen derselben Legende. Nun mag es zwar schwer zu glauben sein, dass Archimedes mit den zu seiner Zeit verfügbaren mechanischen Gerätschaften wirklich ein ganzes Schiff hat bewegen können, aber die Berichte lassen wenig Raum für Zweifel daran, dass es irgendeine ziemlich eindrucksvolle Demonstration seiner Erfindung zum Manövrieren schwerer Gewichte gegeben haben muss.

Archimedes sind viele andere friedliche Erfindungen zu verdanken, unter anderem eine hydraulische Schraube zur Wasserförderung und ein Planetarium, dass die Bewegung der Himmelskörper zeigte; am meisten Berühmtheit verdankt er jedoch seiner Rolle bei der Verteidigung seiner Heimatstadt Syrakus gegen die Römer.

Kriege waren bei den Geschichtsschreibern stets eine populäre Angelegenheit. Folglich nehmen die Ereignisse während der römischen Belagerung von Syrakus von 214 bis 212 v. Chr. in den Chroniken vieler Geschichtsschreiber breiten Raum ein. Der römische General Marcus Claudius Marcellus (ca. 268–208 v. Chr.), der damals bereits über beträchtlichen militärischen Ruhm verfügte, hatte sich einen raschen Sieg versprochen. Offenbar hatte er nicht mit einem dickschädeligen König Hieron gerechnet, dem ein mathematisches Genie zur Seite stand. Plutarch liefert eine hingebungsvolle Darstellung des Schadens, den Archimedes' Maschinen unter den römischen Truppen anrichteten:

> Als aber jetzt Archimedes seine Maschinen spielen ließ, da schlugen den Angreifern auf der Landseite Geschosse verschiedenster Art entgegen und Steine von gewaltiger Größe, die mit furchtbarem Sausen und unglaublicher Geschwindigkeit niederfuhren und, weil nichts vor ihrer Wucht zu schützen vermochte, die Getroffenen in dichter Masse niederwarfen und ihre Reihen zerrissen; und zugleich erhoben sich gegen die Schiffe über den Mauern plötzlich Kräne, die entweder schwere Lasten von oben niederfallen ließen und sie so in die Tiefe versenkten, oder sie mit eisernen Händen oder Haken in Form von Kranichschnäbeln am Bug erfaßten, hochhoben und senkrecht, das Heck voran, ins Meer stürzten, oder sie mit starken Trossen, die innen angezogen und aufgerollt wurden, gegen die unter den Mauern emporragenden Felsen und Klippen schmetterten, so daß sie unter starken Verlusten für die Besatzung in Stücke gingen. Oft war es da ein schauriger Anblick, wenn ein Schiff, hoch aus der See emporgehoben, hin und her baumelte und dahing, bis die Mannschaft heruntergeschüttelt oder weggeschleudert war und es leer gegen die Mauern prallte oder, wenn der Griff des Hakens nachließ, hinabstürzte.

Die Furcht vor den Gerätschaften des Archimedes nahm derartige Ausmaße an, dass die römischen Soldaten, «wenn man nur ein Stück Tau oder einen kurzen Balken sich über die Mauer vorstrecken sah, gleich schrien, da habe man es, Archimedes lasse wieder eine Maschine gegen sie spielen, sich wandten und davonliefen». Sogar Marcellus selbst war nachhaltig beeindruckt und klagte seinen eigenen Ingenieuren und Maschinenbauern gegenüber: «Wollen wir nicht den Kampf gegen diesen mathematischen Briareos [ein hundertarmiger Riese, Sohn des Uranus und der Gaia] einstellen, der mit unseren Schiffen wie mit riesigen Bechern aus dem Meer schöpft, unsere Sambyke mit Schimpf und Schande fortgeprügelt hat und sogar die Hunderthänder der Sage überbietet, da er so viele Geschosse auf einmal gegen uns schleudert?»

Einer anderen populären Legende zufolge, die in den Schriften des großen griechischen Arztes Galenos (ca. 129–200 n. Chr.) erstmals erwähnt wird, soll Archimedes eine Reihe von Spiegeln verwendet haben, mit deren Hilfe er Sonnenstrahlen bündelte, um die römischen Schiffe in Brand zu setzen. Im 6. Jahrhundert versuchte der byzantinische Architekt Anthemios von Tralleis diese fantastische Geschichte zu wiederholen, im 12. Jahrhundert taten es ihm einige Historiker nach, wobei die Machbarkeit eines solchen Unterfangens nach wie vor nicht abschließend geklärt ist. Dennoch vermittelt uns diese Sammlung von fast schon mythisch verklärten Berichten über geradezu übernatürliche Taten des Archimedes einen lebhaften Eindruck von der Bewunderung, die diesem «Weisen» in den nachfolgenden Generationen entgegengebracht wurde.

Wie ich bereits erwähnt habe, hat Archimedes selbst – der hoch geschätzte «mathematische Briareos» – all jenen militärischen Spielzeugen keine besondere Bedeutung beigemessen, er betrachtete sie mehr oder minder «als Nebenprodukte einer sich spielerisch betätigenden Mathematik». Leider hat diese dem schnöden Getriebe der Welt so abholde Haltung Archimedes wohl letztlich das Leben gekostet. Als die Römer Syrakus endlich eingenommen hatten, war Archimedes soeben so versonnen damit beschäftigt, seine geometrischen Zeichnungen zu betrachten, dass er den Kriegslärm überhaupt nicht wahrnahm. Einigen Berichten zufolge soll der alte Geometer, als ihm ein Soldat befahl, ihn zu Marcellus zu begleiten, ungehalten erwidert habe: «Störe meine Kreise nicht.» Diese Antwort habe den Soldaten derart in Rage versetzt, dass er – im klaren Ungehorsam gegen den ausdrücklichen Befehl seines Feldherrn – aufgebracht das Schwert gezogen und den größten Mathematiker aller Zeiten erschlagen habe. Abbildung 11 zeigt die Reproduktion (aus dem 18. Jahrhundert) eines im Herkulaneum gefundenen Mosaiks, das die mutmaßlich letzten Augenblicke im Leben «des Meisters» darstellt.

Mit Archimedes' Tod endete in gewissem Sinne eine außerordentlich lebendige Ära in der Geschichte der Mathematik. Wie der britische Mathematiker und Philosoph Alfred North Whitehead bemerkt:

> Der Tod des Archimedes durch die Hand eines römischen Soldaten ist symbolisch für einen Weltumsturz von gewaltigem Ausmaß: Die theoretischen Griechen mit ihrer Liebe zur abstrakten Wissenschaft wurden aus der Führerrolle in der europäischen Welt verdrängt durch die praktischen Römer. Lord Baconfield hat in einem seiner Romane einen Praktiker definiert als einen Menschen, der die Irrtümer seiner Vorfahren anwendet. Die Römer waren ein großes Volk, aber es lag auf ihnen ein Fluch der Unfruchtbarkeit, der jedes nur aufs Praktische gerichtete Tun begleitet. Sie vermehrten die Erkenntnisse ihrer Vorfahren nicht, und alle ihre Fortschritte beschränkten sich auf kleine technische Einzelheiten der Ingenieurskunst. Sie waren nicht visionär genug, um zu neuen Gesichtspunkten zu gelangen, die eine tiefergreifende Kontrolle über die Naturkräfte erlaubt hätten. Kein Römer ließ je sein Leben, weil er in die Betrachtung einer mathematischen Figur versunken war.

Zwar mögen uns nur wenige Einzelheiten aus dem Leben des Archimedes überliefert sein, doch glücklicherweise sind uns viele, wenn auch nicht alle seiner unglaublichen Schriften erhalten geblieben. Archimedes hatte die Gewohnheit, an einige befreundete Mathematiker und andere Menschen, denen er Respekt entgegenbrachte, Briefe über seine mechanischen und mathematischen Entdeckungen zu schreiben. Zu dieser exklusiven Liste an Adressaten gehörten unter anderem der Astronom Konon von Samos, der Mathematiker Eratosthenes von Kyrene und der Sohn des Königs, Gelon. Nach Konons Tod sandte

Abbildung 11

Archimedes auch an dessen Schüler Dositheus von Pelusium einige Briefe.

Archimedes' Werk deckt ein erstaunlich breites Spektrum an mathematischen und physikalischen Themen ab. Zu seinen vielen Leistungen gehörten unter anderem allgemein anwendbare Methoden zur Ermittlung der Fläche einer Vielfalt von Figuren in der Ebene und des Volumens von Körpern, die von allen möglichen Arten von gekrümmten Oberflächen umschlossen sind. Dazu zählen die Kreisfläche, die Fläche eines Parabelsegments und Flächensegmente einer Spirale sowie die Volumina von Zylindern, Kegelsegmenten und Körpern, die durch die Rotation von Parabeln, Ellipsen und Hyperbeln entstehen (Rotationsparabolide, Rotationsellipsoide und Rotationshyperboloide). Er zeigte, dass der Wert von π – des Verhältnisses von Kreisumfang zu Kreisdurchmesser – größer sein musste als $3^{10}/_{71}$ und kleiner als $3^{1}/_{7}$. Zu einer Zeit, da es noch keinerlei Möglichkeit gab, mit sehr großen Zahlen zu hantieren, erdachte er ein System, das es nicht nur möglich machte, diese niederzuschreiben, sondern auch mit Zahlen beliebiger Größenordnung umzugehen. In der Physik entdeckte Archimedes die Gesetze, nach denen sich schwimmende Körper verhalten, und legte so den Grundstein für die Hydrostatik. Außerdem errechnete er die Schwerpunkte zahlreicher Flächen und Körper und formulierte die Hebelgesetze. Er führte astronomische Beobachtungen zur Bestimmung der Jahreslänge und der Entfernung zu den Planeten durch.

Die Arbeiten vieler griechischer Mathematiker waren von großer Originalität und ungemein detailliert. Doch Archimedes' Methode der Beweisführung und Lösung hoben ihn von allen anderen Denkern seiner Zeit wahrhaft ab. Lassen Sie mich an dieser Stelle drei repräsentative Beispiele herausgreifen, die einen trefflichen Eindruck von Archimedes' Erfindungsreichtum vermitteln. Eines scheint auf den ersten Blick nichts weiter als eine amüsante Kuriosität, bei näherem Hinsehen aber erschließt sich an ihm die ganze Tiefe dieses fragenden Forschergeistes. Die beiden anderen Illustrationen archimedischer Genialität zeugen von einem Denken, das seiner Zeit derart weit voraus ist, dass es Archimedes auf der Stelle auf das Podest eines «Magiers», wie ich diesen Status genannt habe, erhebt.

Archimedes war ganz offensichtlich von Zahlen fasziniert. Sehr große Zahlen aber sind ausgesprochen unhandlich darzustellen, wenn man sie in normaler Notierung niederschreibt (versuchen Sie mal, einen Scheck über 8,4 Billionen Dollar – Stand der Staatsverschuldung der USA im Juli 2006 – auszustellen und diese Zahl in dem für die Summe vorgesehenen Zahlenfeld unterzubringen). Archimedes entwickelte daher ein System, das es ihm ermöglichte, Zahlen mit 80 Billiarden Stellen darzustellen, und machte Gebrauch von diesem System in einem Aufsatz mit dem Titel *Die Sandrechnung* oder *Die Sandzahl*, in dem er zeigt, dass die Anzahl der Sandkörner auf der Erde nicht unendlich ist.

Schon die Einleitung zu dieser Abhandlung ist derartig brillant, dass ich einen Teil davon an dieser Stelle wiedergeben will (die Schrift war an Gelon, den Sohn von König Hieron II., gerichtet):

> Es gibt Leute, König Gelon, die der Meinung sind, die Zahl des Sandes sei unendlich groß; und ich meine mit dem Sande nicht nur den,

> der sich bei Syrakus und im übrigen Sizilien befindet, sondern auch den in allen möglichen bewohnten oder unbewohnten Gegenden. Andere gibt es, die ihn zwar nicht für unendlich halten, aber doch meinen, daß noch keine Zahl genannt worden sei, die seine Menge zu übertreffen imstande wäre. Und es ist klar, wenn die Anhänger dieser Meinung sich eine aus Sand bestehende Masse dächten, die der Erdmasse im übrigen gliche, und alle Meere und Vertiefungen der Erde bis zur Höhe der höchsten Berge mit Sand aufgefüllt, daß sie dann noch viel weniger einsehen, daß man eine die Menge dieses Sandes übertreffende Zahl angeben könne. Aber ich will Dir durch geometrische Beweise, denen du folgen kannst, zu zeigen suchen, daß unter den von mir benannten und in dem an Zeuxippus gesandten Werke angegebenen Zahlen einige nicht nur größer sind als die Zahl der Sandmasse, die der in der beschriebenen Weise vollgefüllten Erde an Größe gleich ist, sondern auch als die einer Masse, die an Größe dem Weltall gleich ist. Nun weißt du, daß die meisten Astronomen mit «Weltall» die Kugel bezeichnen, deren Mittelpunkt der Mittelpunkt der Erde und deren Radius die Strecke zwischen dem Mittelpunkt der Sonne und dem Mittelpunkt der Erde ist. Das hast du aus den von den Astronomen beschriebenen Darlegungen gelernt. Aristarch von Samos hat nun ein aus gewissen Hypothesen bestehendes Buch herausgegeben, in dem die Annahmen zu dem Ergebnis führen, daß das Weltall vielemale so groß ist wie das, was ich eben so genannt habe. Er setzt voraus, daß die Fixsterne und die Sonne unbeweglich seien und die Erde sich in einer Kreislinie um die Sonne bewege, die im Mittelpunkt der Bahn liege und daß die Kugel der Fixsterne, um denselben Mittelpunkt wie die Sonne gelegen, so groß sei, daß der Kreis, den er sich von der Erde durchlaufen denkt, sich zu der Entfernung der Fixsterne verhält wie der Mittelpunkt der Kugel zu ihrer Oberfläche.

Diese Einleitung macht zwei Punkte sehr schön deutlich: (1) Archimedes war bereit, auch sehr verbreitete, populäre Überzeugungen auf den Prüfstand zu stellen (beispielsweise die Unendlichkeit der Zahl an Sandkörnern), und (2) er hatte große Achtung vor der heliozentrischen Theorie des Astronomen Aristarch von Samos (im weiteren Verlauf der Abhandlung korrigiert er eine von dessen Hypothesen). Im Universum des Aristarch drehten sich die Erde und die Planeten um eine stationäre Sonne im Zentrum des Systems (denken Sie daran, dieses Modell wurde 1800 Jahre vor Kopernikus ersonnen!). Nach diesen einleitenden Sätzen beginnt Archimedes, das Problem der Sandkörner zu erörtern, wobei er in logischer Folge einen Schritt nach dem anderen tut. Zuerst schätzt er, wie viele Sandkörner man wohl nebeneinanderlegen müsste, um den Durchmesser eines Mohnsamens zu erreichen, dann, wie viele Mohnkörner die Breite eines Fingers ergäben, und schließlich, wie viele Fingerbreit auf ein Stadion (das entspricht einer Länge von etwa 200 Metern) gehen, und fährt dann fort bis auf 10 Milliarden Stadien. Ganz nebenbei erfindet Archimedes ein Zahlenschema und eine Notation, die ihm, miteinander kombiniert, das Darstellen riesiger Zahlen ermöglicht. Da Archimedes annahm, dass die Sphäre der Fixsterne weniger als zehn Millionen Mal größer sei als die Sphäre, zu der (von der Erde aus betrachtet) die Sonnenumlaufbahn gehört, kam er zu dem Schluss, dass die Anzahl der «Sandkörner, die in einer Kugel von der Größe der Kugel der Fixsterne enthalten wäre», unter 1^{63} (einer zehn mit dreiundsechzig Nullen) liegen müsse. Er beschließt die Abhandlung mit einer respektvollen Adresse an Gelon:

> Ich vermute, König Gelon, daß diese Dinge der großen Menge Leuten, die sich nicht mit Mathematik beschäftigt haben, unglaublich erscheinen, denen aber, die etwas davon verstehen und die Erörterung der Entfernungen und Größen der Erde, der Sonne, des Mondes und des ganzen Weltalls verfolgt haben, auf Grund des Beweises einleuchten werden. Und aus diesem Grunde fand ich den Gegenstand Deiner Betrachtung nicht unwürdig.»

Die Schönheit und Eleganz der *Sandrechnung* liegt in der Leichtigkeit, mit der Archimedes von alltäglichen Gegenständen (Mohnsamen, Sand und Fingern) auf abstrakte Zahlen und mathematische Darstellungsweisen und von diesen weiter auf die Größe des Sonnensystems und des Universums insgesamt voranschreitet. Ohne Frage verfügte Archimedes über eine solche intellektuelle Nonchalance, dass er seine Mathematik mit leichter Hand anwenden konnte, um unbekannten Eigenschaften des Universums nachzuspüren, und umgekehrt kosmische Gegebenheiten heranzuziehen vermochte, um arithmetische Konzepte voranzubringen.

Archimedes hat noch aus einem weiteren Grund Anspruch auf den Titel eines «Magiers», und zwar wegen der Art und Weise, mit der er zu den meisten seiner herausragenden geometrischen Lehrsätze gelangt ist. Bis zum 20. Jahrhundert war nur sehr wenig über Archimedes' wissenschaftliche Methode und über seine Art zu denken bekannt. Sein knapper Stil lieferte nur wenige Hinweise. Dann, im Jahre 1906, öffnete eine fantastische Entdeckung ein Fenster zum Geist dieses Genies. Die Geschichte dieser Entdeckung liest sich wie einer dieser historischen Kriminalromane des italienischen Philosophen Umberto Eco, so dass ich nicht anders kann, als Ihnen in einem kurzen Exkurs davon zu erzählen.

Der Kodex des Archimedes

Irgendwann im 10. Jahrhundert kopierte ein anonymer Schreiber in Konstantinopel (dem heutigen Istanbul) drei wichtige Werke des Archimedes; *Von der Methode*, das *Stomachion* und *Über schwimmende Körper*. Geschuldet war dies vermutlich einem allgemeinen Interesse an griechischer Mathematik, geschürt vor allem durch einen berühmten Mathematiker des 9. Jahrhunderts namens «Leo der Geometer». Im Jahr 1204 aber ließen sich die Kreuzfahrer des Vierten Kreuzzugs durch eine beträchtliche Geldsumme zur Finanzierung ihrer Mission dazu verleiten, Konstantinopel zu plündern. In den darauffolgenden Jahren verblasste die Leidenschaft für die Mathematik, und die Kirchenspaltung zwischen katholischer und orthodoxer Kirche wurde unüberbrückbar. Irgendwann vor 1229 widerfuhr dem Manuskript mit den Werken des Archimedes ein katastrophaler Akt des Recyclings: Es wurde auseinandergenommen und die Schrift darauf abgeschabt, auf dass die Seiten für ein christliches Gebetbuch neue Verwendung finden sollten. Der Schreiber Ioannes Myronas beendete die Arbeit an der Kopie des Gebetbuches am 14. April 1229. Glücklicherweise hat die Säuberung des Pergaments die Urschrift des Originaltextes nicht ganz entfernen können. Abbildung 12 zeigt eine Seite aus dem Manuskript – die gut sichtbaren horizontalen Linien enthalten den Gebetstext, die blasseren vertikalen darunter den ursprüng-

Abbildung 12

lichen mathematischen Inhalt. Im 16. Jahrhundert hatte das Palimpsest – das recycelte Manuskript – auf verschlungenen Pfaden ins Heilige Land, genauer ins Kloster Mar Saba östlich von Bethlehem, gefunden. Die Bibliothek dieses Klosters enthielt nicht weniger als tausend Manuskripte. Auf bislang nicht geklärten Wegen gelangte das Archimedes-Palimpsest erneut nach Konstantinopel. Dann, in den 1840er Jahren, besuchte der berühmte deutsche Bibelgelehrte Konstantin von Tischendorf (1815–1874) das Metochion der Bruderschaft zum Heiligen Grab in Konstantinopel (einem Ableger des Griechisch-Orthodoxen Patriarchats Jerusalem) und wurde dort auf das Palimpsest aufmerksam. Tischendorf muss den teilweise durchscheinenden mathematischen Hintergrund recht faszinierend gefunden haben, denn offenbar riss er eine Seite aus dem Manuskript heraus und ließ sie mitgehen. Im Jahr 1879 wurde diese Seite aus Tischendorfs Nachlass an die Cambridge University verkauft.

Zwanzig Jahre später (im Jahr 1899) fertigte der griechische Gelehrte Athanasios Papadopoulos-Kerameus ein Verzeichnis sämtlicher im Metochion aufbewahrten Schriften an, das Archimedes-Palimpsest erscheint auf seiner Liste als Ms. 355. Papadopoulos-Kerameus gelang es, einige Zeilen des mathematischen Textes zu entziffern, und er erkannte möglicherweise dessen potentielle Bedeutung, auf jeden Fall beschrieb er sie in seinem Katalog und transkribierte darin einen Abschnitt des Originaltextes. Das sollte der Wendepunkt in der Saga um dieses Manuskript sein. Der dänische Philologe Johan Ludvig Heiberg (1854–1928) wurde auf den mathematischen Text im Katalog aufmerksam gemacht. Heiberg, der die Urheberschaft des Archimedes erkannte, reiste 1906 nach Istanbul, untersuchte und fotografierte das Palimpsest und verkündete ein Jahr später die sensationelle Entdeckung: zwei bis dahin nie gesehene Abhandlungen des Archimedes und eine, die zuvor nur in lateinischer Übersetzung bekannt gewesen war. Auch wenn Heiberg in der Lage war, Teile des Manuskripts zu lesen, und sie später in seiner Ausgabe der Werke des Archimedes veröffentlichte, klafften darin noch große Lücken. Leider verschwand das Manuskript irgendwann nach 1908 unter mysteriösen Umständen aus Istanbul – um plötzlich im Besitz einer Pariser Familie wieder aufzutauchen, die angab, es seit den 1920er Jahren besessen zu haben. Das unsachgemäß gelagerte Palimpsest hatte einige nicht mehr zu entfernende Stockflecken, und drei der von Heiberg einst übersetzten Seiten fehlten komplett. Zu allem Überfluss hatte – offenbar nach 1929 – jemand auf vier Seiten Illustrationen im byzantinischen Stil eingefügt. Die französische Familie, in deren Besitz sich das Manuskript befand, ließ dieses schließlich von Christie's versteigern. Die Eigentumsverhältnisse wurden 1998 vor dem Bundesgericht in New York verhandelt. Das griechisch-orthodoxe Patriarchat von Jerusalem klagte, das Manuskript sei in den 1920er Jahren aus einem seiner Klöster gestohlen worden, aber der Richter entschied zugunsten des Auktionshauses. Am 29. Oktober 1998 wurde das Manuskript schließlich versteigert, es brachte 2 Millionen Dollar, der Käufer blieb anonym. Der neue Besitzer übergab das Manuskript dem Walters Art Museum in Baltimore, wo es noch immer aufwendig restauriert und untersucht wird. Spezialisten für moderne bildgebende Verfahren haben ein Riesenarsenal an Instrumenten und Methoden aufgefahren – Verfahren, von denen Forscher der Vergangenheit nicht zu träumen gewagt hätten. Man hat bereits ultraviolettes Licht, Multispektralanalysen, sogar Synchroton-Röntgenstrahlen (am Stanford-Linearbeschleuniger) eingesetzt, um Teile des Manuskripts zu entziffern, die bislang nicht lesbar gewesen sind. Während ich dies schreibe, ist die akribische Untersuchung des Archimedes-Manuskripts noch in vollem Gange. Ich hatte das Glück, die Palimpsest-Forscher besuchen zu dürfen, und in Abbildung 13 hat man mich neben dem Versuchsaufbau abgelichtet, während eine Seite des Textes mit verschiedenen Wellenlängen bestrahlt wird.

Die dramatischen Ereignisse um dieses Schriftstück sind einem Dokument, das uns einen nie da gewesenen Einblick in die Methodik des «großen Geometers» vergönnt hat, nur angemessen.

Die Methodenlehre

Wenn man ein Buch über die griechische Geometrie liest, kann man nicht anders, als tief beeindruckt zu sein von der pointierten Kürze des Stils und der Präzision, mit der die Lehrsätze vor über zwei Jahrtausenden aufgestellt und bewiesen wurden. Was diese Bücher normalerweise allerdings vermissen lassen, sind klare Hinweise darauf, wie die Gelehrten zu diesen Lehrsätzen gekommen sind. Archimedes' grandioses Dokument über seine Methode füllt diese Lücke zum Teil – es zeigt eindrücklich, dass Archimedes von der Gültigkeit gewisser Theoreme bereits überzeugt war, bevor er wusste, wie er sie beweisen sollte. Hier ein Auszug aus dem, was er einleitend an den Mathematiker Eratosthenes von Kyrene (ca. 276–194 v. Chr.) schrieb:

> Bei einer früheren Gelegenheit sandte ich dir einige der von mir gefundenen Lehrsätze … Die Beweise dieser Sätze habe ich … in diesem Buche ausgearbeitet und schicke sie dir jetzt.
> Da ich aber, wie ich schon sagte, in dir einen ernsthaften Gelehrten, einen Philosophen von hervorragender Bedeutung und, bei vorkommender Gelegenheit, einen Bewunderer mathematischer Forschung sehe, so habe ich es angebracht gefunden, in demselben Buche eine eigentümliche Methode niederzulegen und Dir auseinanderzusetzen, wodurch es Dir möglich sein wird, eine Anregung zur Untersuchung

Abbildung 13

> einiger mathematischer Fragen *mit Hilfe der Mechanik* [Kursivierung von mir] zu gewinnen. Dieses Verfahren ist nach meiner Überzeugung auch für den Beweis der Sätze selbst nicht weniger nützlich; denn gewisse Dinge sind mir erst durch eine mechanische Methode klar geworden, mußten aber nachher geometrisch bewiesen werden, weil ihre Behandlung nach der genannten Methode keinen wirklichen Beweis liefert. Denn es ist offenbar leichter, wenn wir durch die Methode vorher einige Kenntnis von den Fragen gewonnen haben, den Beweis zu finden, als ihn ohne vorläufige Kenntnis zu finden.

Archimedes berührt hier einen der wichtigsten Punkte der wissenschaftlichen und mathematischen Forschung – es ist oftmals schwieriger herauszufinden, wie die wichtigen Fragen oder Thesen lauten, als Lösungen für bekannte Fragen oder Beweise für bereits bekannte mathematische oder physikalische Gesetzmäßigkeiten zu finden. Wie also kam Archimedes zu seinen Theoremen? Mit seinem unerreichten Verständnis für die Mechanik und das Gleichgewicht von Kräften sowie für die Prinzipien der Hebelwirkung hat er in Gedanken Körper oder Flächen unbekannten Inhalts gegen solche gewogen, die ihm in ihren Eigenschaften bekannt waren. Sobald er auf diese Weise eine vorläufige Antwort hinsichtlich des unbekannten Flächen- oder Volumeninhalts gewonnen hatte, fand er es sehr viel leichter, auf geometrischem Wege die Richtigkeit dieser Antwort zu beweisen. Die *Methodenlehre* beginnt infolgedessen mit einer Reihe von Aussagen über die Schwerpunkte von Flächen und Körpern und schreitet dann fort zur Formulierung von geometrischen Sätzen und deren anschließendem Beweis.

Archimedes' Vorgehen ist in zweierlei Hinsicht außergewöhnlich. Erstens hat er damit im Grunde das Prinzip des *Gedankenexperiments* in die seriöse Forschung eingeführt. Der Physiker Hans Christian Ørsted sollte im 19. Jahrhundert diesen Begriff erstmals für ein Experiment verwenden, das nicht in der Realität, sondern allein im Kopf durchgeführt wird. In der Physik, für die dieses Vorgehen extrem fruchtbar war und ist, unternimmt man Gedankenexperimente entweder, um vor der Durchführung eines realen Experiments Einsichten zu gewinnen, oder aber in Fällen, in denen das reale Experiment undurchführbar ist. Zweitens – und wichtiger noch – befreite Archimedes die Mathematik von den in gewisser Weise künstlichen Ketten, die Euklid und Platon ihr angelegt hatten. Für diese beiden Denker gab es eine – und nur eine – richtige Art, Mathematik zu betreiben. Man hatte bei den Axiomen zu beginnen und sich dann über eine lückenlose Reihe von einwandfreien logischen Schritten mittels genau beschriebener Hilfsmittel voranzuarbeiten. Der Freigeist Archimedes hingegen bediente sich einfach jeder Art von Munition, die ihm unterkam, um neue Probleme zu formulieren und zu lösen. Er zögerte nicht, Verknüpfungen zwischen mathematischen Objekten (den platonischen Formen an sich) und der physikalischen Realität (reale feste Körper oder Flächen) zu erforschen und zu nutzen, um seine Mathematik voranzubringen.

Und als Letztes schließlich wird Archimedes' Status als Magier manifestiert durch seine Vorwegnahme der *Integral- und Differentialrechnung* – eines Zweigs der Mathematik, dessen formale Entwicklung erst gegen Ende des 17. Jahrhunderts von dem Engländer Isaac New-

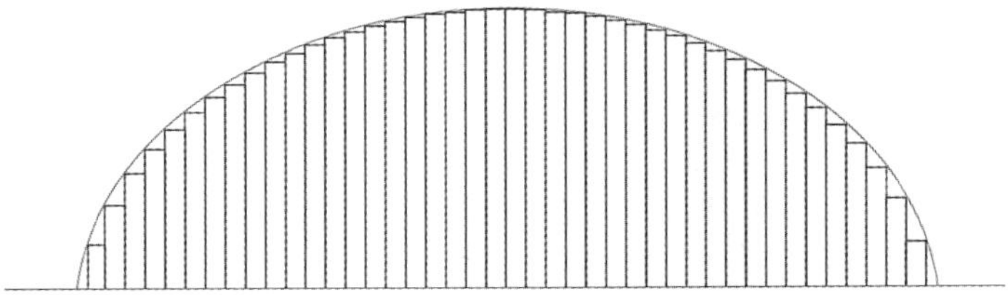

Abbildung 14

ton und unabhängig von diesem von dem Deutschen Gottfried Wilhelm Leibniz geleistet wurde.

Die Grundidee hinter der *Integration* ist im Grunde ganz einfach (man muss nur erst einmal darauf kommen). Angenommen, Sie hätten die Fläche eines Ellipsensegments zu bestimmen. Sie können der Fläche viele kleine Rechtecke von gleicher Breite einschreiben und die Summe all ihrer Flächen zusammenzählen (Abbildung 14). Natürlich wird die von Ihnen errechnete Summe der tatsächlichen Segmentfläche umso näher kommen, je schmaler Sie die Rechtecke wählen. Mit anderen Worten: Die Segmentfläche entspricht dem Wert, den die Summe aller Rechteckflächen annehmen würde, wenn deren Zahl gegen unendlich ginge. Diesen Grenzwert zu bestimmen erfordert ein Rechenverfahren, das man als *Integration* bezeichnet. Archimedes bediente sich einer dem Verfahren, das ich soeben beschrieben habe, sehr ähnlichen Methode, um die Volumina und Oberflächen von Kugeln, Kegeln, Ellipsoiden und Paraboloiden (Körpern, die man erhält, wenn man Ellipsen und Parabeln um ihre Achse rotieren lässt) zu ermitteln.

Bei der *Differentialrechnung* besteht eines der Hauptziele darin, die Steigung einer geraden Linie zu bestimmen, die in einem gegebenen Punkt als Tangente an eine Kurve – das heißt als Gerade, die die Kurve in nur einem Punkt berührt – angelegt wird. Archimedes löste dieses Problem für den Spezialfall einer Spirale und griff damit weit voraus auf die zukünftigen Arbeiten von Newton und Leibniz. Heutzutage bilden die Integral- und die Differentialrechnung mit ihren Ablegern eine Grundlage, auf der die meisten mathematischen Modelle – sei es in der Physik oder in den Ingenieurswissenschaften, auf dem Gebiet der Ökonomik oder der Populationsdynamik – fußen.

Archimedes hat die Welt der Mathematik und die Wahrnehmung ihrer Relation zum Kosmos in tief greifender Weise verändert. Durch eine faszinierende Kombination von theoretischem und praktischem Interesse erbrachte er den ersten empirischen – nichtmythischen – Beweis für eine augenscheinlich mathematische Beschaffenheit der Natur. Die Vorstellung von der Mathematik als Sprache des Universums, mithin die Vorstellung von einem Mathematik betreibenden Gott, wurzelt demnach in Archimedes' Arbeit. Dennoch gab es etwas, das Archimedes nicht getan hat – er hat niemals ausgelotet, ob seinen mathematischen Modellen bei der Anwendung auf reale physikalische Gegebenheiten Grenzen gesetzt sind. Seine theoretischen Diskussionen zur Wirkung von Hebeln beispielsweise gingen davon aus, dass diese absolut starr wären und kein Eigengewicht hätten. Folgerichtig öffnete er damit zu einem gewissen Grad einer «Mathematik des schönen Scheins» Tür und Tor – mathematischen Modellen, die nur wiedergeben, was Menschen beobachten, nicht aber der tatsächlichen, wahren physikalischen Realität gerecht werden. Dem griechischen Mathematiker Geminos (ca. 10 v. Chr.–60 n. Chr.) gebührt das Verdienst, den Unterschied zwischen mathematischen Modellen und physikalischen Erklärungen am Beispiel der Bewegung von Himmelskörpern als Erster diskutiert zu haben. Er unterschied zwischen Astronomen (oder Mathematikern), die seiner Ansicht nach nur Modelle vorzuschlagen hätten, welche die beobachteten Bewegungen der Gestirne *nachbilden*, und Physikern, die *Erklärungen* für das reale Pendant, die tatsächlichen Bewegungen, zu finden hätten. Diese Unterscheidung fand einen dramatischen Höhepunkt zu Zeiten Galileis, und ich werde später in diesem Kapitel darauf zurückkommen.

Es mag ein bisschen überraschen, aber Archimedes selbst betrachtete als eine seiner beachtlichsten Leistungen die Entdeckung, dass das Volumen einer Kugel, die man einem Zylinder einbeschreibt (Abbildung 15), stets $2/3$ des Zylindervolumens beträgt. Er war von dieser Erkenntnis derart beglückt, dass er verlangte, man möge sie auf seinem Grabstein festhalten. Etwa 137 Jahre nach Archimedes' Tod

Abbildung 15

entdeckte der große römische Redner Marcus Tullius Cicero (ca. 106–43 v. Chr.) das Grab des Mathematikers. Hier die durchaus anrührende Darstellung dieses Ereignisses

> Als ich Quaestor war, habe ich sein Grab, das die Syrakusaner nicht kannten und von dem sie behaupteten, es existiere überhaupt nicht, gefunden, dicht umgeben und verhüllt von Büschen und Sträuchern. Ich kannte nämlich einige kleine Iamben, die auf seinem Grabe, wie ich erfahren hatte, geschrieben standen und besagten, daß auf der Spitze des Grabes sich eine Kugel und ein Zylinder befänden. Nachdem ich nun mit den Augen alles gemustert hatte (bei dem Agrigentinischen Tore gibt es nämlich eine ganze Masse von Gräbern), da bemerkte ich eine kleine Säule, die nicht sehr aus dem Gebüsch herausragte. Und da fand ich die Gestalt der Kugel und des Zylinders. Ich sagte sofort den anwesenden Syrakusanern, deren Notablen bei mir waren, ich dächte, es sei eben dies, was ich suchte. Da wurden dann viele Leute mit Sicheln vorgeschickt, und sie reinigten und öffneten den Ort. Als einmal der Zugang freigelegt war, begaben wir uns zu der anderen Seite der Basis. Es zeigte sich jenes Epigramm, bei dem die zweiten Teile der Verse ungefähr bis zur Hälfte verwittert waren. So hätte denn eine der vornehmsten Städte Griechenlands, einstmals auch eine der gebildetsten, das Grabmal eines ihrer scharfsinnigsten Bürger vergessen, wenn es nicht von einem Manne aus Arpinum wiederentdeckt worden wäre.

Archimedes' bester Schüler

Galileo Galilei (Abbildung 16) wurde am 15. Februar 1564 in Pisa geboren. Sein Vater Vincenzo war Musiker, seine Mutter Giulia Ammannati war eine geistvolle, wenn auch nicht eben liebenswürdige Frau, die Dummheit nicht ausstehen konnte. Im Jahr 1581 folgte Galilei dem Rat seines Vaters und schrieb sich an der Universität Pisa ein, um Medizin zu studieren. Sein Interesse an diesem Fach begann jedoch fast vom ersten Tag an zugunsten der Mathematik zu erlahmen. Folglich überredete Galilei den Mathematiker am Hof des toskanischen Großherzogs, Ostilio Ricci (1540–1603), sich während der Sommerpause 1583 mit seinem Vater zu treffen und diesen davon zu überzeugen, dass er, Galilei, dazu berufen sei, Mathematiker zu werden. Die Frage war rasch geklärt, der leidenschaftliche junge Mann war von den Arbeiten des Archimedes zutiefst bezaubert und befand, es müsse allen so gehen, «welche in den nachgelassenen Schriften dieses göttlichen Mannes über die scharfsinnigen Erfindungen gelesen und sie sich zu eigen gemacht haben, denn aus selbigen geht nur zu

Abbildung 16

deutlich hervor, wie sehr alle anderen Geister unter dem des Archimedes stehen und wie wenig Hoffnung sie hegen dürfen, jemals Dinge zu finden, die den seinen gleichkommen». Galilei konnte seinerzeit nicht wissen, dass er selbst einer der wenigen war, deren Geist dem des griechischen Meisters in nichts nachstand. Angeregt durch die legendäre Anekdote um Aristoteles und den Betrug um die Goldkrone König Hierons, veröffentlichte Galilei 1586 eine kleine Schrift mit dem Titel *La Bilancetta* («Die Waage») über eine von ihm erfundene hydrostatische Waage. In einer literarischen Vorlesung vor der Accademia Fiorentina, in der er ein eher ungewöhnliches Thema behandelte – die Lage und Größe der Hölle in Dantes Versepos *Die Göttliche Komödie* –, erwies er Archimedes später erneut seine Reverenz.

Im Jahr 1589 wurde Galilei auf den Lehrstuhl für Mathematik an der Universität Pisa berufen, unter anderem auf die nachdrückliche Empfehlung von Christophorus Clavius (1538–1612), einem renommierten Mathematiker und Astronomen aus Rom, den Galilei 1587 besucht hatte. Die nächsten drei Jahre verbrachte Galilei damit, seine ersten Gedanken zu einer Theorie der Bewegung voranzubringen. Diese Schriften, die eindeutig durch Archimedes' Werke inspiriert sind, enthalten eine faszinierende Mischung aus bestechenden Ideen und völlig falschen Behauptungen. So stellt Galilei beispielsweise gleich neben die bahnbrechende Erkenntnis, dass man Theorien über fallende Körper mit Hilfe einer schiefen Ebene zur Verlangsamung der Fallbewegung überprüfen könne, die falsche Aussage, dass sich ein Holzkörper, den man von einem Turm herunterfallen lässt, zu Beginn des Falls rascher bewege als ein Bleikörper. Galileis Motive und die Art und Weise, wie er gedacht hat, sind von seinem ersten Biographen Vincenzo Viviani (1622–1703) in mancher Hinsicht fehlinterpretiert worden. Viviani schuf das populäre Image eines akribischen, nüchtern-unnachgiebigen Experimentators, der neue Einsichten ausschließlich aus der peinlich genauen Beobachtung von Naturphänomenen gewann. Tatsächlich waren Galileis Orientierung und sein methodisches Vorgehen in erster Linie mathematisch ausgerichtet. Er stützte sich vor allem auf Gedankenexperimente und auf die archimedische Art der Beschreibung der Welt mit Hilfe geometrischer Formen, die mathematischen Gesetzen gehorchten. Seine Hauptkritik an

Aristoteles bestand zu jener Zeit darin, dass Letzterer «nicht nur unwissend in Bezug auf die tiefgreifenden und schwerer verständlichen Entdeckungen der Geometrie, sondern selbst im Hinblick auf die elementarsten Prinzipien dieser Wissenschaft war». Galilei war überdies der Ansicht, Aristoteles verlasse sich zu sehr auf Sinneseindrücke, denn diese «erwecken auf den ersten Blick den Anschein von Wahrheit». Vielmehr riet Galilei, «zu jeder Zeit eher Schlussfolgerungen zu bemühen anstelle von Beispielen (denn wir suchen die Ursachen von Wirkungen, und diese sind der Erfahrung nicht zugänglich)».

Galileis Vater verstarb 1591, und das veranlasste den jungen Mann, der nun seine Familie zu ernähren hatte, eine Anstellung in Padua anzunehmen, wo man sein Gehalt verdreifachte. Die nächsten achtzehn Jahre sollten sich als die glücklichsten in seinem Leben erweisen. In Padua begann auch seine lebenslange Beziehung zu Marina Gamba, die er nie heiratete, mit der er aber drei Kinder hatte – Virginia, Livia und Vincenzio.

Am 4. August 1597 schrieb Galilei einen persönlichen Brief an den großen Astronomen Johannes Kepler, in dem er gestand, schon seit langem «Kopernikaner» zu sein, wobei er nicht hinzuzufügen vergaß, dass das heliozentrische kopernikanische Modell den Weg weise, eine Reihe von Naturphänomenen zu erklären, die durch ein geozentrisches Weltbild nicht zu erklären seien. Er beklagte darin jedoch auch die Tatsache, dass Kopernikus «offenbar verlacht und von der Bühne gezischt werde». Dieser Brief markiert die Ausweitung des folgenschweren Bruchs zwischen Galilei und der aristotelischen Kosmologie. Die moderne Astrophysik begann allmählich Gestalt anzunehmen.

Der Sternenbote

Am Abend des 9. Oktober 1604 staunten die Astronomen in Verona, Rom und Padua nicht schlecht, als sie plötzlich einen neuen Stern erblickten, der rasch an Helligkeit zunahm und bald heller strahlte als alle anderen Sterne am Himmel. Der Meteorologe Jan Brunowski, Kaiserlicher Beamter in Prag, beobachtete ihn am 10. Oktober ebenfalls und setzte in seiner Erregung auf der Stelle Kepler davon in

Kenntnis. Wolken verhinderten bis zum 17. Oktober, dass Kepler den Stern selbst zu sehen bekam, doch als er mit der Beobachtung begonnen hatte, protokollierte er fast ein ganzes Jahr lang penibel, was er sah, und veröffentlichte 1606 schließlich ein Buch über den «neuen Stern». Heute wissen wir, dass das himmlische Spektakel von 1604 nicht von der Geburt eines neuen Sterns kündete, sondern vielmehr vom Explosionstod eines alten. Dieses Ereignis, auch *Keplers Supernova* oder *Keplers Stern* genannt, sorgte in Padua für ziemliches Aufsehen. Galilei konnte den Stern Ende Oktober 1604 mit eigenen Augen beobachten und hielt im darauffolgenden Dezember und Januar vor einem großen Auditorium drei öffentliche Vorlesungen zu diesem Thema. Getreu seiner Devise, dass Wissen mehr wiegt als Aberglauben, zeigte Galilei, dass der neue Stern, weil sich bei ihm keine Verschiebung gegen den Fixsternhimmel nachweisen ließ, jenseits der Mondregion lokalisiert sein musste. Diese Beobachtung war von beispielloser Bedeutung. Laut der aristotelischen Lehre spielten sich Veränderungen am Firmament nur diesseits der der Erde zugewandten Seite des Mondes ab, wohingegen die sehr viel weiter entfernte Sphäre der Fixsterne unverletzlich und gegen jede Veränderung immun sein sollte.

Das Bild von einer unveränderlichen Fixsternsphäre hatte bereits im Jahre 1572 erste Risse bekommen; damals hatte der dänische Astronom Tycho Brahe (1546–1601) ebenfalls eine Sternenexplosion beobachtet, die als *Tychos Supernova* in die Geschichte eingehen sollte. Das Ereignis von 1604 schlug einen weiteren Nagel in den Sarg der aristotelischen Weltlehre. Der wahre Durchbruch für das Verständnis vom Universum ergab sich jedoch nicht anhand theoretischer Spekulationen oder von Beobachtungen mit dem bloßen Auge. Er war das Ergebnis einfacher Experimente mit konvexen (nach außen gewölbten) und konkaven (nach innen gewölbten) Glasspiegeln – ordnet man eine konvexe Sammellinse und eine konkave Zerstreuungslinse in einem Abstand von etwa dreißig Zentimetern hintereinander an, schon erscheinen weit entfernte Objekte ganz nahe. Im Jahr 1608 begannen solche Ferngläser in ganz Europa Furore zu machen, und ein niederländischer sowie zwei flämische Brillenmacher beantragten gar Patente darauf. Die Kunde von diesen wundersamen Geräten drang bis zu dem venezianischen Theologen Paolo Sarpi, der Galilei im Mai 1609 davon in Kenntnis setzte. Um herauszubekommen, ob an der Sache wirklich etwas dran war, schrieb Sarpi auch an seinen Freund Jacques Badovere in Paris. Nach eigenen Aussagen verzehrte sich Galilei geradezu vor Verlangen nach einem solch wunderbaren Gegenstand. Er beschrieb diese Ereignisse später in seinem im März 1610 erschienenen Buch *Sidereus Nuncius* («Der Sternenbote»/«Nachricht von neuen Sternen»):

> Vor ungefähr zehn Monaten kam uns ein Gerücht zu Ohren, von einem Mann aus Flandern sei ein Sehglas konstruiert worden, mit dessen Hilfe man sichtbare Gegenstände, auch wenn sie ziemlich weit vom Auge des Betrachters entfernt sind, so klar sehe, als seien sie in der Nähe; und es wurde über einige Proben seiner wahrhaft wunderbaren Wirkung berichtet, an die die einen glaubten und die anderen nicht. Dasselbe wurde mir einige Tage später in einem Brief von dem französischen Edelmann Jacques Badouère aus Paris bestätigt; das war schließlich der Anlaß, daß ich mich ganz dem Erforschen der Grundlagen und dem Ersinnen der Mittel zuwandte, durch die ich zur Erfindung eines ähnlichen Instruments gelangen könnte, welche mir wenig später, auf die Lehre von der Strahlenbrechung gestützt, gelang.

Galilei lässt hier dieselbe Art von praktisch kreativem Denken erkennen, die auch für Archimedes typisch war – sobald er wusste, dass ein Fernrohr gebaut werden konnte, dauerte es nicht lange, bis er herausgefunden hatte, wie er dies anstellen musste. Nicht genug damit, setzte Galilei zwischen August 1609 und März 1610 seinen Erfindergeist obendrein dazu ein, sein Teleskop aus einem Gerät, das entfernte Objekte achtfach vergrößerte, zu einem zu machen, das es auf zwanzigfache Vergrößerung brachte. Das allein war bereits eine beträchtliche technische Leistung, aber Galileis Größe sollte sich nicht nur an seinem praktischen Knowhow zeigen, sondern auch in dem Nutzen, den er aus diesem verbesserten Sehglas (dem er den Namen *perspicillum* gab) zu ziehen verstand. Denn statt von den Gestaden Venedigs aus Schiffe in der Ferne auszuspähen oder die Dächer von Padua unter die Lupe zu nehmen, richtete Galilei sein Fernrohr gen Himmel. Was nun folgte, sucht in der Geschichte der Wissenschaft seinesgleichen. Wie der Wissenschaftshistoriker Noel Swerdlow es ausdrückt: «Binnen etwa zwei Monaten, Dezember und Januar [1609 bzw. 1610], entdeckte er mehr Dinge, die die Welt verändern sollten, als je ein Mensch vorher oder seither.» Ja, das Jahr 2009 wurde deshalb zum Internationalen Jahr der Astronomie ausgerufen, weil es das vierhundertste seit den ersten Beobachtungen Galileis war. Was hat Galilei also vollbracht, um ein derart überlebensgroßer wissenschaftlicher Held zu werden? Hier ein paar seiner außerordentlichen Taten:

Er richtete sein Fernrohr auf den Mond, wobei er vor allem die Tag-Nacht-Grenze (auch Terminator genannt) – die Grenzlinie zwischen dem beleuchteten und dem unbeleuchteten Teil der Mondoberfläche – ins Visier nahm und feststellte, dass der Mond ihrem Verlauf nach eine zerklüftete Oberfläche mit Bergen, Kratern und weiten Ebenen haben müsse. Er beobachtete, wie Lichtpünktchen auf der in Dunkelheit gehüllten Hälfte erschienen und sich allmählich vergrößerten und ausbreiteten, genau wie Sonnenlicht, das im Aufgehen allmählich ein Gebirge bescheint. Er versuchte sogar, mittels der Geometrie der Lichtausbreitung die Höhe eines Berges zu errechnen, und kam auf über 6000 Meter. Das war aber noch nicht alles. Galilei entdeckte, dass die (während der Halbmondphase) vermeintlich dunkle Hälfte des Mondes ebenfalls schwach erhellt ist, und schlussfolgerte, dass dies auf von der Erde reflektiertes Sonnenlicht zurückzuführen sein müsse. So wie der Vollmond die Erde erleuchte, erklärte Galilei, wird auch die Mondoberfläche von Licht bestrahlt, das von der Erde reflektiert wird.

Wenn auch einige dieser Entdeckungen nicht völlig neu waren, so vermochten Galileis Belege doch dank ihrer Überzeugungskraft die Diskussion auf eine komplett neue Ebene zu heben. Bis zu Galileis Zeiten hatte es eine klare Trennung zwischen dem, was der Erde verhaftet war, und den Vorgängen am Firmament, dem Irdischen und dem Himmlischen, gegeben. Diese Unterscheidung war jedoch nicht auf die wissenschaftliche oder philosophische Ebene beschränkt geblieben. Um die vermeintliche Unvereinbarkeit von Himmel und Erde war ein reiches Gewirk aus Mythologie und Religion, romantischer Dichtung und ästhetischer Sensibilität gewoben worden. Und nun behauptete Galilei etwas, das vollständig unbegreiflich scheinen musste. Gegen alle aristotelische Doktrin stellte Galilei die Erde und einen Himmelskörper (den Mond) auf ein und dieselbe Ebene – beide hatte eine feste, zerklüftete Oberfläche, und beide reflektierten Licht von der Sonne.

Jenseits des Mondes begann Galilei die Planeten zu erkunden – jene «Wanderer am Nachthimmel» oder «Wandelsterne», wie sie die Griechen nannten. Als er sein Fernrohr am 7. Januar 1610 auf den Jupiter richtete, entdeckte er voller Erstaunen drei neue Sterne, die in gerader Linie – zwei im Osten, einer im Westen – vor dem Planeten entlangzuziehen schienen. In den folgenden Nächten schienen die neuen Sterne ihre Position relativ zu Jupiter verändert zu haben. Am 13. Januar beobachtete er einen vierten Stern dieser Art. Binnen einer Woche ab der Erstbeobachtung gelangte Galilei zu einer frappierenden Schlussfolgerung – die neuen Sterne konnten nichts anderes sein als Satelliten, Monde, die – genau wie der Mond die Erde – den Jupiter umkreisten.

Eine einzigartige Eigenschaft derjenigen Menschen, die die Geschichte der Wissenschaft maßgeblich mit beeinflusst haben, war ihre Fähigkeit, sofort zu erkennen, welche Entdeckungen wahrhaft einen Fortschritt bedeuten würden und welche nicht. Ein weiteres Attribut vieler einflussreicher Wissenschaftler war ihr Talent, ihre Entdeckungen anderen Menschen verständlich zu machen. Galilei war ein Meister auf beiden Gebieten. In Sorge, dass noch jemand anderer auf die Jupitermonde aufmerksam werden konnte, beeilte sich Galilei mit der Veröffentlichung seiner Ergebnisse, und im Frühjahr 1610 erschien in Venedig besagte Abhandlung *Sidereus Nuncius*. Zu jener Zeit seines Lebens von großem politischem Scharfsinn, widmete Galilei das Buch dem Großherzog der Toskana, Cosimo II. de' Medici, und nannte seine Neuentdeckungen selbst *Sidera Medicea* – die «Mediceischen Gestirne». Zwei Jahre später war Galilei dank einer wahren Sisyphusarbeit imstande, die Orbitalperioden – die Umlaufzeiten, die jeder der vier Satelliten benötigte, um den Jupiter zu umrunden – auf wenige Minuten genau zu bestimmen. Der *Sidereus Nuncius* wurde auf der Stelle zum Bestseller – die erste Auflage von fünfhundert Exemplaren war binnen kürzester Zeit ausverkauft – und machte Galilei auf dem gesamten Kontinent berühmt.

Wie wichtig die Entdeckung der Jupitermonde war, kann man nicht genug betonen. Nicht nur, dass es sich bei ihnen um die ersten Himmelskörper handelte, die seit den Beobachtungen der Griechen zum Sonnensystem hinzukamen, nein, die bloße Existenz dieser Satelliten beseitigte mit einem Schlag einen der größten Einwände gegen die kopernikanische Lehre. Die Aristoteliker vertraten die Ansicht, es sei unmöglich, dass die Erde die Sonne umkreise, weil die Erde ja den Mond habe, der sie umrundet. Wie sollte das Universum über zwei Rotationszentren – Sonne und Erde – verfügen? Galileis Beobachtungen zeigten zweifelsfrei, dass ein Planet über Satelliten verfügen kann, die ihn umkreisen, während er selbst seine eigene Umlaufbahn um die Sonne beschreibt.

Eine weitere wichtige Entdeckung Galileis war die genaue Beschreibung der Venusphasen im Jahr 1610. Der geozentrischen Lehre zufolge bewegte sich Venus auf einer Umlaufbahn um die Erde in einem kleinen Kreis (einem Epizykel). Das Zentrum des Epizykels sollte stets auf einer Linie liegen, die Erd- und Sonnenmittelpunkt miteinander verband (vergleiche die – nicht maßstabsgerechte – Abbildung 17a). In diesem Falle würde man bei Beobachtungen von der Erde aus die Venus fast immer als Halbmond von unterschiedlicher Stärke sehen. Nach dem kopernikanischen System hingegen sollte sich das Aussehen der Venus von einer kleinen, komplett hellen Scheibe – wenn der Planet sich, von der Erde aus gesehen, auf der anderen Seite der Sonne befindet – in eine große und fast schwarze Scheibe verwandeln – wenn die Venus auf derselben Sonnenseite, zwischen Erde und Sonne, steht (Abbildung 17b). Zwischen diesen beiden Positionen müsste die Venus ähnlich wie der Mond eine ganze Reihe von Zwischenphasen durchlaufen. Galilei tauschte sich brieflich mit seinem einstigen Schüler Benedetto Castelli (1578–1643) über die Vorhersagen der beiden Lehrmeinungen aus, die entscheidenden Beobachtungen dazu unternahm er im Oktober und Dezember 1610. Das Urteil war eindeutig. Die Beobachtungen bestätigten zweifelsfrei die kopernikanische Position und bewiesen, dass die Venus in der Tat die Sonne umkreist. Am 11. Dezember sandte ein verspielt-verschmitzter Galilei Johannes Kepler das rätselhafte Anagramm «*Haec immatura a me iam frustra leguntur oy*» («Zu früh wurde dieses von mir vergeblich

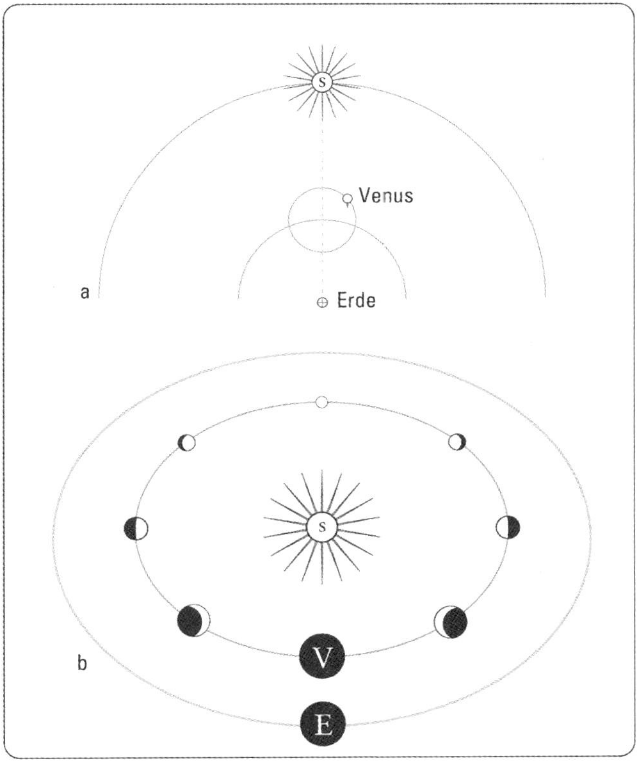

Abbildung 17

gepredigt»). Kepler versuchte erfolglos die verborgene Botschaft zu entziffern, und gab es schließlich auf. In seinem nächsten Brief vom 1. Januar 1611 setzte Galilei die Buchstaben des Anagramms in die richtige Reihenfolge, das nun lautete: «*Cynthiae figuras aemulatur mater amorum*» («Cynthias [des Mondes] Schatten eifert die Mutter der Liebe [Venus] nach»).

Die Beobachtungen, die ich bislang zitiert habe, betrafen sämtlich entweder Planeten im Sonnensystem (Himmelskörper, die die

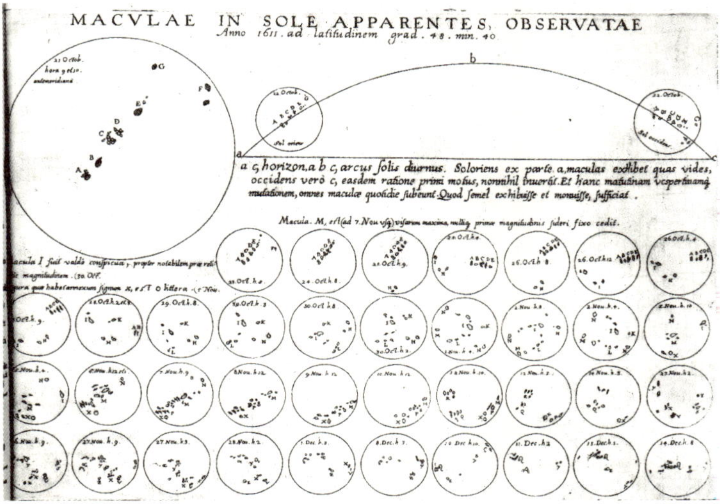

Abbildung 18

Sonne umrunden und deren Licht reflektieren) oder Monde (Satelliten, die diese Planeten umrunden). Galilei gelangen jedoch auch zwei überaus wichtige Entdeckungen in Bezug auf Sterne – Himmelskörper wie der Sonne, die selbst Licht aussenden. Zunächst unternahm er Beobachtungen an der Sonne selbst. Der aristotelischen Weltsicht zufolge sollte die Sonne überirdische Vollkommenheit und Unveränderlichkeit symbolisieren. Stellen Sie sich vor, was für einen Schock es bedeutet haben muss, als klar wurde, dass die Sonnenoberfläche alles andere als vollkommen ist. Sie enthält Unebenheiten und dunkle Flecken, die kommen und gehen, während sich die Sonne um ihre eigene Achse dreht. Abbildung 18 zeigt Zeichnungen der Sonnenflecken von Galileis Hand. Galileis Zeitgenosse Federico Cesi (1585–1630) schrieb dazu, sie «erfreuten zwiefach: durch das Wunder des Spektakulums selbst und durch die Akkuratesse der Wiedergabe». Genau genommen war Galilei nicht der Erste, der Sonnenflecken beobachtet, ja nicht einmal der Erste, der darüber geschrieben hat. Vor allem eine Schrift –

Tres epistolae de maculis solaribus («Drei Briefe über Sonnenflecken») des Jesuitenpaters und Forschers Christoph Scheiner (1573–1650) – verärgerten Galilei dermaßen, dass er sich gedrängt fühlte, eine wortgewaltige Antwort zu verfassen. Scheiner vertrat die Ansicht, es sei unmöglich, dass die Flecken unmittelbar auf der Sonnenoberfläche lokalisiert seien. Seine Vermutung gründete sich hauptsächlich darauf, dass die Flecken seiner Ansicht nach zu dunkel seien (er glaubte, sie seien dunkler als die dunklen Bereiche des Mondes), und auch auf der Tatsache, dass sie nicht immer an dieselbe Position zurückkehrten. Scheiner glaubte infolgedessen, man habe es mit kleinen Planeten zu tun, die die Sonne umkreisten. In seinen *Lettere solari* nimmt Galilei Scheiners Argumente eines nach dem anderen auseinander. Mit ungeheurer Akribie, mit einem Witz und Sarkasmus, die einen Oscar Wilde zu lautem Beifall genötigt hätten, zeigt Galilei, dass die Flecken in Wirklichkeit überhaupt nicht dunkel seien, sondern nur in Relation zur hellen Sonnenoberfläche so wirkten. Darüber hinaus ließen Galileis Arbeiten keinen Zweifel daran, dass sich die Flecken unmittelbar auf der Sonnenoberfläche befanden (ich werde später in diesem Kapitel darauf zurückkommen, wie er diese Tatsache belegt hat).

Galileis Beobachtungen an anderen Sternen waren wirklich und wahrhaftig die ersten menschlichen Vorstöße in den Teil des Kosmos, der sich jenseits unseres Sonnensystems befindet. Galilei entdeckte, dass sein Fernrohr die Bilder anderer Sterne – anders als die vom Mond und von den Planeten – kein bisschen vergrößerte. Die Schlussfolgerung lag auf der Hand – die Sterne mussten sehr viel weiter entfernt sein als die Planeten. Das allein stellt bereits eine beträchtliche Überraschung dar, wirklich aufschlussreich aber war die Unzahl an neuen, schwach leuchtenden Sternen, die das Fernrohr enthüllte. In einem kleinen Gebiet um das Sternbild des Orion herum entdeckte Galilei nicht weniger als fünfhundert neue Sterne. Als Galilei sein Fernrohr jedoch ausrichtete, um jenseits der Milchstraße – jenes schwachen Lichtstreifens, der den Nachthimmel durchzieht – nach Neuem zu suchen, wartete auf ihn die größte Überraschung von allen. Selbst dieser glatt aussehende Lichtstreifen zerfiel in eine unfassbare Zahl von Sternen, die kein Mensch vor ihm je gesehen hatte. Mit einem Schlag wurde das Universum sehr, sehr viel komplexer. In der einigermaßen leidenschaftslosen Sprache des Wissenschaftlers berichtete Galilei:

> Als drittes beobachteten wir das Wesen der Milchstraße, ihre Materie, die man mit Hilfe des Fernrohrs mit den Sinnen so klar wahrnehmen kann, daß aller Streit, der die Philosophen seit so vielen Jahrhunderten gequält hat, von der mit dem Auge gewonnenen Gewißheit abgelöst wird und uns wortreiche Erörterungen erspart bleiben. Die *Galaxis* ist nämlich nichts anderes als eine Ansammlung zahlloser, haufenförmig angeordneter Sterne, denn auf welches ihrer Gebiete sich das Fernrohr auch richtet, bietet sich dem Auge unverzüglich eine gewaltige Menge von Sternen dar, von denen einige ziemlich groß und sehr auffallend scheinen, während die Vielzahl der kleinen ganz und gar unerforschlich ist.

Einige der Zeitgenossen Galileis reagierten begeistert. Seine Entdeckungen entzündeten in ganz Europa die Fantasie von Wissenschaftlern und Nichtwissenschaftlern gleichermaßen. Der schottische Dichter Thomas Seggett schwärmte:

> *Columbus schenkte dem Menschen Land, mit Blut zu erobern*
> *Galilei neue Welten zu niemandes Harm*
> *Was ist besser?*

Sir Henry Wotton, einem englischen Diplomaten in Venedig, gelang es, am Tag des Erscheinens von *Sidereus Nuncius* ein Exemplar des Buches zu ergattern. Er sandte es auf der Stelle an König Jakob I. von England, zusammen mit einem Brief, in dem es unter anderem hieß:

> Hiermit übersende ich eurer Majestät die seltsamste Neuigkeit (wie ich sie zu Recht nennen darf), die sie je aus meinem Teil der Welt erhalten hat; namentlich das beiliegende Buch (welches am heutigen Tage erschienen ist) jenes Mathematikprofessors aus Padua, der vermittels eines optischen Instruments … vier neue Planeten entdeckt hat, die um den Kugelleib des Jupiter herum rotieren, dazu viele andere unbekannte Fixsterne.

Ganze Bände könnte man schreiben – sind tatsächlich bereits geschrieben worden –, wollte man Galileis zahllose Entdeckungen angemessen würdigen, das aber würde den Rahmen dieses Buches sprengen. Ich möchte an dieser Stelle nur die Folgen beleuchten, die einige dieser außergewöhnlichen Erkenntnisse für Galileis Vorstellung vom Universum hatten, und insbesondere: Welche Beziehung sah er – wenn überhaupt – zwischen der Mathematik und der unfassbaren Weite dieses Kosmos?

Das große Buch der Natur

Der Wissenschaftsphilosoph Alexandre Koyrè (1892–1964) behauptete einst, die umwälzenden Veränderungen, die Galilei im wissenschaftlichen Denken bewirkt habe, ließen sich im Wesentlichen auf ein Element herunterbrechen: auf die Erkenntnis, dass die Mathematik die Grammatik der Wissenschaften sei. Während die Aristoteliker sich mit einer rein qualitativen Beschreibung der Natur zufriedengaben und sich selbst dazu auf die Autorität des Aristoteles beriefen, verlangte Galilei, dass Wissenschaftler auf die Natur selbst hören sollten, und beharrte darauf, dass der Schlüssel zur Entzifferung des kosmischen Getriebes in mathematischen Beziehungen und geometrischen Modellen bestehe. Der unüberbrückbare Unterschied zwischen den beiden Ansätzen lässt sich an den Schriften der prominenten Vertreter beider Lager ablesen. Hier der Aristoteliker Giorgio Coresio: «Lassen Sie uns daher zu dem Schluss kommen, dass derjenige, der nicht im Dunkeln arbeiten will, Aristoteles, den herausragenden Interpreten der Natur, zurate ziehen muss.» Worauf ein anderer Aristoteliker, der Philosoph Vincenzo di Grazia aus Pisa, hinzufügt:

> Bevor wir uns Galileis Berichten zuwenden, scheint es notwendig zu zeigen, wie weit entfernt von der Wahrheit jene sind, die natürliche Gegebenheiten vermittels mathematischer Beweisführung zu beweisen wünschen, zu denen, wenn ich mich nicht irre, auch Galilei gehört. Alle Wissenschaften und alle Künste verfügen über ihre eigenen Prinzipien und ihre eigenen Ursachen, vermittels welcher sie die besonderen Eigenschaften ihres eigenen Forschungsgegenstands

> belegen. *Daraus ergibt sich, dass es uns nicht erlaubt ist, die Prinzipien der einen Wissenschaft heranzuziehen, um die Besonderheiten einer anderen zu belegen.* [Kursivierung von mir] Wenn deshalb jemand glaubt, er könne natürliche Eigenschaften vermittels mathematischer Argumente beschreiben, so ist er nichts anderes als irregeleitet, denn die beiden Wissenschaften sind höchst unterschiedlich. Der Naturforscher untersucht natürliche Körper, denen Bewegung als natürlicher und angemessener Zustand eigen ist, der Mathematiker aber entkleidet von aller Bewegung.

Diese Vorstellung von einer hermeneutischen Aufteilung der einzelnen Wissenschaftszweige war genau jene Art von Denkweise, die Galilei wütend machte. In seinem Manuskript über die Hydrostatik – *Abhandlung über die Dinge, die sich auf dem Wasser halten können* – führte er die Mathematik als machtvolles Instrument ein, das es dem Menschen möglich mache, den Geheimnissen der Natur auf die Spur zu kommen.

> Ich erwarte härtesten Tadel von einem meiner Kontrahenten, und ich kann ihn förmlich mir ins Ohr rufen hören, dass es eine Sache sei, sich physikalisch mit den Dingen auseinanderzusetzen, hingegen etwas ganz anderes, dies mathematisch zu tun, und dass Geometer bei ihren Hirngespinsten bleiben und sich nicht auf philosophische Fragen einlassen sollten, bei denen die Schlussfolgerungen anders aussähen als in der Mathematik. Als ob es je mehr als eine Wahrheit geben könne, als ob die Geometrie unserer Zeit ein Hindernis zum Erwerb wahrer philosophischer Erkenntnis sei und als ob es unmöglich sei, Geometer und Philosoph in einem zu sein, woraus wir als notwendige Schlussfolgerung annehmen müssten, dass jeder, der die Geometrie beherrscht, nichts von Physik verstehen kann und somit nicht physikalisch über physikalische Fragen reden und nachdenken kann! Eine Folgerung, nicht minder närrisch als die eines gewissen Arztes, der sich in einem Anfall von Torheit zu der Aussage verstieg, der große Doktor Acquapendente [der italienische Anatom Hieronymus Fabricius (1537–1619) aus Acquapendente], seines Zeichens berühmter Anatom und Chirurg, solle sich mit seinen Skalpellen und Salben zufriedengeben und nicht versuchen, mit Arzneien Heilung zu erreichen, als ob das Wissen um die Chirurgie der Medizin entgegenstehe und diese untergrabe.

Ein schönes Beispiel dafür, wie die eigene Haltung gegenüber beobachteten Naturphänomenen deren Interpretation verändern kann, war die Entdeckung der Sonnenflecken. Wie im Vorhergehenden bereits erwähnt, hatte der Jesuit und Astronom Christoph Scheiner diese Flecken kundig und genau beobachtet. Er machte allerdings den Fehler, sein Urteil durch seine aristotelischen Vorstellungen von einem «vollkommenen» Himmel leiten zu lassen. Als er feststellte, dass die Flecken nicht immer wieder an dieselbe Stelle zurückkehrten, beeilte er sich folglich zu versichern, es sei möglich, «die Sonne von der Unreinheit» dieser Flecken frei zu sehen. Seine Vorstellung von einem ewigen unveränderlichen Himmel legte seiner Fantasie Ketten an und hinderte ihn, die Möglichkeit in Betracht zu ziehen, dass die Flecken sich verändern könnten (möglicherweise so sehr, dass sie kaum mehr wiederzuerkennen waren). Er kam daher zu dem Schluss, dass die Flecken Himmelskörper sein mussten, die die Sonne umkreisten. Galileis Ansatz bei seinen Überlegungen zur Frage der Entfernung der Sonnenflecken von der Sonnenoberfläche war ein ganz anderer. Er hatte drei Beobachtungen gemacht, die seiner Ansicht nach einer Erklärung bedurften. Erstens: Die Flecken schienen in Zentrumsnähe größer, als wenn sie den Rand der Sonnenscheibe erreicht hatten. Zweitens: Die Zwischenräume zwischen den Flecken schienen sich zu vergrößern, wenn sich diese dem Zentrum näherten. Und schließlich schienen sich die Flecken in Zentrumsnähe rascher zu bewegen als in der Nähe des Randes. Galilei vermochte mit einer einzigen geometrischen Konstruktion zu zeigen, dass seine Hypothese – der zufolge die Flecken auf der Sonnenoberfläche lokalisiert sein mussten und auf ihr transportiert wurden – sich mit sämtlichen beobachteten Tatsachen vertrug. Seine ausführliche Erklärung fußt auf dem optischen Phänomen der perspektivischen Verkürzung – der Tatsache, dass Formen auf einer Kugel in der Nähe des Umrisses zwangsläufig schmaler und näher beisammenliegend erscheinen müssen als im Zentrum (Abbildung 19 zeigt diesen Effekt anhand von Kreisen auf einer Kugeloberfläche).

Galileis Überlegung war von fundamentaler Bedeutung für den weiteren wissenschaftlichen Fortschritt. Er hatte gezeigt, dass aus Beobachtungsdaten nur dann bedeutsame Beschreibungen folgen, wenn

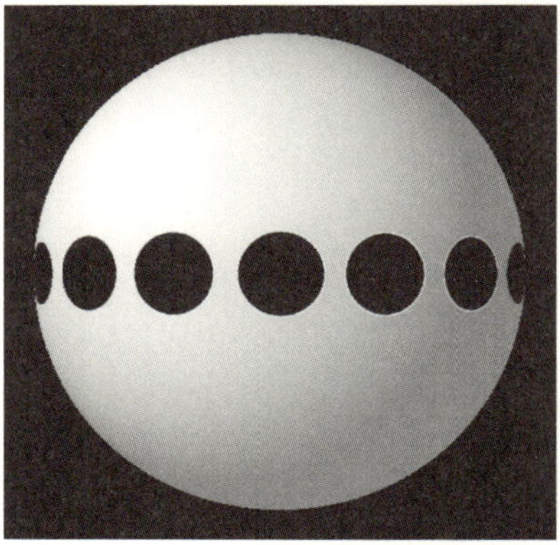

Abbildung 19

sie in die richtige mathematische Theorie eingebettet werden. Ein und dieselbe Beobachtung konnte zu widersprüchlichen Deutungen führen, solange sie nicht in einem umfassenderen theoretischen Zusammenhang gesehen wurde.

Galilei ließ keine Gelegenheit aus, einen ordentlichen Streit auszufechten. Die nachdrücklichste Darstellung seiner Gedanken zum Wesen der Mathematik und ihrer Rolle für die Wissenschaft findet sich in einer weiteren polemischen Schrift aus seiner Feder – *Il Saggiatore* («Der Prüfer mit der Goldwaage»). Diese brillante, meisterhaft formulierte Schrift erlangte eine solche Popularität, dass sich angeblich sogar der damalige Papst, Urban VIII., bei den Mahlzeiten daraus hat vorlesen lassen. Pikanterweise war die zentrale These dieses Traktats durch und durch falsch. Galilei vertrat darin den Standpunkt, Kometen seien eigentlich Sinnestäuschungen, atmosphärische Erscheinungen, die sich durch irgendwelche Launen der optischen Brechung auf dieser Seite des Mondes ergäben.

Die Hintergrundgeschichte zu *Il Saggiatore* klingt ein bisschen nach dem Libretto einer italienischen Oper. Im Herbst 1618 erschienen nacheinander drei Kometen am Himmel. Der dritte blieb fast drei Monate hindurch sichtbar. Im Jahr darauf veröffentlichte der Jesuitenpater

Horatio Grassi, Mathematiker am römischen Kollegium, anonym eine Schrift über seine Beobachtungen an diesen Kometen. Auf den Spuren des dänischen Astronomen Tycho Brahe kam Grassi zu dem Schluss, dass die Kometen sich irgendwo zwischen Mond und Sonne befänden. Diese Schrift wäre vielleicht unbemerkt geblieben, hätte Galilei nicht beschlossen, darauf zu antworten, weil man ihm gesagt hatte, dass einige Jesuiten Grassis Aufsatz als harten Schlag gegen die kopernikanische Lehre betrachteten. Seine Antwort erfolgte in Gestalt von Vorträgen (die Galilei weitgehend selbst verfasst hatte), die aber von seinem Schüler Mario Guiducci gehalten wurden. In der schriftlich veröffentlichten Fassung dieser Vorlesungen, dem *Discorso sulle comete* («Abhandlung über die Kometen»), griff Galilei Grassi und Tycho Brahe direkt an. Dieses Mal war Grassi an der Reihe, Anstoß zu nehmen. Unter dem Pseudonym Lothario Sarsi – einem seiner Schüler – verfasste er eine geharnischte Antwort, in welcher er Galilei mit unmissverständlichen Worten heftig angriff. Die Antwort trug den Titel *Libra Astronomica ac Philosophica, qua Galilaei Galilaei opiniones de cometis a Mario Guiducio in Florentina Academia expositae, atque in lucem nuper editae, examinantur a Lothario Sarsio Sigensano* («Philosophische und astronomische Waage, auf der die Meinungen des Galileo Galilei über die Kometen, die von Mario Guiducci in der Florentiner Akademie vorgestellt und kürzlich ans Licht gebracht wurden, gewogen werden von Lothario Sarsi aus Siguenza»). In Verteidigung seiner Anwendung der Methoden Tychos zur Entfernungsbestimmung erklärte Grassi (als sein eigener Schüler) in beißendem Tonfall: Jawohl, er sei der Autorität Tychos gefolgt: ob er etwa jene des Ptolemäus hätte vorziehen sollen, welche des Irrtums überführt worden sei, oder vielleicht gar die des Kopernikus, welche jeder Gottesfürchtige verabscheuen müsse, ebenso wie dessen jüngst verdammte Hypothese?

Dieser Text demonstriert ausgesprochen plastisch, auf welch schmalem Grad ein jesuitischer Mathematiker sich zu Beginn des 17. Jahrhunderts bewegen musste. Einerseits war Grassis Kritik an Galilei komplett gerechtfertigt und von durchdringender Einsicht. Andererseits hatte Grassi sich – unter dem Druck, sich auf keinen Fall der kopernikanischen Lehre anschließen zu dürfen – eine Zwangsjacke angelegt, die seiner Gesamtargumentation schadete.

Galileis Freunde waren derartig besorgt, dass Grassis Angriffe Galileis Autorität untergraben könnten, dass sie den Meister zu einer Antwort drängten. Dies führte zur Drucklegung von *Il Saggiatore* im Jahr 1623 (der komplette Titel erläutert, dass in dieser Schrift der «Inhalt der *philosophischen und astronomischen Waage* des Lothario Sarsi aus Siguenza mit der Goldwaage sorgfältig nachgewogen werde»).

Wie ich oben bereits erwähnt hatte, enthält *Il Saggiatore* Galileis deutlichste und einflussreichste Aussage zur Relation zwischen der Mathematik und dem Kosmos. Hier ein höchst bemerkenswerter Abschnitt daraus:

> Bei Sarsi meine ich den festen Glauben herauszuspüren, man müsse sich beim Philosophieren auf die Meinung irgendeines berühmten Autors stützen, so als ob unser eigener Geist, vollständig steril und unfruchtbar bleiben müßte, solange er sich nicht mit dem Vernunftdenken von jemand anderem vermählt. Vielleicht meint er, die Philosophie sei ein Roman, welcher der Fantasie irgendeines Autors entsprungen sei, so wie die *Ilias* oder der *Rasende Roland* [ein episches Versgedicht aus dem 16. Jahrhundert], also ein Werk von der Art, bei dem die unwichtigste Frage von allen ist, ob das darin Geschriebene auch wahr sei. Nun, mein lieber Sarsi, das ist in Wirklichkeit ganz anders. *Die Philosophie ist ins große Buch des Universums eingeschrieben, und dieses Buch liegt ständig offen vor unseren Augen. Aber dieses Buch kann man nicht verstehen, wenn man nicht zunächst seine Sprache begreift und das Alphabeth zu entziffern versteht, in dem es geschrieben ist. Es ist in der Sprache der Mathematik geschrieben, und seine Schriftzeichen sind Dreiecke, Kreise und andere geometrische Figuren, ohne die es keinem Menschen möglich ist, ein einziges Wort davon zu verstehen, ohne sie tappt man wie in einem finsteren Labyrinth umher.* [Kursivierung von mir]

Verblüffend, oder? Jahrhunderte bevor die Frage, warum die Mathematik eigentlich eine solche Macht hat, die Natur zu erklären, überhaupt gestellt wurde, kannte Galilei bereits die Antwort. Für ihn war Mathematik schlicht und einfach die Sprache des Universums. Um das Universum verstehen zu können, so seine Rede, muss man diese Sprache sprechen. Gott ist in der Tat ein Mathematiker.

Das gesamte Spektrum der in Galileis Schriften geäußerten Ideen zeichnet ein noch viel genaueres Bild von seinem Mathematikverständnis. Als Erstes müssen wir uns klarmachen, dass für Galilei Mathematik letztlich gleichbedeutend war mit Geometrie. Er scherte sich nur selten darum, Werte in absoluten Zahlen zu messen, und beschrieb Phänomene hauptsächlich in relativen Begriffen, das heißt über Proportionen zwischen einzelnen Größen. Auch darin war Galilei ein treuer Schüler des Archimedes, dessen Prinzip der Hebelwirkung und der vergleichenden Geometrie er höchst effizient anzuwenden verstand. Ein zweiter interessanter Aspekt, der sich vor allem an Galileis letztem Buch zeigt, ist die Unterscheidung, die er zwischen den Aufgaben der Geometrie und denen der Logik – dem aristotelischen Schlussverfahren – trifft. Das Buch selbst, *Discorsi e dimonstrazioni mathematiche intorno a due nuove scienze attenenti alla mecanica e I movimenti locali* («Unterredungen und mathematische Demonstrationen über zwei neue Wissenszweige, die Mathematik und die Fallgesetze betreffend») ist der Form nach eine lebhafte Diskussion zwischen drei Gesprächspartnern: Salviati, Sagredo und Simplicio, deren Rollen jeweils recht deutlich umrissen sind. Salviati ist im Grunde das Alter Ego Galileis. Sagredo, der Aristokrat und Philosophieliebhaber, ist ein Mann, dessen Geist sich bereits von den Fesseln aristotelischer Alltagsphilosophie befreit hat und der sich deshalb von den Stärken der neuen mathematischen Wissenschaft überzeugen lassen kann. Simplicio, der in einem früheren Diskurs Galileis als jemand gezeichnet war, der komplett unter dem Bann aristotelischer Autorität stand, tritt hier als eher aufgeschlossener Gelehrter auf. Am zweiten Tag des Diskurses kommt es zu einem interessanten Austausch zwischen Sagredo und Simplicio:

> Was sollen wir hierzu sagen, Herr Simplicio? Ist nicht die Geometrie das mächtigste Werkzeug zur Schärfung des Verstandes, das uns zu jeglicher Untersuchung befähigt? Wie hatte doch Plato recht, wenn er vor allem anderen seine Schüler gründlich in der Mathematik unterrichtete?

Simplicio scheint dem zuzustimmen und führt den Vergleich mit der Logik an:

> Wahrlich, ich fange an zu begreifen, dass die Logik, obwohl sie ein ausserordentliches Hülfsmittel der Dialektik ist, uns doch nicht zur Erfindung bringt und zur Denkschärfe der Geometrie.

Sagredo vertieft diese Unterscheidung:

> Mir scheint, die Logik lehrt uns erkennen, ob bereits angestellte Untersuchungen urtheilskräftig seien, aber dass sie den Gang derselben bestimme und die Beweise finden lehre, das glaube ich nicht.

Galileis Botschaft hier ist einfach und geradlinig: Er glaubte, dass Geometrie das Instrument ist, neue Wahrheiten zu *entdecken*, Logik hingegen das Mittel, bereits gemachte Entdeckungen *zu bewerten und zu kritisieren*. In Kapitel 7 werden wir eine andere Perspektive betrachten, der zufolge sich die gesamte Mathematik der Logik verdankt.

Wie ist Galilei zu der Vorstellung gekommen, dass die Mathematik die Sprache der Natur sei? Eine philosophische Schlussfolgerung von solcher Tragweite wird ja schließlich nicht vom Himmel gefallen sein. Tatsächlich lassen sich die Wurzeln dieser Idee bis weit zu den Schriften des Archimedes zurückverfolgen. Der griechische Meister war der Erste gewesen, der sich zur Erklärung natürlicher Phänomene der Mathematik bedient hatte. Von seinen Werken hatte ein dornenreicher Weg über verschiedene Gelehrte des Mittelalters und etliche italienische Hofmathematiker schließlich dahin geführt, dass die Natur der Mathematik einen diskussionswürdigen Status erlangte. Schließlich und endlich erkannten auch einige der jesuitischen Mathematiker zu Galileis Zeiten, hier insbesondere Christopher Clavius, die Tatsache an, dass der Mathematik möglicherweise eine Art Vermittlerrolle zwischen der Metaphysik – den philosophischen Prinzipien der Natur des Daseins – und der physikalischen Realität zukomme. Im Vorwort («Prolegomena») seines Kommentars zu den *Elementen* des Euklid schrieb Clavius:

> Da die mathematischen Fächer von Dingen handeln, von denen man glaubt, dass sie nichts mit einem sinnlich erfahrbaren Stoff zu tun haben – obwohl sie [die Dinge] in Wahrheit dem Stoff eingesenkt

> sind –, ist es offensichtlich, dass sie [die mathematischen Fächer] zwischen der Metaphysik und der Naturwissenschaft den mittleren Ort einnehmen …

Galilei war mit der Stellung der Mathematik als einem bloßen Zwischending nicht einverstanden. Er tat den überaus kühnen Schritt, die Mathematik mit der Sprache Gottes gleichzusetzen. Dies aber warf ein weiteres schwerwiegendes Problem auf – eines, das höchst dramatische Auswirkungen auf Galileis Leben haben sollte.

Wissenschaft und Technologie

Galilei zufolge hatte Gott bei der Erschaffung der Welt die Sprache der Mathematik gesprochen. Der katholischen Kirche zufolge war Gott der «Autor» der Bibel. Was war dann also von jenen Fällen zu halten, in denen mathematisch fundierte Erklärungen der Schrift augenscheinlich zu widersprachen? Die Theologen des Konzils von Trient hatten im Jahre 1546 darauf eine klare Antwort gefunden: Sie erklärten, «daß niemand, auf eigene Klugheit gestützt, es wagen soll, in Sachen des Glaubens und der Sitten, die zum christlichen Lehrgebäude gehören, die Heilige Schrift nach eigenem Verständnis und gegen jeden Sinn zu verdrehen, den die Heilige Mutter Kirche – ihr kommt es zu, über den wahren Sinn und über die Auslegung der Heiligen Schriften zu urteilen – festgehalten hat». Folglich kamen Theologen, die im Jahr 1616 ihre Meinung zu Kopernikus' heliozentrischem Weltbild abgeben sollten, zu dem Schluss, dass dieses den Tatbestand der Ketzerei erfülle, da es an vielen Stellen dem Geist der Heiligen Schrift widerspreche. Mit anderen Worten: Die Ablehnung der kopernikanischen Weltsicht Galileis hatte weit weniger damit zu tun, dass die Erde darin aus ihrer zentralen Position im Kosmos verdrängt, als vielmehr mit der Tatsache, dass dadurch die Autorität der Kirche im Auslegen der Schrift untergraben wurde. In einem Klima, in dem die römisch-katholische Kirche sich ohnehin bereits mit den abweichlerischen Theologen der Reformation herumschlagen musste, befanden sich Galilei und die Kirche auf klarem Kollisionskurs.

Gegen Ende des Jahres 1613 begannen die Ereignisse sich zu überschlagen. Galileis einstiger Schüler Benedetto Castelli brachte dem Großherzog der Toskana und seinem Hofstaat die neuesten astronomischen Entdeckungen zu Gehör. Erwartungsgemäß wurde er gedrängt, die offensichtlichen Widersprüche zwischen der kopernikanischen Lehre und verschiedenen biblischen Darstellungen zu erklären – beispielsweise der Stelle, an der Gott Sonne und Mond in ihrem Lauf anhält, damit Josua und die Israeliten im Tal von Ajalon ihren Kampf gegen die Amoriter siegreich zu Ende bringen konnten. Auch wenn Castelli berichtet, er habe sich bei seiner Verteidigung der kopernikanischen Lehre «wie ein Held geschlagen», war Galilei, als er von dieser Konfrontation hörte, einigermaßen beunruhigt und sah sich veranlasst, eine eigene Stellungnahme über die Widersprüche zwischen der Wissenschaft und der Heiligen Schrift abzugeben. In einem langen Brief an Castelli, datiert auf den 21. Dezember 1613, schrieb Galilei:

> Da also die Schrift es an vielen Stellen nicht nur zuläßt, sondern geradezu notwendig macht, eine von der scheinbaren Bedeutung der Worte abweichende Auslegung zu geben, halte ich dafür, daß ihr in den Disputen über die Natur der letzte Platz vorbehalten sein sollte: denn da die Heilige Schrift und die Natur in gleicher Weise aus dem Göttlichen Wort hervorgegangen sind, jene als Einflößung des Heiligen Geistes, diese als gehorsamste Vollstreckerin der göttlichen Befehle; und da ferner in den Schriften Übereinkunft darin besteht, viele Dinge dem Anschein und der Bedeutung der Worte nach anders zu sagen, als es die absolute Wahrheit wäre, um sich dem Verständnis der Menge anzubequemen; hingegen die Natur unerbittlich und unwandelbar und unbekümmert darum ist, ob ihre verborgenen Gründe und Wirkungsweisen dem Fassungsvermögen der Menschen erklärlich sind oder nicht, denn sie überschreitet niemals die Grenzen der ihr auferlegten Gesetze, scheint es, daß die natürlichen Wirkungen, die uns durch die Erfahrung der Sinne vor Augen geführt werden oder die wir durch zwingende Beweise erkennen, keinesfalls in Zweifel gezogen werden dürfen durch Stellen der Schrift, deren Worte scheinbar einen anderen Sinn haben, weil nicht jeder Ausspruch der Schrift an so strenge Regeln gebunden ist wie eine jede Wirkung der Natur.

Diese Deutung biblischer Inhalte, vertrug sich eindeutig nicht mit der Position einiger der unnachgiebigen, strengeren Theologen. So hatte zum Beispiel der Dominikaner Domingo Bañez im Jahre 1584 geschrieben, der Heilige Geist habe nicht nur den Inhalt all dessen, was in der Bibel niedergeschrieben ist, inspiriert, sondern er habe auch jedes Wort davon diktiert und festgelegt. Galilei war davon offenbar nicht überzeugt. In seinem Brief an Castelli fügt er hinzu:

> Ich halte dafür, daß die Autorität der Heiligen Schrift einzig zum Ziele hat, die Menschen von jenen Artikeln und Lehren zu überzeugen, die unerläßlich für ihr Heil und über jegliche menschliche Erkenntnis hinausgehend, ihnen durch keine andere Wissenschaft und kein anderes Mittel als durch den Mund des Heiligen Geistes selbst glaubwürdig gemacht werden konnten. Aber daß derselbe Gott, welcher uns mit Sinnen, Urteilskraft und Verstand begabt hat, den Gebrauch selbiger hintansetzend, gewollt habe, uns Kenntnisse auf andere als die durch sie zu erlangende Weise zu vermitteln, das zu glauben erachte ich nicht für nötig, zumal nicht in jenen Wissenschaften, von denen nur ein überaus geringer Teil, dazu noch in verstreuten Sätzen, in der Schrift enthalten ist; welches eben für die Astronomie gilt, von der nur ein so kleiner Teil enthalten ist, daß noch nicht einmal die Planeten genannt wurden.

Eine Kopie von Galileis Brief gelangte in die Hände der Heiligen Kongregation des Heiligen Offiziums in Rom, die sich mit Angelegenheiten des Glaubens zu befassen hatte, und hier insbesondere in die Hände des einflussreichen Kardinals Robert Bellarmin (1542–1621). Bellarmins erste Reaktion auf Kopernikus war relativ gemäßigt ausgefallen, denn er betrachtete das gesamte heliozentrische Modell als Möglichkeit, den Schein zu wahren, «so wie jene, die sich für die Epizyklen als mögliche Lösung ausgesprochen hatten, ohne recht eigentlich an deren Existenz zu glauben». Wie andere vor ihm behandelte auch Bellarmin die von den Astronomen vertretenen mathematischen Modelle lediglich als bequemes Spielzeug, ersonnen, um zu beschreiben, was Menschen beobachten, ohne dabei in irgendeiner Weise der physikalischen Realität verhaftet zu sein. Solche Instrumente «zur Wahrung des schönen Scheins», so sein Argument, belegten mitnichten, dass die Erde sich wirklich bewegt. Folglich sah Bellarmin in Kopernikus Buch *De Revolutionibus Orbium Coelestium* («Über die Kreisbewegungen der Weltkörper») keine unmittelbare Bedrohung, wenngleich er sich beeilte hinzuzufügen, dass die Behauptung, die Erde drehe sich, nicht nur alle «gelehrten Philosophen und Theologen» irritiere, sondern auch den «Heiligen Glauben erschüttere, indem sie der Heiligen Schrift widerspreche».

Den Rest dieser tragischen Geschichte in allen Einzelheiten zu schildern würde den Rahmen sprengen, den ich mir für dieses Buch gesteckt habe, ich liefere daher nur eine kurze Skizze. Die für den Index verbotener Schriften zuständige Kongregation – die *Congregatio indicis librorum prohibitorum* – verbot Kopernikus' Buch im Jahr 1616. Galileis unermüdliche Versuche, sich auf zahlreiche Passagen des heiligen Augustinus, des Meistverehrten unter den frühen Theologen, zu berufen, um seine Interpretation der Beziehung zwischen den Naturwissenschaften und der Heiligen Schrift zu stützen, brachten ihm wenig Sympathie ein. Trotz redegewandter Briefe, deren Hauptinhalt in der Versicherung bestand, dass (von oberflächlichen Kleinigkeiten abgesehen) keine Unstimmigkeiten zwischen der kopernikanischen Lehre und der biblischen Darstellung bestehe, betrachteten die Theologen jener Zeit Galileis Argumente als unwillkommene Einmischung in ihren Wirkungsbereich. Zynischerweise zögerten dieselben Theologen keinen Augenblick, sich ihrerseits zu Fragen der Wissenschaft zu äußern.

Auch als am Horizont längst dunkle Wolken aufzogen, glaubte Galilei noch immer, dass die Vernunft siegen werde – ein Riesenfehler, wenn es darum geht, Fragen des Glaubens zu erörtern. Im Februar 1632 veröffentlichte Galilei seinen *Dialogo sopra i due massimi sistemi del mondo tolemaico e copernicano* («Dialog über die beiden hauptsächlichsten Weltsysteme, das ptolemäische und das kopernikanische»; Abbildung 20 zeigt das Titelblatt der ersten Auflage). Dieser polemische Text war Galileis ausführlichste Darstellung der kopernikanischen Ideen. Außerdem, so argumentierte Galilei, würden die Menschen, indem sie lernten, sich der Sprache des mechanischen Gleichgewichts und der Mathematik zu bedienen, auch den göttlichen Geist verstehen lernen. Anders ausgedrückt: Wenn jemand mit Hilfe der Geometrie zu einer Lösung für ein Problem gelangt, haben die so

Abbildung 20

gewonnenen Einsichten und Erkenntnisse etwas Göttliches. Die Reaktion der Kirche war prompt und unmissverständlich. Die Verbreitung des *Dialogo* wurde bereits im August nach seiner Veröffentlichung verboten. Im darauffolgenden Monat wurde Galilei nach Rom beordert, um sich dort gegen die Anklage der Häresie zu verteidigen. Am 12. April 1633 wurde ihm der Prozess gemacht, und am 22. Juni befand man ihn «der Ketzerei dringend verdächtig». Die Richter legten Galilei zur Last, er habe «die falsche und den Heiligen und göttlichen Schriften widersprechende Lehre für gültig gehalten und geglaubt, wonach die Sonne der Mittelpunkt der Welt sei und sich nicht von Osten nach Westen bewege und die Erde sich bewege und nicht der Mittelpunkt der Welt sei». Die Strafe war hart:

> Wir verurteilen dich zu förmlichem Kerker in diesem Heiligen Offizium nach unserem Ermessen; und als heilsame Buße legen wir dir

> auf, in den kommenden drei Jahren einmal in der Woche die sieben Bußpsalmen zu sprechen: und wir behalten uns vor, die obengenannten Strafen und Bußen zu mildern, zu ändern, sie gänzlich oder teilweise aufzuheben.

Der müde gewordene Galilei vermochte mit seinen zweiundsiebzig Jahren dem Druck nicht standzuhalten. Gebrochen im Geiste, schrieb Galilei seine Widerrufung, in der er sich verpflichtete, «gänzlich von der falschen Meinung abzulassen, daß die Sonne der Mittelpunkt der Welt sei und stillstehe, und daß die Erde nicht der Mittelpunkt sei und sich bewege». Er schloss:

> Deshalb, da ich aus dem Geiste Eurer Eminenzen und eines jeglichen getreuen Christen diesen heftigen Verdacht, der rechtens auf mich fällt, tilgen will, schwöre ich aufrichtigen Herzens und ungeheuchelten Glaubens ab, verfluche und verabscheue die obengenannten Irrtümer und Ketzereien und überhaupt jeglichen und jedweden anderen Irrtum, jede Ketzerei und Sektiererei wider die Heilige Kirche; und ich schwöre, daß ich künftig niemals wieder, in Wort oder Schrift, Dinge sagen werden, für welche ähnlicher Verdacht gegen mich erschöpft werden könnte.

Galileis letztes Buch *Discorsi e dimonstrazioni mathematiche intorno a due nuove scienze attenenti alla mecanica e I movimenti locali* («Unterredungen und mathematische Demonstrationen über zwei neue Wissenszweige, die Mathematik und die Fallgesetze betreffend») wurde im Juli 1638 veröffentlicht. Das Manuskript war aus Italien hinausgeschmuggelt und im niederländischen Leiden gedruckt worden. Der Inhalt des Buches lässt sich wahrheitsgetreu und prägnant mit den legendären Worten wiedergeben: «*Eppur si muove*» («Und sie bewegt sich doch»). Diese trotzige Floskel, die Galilei zum Ende des Prozesses gerne in den Mund gelegt wird, ist so vermutlich nie geäußert worden.

Am 31. Oktober 1992 beschloss die katholische Kirche endlich, Galilei zu «rehabilitieren». In Anerkennung dessen, dass Galilei auf ganzer Linie recht gehabt hatte, aber in vorsichtigem Bemühen, die Inquisition nicht direkt zu kritisieren, fand Papst Johannes Paul II. die Worte:

> Merkwürdigerweise zeigte sich Galilei als aufrichtig Glaubender in diesem Punkte weitsichtiger als seine theologischen Gegner ... Die Mehrheit der Theologen vermochte nicht formell zwischen der Heiligen Schrift und ihrer Deutung zu unterscheiden, und das ließ sie eine Frage der wissenschaftlichen Forschung unberechtigterweise auf die Ebene der Glaubenslehre übertragen.

Für Zeitungen rund um die Welt war das ein gefundenes Fressen. Die *Los Angeles Times* erklärte: «Es ist amtlich: Die Erde dreht sich um die Sonne, sogar für den Vatikan.»

So manch einer fand die Sache weit weniger amüsant. Der spanische Galilei-Forscher Antonio Beltrán Marí erklärte:

> Die Tatsache, dass der Papst sich weiterhin für eine Autorität hält, die imstande ist, etwas Relevantes zu Galilei und dessen Wissenschaft zu äußern, zeigt, dass sich auf Seiten des Papstes nichts geändert hat. Er benimmt sich jeder Zoll genauso wie Galileis Richter, deren Fehler er nunmehr einräumt.

Der Fairness halber sei gesagt, dass der Papst in dieser Situation nur verlieren konnte. Jede Entscheidung seinerseits – das Thema zu ignorieren und Galileis Verdammung auf sich beruhen zu lassen oder aber, wie geschehen, den Fehler der Kirche endlich einzugestehen – hätte dieselbe harsche Kritik hervorgerufen. Gleichwohl ist es zu einer Zeit, da sich die Versuche mehren, den biblischen Kreationismus als alternative «wissenschaftliche» Theorie (unter dem fadenscheinigen Deckmäntelchen «intelligentes Design») zu etablieren, tröstlich zu wissen, dass Galilei diese Schlacht bereits vor vierhundert Jahren geschlagen – und gewonnen! – hat.

Kapitel 4

MAGIER: DER SKEPTIKER UND DER RIESE

In einer der sieben Episoden des Films *Was Sie schon immer über Sex wissen wollten, aber bisher nicht zu fragen wagten* spielt Woody Allen einen mittelalterlichen Hofnarren, der für seinen König und dessen Hof hinreißend komische Alltagssituationen zu bewältigen hat. Der Hofnarr beschließt irgendwann, mit der Königin zu schlafen, und verabreicht ihr in der Hoffnung, sie verführen zu können, ein Aphrodisiakum. Die Königin zeigt sich daraufhin dem Hofnarren nicht abgeneigt, aber da ist, verflixt noch mal, dieses große Schloss an ihrem Keuschheitsgürtel. In dieser frustrierenden Situation mit der Königin allein in deren Schlafzimmer, stammelt der Hofnarr nervös: «Ich muss mir unbedingt was einfallen lassen, bevor die Renaissance anbricht und wir alle anfangen zu malen.»

Scherz beiseite, diese Übertreibung ist eine treffende Beschreibung der Ereignisse im Europa des 15. und 16. Jahrhunderts. Die Renaissance hat in der Tat eine solche Fülle an Meisterwerken der Malerei, Bildhauerei und Architektur hervorgebracht, dass diese außerordentlichen Kunstwerke bis auf den heutigen Tag ein prägender Teil unserer Kultur geblieben sind. Der Wissenschaft schenkte die Renaissance die Durchsetzung des heliozentrischen Weltbilds unter Federführung von Kopernikus, Kepler und vor allem von Galilei. Die durch Galileis Beobachtungen mit dem Fernrohr möglich gewordene neue Sicht auf das Universum und die Einsichten, die sich aus seinen Experimenten in der Mechanik ergaben, haben möglicherweise mehr als alles andere die mathematischen Entwicklungen des folgenden Jahrhunderts inspiriert. Parallel zu ersten Anzeichen für ein Zerfallen der aristotelischen Lehre und verstärkten Angriffen auf die theologische

Ideologie der Kirche begannen die Philosophen nach einem neuen Fundament zu suchen, auf das sich das Wissen des Menschen würde gründen lassen. Die Mathematik mit ihrem allem Anschein nach sicheren Schatz an Wahrheiten lieferte offenbar die solideste Grundlage für einen solchen Neuanfang.

Der Mann, der sich der einigermaßen ehrgeizigen Aufgabe verschrieben hatte, eine Formel zu entdecken, die alles rationale Denken irgendwie in systematische Bahnen lenken sowie Wissen, Wissenschaft und Ethik zusammenführen würde, war ein junger Offizier aus dem französischen Kleinadel namens René Descartes.

Ein Träumer

Viele Leute betrachten Descartes (Abbildung 21) nicht nur als den ersten großen modernen Philosophen, sondern auch als den ersten modernen Biologen. Addieren Sie zu diesen beeindruckenden Referenzen noch die Tatsache, dass der englische Philosoph John Stuart Mills (1806–1873) eine von Descartes' spektakulärsten Leistungen auf dem Gebiet der Mathematik den «größte[n] Schritt, der in der Entwicklung der exakten Wissenschaft je getan worden ist», nennt, beginnen Sie die ungeheure Geistesgröße von Descartes zu erfassen.

René Descartes wurde am 31. März 1596 im französischen La Haye geboren. Zu Ehren ihres meistgefeierten Einwohners wurde die Stadt im Jahr 1801 in La Haye-Descartes umbenannt, seit 1967 kennt man sie hauptsächlich als Descartes. Im Alter von acht Jahren trat Descartes in das Jesuitenkolleg La Flèche ein, wo er bis 1612 Latein, Mathematik, Naturwissenschaften und scholastische Philosophie studierte. Aufgrund seiner fragilen Gesundheit wurde Descartes das erbarmungslos frühe Aufstehen um fünf Uhr morgens erlassen, und er durfte die Morgenstunden im Bett verbringen. In seinem späteren Leben nutzte er diese frühen Stunden weiterhin zur inneren Einkehr; dem französischen Mathematiker Blaise Pascal gegenüber erklärte er, die einzige Art, wie er gesund und produktiv bleibe, bestehe darin, niemals aufzustehen, bevor er sich nicht dazu imstande fühle. Wie wir noch sehen werden, waren diese Worte für sein Schicksal von tragischer Prophetie.

Abbildung 21

Nach seiner Zeit in La Flèche absolvierte Descartes die Universität Poitiers mit einem Abschluss in Rechtswissenschaften, hat diese jedoch nie praktiziert. Ruhelos und begierig, die Welt zu erkunden, beschloss er, in die Armee des Fürsten Moritz von Oranien einzutreten, der zu jener Zeit im niederländischen Breda stationiert war. Eine Zufallsbegegnung in Breda sollte sich als höchst bedeutsam für Descartes' intellektuelle Entwicklung erweisen. Der Überlieferung zufolge soll er beim Umherschlendern in den Straßen plötzlich ein Schild erblickt haben, das offenbar ein mathematisches Problem präsentierte. Descartes habe den nächstbesten Passanten gebeten, ihm den Text aus dem Niederländischen ins Lateinische oder Französische zu übersetzen. Wenige Stunden später sei es ihm gelungen, das Problem zu lösen und sich selbst davon zu überzeugen, dass er eine mathematische Begabung besaß. Der Übersetzer war, so stellte sich heraus, niemand anderes als der niederländische Mathematiker und Forscher

Isaac Beeckman (1588–1637), dessen Einfluss auf Descartes' physikalisch-mathematische Untersuchungen über Jahre anhalten sollte. Die nächsten neun Jahre pendelte Descartes zwischen dem Tohuwabohu von Paris und dem militärischen Dienst in verschiedenen Armeen hin und her. In einem von den Wirrnissen und Schrecken der religiösen und politischen Kämpfe des Dreißigjährigen Krieges geschüttelten Europa war es für Descartes recht leicht, irgendwo – in Prag, Deutschland oder Transsylvanien – Schlachten oder Bataillone auf dem Kriegszug zu finden, denen er sich anschließen konnte. Dennoch blieb er auch während dieser Zeit, wie er es ausdrückte, «mit Kopf und Kragen» dem Studium der Mathematik verschrieben.

Am 10. November 1619 hatte Descartes drei Träume, die nicht nur dramatische Auswirkungen auf *sein* weiteres Leben haben, sondern wohl auch den Beginn der modernen Welt markieren sollten. Als er später von diesen Geschehnissen berichtete, heißt es an einer Stelle, er sei von «großer Leidenschaft erfüllt gewesen» und habe «die Grundfesten einer wundervollen Wissenschaft vor sich gesehen». Worum also ging es in diesen folgenschweren Träumen?

Genau genommen waren zwei davon Albträume. Im ersten fand Descartes sich im Sog eines schweren Wirbelwinds gefangen, der ihn heftig auf seiner linken Ferse rotieren ließ. Außerdem schreckte ihn ein nicht enden wollendes Gefühl, beim nächsten Schritt stürzen zu müssen. Ein alter Mann erschien und versuchte ihm eine Melone aus einem fremden Land anzubieten. Der zweite Traum war ebenfalls eine Schreckensvision. Er war in einem Raum gefangen, der von ominösen Donnerschlägen widerhallte und in dem überall Funken sprühten. Der dritte Traum vermittelte im Unterschied zu den beiden ersten ein Bild der Ruhe und inneren Einkehr. Als Descartes seinen Blick durch den Raum schweifen lässt, sieht er auf einem Tisch ein Buch liegen. Er schlägt es auf und erkennt, dass es sich um ein Lexikon handelt. Im gleichen Augenblick erscheint aus dem Nichts ein weiteres Buch, eine Gedichtsammlung mit dem Titel *Corpus Poetarum*. Er schlägt die Anthologie an beliebiger Stelle auf, und sein flüchtiger Blick erhascht die Anfangszeilen eines Gedichts des römischen Dichters Ausonius, die lauteten: «*Quod vitae sectabor iter?*» («Welchem Weg soll ich folgen?»). Wiederum aus dem Nichts erscheint auf wundersame Weise ein

Mann, der einen anderen Vers rezitiert: «Est et non» («Es ist und ist doch nicht»). Descartes wollte ihm die Zeile des Ausonius aus besagter Gedichtsammlung zeigen, aber noch während er nach dieser suchte, löste die ganze Vision sich in Nichts auf.

Träume haben es an sich, dass ihre Bedeutung weniger an ihrem tatsächlichem Inhalt, der oftmals höchst abstrus und bizarr ausfallen kann, als vielmehr an der Deutung gemessen wird, die der Träumende dem Geträumten im Nachhinein angedeihen lässt. In Descartes' Fall war die Wirkung dieser drei so rätselhaften Träume erstaunlich. Das Lexikon versinnbildlichte für ihn die kollektive wissenschaftliche Erkenntnis, die Anthologie der Poesie stand für Philosophie, Offenbarung und Leidenschaft. Das «Ja und nein» – das berühmte Gegensatzpaar des Pythagoras – verstand er als die Repräsentation von Wahrheit und Unwahrheit. (Es überrascht wohl niemanden, dass einige Psychoanalytiker bei ihren Deutungen im Zusammenhang mit der Melone sexuelle Bezüge vermutet haben.) Descartes war absolut davon überzeugt, dass die Träume ihm den Weg wiesen zu einer Vereinheitlichung des gesamten menschlichen Wissens mit Hilfe der Vernunft. Im Jahr 1621 schied er aus dem Militärdienst aus, verbrachte die nächsten fünf Jahre jedoch weiterhin mit Reisen und dem Studium der Mathematik. Jeder, der Descartes in dieser Zeit begegnete, darunter auch der einflussreiche geistliche Würdenträger Kardinal Pierre de Bérulle (1575–1629), war von der Klarheit und Scharfsinnigkeit seines Denkens zutiefst beeindruckt. Viele drängten ihn, seine Gedanken der Öffentlichkeit zugänglich zu machen. Bei jedem anderen jungen Mann hätten solch väterliche Weisheiten womöglich dieselbe kontraproduktive Wirkung ausgeübt wie der zweisilbige Karriereratschlag «Kunststoff» auf Dustin Hoffman in dem Film *Die Reifeprüfung*, aber Descartes war anders. Da er sich bereits dem Ziel verschrieben hatte, nach der Wahrheit zu streben, war er leicht zu gewinnen. Er zog in die Niederlande, die zu jener Zeit ein ruhigeres intellektuelles Milieu boten, und produzierte die nächsten zwanzig Jahre hindurch ein Glanzstück nach dem anderen.

Sein erstes Meisterwerk über die Grundlagen von Wissenschaft – *Discours de la méthode pour bien conduire sa raison et chercher la verité dans les sciences* («Bericht über die Methode, die Vernunft richtig zu

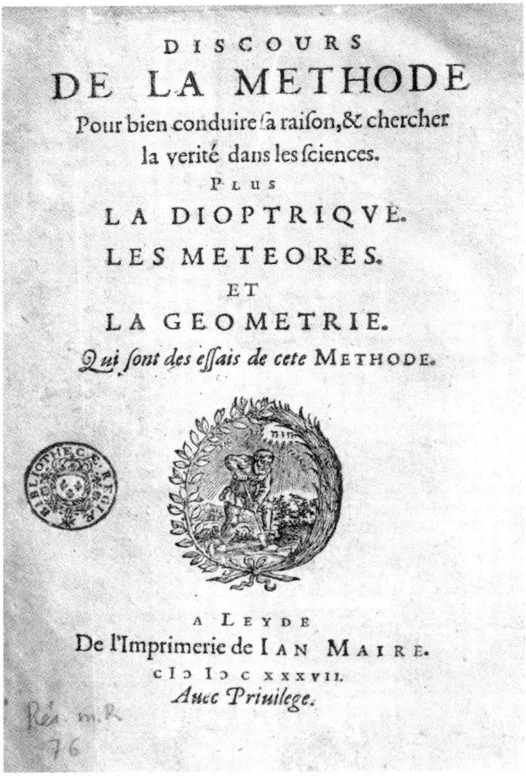

DISCOURS
DE LA METHODE
Pour bien conduire ſa raiſon, & chercher
la verité dans les ſciences.
PLUS
LA DIOPTRIQVE.
LES METEORES.
ET
LA GEOMETRIE.
Qui ſont des eſſais de cete METHODE.

A LEYDE
De l'Imprimerie de IAN MAIRE.
CIↃ IↃ C XXXVII.
Auec Priuilege.

Abbildung 22

führen und die Wahrheit in den Wissenschaften zu erforschen») – veröffentlichte Descartes im Jahr 1637 (Abbildung 22 zeigt das Titelblatt der Erstauflage). Drei in Anwendung dieser Methode verfasste brillante Anhänge – *Dioptrique* («Lichtbrechungslehre»), *Les Météores* («Die Himmelskörper») und *La Géométrie* («Die Geometrie») – komplettieren das Werk. Als Nächstes folgten 1641 die *Meditationes de Prima Philosophia* («Meditationen über die erste Philosophie») und 1644 die *Principia philosophiae* («Die Prinzipien der Philosophie»). Zu jener Zeit war Descartes' Ruhm in ganz Europa sprichwörtlich, und er konnte zu seinen Bewunderern und Briefpartnern auch die im Exil lebende Elisabeth, Prinzessin von Böhmen (1618–1680), zählen. Im Jahr 1649 wurde er eingeladen, die junge Königin Christine von Schweden (1626–1689) in Philosophie zu unterweisen. Descartes, der schon immer eine Schwäche für alles Königliche gehabt hatte, nahm die Einladung dankend an. Ja, sein Brief an die Königin strotzt dermaßen von höfischer Artigkeit, wie sie im 17. Jahrhundert gebräuchlich war, dass es für uns heute fast ein wenig lächerlich wirkt: «Und da ich besonders ausdrücklich erkläre, zur Zahl derjenigen zu gehören, die die Tugend lieben ... und daher sich glücklich schätzen müssen [der Königin] irgendeinen Dienst zu erweisen, wage ich hiermit Eurer Majestät zu beteuern, daß sie mir nichts so Schwieriges befehlen könnte, als daß ich nicht immer bereit wäre, mein möglichstes zu tun, um es auszuführen; und wenn ich geborener Schwede oder Finnländer wäre, könnte ich nicht mit mehr Eifer und vollkommener sein, als ich bin.» Die dreiundzwanzigjährige Königin mit dem eisernen Willen bestand darauf, dass Descartes ihr zu unchristlicher Stunde – um fünf Uhr in der Frühe – seinen Unterricht zu erteilen hatte. In einem Land, das – wie Descartes an einen Freund schrieb – so kalt sei, dass dort selbst die Gedanken einfrören, erwies sich dies als tödlich. «... ich bin hier nicht in meinem Element», schrieb Descartes, «und ich ersehne allein jene Stille und Ruhe, die solche Güter darstellen, wie sie die mächtigsten Könige der Erde denen nicht geben können, die sie sich nicht selbst zu nehmen wissen.» Nur wenige Monate vermochte Descartes dem klirrend kalten schwedischen Winter und jenen dunklen Morgenstunden zu trotzen, die er sein ganzes Leben zu meiden gewusst hatte. Er zog sich eine Lungenentzündung zu und starb im Alter von 53 Jahren am 11. Februar 1650 um vier Uhr morgens – gerade so, als habe er sich einen weiteren Weckruf ersparen wollen. Der Mann, dessen Werk für die Wissenschaft die Ära der Moderne eingeläutet hatte, fiel seinem eigenen Hang zum Höheren und den Capricen einer jungen Königin zum Opfer.

Descartes wurde in Schweden begraben, aber seine sterblichen Überreste – oder zumindest ein Teil davon – wurden 1667 nach Frankreich überführt. Dort wurden seine Gebeine mehrmals umgebettet und am 26. Februar 1819 schließlich in der Eglise Saint-Germain-des-Prés beigesetzt. In der dem heiligen Benedikt geweihten Seitenkapelle ist seine Grabplatte zu sehen. Ein Schädel, der angeblich der von Descartes gewesen sein soll, ging in Schweden von Hand zu Hand, bis er von dem Chemiker Berzelius erstanden wurde, der ihn nach Frankreich überführte. Gegenwärtig befindet sich dieser Schädel im Pariser Musée de l'Homme, das dem Muséum national d'histoire naturelle (dem französischen Naturkundemuseum) angeschlossen ist. Man findet ihn sehr häufig gegenüber dem Schädel eines Neandertalers ausgestellt.

Ein Mann der Moderne

Das Etikett «modern» bezeichnet, auf Menschen angewendet, in der Regel Personen, die sich ohne Probleme mit ihren Zeitgenossen im 20. (oder inzwischen 21.) Jahrhundert unterhalten könnten. Was Descartes jedoch zu einem wahren Vertreter der Moderne macht, ist die Tatsache, dass er es wagte, alle philosophischen und wissenschaftlichen Gewissheiten, die vor seiner Zeit bestanden hatten, *in Frage zu stellen*. Er hat einmal gesagt, seine «Gier zu lernen» habe ihm «nur einen Vorteil gebracht, nämlich die stetig anwachsende Erkenntnis meiner Unwissenheit …». In seinem gefeierten *Bericht über die Methode* schrieb er: «Von der Philosophie will ich nichts weiter sagen, nur dies: Ich sah, dass sie von den hervorragendsten Geistern, die über mehrere Jahrhunderte hinweg gelebt haben, gepflegt worden ist und dass es in ihr dennoch nicht eine Sache gibt, über die man nicht streiten würde und die folglich nicht zweifelhaft wäre.» Auch wenn so vielen seiner eigenen philosophischen Ideen kein wesentlich anderes Schicksal beschieden und Philosophen späterer Generationen auch in Descartes' Aussagen und Folgerungen gravierende Mängel aufzeigen sollten, lässt ihn seine erfrischend unverbrauchte Skepsis gegenüber den grundlegendsten Vorstellungen und Ideen noch heute modern bis ins Mark erscheinen. Und aus dem Blickwinkel des vorliegenden Buches noch wichtiger – Descartes hat erkannt, dass die Verfahren und Methoden des Schlussfolgerns in der Mathematik genau die Art von *Sicherheit* boten, die die scholastische Philosophie hatte vermissen lassen. Im *Bericht über die Methode* heißt es klar und unumwunden:

> Jene langen Ketten ganz einfacher und leicht verständlicher Gründe, deren sich die Geometer zu bedienen pflegen, um ihre schwierigsten Beweise zustande zu bringen, hatten in mir die Vorstellung erweckt, dass alle Dinge, die Gegenstand menschlicher Erkenntnis sein können, in der gleichen Weise aufeinanderfolgen und dass es – vorausgesetzt, man sieht davon ab, etwas als wahr zu akzeptieren, was es nicht ist, und man behält immer die Orientierung bei, die notwendig ist, um das eine aus dem anderen abzuleiten – nichts so Fernliegendes geben kann, zu dem man nicht doch schließlich gelangte, und nichts so Verstecktes, dass man es nicht doch entdeckte.

Diese kühne Aussage geht in gewisser Hinsicht sogar noch weiter als Galilei in seinen Ansichten: Nicht nur sei das physikalische Universum in der Sprache der Mathematik geschrieben, nein, das gesamte menschliche Wissen folge der Logik der Mathematik. Mit Descartes' Worten:

> … weshalb Arithmetik und Geometrie mit weit größerer Sicherheit vor allen übrigen Wissenszweigen bestehen: weil nämlich sie allein sich mit einem so reinen und einfachen Gegenstand voraussetzen, dass sie gar nichts voraussetzen, was die Erfahrung unsicher zu machen imstande wäre, sondern gänzlich in verstandesmäßig abzuleitenden Folgen bestehen. Sie sind daher am leichtesten und durchsichtigsten von allen und haben einen Gegenstand, so wie wir ihn fordern, da hierbei der Irrtum, von Unaufmerksamkeit abgesehen, wohl kaum Menschenlos sein dürfte … aus alledem folgt, nicht zwar, daß man allein Arithmetik und Geometrie betreiben soll, aber doch, daß die, welche den rechten Weg zur Wahrheit suchen, sich mit keinem Gegenstand beschäftigen dürfen, von dem sie nicht eine den arithmetischen und geometrischen Beweisen gleichwertige Gewißheit zu erlangen imstande sind.

Eines seiner Ziele bestand daher in dem unermüdlichen Streben zu zeigen, dass die Welt der Physik, die für ihn eine mathematisch beschreibbare Realität war, dargestellt werden konnte, ohne sich auf unsere oftmals irreführenden Sinneseindrücke stützen zu müssen. Er vertrat die Ansicht, dass der Geist, was die Augen sehen, filtern und die Wahrnehmungen in Ideen umwandeln solle. Schließlich, so Descartes, können «genau dieselben Gedanken, die wir im Wachen haben, uns auch kommen …, wenn wir schlafen, ohne dass einer davon dann wahr wäre». Aber, so fragte er sich, wenn alles, was wir als Realität wahrnehmen, in Wirklichkeit womöglich nur ein Traum sein könnte, woher sollen wir dann wissen, ob die Erde und der Himmel nicht nur «Illusionen [unserer] Träume» sind, die sich in unserer Wahrnehmung durch irgendeinen böswilligen Dämon von unbegrenzter Macht einnisten? Oder, wie Woody Allen es einmal ausdrückte: «Was ist, wenn alles bloß Illusion ist und nichts existiert? In dem Fall habe ich entschieden zu viel für meinen Teppich bezahlt.»

Für Descartes führte diese Flut an offenen Fragen letztlich zu dem, was zu seinem Markenzeichen und meistzitierten Wahlspruch werden sollte: *Cogito ergo sum* («Ich denke, also bin ich»). Mit anderen Worten: Hinter gedachten Gedanken muss ein bewusster Geist stehen. So paradox es auch erscheinen mag: Der Akt des Zweifelns selbst kann nicht bezweifelt werden! Und Descartes macht sich an die Herkulesaufgabe, auf dieser scheinbar so harmlosen Ausgangsbasis ein komplettes Gebäude an verlässlichem Wissen zu errichten. Ob Philosophie, Optik, Mechanik, Medizin, Embryologie oder Meteorologie – Descartes versuchte sich in jeder dieser Disziplinen und brachte es in jeder davon zu bemerkenswerten Leistungen. Dennoch glaubte er trotz seines Festhaltens an der menschlichen Fähigkeit, logisch zu schlussfolgern, nicht daran, dass Logik allein imstande sei, fundamentale Wahrheiten zu enthüllen. Er war mehr oder weniger zu derselben Schlussfolgerung wie Galilei gelangt, als er schrieb: «… dass, was die Logik betrifft, ihre Syllogismen und ein großer Teil ihrer Anweisungen vielmehr dazu dienen, die Dinge, die man weiß, anderen zu erklären … ohne Urteil über das, was man nicht weiß, zu reden, statt es zu lernen.» Um sicherzugehen, dass er festen Boden unter den Füßen hatte, versuchte Descartes daher in einem heroischen Unterfangen, die Fundamente ganzer Disziplinen neu zu errichten, wobei er sich stets und immer an die Prinzipien hielt, die er für sich aus der mathematischen Vorgehensweise herausdestilliert hatte. Er beschrieb dieses strenge Vorgehen in seinen *Regulae ad directionem ingenii* («Regeln zur Leitung des Geistes»). Diese begannen mit Wahrheiten, die ihm ähnlich zweifelsfrei gegeben schienen wie die Axiome in der euklidischen Geometrie; sodann versuchte er, schwierige Probleme auf kleinere, leichter handhabbare herunterzubrechen, und ging so Schritt für Schritt vom Ursprünglichen, Einfachen zum Verzwickten voran, wobei er auf dem Weg unablässig sein Vorgehen überprüfte, um sich zu vergewissern, dass keine potentielle Lösung übersehen worden war. Es erübrigt sich zu betonen, dass selbst bei einem so sorgsam konstruierten, skrupulös-mühsamen Voranschreiten auch Descartes' Schlüsse nicht vor Fehlern gefeit waren. Ja, obschon er vor allem für seine monumentalen Durchbrüche in der Philosophie bekannt geworden ist, lagen die Beiträge von ihm, die am längsten überdauert haben, auf dem Gebiet der Mathematik. Ich möchte mich an dieser Stelle vor allem auf jene eine brillante Idee konzentrieren, die John Stuart Mill als den «größten Schritt in der Geschichte der exakten Wissenschaft» bezeichnet hat, der je getan worden ist.

Die Mathematik eines New Yorker Stadtplans

Werfen Sie einmal einen Blick auf den Ausschnitt von Manhattan in Abbildung 23. Wenn Sie an der Ecke 34. Straße und 8th Avenue stehen und jemanden an der Ecke 59. Straße und 5th Avenue treffen wollen, haben Sie nicht das geringste Problem, sich zurechtzufinden, oder? Auf demselben Prinzip wie dieser Plan beruhte Descartes' revolutionär neues geometrisches Konzept, das er seinem *Bericht über die Methode* in einem 106 Seiten langen Anhang mit dem Titel *La Géométrie* («Die Geometrie») angefügt hatte. Schwer zu glauben, aber dieses bemerkenswert einfache Konzept hat die Mathematik revolutioniert.

Descartes ging von der uns heute vielleicht trivial anmutenden Feststellung aus, dass sich, wie es der Stadtplan von Manhattan zeigt, die Lage eines Punktes in einer Ebene (beispielsweise Punkt A in Abbildung 24a) durch ein einziges Zahlenpaar eindeutig angeben lässt. Diesen Umstand verwendete er im Weiteren, um eine höchst einflussreiche Kurventheorie – die *analytische Geometrie* – zu begründen. Zu

Abbildung 23

Ehren Descartes' werden die beiden sich im rechten Winkel schneidenden Achsen, die uns bei vielen mathematischen Betrachtungen als Bezugssystem dienen, als *kartesisches Koordinatensystem* bezeichnet. Üblicherweise wird die horizontale Achse als «x-Achse», die vertikale als «y-Achse» bezeichnet, der Punkt, an dem sich beide schneiden, heißt «Ursprung». Der Punkt «A» in Abbildung 24a beispielsweise hat auf der x-Achse einen Wert von 3 und auf der y-Achse einen Wert von 5, man gibt das symbolisch wieder als Zahlenpaar (3, 5). (Der Koordinatenursprung hat übrigens die Koordinaten 0, 0.) Nehmen Sie nun an, wir wollten irgendwie alle Punkte in der Ebene definieren, die einen Abstand von genau 5 Einheiten vom Ursprung haben. Damit haben wir nichts anderes getan, als einen Kreis um den Ursprung mit einem Radius von 5 Einheiten (Abbildung 24b) geometrisch genau definiert. Betrachten Sie nun den Punkt (3, 4) auf diesem Kreis, werden Sie feststellen, dass dieser die Gleichung $3^2 + 4^2 = 5^2$ erfüllt. Ja, es lässt sich (mittels des Pythagoras-Satzes) völlig problemlos zeigen, dass die Koordinaten (x, y) für jeden Punkt auf diesem Kreis die Gleichung $x^2 + y^2 = 5^2$ erfüllen. Hinzu kommt, dass die Punkte auf dem Kreis die einzigen Punkte in der Ebene sind, für die diese Gleichung $(x^2 + y^2 = 5^2)$ gilt. Das bedeutet, dass die Gleichung $x^2 + y^2 = 5^2$ allein und eindeutig diesen Kreis definiert. Mit anderen Worten: Descartes hatte einen Weg gefunden, geometrische Kurven durch eine algebraische Gleichung, sprich: numerisch, darzustellen und umgekehrt. Für einen einfachen Kreis mag das nicht übermäßig aufregend scheinen, aber jede Kurve, die Ihnen in Ihrem Leben bereits untergekommen ist – handle es sich nun um das wöchentliche Auf und Ab des Aktienmarktes, die Temperaturen am Nordpol im Verlauf des letzten Jahrhunderts oder die Geschwindigkeit, mit der das Universum expandiert –, basiert auf Descartes' genialer Idee.

Plötzlich waren Geometrie und Algebra keine getrennten Zweige der Mathematik mehr, sondern vielmehr zwei Darstellungsformen

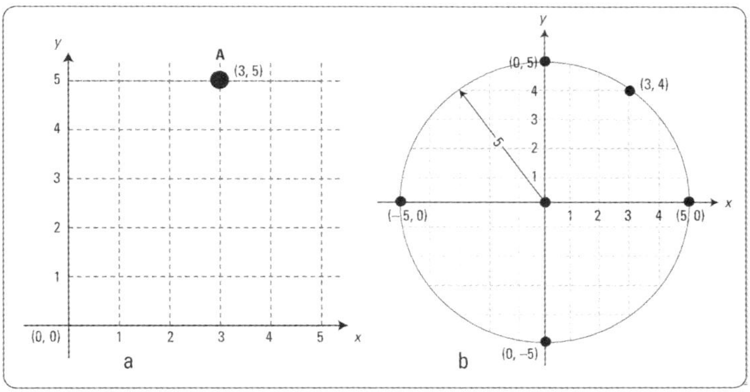

Abbildung 24

derselben Wahrheit. Die Gleichung, die eine Kurve beschreibt, beschreibt automatisch auch jede nur denkbare Eigenschaft dieser Kurve, darunter zum Beispiel sämtliche Aussagen der euklidischen Geometrie. Und das war noch nicht alles. Descartes zeigte, dass sich in ein und dasselbe Koordinatensystem verschiedene Kurven einzeichnen lassen und man deren Schnittpunkt bestimmen kann, indem man einfach die Lösungen bestimmt, die den algebraischen Gleichungen beider Kurven gemeinsam sind. Auf diese Weise brachte er es fertig, sich die Stärken der Algebra zunutze zu machen, um wettzumachen, was er als bedauerliche Unzulänglichkeiten der klassischen Geometrie empfand. So hatte Euklid zum Beispiel einen Punkt als unteilbares Element ohne Größenausdehnung definiert («Ein Punkt ist, was keine Teile hat»). Dadurch, dass es Descartes gelungen war, einen Punkt in der Ebene durch ein Zahlenpaar (x, y) eindeutig zu definieren, war diese einigermaßen undurchsichtige Definition auf immer überholt. Diese beiden Erkenntnisse aber waren nur die Spitze des Eisbergs. Wenn sich zwei Größen x und y in einer solchen Weise zueinander in Bezug setzen lassen, dass zu jedem x-Wert ein und nur ein y-Wert gehört, dann bilden die beiden das, was man als *Funktion* bezeichnet, und Funktionen sind wahrhaft allgegenwärtig: Ob Sie nun im Laufe einer Diät Tag für Tag Ihr Gewicht, von einem Geburtstag zum anderen die Größe Ihres Kindes oder bei Ihrem Auto die Abhängigkeit des Benzinverbrauchs von Ihrer Fahrgeschwindigkeit festhalten, all diese Daten lassen sich als Funktionen darstellen.

Funktionen sind fürwahr das tägliche Brot jedes modernen Wissenschaftlers, Statistikers und Ökonomen. Sobald viele Wiederholungen von wissenschaftlichen Experimenten oder Beobachtungen den immer gleichen Funktionsbeziehungen gehorchen, können sie in den Status von *Naturgesetzen* erhoben werden – mathematische Beschreibungen eines Verhaltens, das allen natürlichen Phänomenen eigen ist. Newtons Gravitationsgesetz zum Beispiel, auf das wir später in diesem Kapitel zurückkommen wollen, besagt, dass sich die Anziehung zwischen zwei punktförmigen Massen um den Faktor vier verringert, wenn sich die Entfernung zwischen beiden verdoppelt. Descartes' Überlegungen öffneten somit die Tür für die systematische Mathematisierung von nahezu allem und jedem und nährte damit in nie gekannter Weise die Vorstellung, dass Gott ein Mathematiker sein muss. Auf der rein mathematischen Seite erweiterte Descartes durch seinen Nachweis der Gleichwertigkeit zweier bis dahin als getrennt erachteter Aspekte der Mathematik (der Algebra und der Geometrie) den Horizont dieser Wissenschaft und ebnete den Weg für die moderne Arena einer *Analytik*, die es den Mathematikern ermöglichen sollte, mit leichter Hand von einer mathematischen Disziplin zur nächsten zu wechseln. Folgerichtig wurde nicht nur eine Vielfalt an Phänomenen durch die Mathematik beschreibbar, sondern auch die Mathematik selbst wurde breiter, vielfältiger und zugleich einheitlicher. Um es mit den Worten des großen Mathematikers Joseph-Louis Lagrange (1736–1813) zu sagen: «Solange Algebra und Geometrie eigene Pfade beschritten, waren ihre Fortschritte gemessen, ihre Anwendungen begrenzt. Sobald diese beiden Wissenschaften sich jedoch zusammengetan hatten, schöpften sie voneinander neue Lebenskraft und marschierten mit schnellem Schritt ihrer Vervollkommnung entgegen.»

So Bedeutsames Descartes auch auf dem Gebiet der Mathematik geleistet haben mochte, so war sein wissenschaftliches Interesse keineswegs auf die Mathematik beschränkt. Wissenschaft, sagte er, sei wie ein Baum, mit der Metaphysik als Wurzeln, der Physik als Stamm sowie den drei Hauptästen Mechanik, Medizin und Moral. Die Wahl der Äste mag auf den ersten Blick ein wenig überraschend erscheinen, aber tatsächlich symbolisieren die drei Äste wunderbar die drei Hauptgebiete, auf denen Descartes seine neuen Ideen anzuwenden gedachte: das Universum, der menschliche Körper und die Art der Lebensführung. Descartes verbrachte die ersten vier Jahre seines Aufenthalts in Holland – von 1629 bis 1633– damit, eine Schrift über den Kosmos und die Physik – *Traité du Monde* («Abhandlung über die Welt») – zu schreiben. Gerade als das Buch in Druck gehen sollte, erreichten Descartes schockierende Nachrichten, die ihn zutiefst erschütterten. In einem Brief an seinen Freund und Kritiker Marin Mersenne (1588–1648) klagte er:

> Tatsächlich hatte ich mir vorgenommen, Ihnen meine *Welt* als Neujahrsgeschenk zu schicken, und es ist nicht mehr als fünfzehn Tage

> her, dass ich noch fest entschlossen war, Ihnen wenigstens einen Teil zu senden, falls das Ganze in dieser Zeit nicht abgeschrieben werden konnte; aber ich will Ihnen erzählen, daß ich mich dieser Tage in Leyden und Amsterdam habe danach erkundigen lassen, ob das *System der Welt* von Galilei dort vorhanden ist, weil es mir so schien, als ob ich gehört hätte, es sei im vergangenen Jahr in Italien gedruckt worden, und daß man mir berichtete, es sei wahr, daß es gedruckt worden ist, daß aber zur gleichen Zeit in Rom sämtliche Exemplare verbrannt worden sind und er selbst zu irgendeiner Strafe verurteilt wurde: das hat mich so sehr in Erstaunen versetzt, daß ich mich fast entschlossen habe, alle meine Papiere zu verbrennen oder sie zumindest von niemandem sehen zu lassen. Denn ich konnte mir nicht vorstellen, daß er, der doch Italiener und sogar vom Papst, wie ich höre, gern gesehen ist, für etwas anderes vor Gericht hat gebracht werden können als dafür, daß er ohne Zweifel die Bewegung der Erde wird haben feststellen wollen, was, wie ich wohl weiß, schon früher von einigen Kardinälen gerügt worden ist; aber gehört zu haben, daß man seitdem nicht davon abließ, sie in Rom öffentlich zu lehren; und ich gestehe, daß, wenn sie falsch ist, alle Grundlagen meiner Philosophie es ebenfalls sind, denn jene wird durch diese klar bewiesen. Und sie ist derart mit allen Teilen meiner Abhandlung verbunden, daß man sie nicht herauslösen könnte, ohne das Übrige gänzlich mangelhaft zu machen. Da ich aber für nichts in der Welt möchte, daß Eine Abhandlung von mir herauskäme, in der sich das geringste Wort befindet, das von der Kirche mißbilligt werden könnte, ziehe ich es vor, sie eher zu unterdrücken als verstümmelt erscheinen zu lassen

Descartes sah in der Tat von der Veröffentlichung von *Traité du Monde* ab (das unvollständige Manuskript wurde schließlich 1664 postum gedruckt), aber die meisten seiner Erkenntnisse ließ er in seine *Prinzipien der Philosophie* einfließen, die 1644 erschienen. In diesem umfassenden Werk stellte Descartes die Naturgesetze und seine Wirbeltheorie des Universums vor. Zwei seiner Gesetze erinnern stark an Newtons erstes und zweites Bewegungsgesetz, die anderen hingegen waren schlicht falsch. Die Wirbeltheorie nimmt an, dass die Sonne das Zentrum eines großen kontinuierlichen Wirbelsystems bildet. Die Planeten sollten darin umhergetrieben werden wie Blätter in einem Strudel, der sich im Wasser eines Flusslaufs bildet. Die Planeten selbst sollten ihrerseits das Zentrum kleinerer Wirbel darstellen, die ihre Satelliten oder Monde umherwirbelten. Zwar lag Descartes' Wirbelthese komplett daneben (wie Newton später gnadenlos feststellen sollte), doch war sie immerhin insofern interessant, als es sich doch um den ersten Versuch handelte, eine Theorie des Universums als Ganzes zu formulieren, die auf denselben Gesetzen basierte, die auch auf der Erdoberfläche galten. Mit anderen Worten: Für Descartes gab es keinen Unterschied zwischen Phänomenen auf der Erde und Phänomenen am Firmament – die Erde war für ihn Teil eines Universums, das einheitlichen physikalischen Gesetzen gehorchte. Leider verstieß Descartes bei der Konstruktion seiner Theorie, die sich weder auf mathematische Überlegungen noch auf systematische Beobachtungen stützte, gegen seine eigenen Prinzipien. Dessen ungeachtet enthielt sein Szenario, in dem die Sonne und die Planeten auf irgendeine Weise die Ebenmäßigkeit des Universums um sich herum störten, einige Elemente, die sehr viel später zu einem der Eckpfeiler der Einstein'schen Gravitationstheorie werden sollten. In Einsteins allgemeiner Relativitätstheorie hat die Gravitation aufgehört, eine geheimnisvolle Kraft zu sein, die über die riesigen Entfernungen des Weltalls wirkt. Vielmehr krümmen massive Körper wie die Sonne den Raum in ihrer Umgebung, so ähnlich wie eine Kegelkugel ein Trampolin eindellen würde. Die Planeten folgen in dem so verformten Raum dann einfach der kürzestmöglichen Bahn.

Ich habe in dieser extrem verkürzten Darstellung der Descartes'schen Vorstellungen absichtlich so gut wie alle seine bedeutenden Arbeiten auf dem Gebiet der Philosophie unerwähnt gelassen, weil uns das zu weit von unserem Hauptaugenmerk – dem Wesen der Mathematik – wegführen würde (ich werde später in diesem Kapitel auf einige seiner Gedanken zu Gott zurückkommen). Ich kann mir allerdings nicht verkneifen, den folgenden amüsanten Kommentar wiederzugeben, den der britische Mathematiker Walter William Rouse Ball (1850–1925) im Jahr 1908 niedergeschrieben hat:

> Was seine [Descartes'] philosophische Theorien betrifft, reicht es hin zu sagen, dass er dieselben Probleme diskutiert hat, über die in den vergangenen zweitausend Jahren debattiert worden ist und über die vermutlich weitere zweitausend Jahre mit unvermindertem Eifer de-

> battiert werden wird. Es erübrigt sich wohl zu sagen, dass die Probleme selbst von Interesse und Bedeutung sind, von der Natur der Sache her aber keine je vorgeschlagene wie auch immer geartete Lösung endgültig zu beweisen oder zu widerlegen sein wird, alles, was getan werden kann, ist, eine Lösung wahrscheinlicher zu machen als eine andere, und wann immer ein Philosoph wie Descartes geglaubt hat, er habe eine Frage schließlich ein für allemal beantwortet, ist es seiner Nachwelt gelungen, die Fehlerhaftigkeit seiner Aussagen nachzuweisen. Ich habe irgendwo gelesen, dass die Philosophie sich immer hauptsächlich mit den Beziehungen zwischen Gott, der Natur und dem Menschen befasst hat. Die ersten Philosophen waren Griechen, die sich hauptsächlich mit den Beziehungen zwischen Gott und der Natur beschäftigt und den Menschen gesondert abgehandelt haben. Die christliche Kirche war so mit der Beziehung zwischen Gott und dem Menschen beschäftigt, dass sie die Natur völlig vernachlässigt hat. Die modernen Philosophen schließlich widmen sich hauptsächlich den Beziehungen zwischen dem Menschen und der Natur. Ob dies wirklich eine historisch wasserdichte Verallgemeinerung der Ansichten ist, die sich in Folge abgelöst haben, will ich an dieser Stelle nicht diskutieren, doch die Aussage zum Betätigungsfeld moderner Philosophie macht die Grenzen von Descartes' Schriften offenbar.

Descartes beendete sein Buch zur Geometrie mit den Worten: «Ich hoffe, dass unsere Enkel mir nicht nur für die Dinge Dank wissen werden, die ich hier auseinandergesetzt habe, sondern auch für diejenigen, die ich absichtlich übergangen habe, um ihnen das Vergnügen zu überlassen, sie zu erfinden» (siehe Abbildung 25). Er konnte nicht ahnen, dass ein Mann, der in dem Jahr, als Descartes starb, erst acht Jahre alt war, seinen Begriff von der Mathematik als dem Herzstück aller Wissenschaft einen Riesenschritt weiterführen sollte. Sein unerreichtes Genie hatte mehr Gelegenheiten zum «Vergnügen der Entdeckung» als vermutlich jede andere Person in der Geschichte der Menschheit.

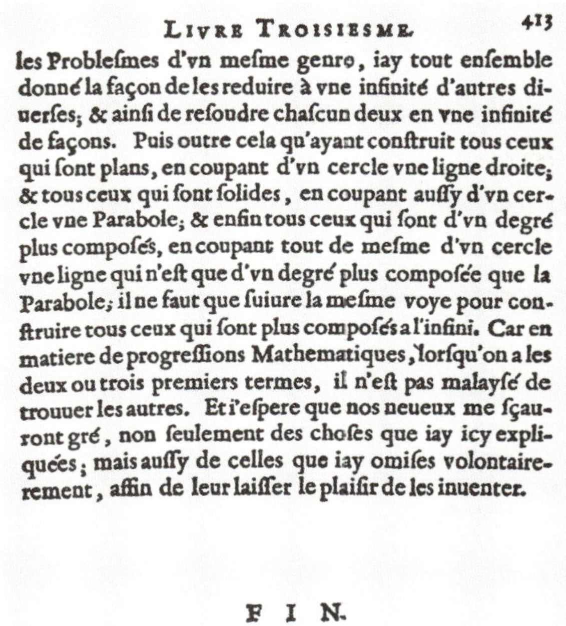

LIVRE TROISIESME. 413

les Probleſmes d'vn meſme genre, iay tout enſemble donné la façon de les reduire à vne infinité d'autres diuerſes; & ainſi de reſoudre chaſcun deux en vne infinité de façons. Puis outre cela qu'ayant conſtruit tous ceux qui ſont plans, en coupant d'vn cercle vne ligne droite; & tous ceux qui ſont ſolides, en coupant auſſy d'vn cercle vne Parabole; & enfin tous ceux qui ſont d'vn degré plus compoſés, en coupant tout de meſme d'vn cercle vne ligne qui n'eſt que d'vn degré plus compoſée que la Parabole; il ne faut que ſuiure la meſme voye pour conſtruire tous ceux qui ſont plus compoſés a l'infini. Car en matiere de progreſſions Mathematiques, lorſqu'on a les deux ou trois premiers termes, il n'eſt pas malayſé de trouuer les autres. Et i'eſpere que nos neueux me ſçauront gré, non ſeulement des choſes que iay icy expliquées; mais auſſy de celles que iay omiſes volontairement, affin de leur laiſſer le plaiſir de les inuenter.

FIN.

Abbildung 25

Und es ward Licht

Der große englische Dichter Alexander Pope (1688–1744) war neununddreißig Jahre alt, als Isaac Newton (1642–1727) starb (Abbildung 26 zeigt Newtons Grab in der Westminster Abbey). In einem berühmten Vers versuchte Pope Newtons Leistungen zu würdigen:

Nacht barg Natur und Naturgesetze vor Menschensicht.
Gott sprach: «Lasst Newton sein!» Und es ward Licht.

Beinahe hundert Jahre nach Newtons Tod dichtete Lord Byron (1788–1824) für sein Versepos *Don Juan* über ihn die Zeilen:

Der erste Mensch seit Adam, dem's auf Erden
Gelang, durch Fall und Apfel groß zu werden

Für die nachfolgenden Generationen an Wissenschaftlern war und sollte sich Newton – allen Mythos einmal beiseitegelassen – in der Tat als eine Gestalt von legendären Dimensionen erweisen. Newtons berühmtes Zitat «Falls ich weiter geblickt habe als andere, so nur, weil ich auf den Schultern von Riesen stand» gilt oftmals als Musterbeispiel für den Großmut und die Bescheidenheit, die ein Wissenschaftler seinen größten Leistungen gegenüber an den Tag legte. In Wirklichkeit hat Newton diesen Spruch womöglich als verhüllt sarkastische Antwort auf einen Brief von jenem Menschen geschrieben, den er als seinen wissenschaftlichen Hauptgegner ansah: den ungemein produktiven Physiker und Biologen Robert Hooke (1635–1703). Hooke hatte Newton bei mehr als einer Gelegenheit beschuldigt, Ideen von ihm – zuerst zur Theorie des Lichts und später zur Gravitation – gestohlen zu haben. Am 20. Januar 1676 schlug Hooke einen versöhnlicheren Ton an und erklärte in einem Brief an Newton: «Eure Entwürfe und

Abbildung 26

die meinen [die Theorie des Lichts betreffend] zielen, so nehme ich an, beide auf dasselbe, namentlich die Entdeckung der Wahrheit, und ich nehme an, wir können beide Einwände ertragen.» Newton beschloss mitzuspielen. In seiner Antwort auf Hookes Brief vom 5. Februar 1676 schrieb er: «Was Des-Cartes [Descartes] getan hat war ein guter Schritt [er bezieht sich dabei auf dessen Überlegungen zur Natur des Lichts]. Ihr habt in mehrerer Hinsicht viel beigetragen, insbesondere, indem Ihr die Farben dünner Blättchen in eure philosophischen Betrachtungen eingeschlossen habt. Wenn ich weiter geblickt habe als andere, so nur, weil ich auf den Schultern von Riesen stand.» Da Hooke alles andere als ein Riese und obendrein mit einem gewaltigen Buckel geschlagen war, kann Newtons bekanntestes Zitat durchaus auch so zu lesen sein, als sei er der Ansicht, Hooke nicht das Geringste schuldig zu sein! Die Tatsache, dass Newton keine Gelegenheit ausließ, Hooke zu beleidigen, seine Aussage, dass seine eigene Theorie «alles, was er [Hooke] gesagt hat», über den Haufen wirft, und seine Weigerung, sein eigenes Buch über das Licht – *Optik* – vor Hookes Ableben drucken zu lassen, legen den Verdacht nahe, dass diese Interpretation des Zitats möglicherweise nicht allzu weit hergeholt ist. Die Fehde zwischen den beiden Wissenschaftlern erreichte einen neuen Höhepunkt, als die Gravitationstheorie formuliert war. Als Newton zu Ohren kam, Hooke habe behauptet, Urheber des Gravitationsgesetzes zu sein, entfernte er aus dem Schlussteil seines eigenen Buchs zu diesem Thema penibel und nachtragend jedweden Verweis auf Hookes Namen. An seinen Freund, den Astronomen Edmond Halley (1656–1742), schrieb Newton am 20. Juni 1686:

> Er [Hooke] hätte sich lieber wegen seiner Unfähigkeit entschuldigen sollen. Denn aus seinen Worten geht klar hervor, dass er nicht wusste, was er mit alledem anfangen sollte. Nun, ist das nicht ganz wunderbar? Mathematiker, die etwas herausfinden, klären und alle Arbeit verrichten, müssen sich damit zufriedengeben, nichts weiter zu sein als trockene Rechenmeister und Arbeitstiere, und ein anderer, der nichts weit tut, als anzugeben und sich alle Dinge unter den Nagel zu reißen, darf sich mit dem ganzen Erfindergeist sowohl all jener schmücken, die ihm folgen, als auch derer, die vor ihm hergegangen sind.

Newton macht mehr als klar, warum er der Ansicht ist, dass Hooke keinerlei Würdigung verdient – er konnte seine Überlegungen nicht in der Sprache der Mathematik formulieren. Ja, die Stärke, die Newtons Arbeiten wahrhaft herausstechen ließ, das für sie so Charakteristische, was aus seinen Ergebnissen eherne Naturgesetze machte, war eben genau die Tatsache, dass sie alle als kristallklare, in sich schlüssige mathematische Beziehungen formuliert waren. Hookes theoretische Überlegungen, so genial sie in vielen Fällen auch waren, wirkten dagegen wie eine Sammlung aus Ahnungen, Mutmaßungen und Spekulationen.

Der Zufall wollte es, dass die handgeschriebenen Protokolle der Royal Society aus den Jahren 1661 bis 1682, die lange Zeit hindurch als verschollen galten, im Februar 2006 plötzlich wieder auftauchten. Die Mitschriften, die mehr als 520 Manuskriptseiten aus der Feder von Robert Hooke höchstpersönlich enthalten, waren in einem Haus im englischen Hampshire gefunden worden, wo sie, wie man annimmt, etwa fünfzig Jahre in einem Schrank überdauert haben. Protokolle vom Dezember 1679 schildern die Korrespondenz zwischen Hooke und Newton, in der beide über ein Experiment diskutieren, mit dem sich die Erdrotation würde beweisen lassen.

Um auf Newtons wissenschaftlichen Geniestreich zurückzukommen: Newton übernahm Descartes' Überlegung – der zufolge der Kosmos sich mathematisch beschreiben lässt – und machte daraus eine funktionierende Realität. Im Vorwort zu seinem epochalen Werk *Die Mathematischen Prinzipien der Naturlehre* (lateinisch: *Philosophiae Naturalis Principia Mathematica*, allgemein abgekürzt als *Principia*) erklärt er:

> Wir … betrachten hauptsächlich diejenigen Umstände, welche sich auf Schwere und Leichtigkeit, auf die Kraft der Elastizität und den Widerstand der Flüssigkeiten und auf andere derartige anziehende oder bewegende Kräfte beziehen, und stellen daher unsere Betrachtungen als *Mathematische Prinzipen der Naturlehre* auf.
> Alle Schwierigkeit der Physik besteht nämlich dem Anschein nach darin, aus den Erscheinungen der Bewegung die Kräfte der Natur zu erforschen und hierauf durch diese Kräfte die übrigen Erscheinungen zu erklären. Hierzu dienen die allgemeinen Sätze, welche im ersten

> und zweiten Buche behandelt werden. Im dritten Buche haben wir, zur Anwendung derselben, das Weltsystem erklärt. Dort wird nämlich aus den Erscheinungen am Himmel, vermittelst der in den ersten Büchern mathematisch bewiesenen Sätze, die Kraft der Schwere abgeleitet, vermöge welcher die Körper sich bestreben, der Sonne und den einzelnen Planeten sich zu nähern. Aus derselben Kraft werden dann, gleichfalls vermittelst mathematischer Sätze, die Bewegungen der Planeten, Cometen, des Mondes und des Meeres abgeleitet.

Mit dem Titel seines Werkes spielt Newton übrigens ungeniert auf die Überlegenheit seiner Arbeit gegenüber der von Descartes an. Er wählte die Überschrift *Mathematische Prinzipien* als Gegenstück zu Descartes' *Prinzipien der Philosophie*. In seinem stärker experimentell orientierten Buch über das Licht – der *Optik* – bediente sich Newton derselben mathematischen Logik und Methode. Er beginnt das Buch mit den Worten: «Es ist nicht meine Absicht, in diesem Buche die Eigenschaften des Lichts durch Hypothesen zu erklären, sondern nur, sie anzugeben und durch Rechnung und Experiment zu bestätigen. Dazu will ich folgende Definitionen und Axiome vorausschicken», und fährt dann mit prägnanten Definitionen und Aussagen fort, als handle es sich um ein Buch über euklidische Geometrie. Im Schlussteil des Buches betont er dann erneut: «Wie in der Mathematik, so sollte auch in der Naturforschung bei Erforschung schwieriger Dinge die analytische Methode der synthetischen vorausgehen.»

Newtons Virtuosität im Umgang mit seinem mathematischen Instrumentarium kommt wirklich an ein Wunder heran. Dieses Genie, das durch einen Zufall der Geschichte genau in jenem Jahr geboren wurde, in dem Galilei starb, formulierte die grundlegenden Gesetze der Mechanik, entschlüsselte die Gesetze, die die Planetenbewegung beschreiben, legte das theoretische Fundament für die Erklärung der Phänomene von Licht und Farben und begründete die Differential- und Integralrechnung. Diese Leistungen allein hätten hingereicht, Newton einen Ehrenplatz in der Galerie der berühmtesten Wissenschaftler aller Zeiten zu sichern. Aber es waren seine Arbeiten zur Schwerkraft, die ihn auf den Spitzenplatz auf dem für die größten Wissenschaftler aller Zeiten reservierten Podium katapultierten. Diese Arbeiten schlugen eine Brücke zwischen Himmel und Erde, brachten die Gebiete Astronomie und Physik zusammen und holten den gesamten Kosmos unter einen großen mathematischen Schirm. Wie also ist jenes Meisterwerk – die *Principia* – entstanden?

Ich begann über Schwere nachzudenken, die sich zum Einflussgebiet des Mondes ausdehnt

Der Antiquar und Arzt William Stukeley (1687–1765), ungeachtet eines Altersunterschieds von fast vier Jahrzehnten ein enger Freund Newtons, war der erste Biograph des großen Wissenschaftlers. In seinen *Memoirs of Sir Isaac Newton's Life* finden wir seine Version einer der berühmtesten Legenden in der Geschichte der Wissenschaft:

> Am 15. April 1726 machte ich einen Besuch bei Sir Isaac in dessen Domizil in Orbell's Buildings Kensington, wo ich mit ihm speiste und allein mit ihm den ganzen Tag verbrachte … Nach dem Essen gingen wir – es war warm – in den Garten und tranken unseren Tee im Schatten der Apfelbäume, nur er und ich. Inmitten unseres Gesprächs erzählte er mir, er befände sich soeben in just derselben Situation wie damals [1666, als Newton wegen der Pest aus Cambridge nach Hause zurückkehren musste], da ihm seine Vorstellung vom Wesen der Gravitation in den Sinn gekommen war. Ursache all dessen sei das Herabfallen eines Apfels gewesen, als er sinnend dasaß. Warum sollte ein Apfel stets lotrecht zur Erde fallen, dachte er bei sich. Warum sollte er nicht seitwärts oder nach oben, sondern immer und unabänderlich zum Erdmittelpunkt streben? Ganz gewiss musste der Grund dafür sein, dass die Erde ihn anzieht. Aller Materie muss eine anziehende Kraft innewohnen, und die Summe der anziehenden Kräfte der Erde muss sich im Erdmittelpunkt befinden, nicht auf einer der Erdseiten. Deshalb muss ein Apfel lotrecht, das heißt in Richtung auf das Zentrum hin, fallen. Wenn aber Materie auf diese Art andere Materie anzieht, muss dies in Relation zu deren Masse geschehen. Folglich zieht der Apfel die Erde ebenso an wie die Erde den Apfel, gibt es also eine Kraft, die wir jetzt Schwerkraft nennen, die bis ins Universum wirkt … Das war die Geburtsstunde jener außerordentlichen Entdeckungen, durch die er zum Erstaunen ganz Europas der Philosophie ein festes Fundament schuf.

Unabhängig davon, ob sich die legendäre Begebenheit rund um den Apfel im Jahr 1666 tatsächlich ereignet hat oder nicht, handelt dieser Mythos Newtons Genie und die einzigartige Schärfe seines analytischen Denkens beträchtlich unter Wert. Während keinerlei Zweifel daran bestehen kann, dass Newton sein erstes Manuskript zur Gravitationstheorie vor 1669 verfasst hat, so musste er doch keinen Apfel realiter fallen sehen, um zu wissen, dass die Erde Gegenstände anzieht, die sich nahe ihrer Oberfläche befinden. Auch kann sich seine unglaubliche Erkenntnis betreffs der Formulierung eines allgemeinen Gravitationsgesetzes nicht allein dem Anblick eines fallenden Apfels verdanken. Ja, es gibt gewisse Hinweise darauf, dass Newton einige der entscheidenden Konzepte, die er benötigte, um eine universal wirkende Schwerkraft zu fordern, erst 1684/85 aufgegangen sind. Eine Idee dieser Größenordnung ist in den Annalen der Wissenschaftsgeschichte so selten, dass selbst jemand mit einem so phänomenalen Geist wie dem Newtons erst eine lange Reihe intellektueller Schritte tun musste, um dahinzugelangen.

Möglicherweise hat alles in Newtons Jugend begonnen, vielleicht mit der nicht allzu gelungenen Auseinandersetzung mit Euklids voluminöser Abhandlung zur Geometrie – *Die Elemente*. Laut Newtons eigener Aussage las er zuerst nur die Überschriften der Propositionen, weil er diese so leicht zu verstehen fand, dass er sich gefragt habe, warum jemand sich daran delektieren sollte, irgendwelche Beweise dazu niederzuschreiben. Die erste Aussage, die ihn innehalten und einige Konstruktionslinien aufs Papier bringen ließ, war diejenige, welche besagte, dass in einem rechtwinkligen Dreieck das Quadrat über der Hypotenuse gleich der Summe der Quadrate über den beiden anderen Seiten ist – der Satz des Pythagoras. Ein bisschen überraschend vielleicht, dass Newton in seiner Zeit am Trinity College in Cambridge zwar ein paar Bücher zur Mathematik, aber nur sehr wenige der anderen zu jener Zeit verfügbaren Werke gelesen hatte. Offenbar hatte er das nicht nötig!

Das Buch, das sich als das vielleicht einflussreichste für Newtons mathematisches und wissenschaftliches Denken erweisen sollte, war kein anderes als René Descartes' *Geometrie*. Newton las es erstmals 1664 und dann immer wieder, bis er sich dessen Inhalt Schritt um

Schritt ganz angeeignet hatte. Die Flexibilität, die sich durch die Einführung von Funktionen und freien Variablen ergab, schien ein Universum an Möglichkeiten zu eröffnen. Die analytische Geometrie ebnete Newton nicht nur den Weg zur Begründung der Infinitesimalrechnung und der dadurch möglich gewordenen Untersuchung von Funktionen anhand ihrer Tangenten und Steigungen, sondern brachte es fertig, Newtons wissenschaftlichen Geist wahrhaft zu entflammen. Vorbei die Tage der langweiligen Konstruktionen mit Zirkel und Lineal – sie wurden ersetzt durch Kurven von beliebiger Gestalt, die sich durch algebraische Terme exakt beschreiben ließen.

In den Jahren 1665/66 wurde London dann von einer furchtbaren Pestepidemie heimgesucht. Als die wöchentlichen Zahlen an Toten anfingen, in die Tausende zu gehen, mussten die Colleges von Cambridge ihre Pforten schließen. Newton sah sich gezwungen, die Universität zu verlassen und in sein Elternhaus in dem entlegenen Dörfchen Woolthorpe zurückzukehren. Dort, in der ruhigen Abgeschiedenheit des Landlebens, unternahm er erste Versuche zu zeigen, dass die Kraft, die den Mond auf seiner Umlaufbahn um die Erde hielt, und die Schwerkraft der Erde (jene Kraft, die Äpfel zu Boden fallen lässt) in Wahrheit ein und dasselbe sind. Newton beschrieb jene frühen Unterfangen in einer Notiz aus dem Jahr 1714:

> Und im selben Jahr [1666] … begann ich über Schwere nachzudenken, die sich zum Einflussgebiet des Mondes ausdehnt. Und nachdem ich herausgefunden hatte, wie sich die Kraft errechnen lässt, mit der ein Ball, der innerhalb einer Kugel rotiert, auf die Oberfläche der Kugel einwirkt, schloss ich aus Keplers Gesetz vom Verhältnis der Quadrate der Umlaufzeiten von Planeten zu den Kuben ihres Abstands von ihren Umlaufbahnen, dass Kräfte, die Planeten auf ihren Umlaufbahnen halten, umgekehrt proportional zu den Quadraten ihrer Entfernung von den Zentren sein müssen, um die sie rotieren, und verglich so die Kraft, die nötig ist, den Mond in seiner Bahn zu halten, mit der Kraft der Schwere auf der Erdoberfläche … und fand, dass sie einander recht genau entsprechen. All das geschah in den beiden Jahren der Pest 1665–1666, denn damals war ich in dem besten Alter für Erfindungen und habe Mathematik und Philosophie mehr bedacht als zu irgendeiner anderen Zeit seither.

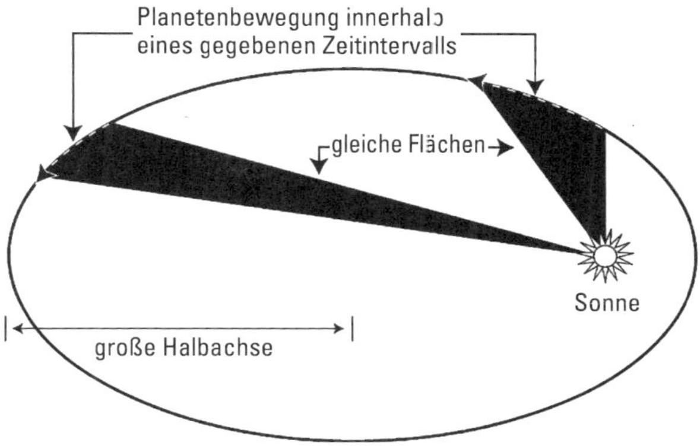

Abbildung 27

Die Rede ist hier von Newtons überaus wichtiger Weiterführung der Aussagen von Keplers Gesetzen der Planetenbewegungen, die besagt, dass die Anziehungskraft zwischen zwei kugelförmigen Körpern umgekehrt proportional zum Quadrat ihrer Entfernung voneinander ist. Mit anderen Worten: Wenn sich der Abstand zwischen Erde und Mond verdreifachen würde, wäre die Gravitation, die der Mond erfährt, nur noch ein Neuntel (ein Drittel im Quadrat) so groß.

Aus nicht ganz geklärten Gründen verzichtete Newton bis 1679 auf jede ernsthafte Forschung zu den Themen Gravitation und Planetenbewegung. Zwei Briefe von seinem Erzrivalen Robert Hooke belebten sein Interesse an Dynamik im Allgemeinen und der Planetenbewegung im Besondern jedoch neu. Das Ergebnis dieser wiedererwachten Neugier war einigermaßen dramatisch – unter Zuhilfenahme seiner zuvor formulierten Bewegungsgesetze bewies Newton Keplers Zweites Gesetz. Vor allem zeigte er, dass die Linie, die man von einem Planeten auf seiner Umlaufbahn um die Sonne zur Sonne zieht (der Fahrstrahl), in gleichen Zeitintervallen gleiche Flächen überstreicht (siehe Abbildung 27). Er bewies außerdem, dass für einen Körper, der sich auf einer elliptischen Umlaufbahn befindet, die Anziehungskraft bezüglich des Brennpunkts der Ellipse umgekehrt proportional zum Quadrat des Abstands ist. Beides waren wichtige Meilensteine auf dem Weg zu den *Principia*.

Principia

Im Frühjahr oder Sommer 1684 besuchte Halley Newton in Cambridge. Halley hatte bereits seit einiger Zeit mit Hooke und dem berühmten Architekten Christopher Wren (1632–1723) über die Kepler'schen Gesetze zur Planetenbewegung diskutiert. Bei diesen Kaffeehausgesprächen hatten beide, Hooke wie Wren, für sich in Anspruch genommen, die inversquadratische Proportionalität der Schwerkraft hergeleitet zu haben; beide waren jedoch nicht in der Lage gewesen, aus dieser Deduktion eine schlüssige mathematische Theorie herzuleiten. Halley beschloss, Newton die entscheidende Frage vorzulegen: Ob er wisse, welche Form die Umlaufbahn eines Planeten haben werde, auf den eine Anziehungskraft wirke, die umgekehrt proportional zum Quadrat des Abstands zwischen Planet und Zentrum der Umlaufbahn sei? Zu seiner Verwunderung erklärte Newton, er habe bereits ein paar Jahre zuvor bewiesen, dass die Umlaufbahn die Gestalt einer Ellipse haben müsse. Der Mathematiker Abraham de Moivre (1667–1754) berichtet in seinen Aufzeichnungen (von denen Abbildung 28 eine Seite zeigt) über diese Episode:

> Im Jahr 1684 kam Dr. Halley ihn [Newton] in Cambridge besuchen. Nach einer Weile fragte der Doktor ihn, was er glaube, wie die Bahn aussehen würde, die Planeten beschrieben, die seitens der Sonne einer Anziehungskraft ausgesetzt seien, welche umgekehrt proportional zum Quadrat ihrer Entfernung von derselben sei. Sir Isaac antwortete ohne zu zögern, dass es sich um eine Ellipsis (Ellipse) handeln werde, der Doktor fragte ihn voller Freude und Erstaunen, woher er das wisse, nun, entgegnete er [Newton], er habe es errechnet, worauf Dr. Halley ihn ohne Umschweife um seine Aufzeichnungen bat. Sir Isaac suchte in seinen Papieren, konnte jedoch nichts finden und versprach, eine neue Berechnung anzustellen und ihm zu übersenden.

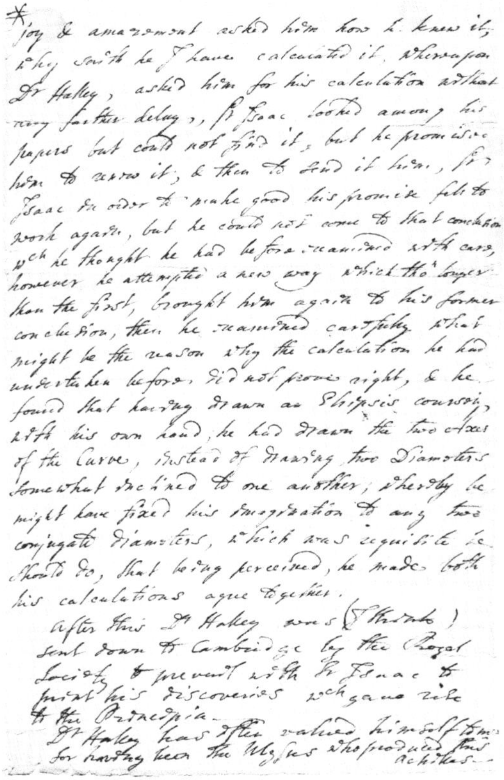

joy & amazement asked him how he knew it,
why saith he I have calculated it, Whereupon
Dr Halley asked him for his calculation without
any farther delay, Sr Isaac looked among his
papers but could not find it, but he promised
him to renew it, & then to send it him, Sr
Isaac in order to make good his promise fell to
work again, but he could not come to that conclusion
wch he thought he had before examined with care,
however he attempted a new way which tho' longer
than the first, brought him again to his former
conclusion, then he examined carefully what
might be the reason why the calculation he had
undertaken before did not prove right, & he
found that having drawn an Ellipsis coursely
with his own hand, he had drawn the two Axes
of the Curve, instead of drawing two Diameters
somewhat inclined to one another, whereby he
might have fixed his imagination to any two
conjugate diameters, which was requisite he
should do, that being perceived, he made both
his calculations agree together.
After this Dr Halley was (I think)
sent down to Cambridge by the Royal
Society to prevail with Sr Isaac to
print his discoveries wch gave rise
to the Principia.
Dr Halley has often valued himself
for having been the Ulysses who produced this
Achilles.

Abbildung 28

Halley suchte Newton im November 1684 tatsächlich erneut auf. Zwischen den beiden Treffen arbeitete Newton wie ein Besessener. De Moivre gibt uns eine kurze Beschreibung:

> Um sein Versprechen wahr zu machen, begab sich Sir Isaac wieder ans Werk, vermochte aber nicht denselben Schluss zu ziehen, zu dem er vormals, wie er glaubte, mit aller Sorgfalt gelangt war, er versuchte

> es daher auf einem anderen Weg, der ihn, obschon länger als der erste, wieder zu seiner früheren Schlussfolgerung brachte, untersuchte dann sorgfältig, was der Grund dafür sein möge, dass die Berechnung, die er zuvor unternommen hatte, sich als nicht richtig erwiesen hatte, und ... brachte seine beiden Berechnungen in Übereinstimmung.

Diese nüchterne Zusammenfassung gibt uns noch nicht einmal einen Hauch an Aufschluss darüber, was Newton in diesen wenigen Monaten zwischen Halleys beiden Besuchen geleistet hatte. Er schrieb eine komplette Abhandlung – *De Motu Corporum in Gyrum* («Über die Bewegung von Körpern im Weltall») –, in der er Beweise für die meisten Aspekte von Körpern anführte, die sich auf kreisförmigen oder elliptischen Umlaufbahnen bewegen, sämtliche von Keplers Gesetzen bewies und sogar die Bewegung eines Partikels in einem Medium beschrieb, das diesem – wie Luft etwa – Widerstand bietet. Halley war überwältigt. Zu seiner großen Zufriedenheit konnte er Newton schließlich auch überreden, all diese atemberaubenden Entdeckungen zu veröffentlichen – endlich sollten die *Principia* wahr werden.

Zu Anfang hatte Newton das Buch als eine etwas erweiterte und detailliertere Fassung seiner Abhandlung *De Motu* geplant. Als er die Arbeit daran jedoch aufnahm, wurde ihm klar, dass einige Punkte weiterer Überlegungen bedurften. Vor allem zwei Dinge schienen Newton zu schaffen zu machen. Eines davon war Folgendes: Newton hatte sein Gravitationsgesetz ursprünglich so formuliert, als seien Sonne, Erde und Planeten mathematische Punktmassen ohne jede Dimension. Er wusste natürlich, dass dies nicht der Fall war, und betrachtete seine Ergebnisse bei der Anwendung auf das Sonnensystem daher lediglich als Annäherung. Einige mutmaßen gar, er habe seine Arbeit zum Thema Schwerkraft nach 1679 eingestellt, weil er mit dem Status quo seiner Untersuchungen so unzufrieden war. Noch schlimmer standen die Dinge in Bezug auf die Kraft, die auf den Apfel wirkt. Ohne Zweifel waren die Teile der Erde, die sich unmittelbar unterhalb des Apfels befanden, diesem sehr viel näher als Teile auf der anderen Seite der Erde. Wie hatte man daher die Nettoanziehung zu berechnen? Der Astronom Herbert Hall Turner (1861–1930) beschrieb Newtons geistiges Ringen in einem Artikel, der am 19. März 1927 in der Londoner *Times* erschien:

> Zu jener Zeit war ihm die allgemeine Vorstellung einer Anziehungskraft, die sich umgekehrt proportional quadratisch zur Entfernung verhielt, bereits vertraut, aber er sah große Probleme in deren gänzlicher Anwendung, die weniger großen Geistern nicht gewärtig gewesen wären. Das bedeutendste unter diesen überwand er nicht vor 1685 … es handelte sich um das Problem der Verknüpfung zwischen der Anziehungskraft der Erde auf einen Körper, der so weit entfernt war wie der Mond, mit deren Anziehungskraft auf einen Apfel nahe der Erdoberfläche. Im ersten Fall befinden sich die verschiedenen Partikel, aus denen die Erde besteht (auf jedes einzelne von denen Newton sein Gesetz hoffte ausdehnen zu können, um diesem wahre Allgemeingültigkeit zu verleihen), in solcher Entfernung vom Mond, dass sie weder in ihrer Größenordnung noch in ihrer Richtung nennenswert unterschiedlich erscheinen, in Relation zu ihrer Entfernung zum Apfel aber variieren sie in Dimension und Richtung beträchtlich. Wie waren die kombinierten Anziehungskräfte im letztgenannten Falle zu einem Gesamtergebnis zu kombinieren oder aufzuaddieren? Und in welchem «Gravitationszentrum», wenn es denn ein solches gab, würden diese konzentriert sein?

Der Durchbruch ereignete sich schließlich im Frühjahr 1685. Newton gelang es, einen entscheidenden Satz zu beweisen:

> Wenn nach den einzelnen Punkten einer Kugel gleiche Centripetalkräfte gerichtet sind, welche im doppelten Verhältniss der Entfernung von den Punkten abnehmen; so wird ein innerhalb der Kugel befindlicher Körper durch eine Kraft angezogen, welche seinem Abstande vom Mittelpunkt proportional ist. Die Anziehung eines jeden Teilchens verhält sich nämlich umgekehrt wie das Quadrat seiner Entfernung vom Mittelpunkte der anziehenden Kugel, sie ist daher dieselbe, als wenn die ganze anziehende Kraft von einem einzigen kleinen, im Mittelpunkte dieser Kugel gelegenen, Körper ausströmte. Diese Anziehung ist aber so gross, als diejenige, welche umgekehrt der kleine Körper erleiden würde, wenn er durch die einzelnen Theilchen der angezogenen Kugel mit derselben Kraft angezogen würde, und die letztere Anziehung würde … dem Quadrat der Entfernung

> des kleinen Körpers vom Mittelpunkte der Kugel umgekehrt proportional sein; folglich steht die ihr gleiche Kraft in demselben Verhältnis. W. z. b. w.

Das heißt, sphärische Körper verhalten sich so, als sei ihre Masse in ihrem Mittelpunkt konzentriert. Die Bedeutung dieses wunderbaren Beweises wurde von dem Mathematiker James Whitbread Lee Glaisher (1848–1928) in einer Ansprache zum zweihundertsten Jahrestag der Veröffentlichung der Newton'schen *Prinicipia* 1887 mit folgenden Worten gewürdigt:

> Kaum hatte Newton dieses überragende Theorem bewiesen – und wir wissen aus seinen eigenen Worten, dass er ein so wundervolles Ergebnis in keinerlei Weise erwartet hatte, ehe sich dieses aus seinen mathematischen Forschungen schließlich ergab –, lagen sämtliche Mechanismen des Universums mit einem Mal ausgebreitet vor ihm ... Wie anders müssen sich seine eigene Aussagen in Newtons Augen ausgenommen haben, als ihm klar wurde, dass Ergebnisse, von denen er angenommen hatte, sie seien lediglich näherungsweise wahr, wenn sie auf das Sonnensystem angewendet würden, in der Tat voll und ganz zutrafen! ... Wir können uns vorstellen, dass die anregende Wirkung dieses plötzlichen Sprungs vom Ungefähren zur Exaktheit Newtons Geist zu noch größeren Leistungen angespornt haben wird. Mit einem Mal stand es in seiner Macht, mathematische Analytik mit absoluter Präzision auf das gegenwärtige Problem der Astronomie anzuwenden.

Der andere Punkt, der Newton bei der Abfassung der ersten Version von *De Motu* offenbar große Sorgen bereitet hatte, war der Umstand, dass er den Einfluss der Kräfte, mittels derer die Planeten ihrerseits die Sonne anzogen, vernachlässigt hatte. Mit anderen Worten: Er hatte in seiner ursprünglichen Formulierung die Sonne auf ein schlichtes unbewegliches Kraftzentrum von einer Art reduziert, wie es dieses seinen eigenen Worten nach in der realen Welt gar nicht geben dürfte. Dieses widersprach Newtons drittem Gesetz, welches besagt, «die Wirkungen zweier Körper sind stets gleich und von entgegengesetzter Richtung». Jeder Planet zieht die Sonne mit der Kraft an, mit der die

Sonne ihn auch anzieht. Infolgedessen, so fügt er hinzu, kann sich bei zwei Körpern, die einander anziehen, weder der anziehende noch der angezogene Körper in Ruhe befinden. Diese anscheinend so belanglose Feststellung war in Wirklichkeit ein wichtiges Sprungbrett für die Entwicklung einer allgemeinen Theorie der Schwerkraft. Wir können versuchen, Newtons Gedankengang nachzuvollziehen: Wenn die Sonne die Erde anzieht, dann muss auch die Erde die Sonne anziehen, und zwar mit derselben Art von Kraft. Das heißt, die Erde umrundet nicht nur die Sonne, sondern beide rotieren um ihr jeweiliges Gravitationszentrum. Das ist aber noch nicht alles. Auch alle anderen Planeten ziehen die Sonne an, und tatsächlich erfährt jeder Planet nicht nur die Anziehung durch die Sonne, sondern auch die durch alle anderen Planeten. Dieselbe Logik lässt sich auf Jupiter und seine Satelliten, auf Erde und Mond und sogar auf einen Apfel und die Erde anwenden. Diese Schlussfolgerung ist in ihrer Einfachheit verblüffend – *es gibt nur eine Gravitation, und diese wirkt zwischen allen Massen und überall im Universum*. Mehr brauchte Newton nicht. Die *Principia* – 510 eng beschriebene Seiten in lateinischer Sprache – wurden im Juli 1687 veröffentlicht.

Newton berief sich auf Beobachtungen und Experimente, die auf nur vier Prozent genau waren, und leitete daraus ein mathematisches Gravitationsgesetz von einer Genauigkeit ab, die bei eins zu einer Million lag. Er vereinte zum ersten Mal *Erklärungen* für natürliche Phänomene mit der Macht des *Voraussagens* der Ergebnisse von Beobachtungen. Physik und Mathematik wurden auf ewig miteinander verbandelt, wohingegen die Scheidung von Naturwissenschaft und Philosophie unausweichlich wurde.

Die zweite Auflage der *Principia*, von Newton und vor allem auch von dem Mathematiker Roger Cotes (1682–1716) ausführlich überarbeitet, erschien 1713 (Abbildung 29 zeigt das Titelblatt). Newton, der nicht gerade für menschliche Wärme berühmt war, machte sich nicht einmal die Mühe, Cotes im Vorwort seines Buches für dessen fabelhafte Arbeit zu danken. Als Cotes allerdings im Alter von dreiunddreißig Jahren einem schweren Fieber erlag, ließ Newton immerhin einige Achtung durchschimmern: «Wenn er noch lebte, wüssten wir mehr.»

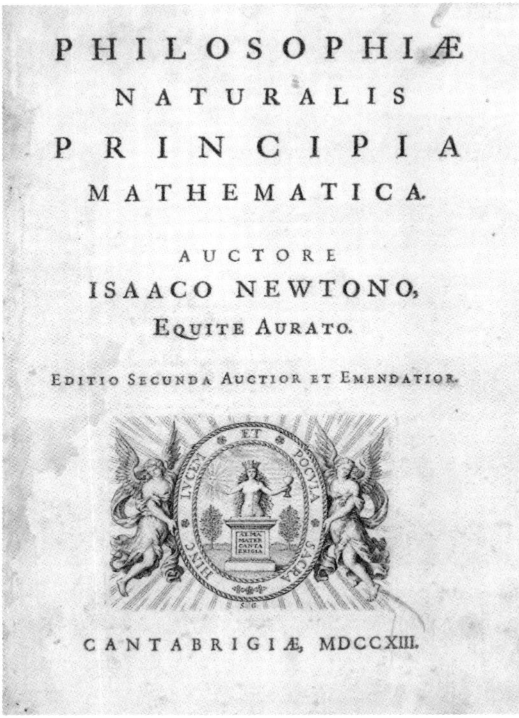
PHILOSOPHIÆ
NATURALIS
PRINCIPIA
MATHEMATICA.
AUCTORE
ISAACO NEWTONO,
EQUITE AURATO.
EDITIO SECUNDA AUCTIOR ET EMENDATIOR.
CANTABRIGIÆ, MDCCXIII.

Abbildung 29

Eigentümlicherweise erschienen einige von Newtons bemerkenswertesten Aussagen über Gott in einem Abschnitt, den er seiner zweiten Auflage von 1713 sozusagen als letzten Schliff hinzugefügt hat. In einem Brief an Cotes vom 28. März 1713 – weniger als drei Monate vor der Fertigstellung der zweiten Auflage der *Principia* – schrieb Newton den Satz: «Ganz sicher obliegt es der Naturphilosophie, Gott aus den Erscheinungen der Natur zu erklären.» Im Weiteren heißt es: «Es folgt hieraus, daß der wahre Gott ein lebendiger, einsichtiger und mächtiger Gott, daß er über dem Weltall erhaben und durchaus vollkommen ist. Er ist ewig und unendlich, allmächtig und allwissend, d. h., er währt von Ewigkeit zu Ewigkeit ...»

Aber hat sich der Blick auf die Rolle Gottes in diesem zunehmend als mathematisch wahrgenommenen Universum nicht doch verändert? Wurde Gott nicht mehr und mehr als Mathematiker begriffen? Schließlich hatte die Planetenbewegung bis zur Formulierung des Gravitationsgesetzes als eines der unfehlbaren Werke Gottes gegolten. Wie betrachteten Newton und Descartes diese Gewichtsverlagerung zugunsten einer wissenschaftlichen Erklärung der Natur?

Der mathematische Gott Newtons und Descartes'

Wie die meisten Menschen ihrer Zeit waren auch Newton und Descartes religiöse Männer. Von dem unter dem Pseudonym Voltaire berühmt gewordenen französischen Schriftsteller François Marie Arouet (1694–1778), der sich ausführlich mit Newton befasst hat, stammt der berühmte Ausspruch: «Wenn Gott nicht existierte, müsste man ihn erfinden.»

Für Newton waren die bloße Existenz der Welt und die mathematische Gesetzmäßigkeit des beobachteten Kosmos Beweis für Gottes Gegenwart. Diese Art der kausalen Beweisführung wurde erstmals von dem Theologen Thomas von Aquin (1225–1274) verfolgt, und ihre Argumentation fällt in die philosophische Kategorie der «Gottesbeweise» oder, besser, der Argumente für die Existenz Gottes; in diesem Falle haben wir es mit dem *kosmologischen* und dem *teleologischen Argument* zu tun. Einfach ausgedrückt, besagt das kosmologische Argument, dass es, da ja die physikalische Welt irgendwie entstanden ist, eine oberste Ursache, sprich: einen Schöpfergott, geben muss. Das teleologische Argument hingegen bezieht seine Belege für die Existenz Gottes aus der offensichtlich geordneten Struktur der Welt. Dazu Newtons Gedanken aus den *Principia:* «Diese bewunderungswürdige Einrichtung der Sonne, der Planeten, und Kometen hat nur aus dem Rathschlusse und der Herrschaft eines alles einsehenden und allmächtigen Wesens hervorgehen können. Wenn jeder Fixstern das Centrum eines, dem unseren ähnlichen, Systems ist, so muss das Ganze, da es das Gepräge eines und desselben Zweckes in sich trägt, bestimmt Einem und demselben Herrscher unterworfen sein.» Die Gültigkeit des kosmologischen und des teleologischen sowie ähnlich gelagerten Argumente als Beweis für die Existenz Gottes ist seit Jahrhunderten Gegenstand philosophischer Debatten. Mein persönlicher Eindruck ist immer gewesen, dass Theisten diese Argumente nicht brauchen um sich überzeugen zu lassen, und Atheisten durch sie nicht zu überzeugen sind.

Newton gab dem Ganzen – auf der Grundlage der Allgemeingültigkeit seiner Gesetze – noch einen weiteren Dreh. Er betrachtete die Tatsache, dass der gesamte Kosmos von denselben Gesetzen regiert wird und augenscheinlich stabil ist, als weiteren Beweis für Gottes ordnende Hand: «Das Licht der Fixsterne ist von *derselben Natur* [Kursivierung von mir] wie das der Sonne, und alle Systeme senden einander ihr Licht zu. Ferner sieht man, dass derjenige, welcher diese Welt eingerichtet hat, die Fixsterne in ungeheure Entfernungen von einander gestellt hat, damit diese Kugeln nicht, vermöge ihrer Schwerkraft, auf einander fallen.»

In seiner *Optik* erklärte Newton deutlich, er glaube nicht, dass die Gesetze der Natur allein hinreichten, die Existenz des Universums zu erklären – Gott sei der Schöpfer und Erhalter all der Atome, die die kosmische Materie ausmachten: «Mit Hilfe dieser Prinzipien scheinen nun alle materiellen Dinge aus den erwähnten harten und festen Theilchen zusammengesetzt und bei der Schöpfung nach dem Plane eines intelligenten Wesens verschiedentlich angeordnet zu sein; denn ihm, der sie schuf, ziemte es auch, sie zu ordnen. Und wenn er dies gethan hat, so ist es unphilosophisch, nach einem anderen Ursprunge der Welt zu suchen oder zu behaupten, sie sei durch die bloßen Naturgesetze aus einem Chaos entstanden, wenn sie auch, einmal gebildet, nach diesem Gesetze lange Zeit fortbestehen kann.» Mit anderen Worten: Für Newton war Gott (neben anderen Dingen) Mathematiker, und zwar nicht nur auf dem Papier, sondern im wahrsten Sinne des Wortes – der Schöpfergott hatte eine physikalische Welt entstehen lassen, die mathematischen Gesetzen gehorchte.

Dem weit stärker als Newton philosophisch orientierten Descartes war es immer ein ungeheures Anliegen gewesen, die Existenz

Gottes zu beweisen. Für ihn führte die Straße von der Gewissheit betreffs der eigenen Existenz («Ich denke, also bin ich») hin zu unserer Fähigkeit, ein so komplexes Gebilde wie das der objektiven Wissenschaft zu weben, geradewegs über den Beweis der Unanfechtbarkeit der Existenz eines vollkommenen Gottes. Dieser Gott, so sein Argument, ist der Urquell aller Wahrheit und der einzige Garant der Verlässlichkeit menschlicher Beweisführung. Dieses verdächtig nach einem Zirkelschluss aussehende Argument (das tatsächlich manchmal als kartesischer Zirkel bezeichnet wird) wurde schon zu Descartes' Lebzeiten kritisiert, vor allem von dem französischen Philosophen, Theologen und Mathematiker Antoine Arnauld (1612–1694). Arnauld stellte eine Frage, die in ihrer Einfachheit bestechend ist: Wenn wir Gottes Existenz beweisen müssen, um die Gültigkeit des menschlichen Denkprozesses zu garantieren, wie können wir dann diesem Beweis trauen, da er doch selbst ein Produkt des menschlichen Geistes ist? Zwar unternahm Descartes ein paar verzweifelte Versuche, der Zirkellogik seiner Argumentation zu entkommen, doch viele der Philosophen, die ihm dabei folgten, fanden seine Bemühungen nicht besonders überzeugend. Descartes' «zusätzlicher Beweis» für die Existenz Gottes war nicht minder fragwürdig. Er fällt unter die philosophische Kategorie *ontologischer Gottesbeweis*. Der Philosoph und Theologe Anselm von Canterbury (1033–1109) hat im Jahr 1078 diese Art von Beweisführung als Erster formuliert. Das logische Konstrukt liest sich ungefähr folgendermaßen: Per definitionem ist Gott so vollkommen, dass er das höchste vorstellbare Wesen («das, worüber nichts Größeres gedacht werden kann») ist. Existierte Gott nicht, wäre es möglich, sich ein noch höheres Wesen zu denken – eines, das mit allen Vollkommenheiten Gottes ausgestattet ist und neben diesem existiert. Das aber widerspräche der Definition Gottes als höchstem denkbaren Wesen – also muss Gott existieren. Mit den Worten Descartes': «Sieht man aber genauer zu, so zeigt sich klar, dass die Existenz Gottes ebensowenig von seinem Wesen trennbar ist wie vom Wesen des Dreiecks die Größe seiner Winkelsumme, die zwei rechte beträgt, oder von der Vorstellung des Berges die Vorstellung eines Tals.»

Diese Sorte von logischem Manöver überzeugt viele Philosophen nicht, und sie halten dem entgegen, dass, um etwas zu beweisen, was in der physikalischen Welt von Einfluss ist, namentlich etwas so Großes wie Gott, Logik allein nicht hinreiche.

Befremdlicherweise hat man ausgerechnet Descartes beschuldigt, dem Atheismus Vorschub zu leisten, und 1667 wurden seine Bücher auf den Index der verbotenen Bücher gesetzt. Ein einigermaßen bizarrer Schritt im Lichte des Umstands, dass Descartes stets auf der Existenz Gottes als höchstem Garanten der Wahrheit bestanden hat.

Die rein philosophischen Fragen einmal beiseitegelassen, ist für unser gegenwärtiges Anliegen vor allem Descartes' Überzeugung wichtig, der zufolge Gott sämtliche «ewigen Wahrheiten» geschaffen hat. In einem seiner Briefe erklärte er, dass «die mathematischen Wahrheiten, die sie ewige nennen, von Gott gestiftet worden sind und gänzlich von ihm abhängen, ebenso wie alles übrige Geschaffene». Descartes' Gott war also nicht nur ein Mathematiker, sondern er war der Schöpfer sowohl der Mathematik als auch einer physikalischen Welt, die sich einzig und allein auf die Mathematik gründete. Dieser Weltsicht zufolge, die gegen Ende des 17. Jahrhunderts mehr und mehr an Boden gewann, war der Mensch eindeutig ein *Entdecker* der Mathematik, nicht ihr Erfinder.

Wesentlich wichtiger noch: Die Arbeiten von Galilei, Descartes und Newton haben die Beziehung zwischen der Mathematik und den Naturwissenschaften in tiefgreifender Weise verändert. Zum einen bildeten die explosionsartigen Entwicklungen in den Wissenschaften einen starken Ansporn für mathematische Untersuchungen. Zum Zweiten wurden durch Newtons Gesetze selbst die abstrakteren mathematischen Gebiete wie die Infinitesimalrechnung zur *Essenz* physikalischer Erklärungen. Schließlich, und vielleicht am allerwichtigsten, fingen die Grenzen zwischen der Mathematik und den Naturwissenschaften an, bis zur Unkenntlichkeit zu verschwimmen, fast bis hin zu einer kompletten Fusion zwischen mathematischen Einsichten und innovativen Vorstößen in der Forschung. All diese Entwicklungen ließen ein Maß an Begeisterung für die Mathematik entstehen, wie man es vielleicht seit den Tagen der alten Griechen nicht gekannt hatte. Die Mathematiker hatten das Gefühl, dass die Welt ihnen gehöre, es ihnen obliege, sie zu erkunden, und es eine unendliche Fülle zu entdecken gab.

Kapitel 5

STATISTIKER UND WAHRSCHEINLICHKEITSTHEORETIKER: DIE WISSENSCHAFT VON DER UNGEWISSHEIT

Die Welt steht nicht still. Die meisten Dinge um uns herum sind entweder in Bewegung oder verändern sich ständig. Selbst die scheinbar so festgefügte Erde unter unseren Füßen dreht sich unablässig um ihre eigene Achse, umrundet die Sonne und (mit dieser zusammen) das Zentrum unserer Galaxie, der Milchstraße. Die Luft, die wir atmen, besteht aus Billionen Molekülen, die sich unausgesetzt vom Zufall gelenkt bewegen. Während alledem wachsen Pflanzen, zerfallen Moleküle, steigen und sinken die Temperaturen in unserer Atmosphäre im Tagesrhythmus und mit dem Wechsel der Jahreszeiten, nimmt die Lebenserwartung des Menschen immer weiter zu. Diese kosmische Ruhelosigkeit hat die Mathematik jedoch nicht ins Wanken bringen können. Jener Zweig der Mathematik, der als *Infinitesimalrechnung* bezeichnet wird, ist von Newton und Leibniz nämlich genau deshalb eingeführt worden, um eine konzise und genaue Modellierung von Bewegung und Veränderung möglich zu machen. Inzwischen ist dieses unglaubliche Werkzeug so machtvoll und allumfassend geworden, dass es sich auf Probleme anwenden lässt, die so verschieden sind wie die Bewegung eines Spaceshuttles und die Ausbreitung einer Infektion. So wie ein Film Bewegung einfängt, indem er sie in eine Folge aus Einzelbildern zerlegt, vermag die Infinitesimalrechnung Veränderungen in solcher Engmaschigkeit zu messen, dass dadurch die Bestimmung von Größen möglich wird, deren Existenz so flüchtig ist wie die Augenblicksgeschwindigkeit und die Beschleunigung eines Vehikels oder die Zustandsänderung von was auch immer.

Mathematiker im Zeitalter der Aufklärung (im 17. und 18. Jahrhundert) traten mit wahrlich großen Stiefeln in die Fußstapfen von Newton und Leibniz und weiteten die Infinitesimalrechnung zu dem sogar noch wirkungsvolleren, vielseitigen Zweig der *Differentialgleichungen* aus. Mit dieser neuen Waffe gerüstet, war die Wissenschaft nunmehr imstande, mathematische Theorien zu Phänomenen zu entwickeln, die so verschieden waren wie der Klang einer Violinsaite und die Wärmeleitung eines bestimmten Materials, die Bewegung eines Kreisels und das Fließverhalten von Flüssigkeiten und Gasen. Eine ganze Weile wurden Differentialgleichungen zum Instrument der Wahl, wenn es um Fortschritte in der Physik ging.

Einige der ersten Erforscher jener neuen Perspektiven, die sich durch Differentialgleichungen eröffneten, waren Angehörige der legendären Familie Bernoulli. Zwischen Mitte des 17. und Mitte des 19. Jahrhunderts brachte diese Familie nicht weniger als acht berühmte Mathematiker hervor. Diese begabten Menschen waren für ihre bitteren Familienfehden fast genauso bekannt wie für herausragende mathematische Leistungen. Meist haben sich die Bernoulli'schen Scharmützel darum gedreht, wer im Wettstreit um die mathematische Vorherrschaft gerade die Nase vorn hatte, doch würden uns einige der Probleme, um die sie seinerzeit gestritten haben, dieser Tage wohl nicht übermäßig aufregend vorkommen. Immerhin haben die von ihnen gefundenen Lösungen für bestimmte verzwickte Probleme in vielen Fällen den Weg für eindrucksvolle mathematische Durchbrüche geebnet. Alles in allem steht außer Frage, dass die Bernoullis eine wichtige Rolle dabei gespielt haben, die Mathematik als Sprache zu etablieren, in der sich eine Fülle an physikalischen Prozessen ausdrücken und beschreiben ließ.

Eine kleine Anekdote hilft uns zu ermessen, wie komplex zwei der hellsten Köpfe unter den Bernoullis – die Brüder Jakob (1654–1705) und Johann (1667–1748) – gedacht haben. Jakob Bernoulli war einer der Wegbereiter der *Wahrscheinlichkeitstheorie*, wir werden später in diesem Kapitel auf ihn zurückkommen. Im Jahr 1690 aber war Jakob emsig damit beschäftigt, ein Problem neu aufzurollen, das von *dem* Renaissancemenschen schlechthin, Leonardo da Vinci, zwei Jahrhunderte zuvor erstmals untersucht worden war: Welche Gestalt nimmt eine flexible, in ihrer Länge unveränderliche Kette ein, wenn

Abbildung 30

man sie (wie in Abbildung 30) an zwei Punkten befestigt? Leonardo hatte in seinen Skizzenbüchern mehrere solcher Ketten gezeichnet. René Descartes wurde das Problem von seinem Freund Isaac Beeckman ebenfalls vorgelegt, doch gibt es keinerlei Hinweis darauf, dass er versucht hat, es zu lösen. Die Form, die eine solche Kette annimmt, sollte man letztlich als *Katenoide* (nach dem lateinischen Wort für Kette: *catena*), Seilkurve oder Kettenlinie bezeichnen. Galilei hatte einst angenommen, dass die Kettenlinie in ihrer Form einer Parabel gleichkäme, war jedoch von dem französischen Jesuiten Ignatius Pardies (1636–1673) in seiner Ansicht widerlegt worden. Der Aufgabe, die mathematisch korrekte Lösung für diese Form zu finden, war Pardies indessen nicht gewachsen gewesen.

Nur ein Jahr nachdem Jakob Bernoulli das Problem formuliert hatte, brachte sein jüngerer Bruder es fertig, dieses vermittels einer Differentialgleichung zu lösen. Leibniz und der holländische Physiker Christiaan Huygens (1629–1695) hatten ebenfalls eine Lösung parat, aber Huygens' Lösung fußte auf einer etwas undurchsichtigen geometrischen Methode. Die Tatsache, dass Johann es fertiggebracht hatte, ein Problem zu lösen, an dem sein Bruder und Lehrer gescheitert war, blieb dem jüngeren Bernoulli noch dreizehn Jahre nach dem Tod Jakobs ein ungeheurer Quell der Befriedigung. In einem Brief, den

Johann am 29. September 1718 an den französischen Mathematiker Pierre Rémond de Montmort (1678–1719) schrieb, konnte er seine Freude darüber nicht verbergen:

> Ihr sagt, mein Bruder habe dieses Problem formuliert; das ist wahr, aber folgt daraus, dass er auch eine Lösung dafür hatte? Nicht im Geringsten. Als er das Problem auf meinen Vorschlag hin (denn ich war der Erste, der darauf kam) in Worte fasste, waren weder er noch die anderen unter uns imstande, es zu lösen; wir hielten es verzweifelt für unlösbar, bis Herr Leibniz im Jahre 1690 … die Öffentlichkeit davon in Kenntnis setzte, dass er das Problem gelöst habe, seine Lösung jedoch nicht öffentlich machte, als wolle er anderen Analytikern Zeit geben, sich daran zu versuchen, und das war es, was uns, meinen Bruder und mich, veranlasste, uns erneut daranzumachen.

Nachdem er schamlos auch noch die Urheberschaft am Erdenken des Problems an sich gerissen hatte, fuhr Johann mit unverhülltem Entzücken fort:

> Die Bemühungen meines Bruders blieben erfolglos, ich für meinen Teil war glücklicher dran, denn mir fiel die Fertigkeit zu (ich sage das ohne Prahlerei, warum sollte ich die Wahrheit verbergen?), es in seiner Gesamtheit lösen zu können … Es ist wahr, dass es mich Arbeit gekostet und mir die Ruhe einer ganzen Nacht geraubt hat … aber am anderen Morgen rannte ich voller Freude zu meinem Bruder, der noch immer, wie Galilei stets von dem Gedanken beseelt, dass die Kettenkurve eine Parabel sei, elendiglich über diesem gordischen Knoten brütete, ohne recht voranzukommen. Halt ein! Halt ein! Sagte ich zu ihm, plage dich nicht länger damit herum, die Übereinstimmung zwischen der Katenoiden und einer Parabel zu beweisen, denn das ist völlig falsch … Aber dann habt Ihr mich mit der Nachricht erstaunt, dass mein Bruder eine Methode gefunden haben soll, dieses Problem zu lösen … Ich frage Euch: Glaubt Ihr wirklich, dass mein Bruder, wenn er das fragliche Problem wirklich gelöst hätte, mir so entgegengekommen wäre, sich nicht zu dessen Bezwingern zu zählen, nur um mir den Ruhm zu überlassen, allein neben den Herren Huygens und Leibniz in der Riege der Ersten aufzutreten?

Sollten Sie noch einen Beweis dafür gebraucht haben, dass auch Mathematiker nur Menschen sind, so dürfte diese Geschichte mehr als das liefern. Die familiäre Rivalität aber nimmt den Leistungen der Bernoullis nichts von ihrem Glanz. Im Laufe der Jahre, die der Kettenlinien-Episode folgten, lösten Jakob, Johann und Daniel Bernoulli (1700–1782) nicht nur andere ähnliche Probleme zum Durchhang von Seilen und Ketten, sondern brachten auch die Theorie der Differentialgleichungen im Allgemeinen voran und beantworteten die Frage der Bewegung von Geschossen in einem «widerstehenden Medium».

Die Geschichte um die Beschreibung der Kettenlinie illustriert noch eine andere Seite der Macht der Mathematik: Selbst trivial erscheinende physikalische Probleme haben eine mathematische Lösung. Die Form der Katenoide erfreut übrigens noch heute Jahr für Jahr Millionen Menschen in Gestalt des berühmten Torbogens Gateway Arch in St. Louis, Missouri. Gebaut haben diese umgedrehte Katenoide der finnisch-amerikanische Architekt Eero Saarinen (1910–1961) und der deutsch-amerikanische Bauingenieur Hannskarl Bandel (1925–1993).

Der außerordentliche Erfolg der physikalischen Wissenschaften beim Aufdecken von mathematischen Gesetzen, die das Verhalten des Kosmos insgesamt bestimmen, warf unausweichlich die Frage auf, ob biologische, soziale oder ökonomische Prozesse nicht vielleicht ähnlichen Gesetzen unterliegen. Ist die Mathematik nur die Sprache der Natur im Allgemeinen, fragten sich die Mathematiker, oder ist sie auch die Sprache der menschlichen Natur? Und selbst wenn es keine wahrhaft universalen Prinzipien geben sollte – könnten mathematische Werkzeuge nicht trotzdem verwendet werden, um soziales Verhalten abzubilden und letztlich auch zu erklären? Zuerst waren viele Mathematiker einigermaßen überzeugt davon, dass Gesetze, die auf der einen oder anderen Version der Infinitesimalrechnung basierten, die Fähigkeit besitzen sollten, sämtliche kommenden Ereignisse – groß oder klein – vorherzusagen. Diese Ansicht vertrat zum Beispiel der große Mathematiker und Physiker Pierre-Simon de Laplace (1749–1827). Laplaces' fünf Bände seiner *Mécanique céleste* («Mechanik des Himmels») lieferten die erste mehr oder minder komplette (wenn auch angenäherte) Erklärung für Bewegungen im Sonnensystem. Außerdem war Laplace der Mann, der eine Frage beantwortete, die selbst einen Giganten wie Newton ins Grübeln gebracht hatte: Warum ist das Sonnensystem so stabil? Newton glaubte, dass die Planeten aufgrund der ihnen eigenen gegenseitigen Anziehung in die Sonne stürzen oder in den freien Raum entschwinden müssten, und machte Gottes Hand dafür verantwortlich, dass das Ganze intakt blieb. Laplace hatte da ganz andere Ansichten. Statt sich auf göttliche Handarbeit zu verlassen, bewies er einfach mathematisch, dass das Sonnensystem über Zeiträume stabil blieb, die weit über das hinausreichten, was Newton sich hatte träumen lassen. Um dieses komplexe Problem anzugehen, führte Laplace einen weiteren mathematischen Formalismus ein, dem man den Namen *Störungstheorie* gegeben hat und der einen in die Lage versetzt, den kumulativen Effekt vieler kleiner Störeinflüsse auf die Umlaufbahn eines Planeten zu errechnen. Schließlich setzte Laplace dem Ganzen die Krone auf, indem er eines der ersten Modelle für den Ursprung des Sonnensystems vorschlug – seiner viel beachteten *Nebularhypothese* zufolge hatte sich das Sonnensystem aus einem sich immer weiter verdichtenden Gasnebel gebildet.

In Anbetracht all dieser eindrucksvollen Tatsachen ist es vielleicht nicht verwunderlich, dass Laplace in seinem *Philosophischen Versuch über die Wahrscheinlichkeit* kühn verkündete:

> Alle Ereignisse, selbst jene, welche wegen ihrer Geringfügigkeit scheinbar nicht mit den großen Naturgesetzen zu tun haben, folgen aus diesen mit derselben Notwendigkeit wie die Umläufe der Sonne. In Unkenntnis ihres Zusammenhangs mit dem Weltganzen ließ man sie, je nachdem sie mit Regelmäßigkeit oder ohne sichtbare Ordnung eintraten und aufeinanderfolgten, entweder von Endzwecken oder vom Zufall abhängen; aber diese vermeintlichen Ursachen wurden in dem Maße zurückgedrängt, wie die Schranken unserer Kenntnis sich erweiterten und sie verschwinden völlig vor der gesunden Philosophie, welche in ihnen nichts als den Ausdruck unserer Unkenntnis der wahren Ursachen sieht … Wir müssen uns also den gegenwärtigen Zustand des Weltalls als die Wirkung seines früheren und als die Ursache des folgenden Zustands betrachten. Eine Intelligenz, welche für einen gegebenen Augenblick alle in der Natur wirkenden Kräfte sowie die gegenseitige Lage der sie zusammensetzenden Elemente

> kennte, und überdies umfassend genug wäre, um diese gegebenen Größen der Analysis zu unterwerfen, würde in derselben Formel die Bewegungen der größten Weltkörper wie des leichtesten Atoms umschließen; nichts würde ihr ungewiß sein und Zukunft wie Vergangenheit würden ihr offen vor Augen liegen. Der menschliche Geist bietet in der Vollendung, die er der Astronomie zu geben verstand, ein schwaches Abbild dieser Intelligenz dar.

Nur falls Sie sich das gerade fragen sollten: Wenn Laplace von jener hypothetischen umfassenden Intelligenz spricht, meinte er nicht Gott. Im Unterschied zu Newton und Descartes war Laplace kein religiöser Mensch. Als er Napoleon Bonaparte eine Ausgabe seiner *Mechanik des Himmels* überreichte, bemerkte dieser, da ihm zugetragen worden war, dass in dem ganzen Werk keinerlei Verweis auf Gott zu lesen war: «Monsieur Laplace, man berichtet mir, Ihr hättet dieses riesige Werk über das Wirken des Universums geschrieben, ohne auch nur ein Wort über dessen Schöpfer zu verlieren.» Worauf Laplace postwendend zurückgegeben haben soll: «Diese Hypothese war nicht notwendig.» Der darob erheiterte Napoleon erzählte dem Mathematiker Joseph-Louis Lagrange von dieser Reaktion, und Letzterer rief entzückt: «Ah! Das ist eine wunderbare Hypothese, sie erklärt vieles.» Aber die Geschichte ist damit noch nicht zu Ende. Als Laplace von Lagranges Reaktion erfuhr, bemerkte er nur trocken: «Diese Hypothese, mein Herr, erklärt nicht nur vieles, sondern alles, aber sie erlaubt es nicht, etwas vorherzusagen. Als Gelehrter muss ich Ihnen Arbeiten vorlegen, die Vorhersagen zulassen.»

Die Entwicklung der Quantenmechanik im 20. Jahrhundert – die Theorie der subatomaren Welt – hat allerdings gezeigt, dass die Vorstellung von einem durch und durch deterministisch strukturierten Universum zu optimistisch ist, und die moderne Physik hat längst bewiesen, dass es unmöglich ist, das Ergebnis eines jeden Experiments auch nur prinzipiell vorherzusagen. Vielmehr vermag die Theorie lediglich die Wahrscheinlichkeiten für unterschiedliche Ergebnisse zu prognostizieren. In den Sozialwissenschaften liegen die Dinge aufgrund der Vielzahl der miteinander verknüpften Elemente, von denen manche bestenfalls als hoch unsicher zu bezeichnen sind, zweifellos sogar noch komplizierter. Die Forscher des 17. Jahrhunderts realisierten nur zu bald, dass die Suche nach universalen, allgemeingültigen und präzisen sozialen Prinzipien (vergleichbar etwa mit Newtons Gravitationsgesetz) von Grund auf zum Scheitern verurteilt war. Eine Zeit lang sah es so aus, als würden Vorhersagen schlechthin unmöglich, sobald die Unwägbarkeiten der menschlichen Natur in die Gleichung eingebracht wurden. Noch hoffnungsloser gar schien die Situation, wenn es um das Denken und Verhalten eines ganzen Volkes ging. Statt jedoch in Verzweiflung zu versinken, entwickelte eine Handvoll genialer Denker ein neues Arsenal an innovativen mathematischen Werkzeugen – die *Statistik* und die *Wahrscheinlichkeitstheorie*.

So sicher wie Tod und Steuern

Der englische Romancier Daniel Defoe (1660–1731), am ehesten wohl bekannt durch seinen Abenteuerroman *Robinson Crusoe*, hat auch ein Werk über das Übernatürliche verfasst, sein Titel: *The Political History of the Devil* («Die politische Geschichte des Teufels»). Darin schreibt Defoe, der allerorten Beweise für das Wirken des Teufels zu erspähen glaubt: «An Dinge, so sicher wie Tod und Steuern, lässt sich leichter glauben.» Benjamin Franklin (1706–1790) scheint, was Sicherheit und Bestimmtheit anbelangt, eine ähnliche Position einzunehmen. In einem Brief, den er dreiundachtzigjährig an den französischen Physiker Jean-Baptiste Leroy schrieb, stellt er fest: «Unsere Verfassung ist tatsächlich in Kraft. Alles scheint dafür zu sprechen, dass sie überdauern wird, aber in dieser Welt kann man von nichts sagen, dass es sicher ist – außer von Tod und Steuern.» Tatsächlich ist der Lauf unseres Lebens unvorhersehbar, anfällig für Naturkatastrophen und menschliche Irrtümer, von blankem Zufall gelenkt. Wendungen wie «shit happens» wurden eigens ersonnen, unserer Verletzlichkeit und unserem Ausgeliefertsein an das Unerwartete, unserer Machtlosigkeit dem Zufall gegenüber Ausdruck zu verleihen. Trotz dieser Hindernisse und vielleicht sogar gerade wegen der Herausforderung, die diese darstellen, haben Mathematiker, Sozialwissenschaftler und Biologen seit dem 16. Jahrhundert mit allem Nachdruck Versuche unternommen, Unbestimmtheiten methodisch in den Griff zu bekommen. In der Nachfolge derer, die das Gebiet der Statistischen Mechanik begründet haben, und mit der Einsicht konfrontiert, dass die Grundfesten der Physik selbst (in Gestalt der Quantenmechanik) auf Unbestimmtheit fußen, haben die Physiker des 20. und 21. Jahrhunderts sich mit großer Leidenschaft an diesem Unterfangen beteiligt. Die Waffe, die Forscher einsetzen, um dem Mangel an Bestimmtheit zu wehren, ist ihr Vermögen, die Wahrscheinlichkeit für ein bestimmtes Ergebnis zu errechnen. Gleich nach der Möglichkeit, ein Ergebnis wahrhaftig voraussagen zu können, kommt als Nächstbestes das Errechnen der Wahrscheinlichkeit für verschiedene mögliche Ausgänge. Die Werkzeuge, die geschaffen wurden, um über bloßes Raten und Spekulieren hinauszugelangen – die Statistik und die Wahrscheinlichkeitstheorie –, liefern nicht nur einem Großteil moderner Wissenschaft, sondern auch einem breiten Spektrum an sozialen Aktivitäten von der Wirtschaft bis hin zum Sport ein geeignetes Fundament.

Wir alle verwenden bei fast jeder Entscheidung, die wir treffen, Wahrscheinlichkeiten und Statistik – oft geschieht das unbewusst. So wissen Sie zum Beispiel sicher nicht, dass die Zahl derjenigen, die in den Vereinigten Staaten im Jahre 2004 im Straßenverkehr ums Leben gekommen sind, 42 636 betrug. Hätte die Zahl jedoch bei drei Millionen gelegen, hätten Sie davon gehört, da bin ich mir sicher. Und dieses Wissen hätte Sie am nächsten Morgen vermutlich zweimal nachdenken lassen, bevor Sie Ihr Auto bestiegen. Warum beziehen wir aus solchen genauen Angaben wie der Zahl an Unfalltoten ein gewisses Vertrauen in unsere eigenen Entscheidungen (zum Beispiel selbst zu fahren)? Wie wir gleich sehen werden, ist ein Schlüsselaspekt ihrer Verlässlichkeit der Umstand, dass sie auf sehr großen Zahlen basieren. Die Zahl der Unfalltoten in Frio Town, Texas, mit einer Bevölkerungszahl von neunundvierzig Personen im Jahr 1969, könnte kaum mit einer vergleichbaren Überzeugungskraft aufwarten. Wahrscheinlichkeiten und Statistik gehören zu den wichtigsten Pfeilen im Köcher von Ökonomen, Wirtschaftsberatern, Genetikern, Versicherungsgesellschaften und jedem anderen, der versucht, aus riesigen Datenmengen aussagekräftige Schlussfolgerungen zu ziehen. Wenn wir davon sprechen, dass Mathematik selbst Disziplinen durchdringt, die ursprüng-

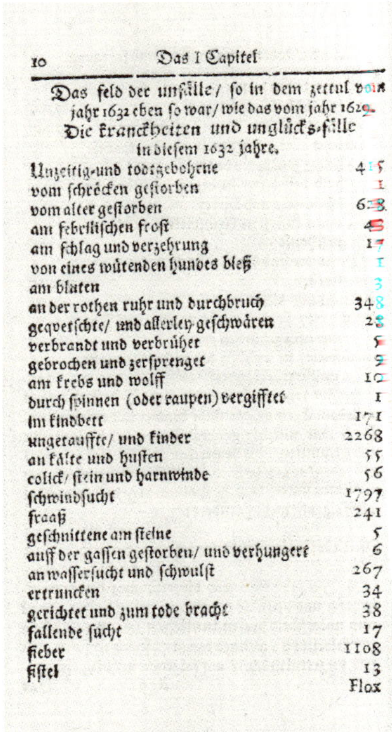

10 Das I Capitel

Das feld der unfälle/ ſo in dem zettul vom jahr 1632 eben ſo war/ wie das vom jahr 1629.

Die kranckheiten und unglücks-fälle in dieſem 1632 jahre.

Unzeitig-und todtgebohrne	415
vom ſchrecken geſtorben	1
vom alter geſtorben	628
am febrliſchen froſt	43
am ſchlag und verzehrung	17
von eines wütenden hundes bleß	1
am blaten	3
an der rothen ruhr und durchbruch	348
geqvetſchte/ und allerley geſchwären	28
verbrandt und verbrühet	5
gebrochen und zerſprenget	9
am krebs und wolff	10
durch ſpinnen (oder raupen) vergifftet	1
im kindbett	171
ungetauffte/ und kinder	2268
an kälte und huſten	55
colick/ ſtein und harnwinde	56
ſchwindſucht	1797
fraaß	241
geſchnittene am ſteine	5
auff der gaſſen geſtorben/ und verhungert	6
an waſſerſucht und ſchwulſt	267
ertruncken	34
gerichtet und zum tode bracht	38
fallende ſucht	17
fieber	1108
fiſtel	13

Flox

Abbildung 31

lich nicht unter dem Dach der exakten Wissenschaften Platz fanden, so liegt dies häufig daran, dass ihnen Wahrscheinlichkeitstheorie und Statistik eines oder mehrere Fenster geöffnet haben. Wie sind diese so fruchtbaren Wissenszweige entstanden?

Das Wort Statistik – ein Begriff, der sich vom italienischen *stato* (Zustand) und *statista* (jemand, der sich mit Angelegenheiten des Staates befasst) herleitet – bezeichnete anfänglich nichts weiter als eine einfache, von Regierungsbeamten angefertigte Sammlung von Daten und Fakten. Die erste wichtige Arbeit zur Statistik im modernen Sinne wurde von jemandem durchgeführt, dem man auf den ersten Blick kaum ein Forscherdasein zutrauen würde – einem Tuchhändler im

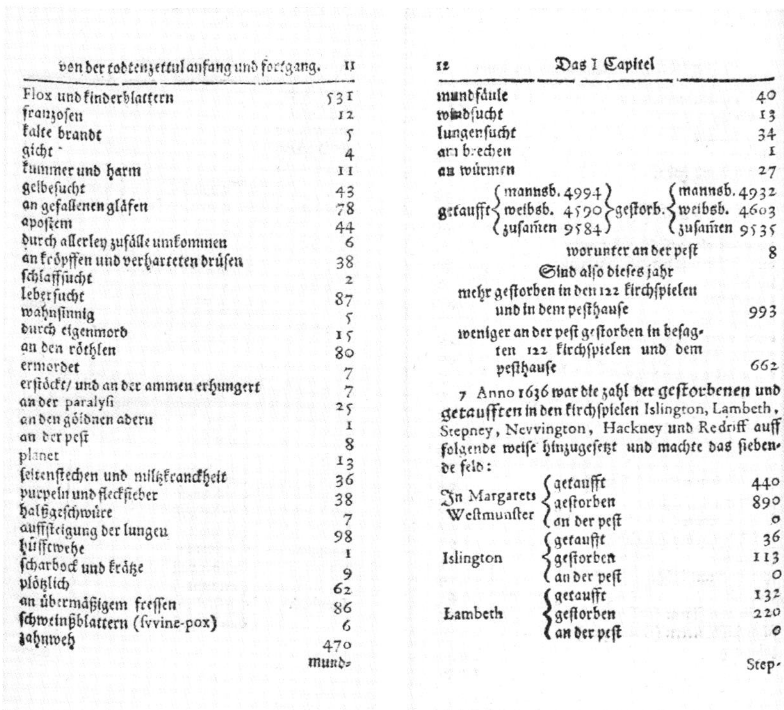

von der todtenzettul anfang und fortgang. 11

Flox und kinderblattern	531
franzosen	12
kalte brandt	5
gicht	4
kummer und harm	11
gelbesucht	43
an gefallenen gläsen	78
aposten	44
durch allerley zufälle umkommen	6
an kröpffen und verharteten drüsen	38
schlaffsucht	2
lebersucht	87
wahnsinnig	5
durch eigenmord	15
an den röthlen	80
ermordet	7
erstöckt/ und an der ammen erhungert	7
an der paralysi	25
an den güldnen adern	1
an der pest	8
planet	13
seitenstechen und miltzkranckheit	36
purpeln und fleckfieber	38
halßgeschwüre	7
aufsteigung der lungen	98
hüfftwehe	1
scharbock und krätze	9
plötzlich	62
an übermäßigem fressen	86
schweinßblattern (svvine-pox)	6
zahnweh	470

mund-

12 Das I Capitel

mundfäule	40
windsucht	13
lungensucht	34
an brechen	1
an würmen	27

getaufft { mannsb. 4994 / weibsb. 4590 / zusamen 9584 } gestorb. { mannsb. 4932 / weibsb. 4603 / zusamen 9535 }

worunter an der pest 8

Sind also dieses jahr

mehr gestorben in den 122 kirchspielen und in dem pesthause 993

weniger an der pest gestorben in besagten 122 kirchspielen und dem pesthause 662

7 Anno 1636 war die zahl der gestorbenen und getaufften in den kirchspielen Islington, Lambeth, Stepney, Nevvington, Hackney und Redriff auff folgende weise hinzugesetzt und machte das siebende feld:

In Margarets Westmunster	getaufft	440
	gestorben	890
	an der pest	0
Islington	getaufft	36
	gestorben	113
	an der pest	0
Lambeth	getaufft	132
	gestorben	220
	an der pest	0

Step-

London des 17. Jahrhunderts. John Graunt (1629–1674) verkaufte von Berufs wegen Knöpfe, Nadeln und Vorhangstoffe. Da seine Arbeit ihm ein beträchtliches Maß an Freizeit gestattete, lernte er im Selbststudium Latein und Französisch und entwickelte ein wachsendes Interesse an Sterbetafeln – wöchentlichen Aufstellungen der Verstorbenen in den einzelnen Pfarreien –, die in London seit 1604 veröffentlicht wurden. Die Herausgabe dieser Berichte hatte in erster Linie den Sinn, sich abzeichnende Epidemien frühzeitig erkennen zu können. An jenen Rohdaten begann Graunt interessante Beobachtungen zu machen, die er schließlich in einem kleinen, fünfundachtzig Seiten starken Büchlein veröffentlichte, von dem 1702 auch eine deutsche Übersetzung unter dem Titel *Natürliche und politische Anmerkungen über die Todten-Zettul der Stadt London* erschien. Abbildung 31 zeigt ein Beispiel für eine Tafel aus Graunts Buch, in der nicht weniger als dreiundsechzig Krankheiten und Todesursachen in alphabetischer Reihenfolge aufgelistet sind. In Verneigung vor dem Präsidenten der gelehrten Gesellschaft «Gresham's College», Sir Robert Moray, weist Graunt zu Beginn des Buches darauf hin, dass seine Abhandlung, da die Arbeit darin «die Lufft, die Landschafften, Zeiten, Fruchtbarkeit, Gesundheit, Kranckheiten, Lebhafftigkeit und die Proportion der Geschlechte und Alter der Menschen» betrifft, eigentlich ein naturgeschichtliches Werk sei.

Tatsächlich leistete Graunt weit mehr, als nur Daten zu sammeln und vorzulegen. Indem er beispielsweise die Durchschnittszahlen an Taufen und Beerdigungen für Männer und Frauen in London und der Pfarrei Romsey in Hampshire verglich, lieferte er zum ersten Mal Belege für ein stabiles Geschlechterverhältnis zum Zeitpunkt der Geburt. So zeigte er, dass in London dreizehn Mädchen auf vierzehn Jungen zur Welt kamen, in Romsey waren es fünfzehn Mädchen auf sechzehn Jungen. Bemerkenswert ist auch seine Weitsicht, mit der er dem Wunsch Ausdruck verlieh, dass «die Reisenden nachforschen möchten, ob es sich in andern Landschafften auch so verhalte». Er stellte auch fest, es sei ein Segen für die Menschheit, dass durch den Überschuss an *Männern* der *Polygamie* ein natürlicher Riegel vorgeschoben werde; denn in einem solchen Zustand «kann ein Weib mit ihrem Ehemanne keineswegs in so gleichem Stande und gleichen Ausgaben leben, als itzo bei uns geschieht». Heutzutage wird das Geschlechterverhältnis zwischen Jungen und Mädchen bei der Geburt mit 1,05 angegeben. Die herkömmliche Erklärung für diesen Männerüberschuss lautet, dass Mutter Natur aufgrund der etwas höheren Empfindlichkeit männlicher Feten und Babys zugunsten des männlichen Geschlechts vorbaut. Aus Gründen, die noch einer Erklärung harren, ist – nebenbei bemerkt – in den Vereinigten Staaten und Japan der Anteil an Jungen seit den 1970er Jahren leicht gesunken.

Ein weiteres bahnbrechendes Unterfangen Graunts war sein Versuch, aus den nach der Todesursache aufgeschlüsselten Zahlen der Verstorbenen eine Altersverteilung – eine «Lebenstafel» – für die lebende Bevölkerung zu errechnen. Ein solches Unternehmen war ohne Zweifel von großer politischer Bedeutung, erhielt man daraus doch zum Beispiel Aufschluss über die Zahl der wehrfähigen Männer – Männer zwischen sechzehn und fünfundsechzig – in der Bevölkerung. Streng genommen hatte Graunt nicht genügend Informationen, um eine solche Altersverteilung herzuleiten. Genau in dieser Hinsicht aber bewies er Fantasie und kreatives Denken. Im Folgenden beschreibt er, wie er zu seinen Schätzungen zur Kindersterblichkeit gelangt:

> So soll meine Anmerckung über die Todesfälle seyn, daß in zwanzig Jahren an allen Kranckheiten und Zufällen sterben 229 250: Daß an Mandel-Geschwüren, Krampffsucht, Rückensucht, Zähnen und Würmen; und als unzeitig Gebohrne, ungetauffte Kinder, lebersüchtige und erstöckte 71 124 sterben: Daß ist, es sterben von der ganzen Summa ohngefehr ¹/₃ an diesen Kranckheiten, welche wir vermuthlich alle bey Kindern, unter 4 oder 5 Jahren alt, antreffen werden. Ingleichen sterben an Kindes-Blattern, Schweins-Blattern, Masern, Rötheln und an Würmen ohne die Fraaß 12 210; von welcher Zahl ich gleichfalls setze, daß die Helffte möchten Kinder unter sechs Jahren seyn. Wenn wir nun bedencken, daß der sechzehende Theil von besagten 229 250 an der extraordinairen und grossen Kranckheit der Pest sterben, so findet sich, daß ohngefehr sechs und dreyßig unter hunderten von allen lebendig-gebohrnen sterben, ehe sie sechs Jahr alt worden sind.

Mit anderen Worten: Graunt errechnete die Sterblichkeit für Kinder unter sechs Jahren zu (71 124 + 6105) : (229 250 – 160 000) = 0,36 = 36 Prozent. Mit ähnlichen Argumenten und logischen Ausgangsüberlegungen vermochte Graunt auch eine Schätzung zur Alterssterblichkeit abzugeben. Schließlich füllte er die Lücke zwischen sechs und sechsundsiebzig durch eine mathematisch begründete Annahme zum Verhalten der Sterblichkeitsrate mit dem Alter. Auch wenn viele von Graunts Schlussfolgerungen nicht übermäßig hieb- und stichfest gewesen sein mögen, so begründete seine Studie doch die Statistik als Wissenschaft, wie wir sie heute kennen. Seine Beobachtung, dass die Prozentzahlen für bestimmte Ereignisse, die bis zu diesem Zeitpunkt einzig und allein (wie der Tod durch bestimmte Krankheiten) als

Frage von Zufall oder Schicksal gegolten hatten, in Wirklichkeit eine sehr solide Regelmäßigkeit aufwiesen, führte das wissenschaftlich-quantitative Denken auch auf dem Gebiet der Sozialwissenschaften ein.

Die Wissenschaftler in der Nachfolge Graunts übernahmen einen Teil seiner Vorgehensweise, entwickelten jedoch auch ein besseres mathematisches Verständnis, was den Einsatz von Statistik betraf. Es mag überraschen, doch derjenige, der die ersten bedeutenden Verbesserungen an Graunts Lebenstafel vornahm, war der Astronom Edmond Halley – derselbe Mann, der Newton dazu gebracht hatte, seine *Principia* zu veröffentlichen. Warum waren alle so interessiert an Lebenstafeln? Zum einen, weil diese die Grundlage von Lebensversicherungen darstellten und immer noch darstellen. Lebensversicherungen (und natürlich Mitgiftjäger!) interessieren sich für Fragen wie: Wenn eine Person die sechzig erreicht hat – wie groß ist die Chance, dass sie auch noch achtzig wird?

Um seine Lebenstafel aufzustellen, hat sich Halley detaillierter Aufzeichnungen bedient, die seit Ende des 16. Jahrhunderts im schlesischen Breslau gemacht worden waren. Ein Pastor dort, Dr. Caspar Neumann, hatte mit solchen Auflistungen versucht, dem Aberglauben der Schäfchen seiner Pfarrei zu wehren, die fürchteten, ihre Gesundheit könne durch bestimmte Mondphasen beeinträchtigt werden oder auch durch das Lebensalter, wenn dieses durch sieben und neun teilbar sei. Halleys Arbeit, die unter dem etwas langen Titel *An Estimate of the Degrees of Mortality of Mankind, drawn from curious Tables of the Births and Funerals at the City of Breslaw; with an Attempt to ascertain the Price of Annuities upon Lives* («Statistische Berechnung der Lebenserwartung des Menschen auf der Grundlage der Geburts- und Sterbetafeln der Stadt Breslau mit dem Versuch, die Höhe der Leibrente zu bestimmen») 1692 in den *Philosophical Transactions* erschien, wurde zur Grundlage der Versicherungsmathematik. Um eine Vorstellung davon zu bekommen, wie Lebensversicherungen ihre Risiken abzuschätzen versuchen, werfen Sie einmal einen Blick auf nachstehende Lebenstafel aus der Feder von Halley:

Alter	Personen	Alter	Personen	Alter	Personen
1	1000	11	653	21	592
2	855	12	646	22	586
3	798	13	640	23	579
4	769	14	634	24	573
5	732	15	628	25	567
6	710	16	622	26	560
7	692	17	616	27	553
8	680	18	610	28	546
9	670	19	604	29	539
10	661	20	598	30	521
Alter	Personen	Alter	Personen	Alter	Personen
31	523	41	436	51	335
32	515	42	427	52	324
33	507	43	417	53	313
34	499	44	407	54	302
35	490	45	397	55	292
36	481	46	387	56	282
37	472	47	377	57	272
38	463	48	367	58	262
39	454	49	357	59	252
40	445	50	346	60	242
Alter	Personen	Alter	Personen	Alter	Personen
61	232	71	131	81	34
62	222	72	120	82	28
63	212	73	109	83	23
64	202	74	98	84	20
65	192	75	88		
66	182	76	78		
67	172	77	63		
68	162	78	58		
69	152	79	49		
70	142	80	41		

Aus dieser Tafel lässt sich zum Beispiel ablesen, dass 346 von 710 Sechsjährigen fünfzig Jahre alt werden. Das Verhältnis 346/710 = 0,49 könnte man dann als Schätzung der Wahrscheinlichkeit dafür lesen, dass ein Kind von sechs Jahren seinen fünfzigsten Geburtstag feiern kann. Oder von 242 Sechzigjährigen lebten mit achtzig noch 41. Für einen Sechzigjährigen beträgt demnach die Wahrscheinlichkeit, achtzig zu werden, 41/242 = 0,17. Die Überlegung, die hinter solchen Rechnungen steht, ist denkbar einfach: Man stützt sich auf vergangene Erfahrungen, um verschiedene künftige Ereignisse vorherzusagen. Wenn die Stichprobe, auf deren Basis die Erfahrung formuliert wird, hinreichend groß ist (Halleys Tafel basierte auf einer Population von 34000) und wenn bestimmte Annahmen gelten (zum Beispiel, dass die Sterberate mit der Zeit konstant bleibt), dann sind die errechneten Wahrscheinlichkeiten relativ verlässlich. Jakob Bernoulli beschrieb das gleiche Problem folgendermaßen:

> Welcher Sterbliche könnte aber je die Anzahl der Krankheiten (d.i. ebensovieler Fälle), welche den menschlichen Körper an allen seinen Theilen und in jedem Alter befallen und den Tod herbeiführen können, ermitteln und angeben, um wieviel leichter diese als jene Krankheit .... den Menschen zugrunde richtet, um daraus eine Vermuthung über das Leben und Sterben künftiger Geschlechter abzuleiten?

Nachdem er zu dem Schluss gekommen war, dass «[d]iese und ähnliche Dinge von ganz verborgenen Ursachen abhängen, welche überdies noch durch die unendliche Mannigfaltigkeit ihres Zusammenwirkens unsere Erkenntnis beständig täuschen», schlug auch er einen statistischen/wahrscheinlichkeitstheoretischen Ansatz vor:

> Aber ein anderer Weg steht uns hier offen, um das Gesuchte zu finden und das, was wir *a priori* nicht bestimmen können, wenigstens *a posteriori*, d.h. aus dem Erfolge, welcher bei ähnlichen Beispielen in zahlreichen Fällen beobachtet wurde, zu ermitteln. Dabei muss angenommen werden, dass jedes einzelne Ereignis in ebenso vielen Fällen eintreten oder nicht eintreten kann, als vorher bei einem gleichen Stande der Dinge beobachtet wurde, dass es eingetreten oder nicht eingetreten ist. Denn z.B. wenn man beobachtet hat, dass von 300 Menschen von dem Alter und der Constitution des Titius 200

> vor Ablauf von 10 Jahren gestorben sind, die übrigen aber länger gelebt haben, so kann man mit hinreichender Sicherheit folgern, dass es doppelt so viele Fälle giebt, in welchen auch Titius innerhalb des nächsten Decenniums der Natur den schuldigen Tribut leisten muss, als Fälle, in welchen er diesen Zeitpunkt überleben kann.

Halley ließ seinen mathematischen Betrachtungen zur Mortalität eine interessante Anmerkung folgen, die sich durch eher philosophische Untertöne auszeichnet. Eine Passage daraus ist besonders anrührend:

> Neben den Verwendungen, die ich im Vorhergehenden erwähnt habe, ist es vielleicht nicht ganz und gar unannehmbar aus eben denselben Tafeln herauszulesen, wie ungerechtfertigt es ist, wenn wir über die kurze Dauer unseres Lebens murren und uns schlecht behandelt fühlen, so wir kein hohes Alter erreichen, wo doch aus diesen hervorgeht, dass die Hälfte derer, die da geboren werden, binnen siebzehn Jahren tot sind, 1238 wurden in dieser Zeitspanne zu 616. Statt also zu beklagen, was wir einen zu frühen Tod nennen, sollten wir uns mit Geduld und Unbekümmertheit jenem Verfall hingeben, der die notwendige Begleiterscheinung unserer vergänglichen Lebenssubstanzen und unserer zarten und zerbrechlichen Struktur und Beschaffenheit ist: Und es als Segen erachten, dass wir, vielleicht um viele Jahre, eine Lebensspanne hinter uns gelassen haben, die die Hälfte der gesamten Menschheit niemals erreichen durfte.

Obschon die Situation in großen Teilen der modernen Welt sich gegenüber Halleys traurigen Statistiken deutlich verbessert hat, so gilt dies unglückseligerweise nicht für alle Länder. In Sambia wurde die Sterblichkeit für Kinder im Alter von fünf Jahren und darunter im Jahre 2006 auf herzzerreißende 182 von 1000 Lebendgeburten geschätzt. Die Lebenserwartung dort liegt bei erschütternden siebenunddreißig Jahren.

Nun befassen sich Statistiken allerdings nicht immer und überall nur mit Tod und Sterben. Sie durchleuchten jeden Aspekt menschlichen Lebens, von rein physischen Merkmalen bis hin zu intellektuellen Leistungen. Einer der Ersten, die die Macht der Statistik für das Formulieren von «Gesetzen» auf dem Gebiet der Sozialwissenschaften erkannten, war der belgische Universalgelehrte Lambert-Adolphe-Jacques Quetelet (1796–1874). Mehr als jeder andere zeichnet er für die Einführung des statistischen Begriffs vom «mittleren Menschen» verantwortlich, dem, was wir heute vielleicht als «Durchschnittsbürger» oder «Otto Normalverbraucher» bezeichnen würden.

Der mittlere Mensch

Adolphe Quetelet wurde am 22. Februar 1796 in der alten belgischen Stadt Gent geboren. Sein Vater, ein städtischer Beamter, starb, als Adolphe sieben Jahre alt war. Solchermaßen gezwungen, sich früh im Leben seinen Lebensunterhalt selbst zu verdienen, begann Quetelet bereits im Alter von siebzehn Jahren, Mathematik zu unterrichten. Wenn er nicht als Lehrer im Einsatz war, schrieb er Gedichte, verfasste das Libretto für eine Oper, beteiligte sich an der Abfassung zweier Dramen und übersetzte einige literarische Werke. Dessen ungeachtet blieb sein Lieblingsthema die Mathematik, und er war der Erste, der die Universität Gent mit einem Abschluss als Doktor der Naturwissenschaften verließ. Im Jahr 1820 wurde Quetelet zum Mitglied der Königlichen Akademie der Wissenschaften in Brüssel gewählt, und binnen kurzem mauserte er sich zu deren aktivstem Mitglied. Die folgenden Jahre waren vor allem der Lehre und der Veröffentlichung mehrerer Abhandlungen zu Fragen der Mathematik, Physik und Astronomie gewidmet.

Quetelet pflegte seine Vorlesung zur Geschichte der Wissenschaft mit folgender kluger Bemerkung zu beginnen: «Je fortgeschrittener die Wissenschaften werden, desto mehr beginnen sie, die Domäne der Mathematik zu erobern, die eine Art Mittelpunkt bildet, in dem alles zusammenfließt. Wir können den Grad an Vollkommenheit, den eine Wissenschaft erreicht hat, daran ablesen, wie – mehr oder minder – gut man sich ihr mittels Berechnungen nähern kann.»

Im Dezember 1823 wurde Quetelet auf Staatskosten nach Paris entsandt, in erster Linie, um sich dort astronomische Beobachtungstechniken anzueignen. Wie sich jedoch zeigen sollte, sorgte dieser dreimonatige Aufenthalt in der damaligen Hauptstadt der mathematischen Welt bei Quetelet für eine völlige Wende Richtung Wahrscheinlichkeitstheorie. Hauptverantwortlich dafür, in ihm das leidenschaftliche Interesse für dieses Fach entzündet zu haben, war niemand anderer als Laplace selbst. Quetelet fasste seine Erfahrungen mit Statistik und Wahrscheinlichkeiten später folgendermaßen zusammen:

> Zufall, jenes mysteriöse, viel missbrauchte Wort, ist nichts anderes als eine Verschleierung unseres Unwissens; er ist ein Phantom, das uneingeschränkte Macht über den gewöhnlichen Verstand ausübt, welcher gewohnt ist, Ereignisse nur einzeln zu betrachten, vor dem Philosophen aber, dessen Auge eine lange Reihe von Ereignissen sieht und dessen Scharfsichtigkeit sich nicht durch Schwankungen irreführen lässt, zu nichts schrumpft, wenn er sich selbst den hinreichenden Weitblick gestattet, die Gesetze der Natur zu erfassen.

Wie bedeutungsvoll dieser Gedanke ist, lässt sich nicht genug betonen. Quetelet spricht der Idee des Zufalls mehr oder minder die Daseinsberechtigung ab und setzt an ihre Stelle die kühne (wenn auch nicht ganz zureichend bewiesene) Aussage, dass selbst soziale Phänomene Ursachen haben, deren Regelmäßigkeiten sich durch statistische Verfahren sichtbar machen und nutzen lassen, um die Regeln aufzudecken, nach denen das Leben innerhalb eines sozialen Gefüges abläuft.

In einem Versuch, seinen statistischen Ansatz auf den Prüfstand zu stellen, begann Quetelet ein ehrgeiziges Projekt, für das er Tausende Messungen zusammentrug, die den menschlichen Körper betrafen. So verglich er beispielsweise die statistische Verteilung des Brustumfangs bei 5738 schottischen Soldaten und die Körpergröße von 100 000 französischen Rekruten und trug für jedes einzelne Merkmal die jeweiligen Häufigkeiten in ein Diagramm ein. Mit anderen Worten: Er stellte graphisch dar, wie viele Rekruten zwischen, sagen wir, einem Meter und fünfundfünfzig und einem Meter und sechzig Zentimetern groß waren, und so weiter. Später fertigte er ähnliche Kurven für Merkmale an, die er als «moralische Eigenschaften» bezeichnete und für die er genügend Daten zur Verfügung hatte. Zu Letzteren gehörten Selbstmorde, Eheschließungen und die Veranlagung zur Kriminalität. Zu seiner Überraschung stellte Quetelet fest, dass sämtliche menschlichen Merkmale, die er betrachtete, einer Verteilung gehorchten, die wir heute als *Normalverteilung* (oder ein bisschen ungerechtfertigt nach dem «Fürsten der Mathematik» Carl

Abbildung 32

Friedrich Gauß auch als *Gauß'sche Verteilung*) bezeichnen – jene wohlbekannte glockenförmige Kurve der Verteilung von Häufigkeiten (Abbildung 32). Ob es sich nun um Körpergrößen und -gewichte, Gliedmaßenlängen oder gar um intellektuelle Qualitäten (gemessen mit den damals gerade in Mode gekommenen psychologischen Tests) handelte, wieder und wieder erhielt man dieselbe Art von Kurve. Die Kurve selbst war für Quetelet nichts Neues – Mathematiker und Physiker kannten sie seit der Mitte des 18. Jahrhunderts, Quetelet selbst war mit ihr aus seinen astronomischen Arbeiten vertraut –, lediglich die Verbindung zwischen dieser Kurve und den Eigenschaften des Menschen war ein wenig schockierend. Bis dahin war diese Kurve nämlich vor allem als *Fehlerkurve* bekannt gewesen, weil sie die Häufigkeitsverteilung von Messfehlern aller Art widerspiegelte.

Stellen Sie sich beispielsweise vor, Sie wollten sehr genau die Temperatur einer Flüssigkeit in einem Behälter messen. Sie können ein Präzisionsthermometer verwenden und über einen Zeitraum von einer Stunde tausend Messungen hintereinander vornehmen. Sie werden feststellen, dass aufgrund von zufälligen Fehlern und vielleicht auch gewissen Temperaturschwankungen nicht alle Messungen denselben Wert ergeben. Es wird vielmehr so sein, dass die Messungen sich um einen mittleren Wert häufen und manche Temperaturen darüber, manche hingegen darunter liegen. Wenn Sie die Anzahl der einzelnen Messwerte gegen den Temperaturwert auftragen, werden Sie dieselbe glockenförmige Kurve erhalten, die Quetelet für menschliche Merkmale erhalten hat. Ja, je größer die Zahl der Messungen ist, die Sie an irgendeiner physikalischen Größe durchführen, desto stärker wird sich die Häufigkeitsverteilung Ihrer Ergebnisse der Glockenkurve annähern. Die unmittelbare Folge dieser Tatsache für die Frage nach der unbegreiflichen Erklärungsmacht von Mathematik lässt an Dramatik nichts vermissen: Selbst menschliche Fehler gehorchen gewissen strengen mathematischen Regeln!

Quetelet ging in seinen Schlussfolgerungen sogar noch weiter. Er nahm den Befund, dass die Häufigkeitsverteilung menschlicher Merkmale der Fehlerkurve gehorcht, als Hinweis darauf, dass der «mittlere Mensch» in der Tat genau der Mensch sei, den die Natur hervorzubringen trachtet. Genau wie die Länge von Nägeln aufgrund von Herstellungsfehlern eine Häufigkeitsverteilung um einen durchschnittlichen (richtigen) Wert aufweist, so Quetelet, verteilen sich auch die Fehler der Natur um einen bevorzugten biologischen Typus herum. Er erklärte, die Menschen eines Landes gruppierten sich um ihren Durchschnitt herum, als seien sie das Ergebnis von Messungen an ein und derselben Person, durchgeführt mit Instrumenten, die so ungenau sind, dass sie ebendiese Schwankungsbreite hervorbringen.

Quetelets Spekulationen gingen ohne Frage ein bisschen zu weit. Zwar war die Entdeckung, dass biologische Merkmale (physische und psychische) der Normalverteilung gehorchen, extrem bedeutungsvoll, doch taugt dies weder als Beweis für die Absichten der Natur, noch kann man auf dieser Grundlage individuelle Abweichungen als bloße Fehler sehen. Quetelet stellte beispielsweise fest, dass die durchschnittliche Körpergröße der von ihm betrachteten französischen Rekruten bei etwas über einem Meter sechzig lag, am unteren Ende müsste es dabei einen Mann von fünfundvierzig Zentimetern gegeben haben. Natürlich macht man keinen Fehler von mehr als einem Meter, wenn man die Größe eines Menschen von gut anderthalb Metern misst.

Aber selbst wenn wir Quetelets Vorstellung von «Gesetzmäßigkeiten», die Menschen aus einem einzigen Guss formen, einmal beiseitelassen, ist die Tatsache, dass die Verteilung einer Vielzahl an Merkmalen, vom Körpergewicht angefangen bis hin zum Intelligenzquotienten, einer Normalverteilung gehorcht, für sich genommen recht bemerkenswert. Und als wenn das noch nicht genug wäre, ist sogar die Verteilung der durchschnittlichen Schlagzahl in der 1. Liga im englischen Baseball mehr oder minder normalverteilt, ebenso der

Jahresgewinn von Aktienindizes (aus vielen Einzelaktien). Ja, Streuungen, die von der Normalverteilung abweichen, erwecken häufig den Wunsch nach einer sorgfältigen Untersuchung. Wenn die Streuung der Englischzensuren an manchen Schulen beispielsweise nicht normalverteilt ist, kann das eine genauere Begutachtung der Benotungsverfahren an diesen Schulen bewirken. Damit soll nicht gesagt sein, dass alles und jedes normalverteilt ist. Die Wortlänge in Shakespeares Stücken zum Beispiel gehorcht keiner Normalverteilung. Er verwendete sehr viel mehr Wörter mit drei oder vier Buchstaben als Wörter mit elf oder zwölf. Auch das jährliche Einkommen US-amerikanischer Haushalte wird nicht durch eine Normalverteilung repräsentiert. Im Jahr 2006 beispielsweise erzielten die 6,37 Prozent Haushalte am oberen Ende der Einkommensskala rund ein Drittel der Einkünfte aller Haushalte insgesamt. Diese Tatsache wirft übrigens eine interessante Grundsatzfrage auf: Wenn sowohl die körperlichen als auch die geistigen Merkmale der Menschheit (die ja wohl die Grundlage für das potentielle Einkommen eines ihrer Vertreter bilden) normalverteilt sind, warum gilt solches dann nicht für das Einkommen? Die Antwort auf derlei sozioökonomische Fragen würde den Rahmen dieses Buches sprengen, für unseren gegenwärtigen begrenzten Blickwinkel bleibt jedoch die erstaunliche Tatsache relevant, dass im Prinzip alle physikalisch messbaren Attribute des Menschen – und die von Tieren und Pflanzen jeder beliebigen Spezies – nach ein und derselben mathematischen Funktion verteilt sind.

Nun haben die Merkmale des Menschen die Geschichte hindurch nicht nur die Basis für die Untersuchung statistischer Häufigkeitsverteilungen gebildet, sondern waren auch für die Einführung des mathematischen Gedankens der *Korrelation* entscheidend. Korrelation bemisst, inwieweit die Wertänderung einer bestimmten Variablen von Änderungen im Wert einer anderen begleitet werden. Zum Beispiel ist vielleicht anzunehmen, dass höher gewachsene Frauen größere Schuhgrößen haben. Oder Psychologen haben festgestellt, dass eine Korrelation besteht zwischen der Intelligenz von Eltern und dem Schulerfolg ihrer Kinder.

Der Begriff der Korrelation wird besonders nützlich in solchen Situationen, in denen zwischen den beiden Variablen keine präzise

Funktionsbeziehung besteht. Stellen Sie sich zum Beispiel vor, eine Variable sei die Tageshöchsttemperatur im Süden von Arizona, die andere die Anzahl der Waldbrände dort. Man wird die Zahl der entstehenden Brände für eine bestimmte Temperatur nicht präzise vorhersagen können, da Letztere durch verschiedene andere Variablen wie Luftfeuchtigkeit und die Zahl der vom Menschen im Freien angefachten Feuer mitbestimmt wird. Mit anderen Worten: Für jeden beliebigen Temperaturwert kann es verschiedene Brandzahlen geben, und umgekehrt. Dennoch erlaubt uns das mathematische Konstrukt des *Korrelationskoeffizienten*, die Stärke der Beziehung zwischen zwei solchen Variablen quantitativ zu bestimmen.

Derjenige, der das Werkzeug des Korrelationskoeffizienten erstmals eingeführt hat, war der viktorianische Geograph, Meteorologe, Anthropologe und Statistiker Sir Francis Galton (1822–1911). Galton – übrigens ein Cousin von Charles Darwin – war kein Berufsmathematiker. Als außerordentlich praktisch veranlagter Mann überließ er die Ausarbeitung der mathematischen Feinheiten seiner innovativen Überlegungen gerne «richtigen» Mathematikern, insbesondere dem Statistiker Karl Pearson (1857–1936). Nachstehend Galtons Begriff von Korrelation in dessen eigenen Worten:

> Die Länge der Elle ist mit der Körpergröße korreliert, eine lange Elle bedeutet für gewöhnlich einen hochgewachsenen Mann. Wenn die Korrelation zwischen beiden sehr eng ist, würde eine sehr lange Elle in der Regel einen sehr hochgewachsenen Mann bedeuten, ist sie nicht so eng, wäre eine sehr lange Elle im Durchschnitt nur mit einem normal gewachsenen und nicht mit einem sehr hochgewachsenen Manne assoziiert; wäre sie hingegen null, wäre eine sehr lange Elle mit keiner besonderen und deshalb im Durchschnitt mit einer mittleren Statur korreliert.

Pearson wartete schließlich mit einer mathematisch genauen Definition des Korrelationskoeffizienten auf. Definitionsgemäß nimmt dieser, wenn die Korrelation sehr hoch ist – das heißt, wenn die eine Variable das Auf und Ab der anderen sehr eng mitvollzieht –, den Wert 1 an. Wenn zwei Größen in gegenläufiger Weise korreliert sind, sprich, die eine zunimmt, wenn die andere abnimmt, dann ist der

Koeffizient gleich −1. Zwei Variablen, die sich verhalten, als gäbe es die andere überhaupt nicht, weisen einen Korrelationskoeffizienten von null auf. (Das Verhalten mancher Regierungen zeigt zum Beispiel in Relation zu den Wünschen des Volkes, das sie vermeintlich repräsentieren, betrüblicherweise eine Korrelation im Nullbereich auf.)

Die moderne medizinische Forschung und der gesamte Bereich der Wirtschaftsprognostik beispielsweise sind in entscheidender Weise abhängig vom Auffinden und Berechnen von Korrelationen. Die Verknüpfung zwischen Rauchen und Lungenkrebs oder zwischen Sonneneinstrahlung und Hautkrebs etwa wurden durch das Sichtbarmachen und Auswerten von Korrelationen nachgewiesen. Finanzmarktanalysten versuchen unablässig, Korrelationen zwischen dem Marktverhalten und anderen Variablen nachzuweisen und zu quantifizieren. Jeder derartige Nachweis kann ungeheuer profitabel sein.

Wie einige der frühen Statistiker bereitwillig anerkannten, können sowohl das Sammeln als auch die Interpretation statistischer Daten ungemein trickreich sein und sollten mit größter Sorgfalt betrieben werden. Ein Fischer, der ein Netz verwendet, dessen Löcher eine Größe von fünfundzwanzig Quadratzentimetern haben, könnte versucht sein anzunehmen, dass alle Fische größer oder dicker als fünfundzwanzig Zentimeter sind, nur weil die kleineren ihm entwischen können. Das wäre ein Beispiel für einen *Selektionseffekt* – eine entweder durch das Verfahren zum Sammeln der Daten oder durch deren Auswertungsmodus entstandene Voreingenommenheit, die das Ergebnis entscheidend beeinflusst. Die Stichprobenauswahl ist ein weiteres Problem. Moderne Meinungsumfragen interviewen beispielsweise in der Regel nicht mehr als ein paar tausend Personen. Wie können die Demoskopen sicher sein, dass die Ansichten, die die Angehörigen dieser Stichprobe äußern, die Meinungen einiger Millionen ihrer Zeitgenossen korrekt widerspiegeln? Ein weiterer Punkt, den man sich klarmachen muss, ist der, dass Korrelation nicht automatisch auch Kausalität bedeutet. Die Verkaufszahlen bei Toastern mögen zur selben Zeit steigen wie die Zahl der Zuhörer von klassischen Konzertveranstaltungen, das aber heißt noch lange nicht, dass der Erwerb eines Toasters den Sinn für Musik erstarken lässt. Vielmehr könnten beide Effekte auf ein allgemeines Wirtschaftswachstum zurückzuführen sein.

Trotz solcher zweifellos wichtigen Einwände ist die Statistik zu einem der effizientesten Instrumente der modernen Gesellschaft geworden und hat sozusagen eine «Verwissenschaftlichung» der Sozialwissenschaften bewirkt. Warum aber funktionieren Statistiken überhaupt? Die Antwort liefert uns die Mathematik der *Wahrscheinlichkeit*, die viele Facetten modernen Lebens regiert. Ingenieure, die zu entscheiden versuchen, welche Sicherheitsvorkehrungen sie den Astronauten ihrer neuesten Raumfähre zur Verfügung stellen sollen, Teilchenphysiker, die versuchen, die Ergebnisse ihrer Beschleunigerexperimente zu deuten, Psychologen, die Kinder mittels Intelligenztests einordnen, Pharmafirmen, die die Wirksamkeit neuer Medikamente auswerten, und Genetiker, die sich mit der Vererbung von Merkmalen befassen – sie alle müssen sich des mathematischen Werkzeugs der Wahrscheinlichkeitstheorie bedienen.

Wie der Zufall so spielt

Die ernsthafte Auseinandersetzung mit Wahrscheinlichkeiten blickt auf recht bescheidene Anfänge zurück – Spieler versuchten, ihre Wetten den jeweiligen Erfolgsaussichten anzupassen. Mitte des 17. Jahrhunderts stellte zum Beispiel ein französischer Adliger – der Chevalier de Méré, der als berüchtigter Glücksspieler bekannt war – dem berühmten französischen Mathematiker und Philosophen Blaise Pascal (1623–1662) eine Reihe von Fragen zum Glücksspiel. Letzterer pflegte im Jahre 1654 mit dem anderen großen französischen Mathematiker jener Zeit, Pierre de Fermat (1601–1665), einen ausführlichen Briefwechsel zu drei dieser Fragen. Dieser Briefwechsel war sozusagen die Wiege der Wahrscheinlichkeitstheorie.

Lassen Sie uns eines dieser faszinierenden Beispiele genauer betrachten, das Pascal in einem Brief vom 29. Juli 1654 angeführt hat. Stellen Sie sich zwei Adlige bei einem Glücksspiel vor, bei dem es um die Augenzahl eines einzelnen Würfels geht. Jeder Spieler hat zweiunddreißig Goldmünzen gesetzt. Der erste Spieler wählt die Augenzahl 1, der zweite die Zahl 5. Jedes Mal, wenn eine der von den beiden Spielern gesetzten Augenzahlen erreicht wird, bekommt der Betreffende einen Punkt zugesprochen. Gewonnen hat, wer als Erster drei Punkte hat. Angenommen weiter, das Spiel ist eine Weile gelaufen und die Zahl 1 ist zweimal gefallen (sodass der Spieler mit dieser Glückszahl nunmehr zwei Punkte hat), die Zahl 5 hingegen nur einmal (sodass der Gegner nur einen Punkt hat). Wenn das Spiel nun aus irgendeinem Grund unterbrochen werden muss, wie sind dann die 64 Goldmünzen auf dem Tisch zwischen den Spielern aufzuteilen? Pascal und Fermat fanden die mathematisch logische Antwort. Wenn der Spieler mit den zwei Punkten die nächste Runde gewinnen würde, gehörten ihm die 64 Münzen. Gewänne der andere Spieler die nächste Runde, hätte jeder der Spieler zwei Punkte und erhielte somit 32 Goldstücke. Trennten sich daher die Spieler vor der nächsten Runde, könnte der erste Spieler mit Recht argumentieren: «Zweiunddreißig Goldstücke sind mir sicher, selbst wenn ich diese Runde verlöre, was die anderen zweiunddreißig betrifft, stehen die Chancen gleich – vielleicht erhalte ich sie, vielleicht du. Lass uns die verbliebenen zweiunddreißig also zu gleichen Teilen aufteilen, und dazu bekomme ich die zweiunddreißig, die ich ohnehin schon sicher habe.» Mit anderen Worten: Der erste Spieler erhielte 48, der andere 16 Goldstücke. Unglaublich, dass eine neue so umfassende mathematische Disziplin aus solcherlei allem Anschein nach trivialen Erwägungen heraus geboren werden sollte, oder? Genau das aber ist der Grund dafür, dass die Erklärungsmacht der Mathematik so unbegreiflich und geheimnisvoll scheint.

Das Wesen der Wahrscheinlichkeitstheorie lässt sich an folgenden schlichten Tatsachen erahnen. Niemand kann mit Sicherheit vorhersagen, welche Seite einer hochgeworfenen Münze bei deren Auftreffen oben liegen wird. Selbst wenn die Münze zehnmal hintereinander Kopf gezeigt hat, verbessert das Ihre Fähigkeit, den nächsten Wurf verlässlich vorherzusagen, um kein Jota. Trotzdem können wir mit Sicherheit sagen, dass, wenn Sie die Münze zehn Millionen Mal werfen, ziemlich genau die Hälfte Ihrer Würfe Kopf und ziemlich genau die Hälfte davon Zahl zeigen wird. Ja, Ende des 19. Jahrhunderts hatte der Statistiker Karl Pearson die Geduld, eine Münze 24 000-mal zu werfen. In 12 012 Fällen warf er Kopf. Das ist in gewisser Weise auch schon alles, worum es in der Wahrscheinlichkeitstheorie geht.

Die Wahrscheinlichkeitstheorie liefert uns genaue Informationen über das Spektrum der Ergebnisse einer großen Zahl von Experimenten, kann aber niemals das Ergebnis eines bestimmten Ereignisses vorhersagen. Wenn ein Experiment n mögliche Ausgänge haben kann, ist jeder davon gleich möglich, das heißt, die Wahrscheinlichkeit für jedes Ergebnis beträgt $1/n$. Wenn Sie einen nicht gezinkten Würfel werfen, beträgt die Wahrscheinlichkeit dafür, dass die Augenzahl 4 erscheint, ein Sechstel, denn ein Würfel hat sechs Seiten und jede Seite ist gleich wahrscheinlich. Angenommen, Sie würfelten siebenmal hintereinander und hätten jedes Mal eine 4: Wie groß wäre die Wahrscheinlichkeit dafür, dass Sie beim nächsten Wurf wieder eine 4 bekämen? Die Wahrscheinlichkeitstheorie hat hierauf eine glasklare Antwort: Die Wahrscheinlichkeit wäre noch immer ein Sechstel – der Würfel kennt kein Gedächtnis, und Dinge wie eine «glückliche Hand» oder die Vorstellung, dass der nächste Wurf ein vorheriges Ungleichgewicht gutmachen könnte, sind Märchen. Wahr ist, dass die Ergebnisse, wenn Sie eine Million Mal würfelten, sich einem Mittel näherten und in ungefähr einem Sechstel der Fälle die 4 erschiene.

Lassen Sie uns eine etwas kompliziertere Situation in Augenschein nehmen. Angenommen, Sie würfen gleichzeitig drei Münzen. Wie hoch ist die Wahrscheinlichkeit, dass Sie zweimal Zahl und einmal Kopf erhalten? Die Antwort finden wir, indem wir einfach die möglichen Ergebnisse auflisten. Wenn wir Kopf mit «K» und Zahl mit «Z» bezeichnen, gibt es acht mögliche Ergebnisse: ZZZ, ZZK, ZKZ, ZKK, KZZ, KZK, KKZ, KKK. Drei davon entsprechen dem Ereignis «zweimal Zahl und einmal Kopf». Die Wahrscheinlichkeit für dieses Resultat beträgt demnach $^3/_8$. Oder, allgemeiner ausgedrückt: Wenn von n gleich wahrscheinlichen Ergebnissen m dem Ereignis entsprechen, um das es Ihnen geht, dann beträgt die Wahrscheinlichkeit für ebendieses Ereignis m/n. Man beachte: Dies bedeutet, dass Wahrscheinlichkeiten stets einen Wert zwischen null und eins haben. Wenn das Ereignis, das Sie interessiert, unmöglich eintreten kann, ist $m = 0$ (das gewünschte Ereignis ist nicht zu erwarten), und die Wahrscheinlichkeit ist null. Wenn hingegen das Eintreten des Ereignisses absolut sicher ist, dann bedeutet dies, dass alle n Ereignisse wie gewünscht ausfallen ($m = n$) und die Wahrscheinlichkeit dafür $n/n = 1$ beträgt.

Die Ergebnisse des Experiments mit drei Münzwürfen illustriert noch eine andere wichtige Erkenntnis der Wahrscheinlichkeitstheorie – wenn Sie mehrere Ereignisse haben, die voneinander absolut *unabhängig* sind, dann errechnet sich die Wahrscheinlichkeit dafür, dass alle drei eintreten, aus dem Produkt der Einzelwahrscheinlichkeiten. Die Wahrscheinlichkeit, dreimal Kopf zu werfen, beträgt zum Beispiel $1/8$ – das ist das Produkt aus dreimal der Wahrscheinlichkeit für Kopf in jedem der drei Münzwürfe: $1/2 \times 1/2 \times 1/2 = 1/8$.

Na gut, denken Sie vielleicht, aber welchen Nutzen ziehen wir außer bei Casinoabenteuern und anderen Glücksspielen aus diesen grundlegenden Wahrscheinlichkeitsbegriffen? Ob Sie es glauben oder nicht, diese scheinbar so unbedeutenden Wahrscheinlichkeitsgesetze sind das Herz der modernen Genetik – der Wissenschaft von der Vererbung biologischer Merkmale.

Derjenige, der die Wahrscheinlichkeit in der Genetik ins Spiel gebracht hat, war ein Priester aus Nordmähren. Gregor Mendel (1822–1884) wurde in einem Dorf nahe der Grenze zwischen Mähren und Schlesien (Heinzendorf, heute Hynčice in Tschechien) geboren. Er trat dem Augustinerorden in Brünn bei und studierte an der Universität Wien Zoologie, Botanik, Physik und Chemie. Nach seiner Rückkehr ins Kloster von Brünn begann er, unterstützt vom Abt der Augustinerabtei, mit Erbsenpflanzen zu experimentieren. Auf diese Spezies hatte sich Mendel verlegt, weil sie leicht zu züchten war und weil sie sowohl weibliche als auch männliche Fortpflanzungsorgane besitzt. Erbsenpflanzen können infolgedessen entweder selbst- oder

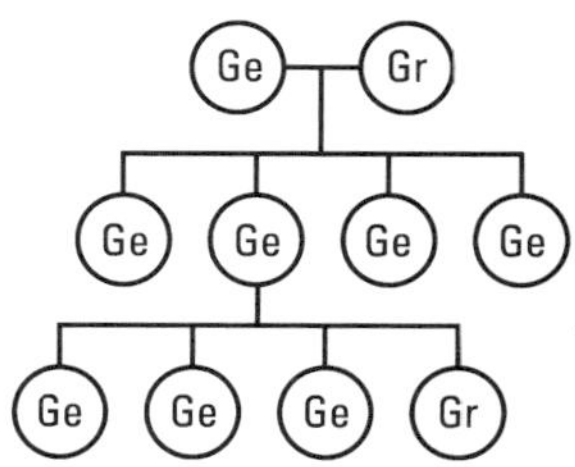

Abbildung 33

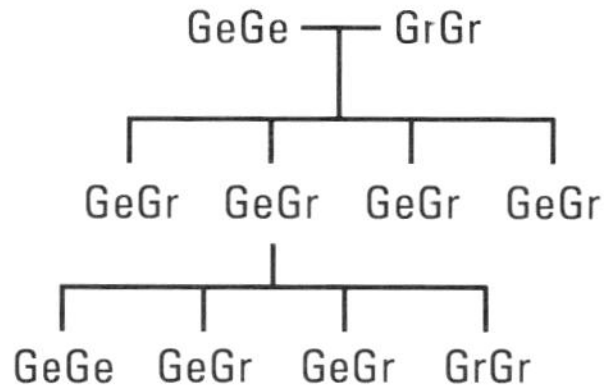

Abbildung 34

von einer anderen Pflanze fremdbestäubt werden. Die Fremdbestäubung zwischen Pflanzen, die nur grüne Erbsen hervorbringen, und solchen, die nur gelbe Erbsen hervorbringen, lieferte Mendel Ergebnisse, die ihm auf den ersten Blick höchst verwunderlich erschienen sein müssen (Abbildung 33). Die erste Generation an Nachkommen brachte ausschließlich gelbe Erbsen hervor, bei der nachfolgenden Generation aber betrug das Verhältnis von gelben zu grünen Erbsen 3 : 1! Mendel war so klug, aus diesen Überraschungsbefunden drei scharfsinnige Schlussfolgerungen zu ziehen:

1. Die Vererbung eines Merkmals geschieht mittels der Übertragung gewisser «Faktoren» (die wir heute als *Gene* bezeichnen) von den Eltern auf die Nachkommen.

2. Jeder Nachkomme erbt für jedes Merkmal von jedem Elternteil einen dieser «Faktoren».

3. Ein Merkmal muss sich nicht notwendigerweise in einem Nachkommen sichtbar manifestieren, sondern kann unausgeprägt an die nächste Generation weitergegeben werden.

Doch wie lassen sich die quantitativen Ergebnisse der Mendel'schen Versuche erklären? Mendels Überlegungen zufolge musste jede der Elternpflanzen über zwei Ausprägungen desselben «Faktors» (das, was wir heute als Allel bezeichnen würden: zwei Variationen ein und desselben Gens) verfügen – entweder zwei für grüne oder zwei für gelbe Erbsen (siehe Abbildung 34). Wenn die beiden verpaart werden, erbt jeder Nachkomme (nach Regel Nummer 2) zwei verschiedene Allele, von jedem Elternpaar eines. Das heißt, jeder Samen der Nachkommengeneration enthält ein Allel für Grün und eines für Gelb. Warum aber waren die Erbsen in dieser Generation sämtlich gelb? Weil, so Mendel, gelb in diesem Falle die dominante Farbe ist und so das Vorhandensein des grünen Allels in dieser Generation überdeckt wird (vergleiche Regel 3). Das dominante Gelb aber (immer noch Regel 3) verhindert nicht, dass das rezessive Grün an die nächste Generation weitergegeben wird. Bei der nächsten Paarungsrunde werden alle Pflanzen mit einem Allel für Grün und einem Allel für Gelb von Pflanzen mit derselben Allelkombination befruchtet. Da die Nachkommengeneration von jedem Elternteil ein Allel erbt, werden die Samen der nächsten Generation eine der folgenden Allelkombinationen aufweisen (siehe Abbildung 34): Grün-Grün, Grün-Gelb, Gelb-Grün und Gelb-Gelb. Alle Samen mit einem Allel für Gelb werden gelb erscheinen, denn Gelb ist dominant. Da alle Allelkombinationen gleich wahrscheinlich sind, sollte das Verhältnis von gelben und grünen Erbsen 3 : 1 betragen.

Ihnen ist vielleicht nicht entgangen, dass diese ganze Mendel-Übung im Prinzip dasselbe ist wie ein Experiment, bei dem zwei Münzen geworfen werden. Wenn Sie bei zwei Allelen fragen, welcher Anteil an Erbsen gelb ist (wenn gelb die Farbe dominant beeinflusst), dann ist das genau dasselbe, als wenn Sie Grün mit Kopf und Gelb mit Zahl gleichsetzen und dann fragen, wie groß die Wahrscheinlichkeit dafür ist, dass Sie beim Werfen zweier Münzen mindestens einmal Zahl erhalten. Die Antwort lautet klar $^3/_4$, denn drei der möglichen vier Ergebnisse (Zahl-Zahl, Zahl-Kopf, Kopf-Zahl, Kopf-Kopf) enthalten einmal Zahl. Dies bedeutet, dass das Verhältnis der Anzahl an Würfen, die mindestens einmal Zahl enthalten, zur Zahl der Würfe ohne Zahl (auf lange Sicht) genau wie in Mendels Experimenten 3 : 1 beträgt.

Obwohl Mendel seinen Artikel «Versuch über Pflanzenhybriden» im Jahr 1865 zur Veröffentlichung vorlegte (und die Ergebnisse überdies auf zwei wissenschaftlichen Tagungen vortrug), blieb seine

Arbeit im Wesentlichen unbeachtet und wurde erst zu Beginn des 20. Jahrhunderts wiederentdeckt. Wenn auch in Bezug auf die Genauigkeit seiner Ergebnisse einige Fragen offenbleiben, so gilt er doch als derjenige, der die mathematischen Grundlagen der modernen Genetik gelegt hat. Auf dem von Mendel geebneten Weg weiter voranschreitend, schuf der renommierte britische Statistiker Ronald Aylmer Fisher (1890–1962) das Fundament für das Gebiet der Populationsgenetik – jenes mathematischen Zweigs, bei dem es um das Erstellen von Modellen für die Verteilung von Genen innerhalb einer Population und um das Errechnen der Veränderungen von Genhäufigkeiten im Laufe der Zeit geht. Die Genetiker der Gegenwart können auf eine Kombination aus DNA-Analytik und statistischen Verfahren zurückgreifen, wenn sie die Wahrscheinlichkeit für bestimmte Merkmale bei einem Ungeborenen vorhersagen wollen. Trotzdem: In welcher Beziehung stehen Wahrscheinlichkeit und Statistik zueinander?

Fakten und Vorhersagen

Wissenschaftler, die der Evolution des Universums auf die Spur kommen wollen, versuchen für gewöhnlich, das Problem von zwei Enden aus anzugehen. Da gibt es jene, die bei winzigsten Schwankungen in der kosmischen Beschaffenheit des Uruniversums ansetzen, und dann gibt es solche, die jedes Detail des gegenwärtigen Zustands unseres Universums untersuchen. Erstere verwenden groß angelegte Computersimulationen, mit denen sie die Vorwärtsevolution nachzuvollziehen suchen, Letztere betreiben mit großer Akribie detektivische Nachforschungen, um die Vergangenheit unseres Universums aus einer Vielzahl an Gegenwartsfakten herauszulesen. Wahrscheinlichkeitstheorie und Statistik stehen in einer ähnlichen Beziehung zueinander. In der Wahrscheinlichkeitstheorie sind Variablen und Ausgangszustand bekannt, und das Ziel besteht darin, das wahrscheinlichste Endergebnis vorherzusagen. In der Statistik ist das Ergebnis bekannt, die in der Vergangenheit liegenden Ursachen hingegen sind ungewiss.

Lassen Sie uns ein einfaches Beispiel dafür betrachten, wie sich diese beiden Gebiete ergänzen, sozusagen auf halber Strecke treffen.

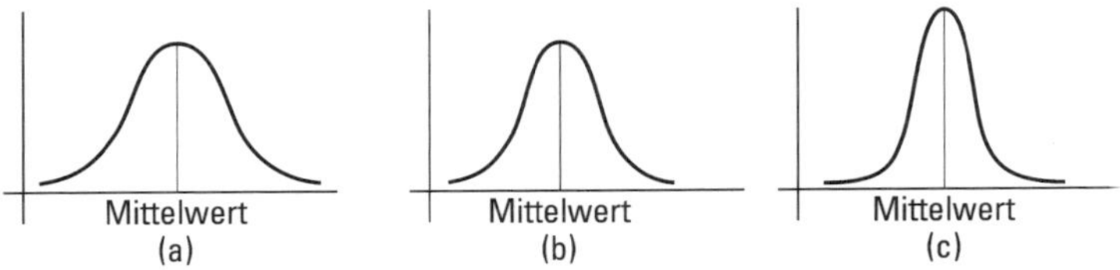

Abbildung 35

Wir können von der Tatsache ausgehen, dass statistische Untersuchungen gezeigt haben, dass Messungen bei einer Vielzahl an physikalischen Größen und sogar bei menschlichen Eigenschaften jener bereits vorgestellten *Normalverteilungskurve* gehorchen. Genauer gesagt, ist diese Normalverteilung keine Einzelkurve, sondern es handelt sich um eine Kurvenfamilie, deren Mitglieder allesamt durch dieselbe allgemeine Funktion beschreibbar und durch zwei mathematische Größen eindeutig charakterisiert sind. Die erste dieser Größen – das *Mittel* oder der *Mittelwert* – ist der zentrale Wert, um den herum die Verteilung symmetrisch angeordnet ist. Der tatsächliche Wert des Mittels hängt natürlich von der Art von Variablen ab, die gemessen wurde (Körpergewicht, Größe, IQ zum Beispiel). Sogar für ein und dieselbe Variable kann es bei unterschiedlichen Populationen unterschiedliche Mittelwerte geben. So dürfte die mittlere Körpergröße schwedischer Männer im Mittel vermutlich anders aussehen als die bei Peruanern. Die zweite Größe, die eine Normalverteilung definiert, ist die sogenannte *Standardabweichung* (Symbol: σ oder, nach der englischen Bezeichnung, *standard deviation*, SD). Sie ist ein Maß dafür, wie eng die Daten sich um den Mittelwert herumgruppieren. In Abbildung 35 weist die Normalverteilung (a) die höchste Standardabweichung auf, weil die Werte weiter gestreut sind. An dieser Stelle ist noch eine interessante Tatsache zu bemerken. Wenn man mittels Integralrechnung die Flächen unterhalb der einzelnen Kurven berechnet, kann man mathematisch einwandfrei nachweisen, dass, unabhängig vom eigentlichen Betrag des Mittelwerts und der Standardabweichung, stets 68,2 Prozent der Daten innerhalb des Intervalls liegen,

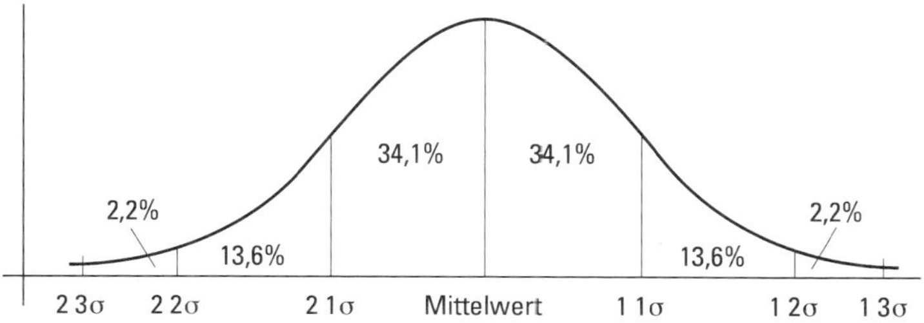

Abbildung 36

das durch je eine Standardabweichung dies- und jenseits des Mittelwerts definiert ist (siehe Abbildung 36). Mit anderen Worten: Wenn der mittlere IQ einer bestimmten (großen) Population bei 100 liegt und die Standardabweichung 15 beträgt, dann haben 68,2 Prozent aller Angehörigen dieser Population einen IQ zwischen 85 und 115. Darüber hinaus liegen bei allen Normalverteilungskurven 95,4 Prozent sämtlicher Fälle innerhalb eines Intervalls von zwei Standardabweichungen vom Mittelwert, 99,7 Prozent innerhalb eines Intervalls von drei Standardabweichungen dies- und jenseits des Mittelwerts (Abbildung 36). Das bedeutet, dass in dem oben genannten Beispiel 95,4 Prozent der Bevölkerung einen IQ zwischen 70 und 130 beziehungsweise 99,7 Prozent einen IQ zwischen 55 und 145 aufweisen.

Nehmen wir nun an, wir wollten vorhersagen, wie groß die Wahrscheinlichkeit dafür ist, dass eine zufällig aus der Gesamtpopulation ausgewählte Person einen IQ zwischen 85 und 100 hat. Abbildung 36 sagt uns, dass die Wahrscheinlichkeit hierfür 0,341 (oder 34,1 Prozent) beträgt, denn nach den Gesetzen der Wahrscheinlichkeitsrechnung ist die Wahrscheinlichkeit einfach definiert als Zahl der gefragten Ergebnisse geteilt durch die Gesamtzahl aller möglichen Ergebnisse. Oder wir könnten wissen wollen, wie groß die Wahrscheinlichkeit dafür ist, dass jemand, der aus dieser Population zufällig ausgewählt wurde, einen IQ hat, der über 130 liegt. Ein Blick auf Abbildung 36 verrät uns, dass die Wahrscheinlichkeit dafür nur 0,022 oder 2,2 Prozent beträgt. Ganz ähnlich lässt sich mit den Eigenschaf-

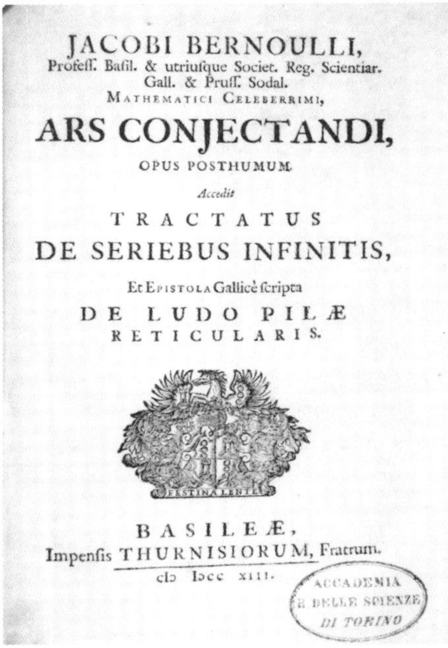

JACOBI BERNOULLI,
Profeſſ. Baſil. & utriuſque Societ. Reg. Scientiar.
Gall. & Pruſſ. Sodal.
MATHEMATICI CELEBERRIMI,

ARS CONJECTANDI,

OPUS POSTHUMUM.

Accedit

TRACTATUS
DE SERIEBUS INFINITIS,

Et EPISTOLA Gallicè ſcripta
DE LUDO PILÆ
RETICULARIS.

FESTINA LENTE

BASILEÆ,
Impenſis THURNISIORUM, Fratrum.
cIↄ Iↄcc xiii.

Abbildung 37

ten der Normalverteilung und dem Instrument der Integralrechnung (zur Berechnung von Flächen) die Wahrscheinlichkeit für einen bestimmten IQ-Wert in jedem beliebigen Intervall errechnen. Mit anderen Worten: Die Wahrscheinlichkeitstheorie und ihr Adlatus, die Statistik, tun sich zusammen, um uns die gewünschten Antworten zu liefern.

Wie ich bereits mehrfach erwähnt habe, werden Wahrscheinlichkeiten und Statistik immer dann wichtig, wenn man es mit einer großen Anzahl von Ereignissen und nicht mit Einzelereignissen zu tun hat. Diese epochale Einsicht, auch bekannt unter dem Namen *Gesetz der großen Zahlen*, stammt von Jakob Bernoulli, der sie in seinem Buch *Wahrscheinlichkeitsrechnung* (*Ars Conjectandi*, Abbildung 37 zeigt das Titelblatt) in ein Theorem goss. Vereinfacht ausgedrückt, besagt dieses Theorem, dass, wenn die Wahrscheinlichkeit für das Eintreten eines Ereignisses *p* ist, *p* den Anteil angibt, den besagtes Ereignis in Relation zur Gesamtzahl an möglichen Ereignissen ausmacht. Wenn die Zahl der Versuche gegen unendlich geht, nähert sich dieser Anteil *p* immer näher an, so dass der Wert schließlich zur Gewissheit wird.

Und so hat Bernoulli das Gesetz der großen Zahlen in seiner *Ars Conjectandi* eingeführt: «Es bleibt nämlich noch zu untersuchen, ob durch Vermehrung der Beobachtungen beständig auch die Wahrscheinlichkeit dafür wächst, dass die Zahl der günstigen zu der Zahl der ungünstigen Beobachtungen das wahre Verhältniss erreicht, und zwar in dem Maasse, dass diese Wahrscheinlichkeit schliesslich jeden beliebigen Grad der Gewissheit übertrifft.» Anschließend erläutert er das Konzept an einem Musterbeispiel:

> Damit noch durch ein Beispiel deutlich werde, was ich meine, nehme ich an, es seien in einer Urne ohne dein Vorwissen 3000 weisse und 2000 schwarze Steinchen und du wolltest durch Versuche das Verhältniss derselben bestimmen, indem du ein Steinchen nach dem anderen herausnimmst (jedoch so, dass du jedes gezogene Steinchen wieder zurücklegst, ehe du ein neues herausnimmst, damit die Zahl der Steinchen in der Urne nicht kleiner wird) und beobachtest, wie oft ein weisses und wie oft ein schwarzes Steinchen herauskommt. Es fragt sich nun, ob du dies so oft würdest thun können, damit es zehn-, hundert-, tausendmal u. s. w. wahrscheinlicher (d. h. schliesslich moralisch gewiss) wird, dass die Zahl der Züge, mit welchen du ein weisses Steinchen ziehst, zu der Zahl derer, mit welchen du ein schwarzes ziehst, dasselbe Verhältnis $1^1/_2$, welches die Zahlen der Steinchen (oder der Fälle) selbst zueinander haben, annimmt, als dass diese Zahlen irgend ein anderes, davon verschiedenes Verhältnis bilden. Ist dies nicht der Fall, so gestehe ich, dass es um unseren Versuch, die Zahl der Fälle durch Beobachtungen zu ermitteln, schlecht bestellt ist. Wenn es aber der Fall ist, und man schließlich auf diese Weise moralische Gewissheit erhält (dass dies wirklich so ist werde ich im folgenden Kapitel zeigen), so können wir die Zahlen der Fälle *a posteriori* fast ebenso genau finden, als wenn sie *a priori* bekannt wären.

Zwanzig Jahre hat Bernoulli in die Vervollkommnung dieses Theorems investiert, heute ist es einer der zentralen Stützpfeiler der Statistik. Er beschloss seine Wahrscheinlichkeitsrechnung mit einem Glaubenskenntnis betreffs der Allgegenwart von lenkenden Gesetzmäßigkeiten – sogar bei Gelegenheiten, bei denen alles nach dem Wirken des Zufalls aussieht:

> Wenn also alle Ereignisse durch alle Ewigkeit hindurch fortgesetzt beobachtet würden (wodurch schließlich die Wahrscheinlichkeit in volle Gewissheit übergehen müsste), so würde man finden, dass Alles in der Welt aus bestimmten Gründen und in bestimmter Gesetzmäßigkeit eintritt, dass wir also gezwungen werden, auch bei noch so zufällig erscheinenden Dingen eine gewisse Nothwendigkeit, und sozusagen ein Fatum anzunehmen. Ich weiss nicht, ob hierauf schon *Plato* in seiner Lehre vom allgemeinen Kreislaufe der Dinge hinzielen wollte, in welcher er behauptet, dass Alles nach Verlauf von unzähligen Jahrhunderten in den ursprünglichen Zustand zurückkehrt.

Das Fazit dieser Geschichte der Wissenschaft von der Unbestimmtheit ist höchst einfach: Mathematik ist in gewisser Weise selbst in den weniger «wissenschaftlichen» Bereichen unseres Lebens anwendbar – sogar in solchen, die durch und durch zufallsgesteuert wirken. Wollen wir also versuchen, die «unbegreifliche Erklärungsmacht» von Mathematik zu erklären, können wir unsere Diskussion nicht auf die Gesetze der Physik beschränken. Vielmehr werden wir irgendwie herausfinden müssen, was es ist, das die Mathematik so allgegenwärtig macht.

Die ungeheure Macht der Mathematik ist auch dem berühmten Dramatiker und Essayisten George Bernard Shaw (1856–1950) nicht verborgen geblieben. Er, der definitiv nicht seiner mathematischen Fertigkeiten wegen berühmt war, schrieb einst einen recht aufschlussreichen Aufsatz mit dem Titel «The Vice of Gambling and the Virtue of Insurance» («Das Laster des Glücksspiels und die Tugend der Versicherung»). In diesem Artikel gesteht Shaw, dass Versicherung für ihn «auf Fakten gründet, die unerklärlich, und auf Risiken, die allein von Berufsmathematikern berechenbar sind». Dennoch wartet er mit folgender scharfsinniger Betrachtung auf:

> Man stelle sich eine geschäftliche Unterhaltung vor zwischen einem Kaufmann, den es einerseits nach Geschäften im Ausland verlangt,

der aber andererseits verzweifelte Angst davor hat, Schiffbruch zu erleiden oder von Wilden verspeist zu werden, und einem Skipper, der auf Fracht und Passagiere aus ist. Der Kapitän versichert dem Kaufmann, seine Waren seien völlig sicher, er selbst auch, wenn er sie begleiten wolle. Der Kaufmann aber, den Kopf voller Abenteuergeschichten von Jona, Paulus, Odysseus und Robinson Crusoe, traut dem Ganzen nicht. Ihre Unterhaltung würde wie folgt lauten:

Kapitän: Nun kommen Sie! Ich setzte soundso viel Pfund darauf, dass Sie in einem Jahr von heute lebendig und gesund sein werden.

Kaufmann: Aber wenn ich die Wette annehme, dann müsste ich ja dieselbe Summe darauf setzen, dass ich binnen dieses Jahres sterben werde.

Kapitän: Warum nicht, wenn Sie die Wette verlieren, was garantiert der Fall sein wird?

Kaufmann: Aber wenn ich ertrinke, dann ertrinken Sie auch, und was wird dann mit unserer Wette?

Kapitän: Stimmt. Also suche ich Ihnen einen Landsmann, der die Wette mit Ihrer Frau und Ihrer Familie abschließt.

Kaufmann: Das ändert die Sache natürlich, aber wie sieht es mit meiner Fracht aus?

Kapitän: Och! Die Wette kann auch für die Ladung gelten. Oder zwei Wetten: eine auf Ihr Leben, die andere auf die Ladung. Beides wird in Sicherheit sein, sage ich Ihnen. Nichts wird passieren, und Sie werden all die Wunder betrachten, die es unterwegs zu sehen gibt.

Kaufmann: Aber wenn ich und meine Waren sicher ankommen, muss ich Ihnen den Gegenwert für mein Leben und die Waren auszahlen. Wenn ich nicht ertrinke, bin ich pleite.

Kapitän: Das stimmt allerdings auch. Aber für mich ist auch nicht so viel drin, wie Sie denken. Wenn Sie ertrinken, ertrinke ich als Erster, denn ich muss der Letzte sein, der das sinkende Schiff verlässt. Lassen Sie mich trotzdem versuchen, Sie für den Handel zu begeistern. Lassen Sie uns die Wette zehn zu eins abschließen. Reizt Sie das?

Kaufmann: Oh, in dem Falle …

Der Kapitän hat die Versicherung entdeckt wie weiland die Goldschmiede das Bankwesen.

Für jemanden wie Shaw, der sich darüber beklagt, dass während seiner Erziehung «nicht ein Wort über die Bedeutung oder den Nutzen von

Mathematik gefallen» ist, erscheint diese humorvolle Würdigung der «Geschichte» der Versicherungsmathematik einigermaßen bemerkenswert.

Mit Ausnahme des Textes von George Bernard Shaw sind wir bislang der Entwicklung einiger Zweige der Mathematik mehr oder weniger mit den Augen derjenigen nachgegangen, die angewandte Mathematik betreiben. Diesen und vielen der rationalistisch gesinnten Philosophen wie Spinoza erschien der Platonismus völlig natürlich. Es war keine Frage, dass in ihrer eigenen Welt mathematische Weisheiten existierten und dass der menschliche Geist auch ohne vorherige Beobachtungen, allein aus der Fähigkeit der Vernunft, Zugang zu diesen Wahrheiten hat. Die ersten Anzeichen einer potentiell klaffenden Lücke zwischen der Wahrnehmung der euklidischen Geometrie als Sammlung universal gültiger Wahrheiten und anderen Zweigen der Mathematik wurde von dem irischen Philosophen George Berkeley, Bischof von Cloyne (1685–1753), erspürt. In einer Schrift mit dem Titel *The Analyst: Or a Discourse Addressed to an Infidel Mathematician* («Der Analytiker, eine Streitschrift an den Treulosen Mathematiker», welch Letzterer vermutlich Edmond Halley sein sollte) kritisierte Berkeley die von Newton (in seinen *Principia*) und Leibniz begründeten Grundfesten der Infinitesimalrechnung. Insbesondere versuchte Berkeley zu zeigen, dass Newtons «Fluxionstheorie» – bei der es um stetige Veränderung geht – alles andere als fest definiert ist, was in seinen Augen Grund genug war, die gesamte Disziplin in Frage zu stellen:

> Die Fluxionsrechnung ist der Generalschlüssel, vermittels dessen moderne Mathematiker die Geheimnisse der Geometrie und mithin auch der Natur entschlüsseln … Doch ob dieses Verfahren klar oder undurchsichtig, schlüssig oder widersprüchlich, erhellend oder unsicher ist, wie ich in höchster Unparteilichkeit zu eruieren versuchen werde, das überlasse ich Ihrem Urteil und dem jedes anderen unvoreingenommenen Lesers.

Ganz im Unrecht war Berkeley sicher nicht, und Tatsache ist, dass eine durch und durch schlüssige Theorie zur Infinitesimalrechnung erst in den 1960er Jahren formuliert worden ist. Doch die Mathematik sollte im 19. Jahrhundert eine noch sehr viel dramatischere Krise durchleben.

Kapitel 6

DER ZUKUNFTSSCHOCK DER GEOMETER

In seinem berühmt gewordenen Buch *Der Zukunftsschock* definiert der Autor Alvin Toffler den titelgebenden Begriff als «die erdrückende Belastung und vollkommene Desorientierung von Menschen, die in zu kurzer Zeit zu viele Veränderungen durchmachen müssen». Im 19. Jahrhundert erlebten Mathematiker, Naturwissenschaftler und Philosophen genau diese Art von Schock. Ja, der jahrtausendealte Glaube daran, dass die Mathematik ewige und unveränderliche Wahrheiten bereithalte, wurde mit einem Schlag zunichtegemacht. Ins Rollen kam diese unerwartete intellektuelle Revolution durch die Entdeckung neuer Arten von Geometrien, den nicht *nichteuklidischen Geometrien*, wie man sie heute nennt. Auch wenn die meisten Laien vielleicht noch nie etwas von nichteuklidischer Geometrie gehört haben mögen, so steht doch die durch diese neuen Zweige der Mathematik bewirkte Revolution des Denkens in den Augen mancher Leute den Auswirkungen der Darwin'schen Evolutionstheorie in nichts nach.

Um das ganze Ausmaß dieses dramatischen Wandels unserer Weltsicht erfassen zu können, müssen wir kurz betrachten, vor welcher historischen Kulisse dieser stattgefunden hat.

Euklidische «Wahrheit»

Bis zum Beginn des 20. Jahrhunderts galt: Wenn es einen Wissenszweig gab, der als Inbegriff von Wahrheit und Bestimmtheit anzusehen war, so war dies die euklidische Geometrie, jene traditionelle Geometrie, die wir alle in der Schule lernen. Es verwundert daher nicht, dass der große holländische Philosoph Baruch Spinoza (1632–1677) seinen kühnen Versuch einer Vereinigung von Wissenschaft Religion, Ethik und Vernunft betitelte: *Ethik, nach geometrischer Methode dargestellt.* Hinzu kommt, dass die meisten Wissenschaftler trotz aller klaren Unterscheidung zwischen der idealen platonischen Welt der mathematischen Formen und der physikalischen Wirklichkeit die Objekte der euklidischen Geometrie schlicht als abstrakte Destillate ihrer realen physikalischen Gegenstücke betrachteten Selbst eiserne Empiriker wie David Hume (1711–1776), die immer auf dem Standpunkt gestanden haben, dass die Grundfesten der Wissenschaft sehr viel weniger sicher standen als gemeinhin angenommen, waren überzeugt davon, dass die euklidische Geometrie so fest stand wie der Felsen von Gibraltar. In *Eine Untersuchung über den menschlichen Verstand* unterscheidet Hume zwei Arten von «Wahrheiten»:

> Alle Gegenstände der menschlichen Vernunft oder Forschung lassen sich naturgemäß in zwei Arten einteilen, nämlich in *Beziehungen zwischen Ideen* und in *Tatsachen.* Von der ersten Art sind die Wissenschaften der Geometrie, Algebra und Arithmetik; und kurz gesagt, jede Behauptung von entweder intuitiver oder demonstrativer Gewissheit ... Sätze dieser Art sind durch die reine Tätigkeit des Denkens zu entdecken, ohne von irgendeinem Dasein im Universum abhängig zu sein. Wenn es auch niemals einen Kreis oder ein Dreieck in der Natur gegeben hätte, so würden doch die von Euklid demonstrierten Wahrheiten für immer ihre Gewißheit und Evidenz behalten. Tatsachen ... sind nicht in gleicher Weise als gewiß verbürgt; ebensowenig ist unsere Evidenz von ihrer Wahrheit, wenn auch noch so stark, von der gleichen Art wie bei der vorhergehenden. Das Gegenteil jeder Tatsache bleibt immer möglich, denn es kann niemals einen Widerspruch in sich schließen ... *Daß die Sonne morgen nicht aufgehen wird,* ist ein nicht minder verständlicher Satz und nicht widerspruchsvoller als die Behauptung, *daß sie aufgehen wird.* Wir würden daher vergeblich versuchen, seine Falschheit zu demonstrieren.

Mit anderen Worten: Hume besteht zwar wie alle Empiriker darauf, dass alles Wissen aus Beobachtung stammt, doch genießen die Geometrie und ihre «Wahrheiten» einen privilegierten Status.

Der große deutsche Philosoph Immanuel Kant (1724–1804) war sich mit Hume nicht immer einig, aber auch er erhob die euklidische Geometrie in einen Status der absoluten Sicherheit und unanzweifelbaren Gültigkeit. In seiner denkwürdigen *Kritik der reinen Vernunft* versucht Kant in gewisser Weise die Beziehung zwischen Geist und physikalischer Welt umzukehren: Bei ihm ist es nicht so, dass sich die Eindrücke aus der physikalischen Realität einem anderweitig völlig passiven Geist aufdrängen, sondern Kant spricht dem Geist die aktive Rolle des «Konstruierens» oder «Verarbeitens» des mit den Sinnen wahrgenommenen Universums zu. Kant richtet seine Aufmerksamkeit nach innen und fragt nicht, *was* wir wissen können, sondern *wie* wir dazu kommen zu wissen, was wir wissen. Er erklärt zum Beispiel, dass unsere Augen, während sie Lichtpartikel wahrnehmen, in unserem Bewusstsein erst dann ein Bild davon entstehen lassen, wenn diese Information vom Gehirn verarbeitet und organisiert worden ist. Eine Schlüsselrolle in diesem Konstruktionsprozess kommt dabei der menschlichen Intuition, einem synthetischen, uns *a priori* eigenen Raumbegriff, zu, dessen Fundament die euklidische Geometrie bildet. Kant war der Überzeugung, die euklidische Geometrie gebe den einzig wahren Weg für die Vorstellung von Raum und die Verarbeitung räumlicher Informationen vor, und die intuitive, universale Vertrautheit mit dem Raum sei Herzstück unserer Auseinandersetzung mit der natürlichen Welt. In Kants Worten:

> Der Raum ist kein empirischer Begriff, der von äußeren Erfahrungen abgezogen werden kann … Der Raum ist eine notwendige Vorstellung, *a priori*, die allen äußeren Anschauungen zum Grunde liegt. … Auf diese Notwendigkeit gründet sich die apodiktische Gewißheit aller geometrischen Grundsätze, und die Möglichkeit ihrer Konstruktionen *a priori*. Wäre nämlich diese Vorstellung des Raums ein *a posteriori* erworbener Begriff, der aus der allgemeinen äußeren Erfahrung geschöpft wäre, so würden die ersten Grundsätze der mathematischen Bestimmung nichts als Wahrnehmungen sein. Sie hätten also alle Zufälligkeit der Wahrnehmung, und es wäre eben nicht notwendig, daß zwischen zween Punkten nur eine gerade Linie sei, sondern die Erfahrung würde es so jederzeit lehren.

Einfach ausgedrückt: Wenn wir einen Gegenstand wahrnehmen, so Kant, dann muss dieser Gegenstand zwangsläufig räumlich sein, und zwar im euklidischen Raum.

Humes und Kants Überlegungen rücken zwei recht verschiedene, aber doch gleich wichtige Aspekte in den Vordergrund, die von alters her mit der euklidischen Geometrie unauflöslich verknüpft gewesen sind. Erstens die Aussage, dass die euklidische Geometrie die einzig zutreffende Beschreibung des physikalischen Raumes liefert. Und zweitens die Wahrnehmung, dass die euklidische Geometrie ein festes, eindeutig definiertes und unfehlbares deduktives Gefüge darstellt. Zusammengenommen lieferten diese beiden Eigenschaften Mathematikern, Naturwissenschaftlern und Philosophen über Jahrhunderte hinweg den vermeintlich unerschütterlichen Beweis dafür, dass es in der Tat zwingende, unbezweifelbare Wahrheiten über das Universum gibt. Bis zum 19. Jahrhundert wurden diese Aussagen als selbstverständlich erachtet. Aber stimmten sie auch?

Die Fundamente für die euklidische Geometrie waren um 300 v. Chr. von dem griechischen Mathematiker Euklid von Alexandria gelegt worden. In einem monumentalen dreizehnbändigen Werk mit dem Titel *Die Elemente* hatte er versucht, auf einem wohldefinierten logischen Sockel eine Geometrie aufzubauen. Er begann mit fünf Postulaten und neun Axiomen, die als unbestreitbar wahr galten, und suchte einzig und allein durch logische Schlussfolgerungen eine Vielzahl an Aussagen auf der Basis dieser Postulate zu beweisen.

Die ersten vier euklidischen Postulate waren extrem einfach und bestechend prägnant. Das erste Postulat beispielsweise fordert: «Daß man von jedem Punkt nach jedem Punkt die Strecke ziehen kann.» Das vierte: «Daß alle rechten Winkel einander gleich sind.» Das fünfte hingegen, auch bekannt unter dem Namen «Parallelenpostulat», war in seiner Formulierung sehr viel komplizierter und lag beträchtlich weniger auf der Hand: «Und daß wenn eine gerade Linie beim Schnitt mit zwei geraden Linien bewirkt, daß innen auf derselben Seite entstehende Winkel zusammen kleiner als zwei Rechte werden, dann die zwei geraden Linien bei Verlängerung ins unendliche sich treffen auf der Seite, auf der die Winkel liegen, die zusammen kleiner als zwei Rechte sind.» Abbildung 38 verdeutlicht den Inhalt dieses Axioms

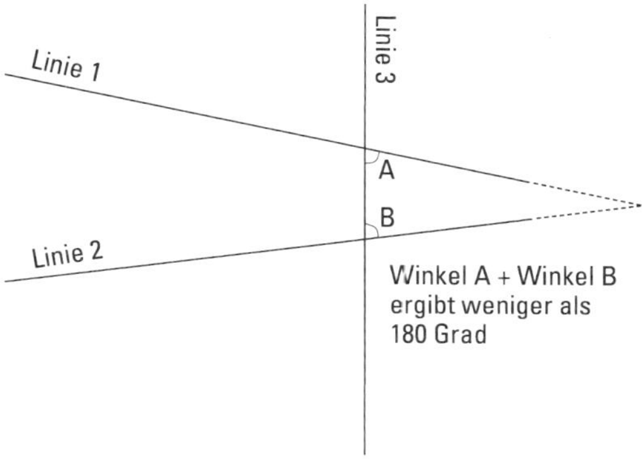

Abbildung 38

graphisch. Zwar hat niemand die Wahrheit dieser Aussage explizit bezweifelt, doch geht ihr die bestechende Einfachheit der anderen Axiome ab. Alles deutet darauf hin, dass sogar Euklid selbst mit diesem fünften Postulat nicht ganz glücklich war – die Konstruktionsanweisungen für die ersten achtundzwanzig Propositionen der *Elemente* erwähnen es mit keinem Wort. Die heutzutage meistzitierte Version des «Fünften» erschien erstmals in den Kommentaren, die der griechische Mathematiker Proklos zu Euklids *Elementen* verfasst hat, allgemein bekannt geworden aber ist es im englischsprachigen Raum unter dem Namen «Playfair-Axiom», benannt nach dem schottischen Mathematiker John Playfair (1748–1819), andernorts wird es heute auch als Parallelenaxiom bezeichnet. Es besagt: «Durch einen Punkt P außerhalb einer Geraden G lässt sich genau eine Gerade ziehen, die durch P geht und parallel zu G verläuft» (siehe Abbildung 39). Die beiden Versionen des Axioms sind in dem Sinne äquivalent, als Playfairs Axiom (zusammen mit den anderen Axiomen) Euklids ursprüngliches Postulat zwangsläufig beinhaltet und umgekehrt.

Im Laufe der Jahrhunderte führte das wachsende Unbehagen am fünften Axiom zu einer Reihe erfolgloser Versuche, dieses auf der Basis der anderen neun Axiome zu beweisen oder durch ein treffende-

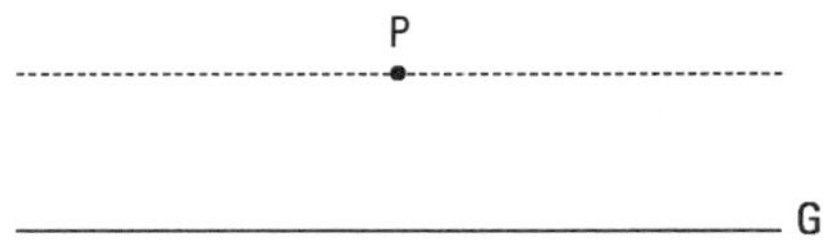

Abbildung 39

res Postulat zu ersetzen. Als diese Bemühungen scheiterten, begannen andere Geometer, sich eine spannende «Was wäre, wenn?»-Frage zu stellen: Was, wenn sich das fünfte Axiom tatsächlich als unwahr erwiese? Einige dieser Unterfangen säten nagende Zweifel, ob Euklids Axiome wirklich so selbstverständlich wahr seien oder ob sie nicht doch auf Erfahrung basierten. Das überraschende Urteil zu dieser Frage wurde schließlich im 19. Jahrhundert gefällt: Man kann andere Arten von Geometrien schaffen, indem man ein anderes Axiom als Euklids fünftes *wählt.* Damit nicht genug, vermögen diese «nichteuklidischen» Geometrien den physikalischen Raum genauso exakt zu beschreiben wie die euklidische!

Lassen Sie mich an dieser Stelle einen Augenblick innehalten, damit sich der Bedeutungsgehalt des Wortes «wählen» setzen kann. Jahrtausende hindurch war die euklidische Geometrie als einzigartig und unausweichlich – als die einzig wahre Beschreibung von Raum – betrachtet worden. Die Tatsache, dass man andere Axiome willkürlich festsetzen und daraus eine ebenso gültige Beschreibung erhalten konnte, stellte die Welt auf den Kopf. Das bislang so sichere, sorgsam konstruierte Deduktionsgebäude ähnelte plötzlich einem Spiel, in dem die Axiome nur noch die Rolle von Spielregeln einnahmen. Man konnte die Axiome ändern und ein ganz anderes Spiel spielen. Welche Folgen diese Erkenntnis für das Verständnis vom Wesen der Mathematik hatte, kann man nicht genug betonen.

Eine ganze Reihe kreativer Mathematiker bereitete den Boden für diesen letzten Schlag gegen die euklidische Geometrie. Besonders erwähnenswert in dieser illustren Riege sind der Jesuitenpater Girolamo Saccheri (1667–1733), der untersuchte, was für Folgen es hat, wenn das fünfte Postulat durch eine andere Aussage ersetzt wird, und die deutschen Mathematiker Georg Klügel (1739–1812) und Johann Heinrich Lambert (1728–1777), die als Erste erkannten, dass es andere Geometrien als die euklidische geben könnte. Es war an der Zeit, dass jemand ausholte und der Vorstellung, die euklidische Geometrie sei die eine und einzigmögliche Repräsentation des Raumes, den Garaus machte. Diese Ehre teilten sich drei Mathematiker – einer aus Russland, einer aus Ungarn und einer aus Deutschland.

Seltsame neue Welten

Der Erste, der eine ganze Abhandlung über eine neue Art von Geometrie veröffentlichte – eine, die sich auf einer sattelförmig gekrümmten Oberfläche abspielte (siehe Abbildung 40a) –, war der Russe Nikolai Iwanowitsch Lobatschewski (1792–1856, Abbildung 41). Bei dieser Art von Geometrie (heute als *hyperbolische Geometrie* bezeichnet) wird Euklids fünftes Axiom durch die Aussage ersetzt, dass es zu einer Geraden in einer Ebene und einem Punkt außerhalb dieser Geraden mindestens zwei Geraden gibt, die durch den Punkt verlaufen und parallel zu der gegebenen Graden sind. Ein weiterer wichtiger Unterschied zwischen Lobatschewskis Geometrie und der des Euklid ist der Umstand, dass die Winkelsumme in einem Dreieck bei Letzterem stets 180 Grad beträgt (Abbildung 40b), bei Ersterem hingegen immer kleiner als 180 Grad ist. Da Lobatschewskis Arbeit in dem relativ unbekannten Bulletin der Kasaner Universität erschien, blieb sie so gut

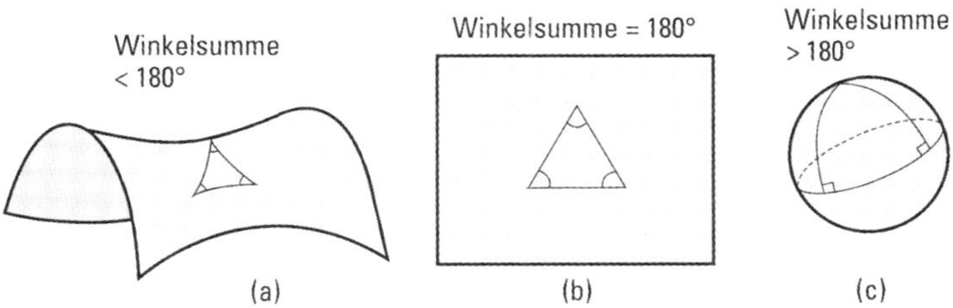

Abbildung 40

Abbildung 41

wie völlig unbeachtet, bis in den 1830er Jahren schließlich mehrere Übersetzungen davon erschienen. In Unkenntnis der Arbeiten von Lobatschewski hatte ein junger Mathematiker aus Ungarn, János Bolyai (1802–1860), in den 1820er Jahren eine ähnliche Geometrie formuliert. In jugendlichem Überschwang schrieb er 1823 an seinen Vater, den Mathematiker Farkas Bolyai (Abbildung 42): «Ich habe so großartige Sachen herausgebracht, daß ich selbst verblüfft war … jetzt kann ich nur soviel sagen: daß ich aus dem Nichts eine andere, neue, Welt geschaffen habe.» Bereits 1825 konnte János Bolyai dem Älteren die erste Fassung seiner neuen Geometrie aushändigen. Das Werk trug die Überschrift *Scientiam spatii absolute verem exhibens* («Absolut wahre Raumlehre»). Trotz aller Überschwänglichkeit seitens des jungen Mannes war der Vater von der Stichhaltigkeit der Ideen seines Sohnes nicht ganz überzeugt, beschloss jedoch trotzdem, diese neue Geometrie im Anhang seines eigenen zweibändigen Werks zu den Grundlagen der Geometrie, Algebra und Analysis zu veröffentlichen

Abbildung 42

(dessen einladender Titel lautete: *Tentamen juventutem studiosam in elementa Matheseos purae introducendi* – «Versuch, die studierende Jugend in die Elemente der reinen Mathematik einzuführen»). Ein Exemplar des Buchs wurde im Juni 1831 an Farkas' Freund Carl Friedrich Gauß (1777–1855, Abbildung 43) übersandt, der nicht nur der berühmteste Mathematiker seiner Zeit war, sondern zusammen mit Archimedes und Newton für viele heute als einer der drei größten aller Zeiten gilt. Das Buch ging in den Wirren einer Cholera-Epidemie verloren, und Farkas musste Gauß ein neues Exemplar schicken. Gauß antwortete am 6. März 1832, und seine Kommentare waren nicht gerade das, was der junge Bolyai erwartet hatte:

> Wenn ich damit anfange, «dass ich solche nicht loben darf»: so wirst du wohl einen Augenblick stutzen: aber ich kann nicht anders; sie loben hieße mich selbst loben: denn der ganze Inhalt der Schrift, der Weg, den dein Sohn eingeschlagen hat, und die Resultate, zu denen er geführt ist, kommen fast durchgehends mit meinen eigenen, zum

Abbildung 43

> Theile schon 30–35 Jahre angestellten Meditationen überein. In der That bin ich dadurch auf das Äußerste überrascht. Mein Vorsatz war, von meiner eigenen Arbeit, von der bis jetzt wenig zu Papier gebracht war, bei meinen Lebzeiten gar nichts bekannt werden zu lassen.

Lassen Sie mich am Rande anmerken, dass Gauß offenbar von der Furcht beseelt war, diese radikal neue Geometrie würde von den Kantianern unter den Philosophen, die er nach dem antiken griechischen Synonym für eine ungebildete, grobschlächtige Person als «Böotier» bezeichnete, als Häresie abgetan. Gauß fuhr fort:

> Dagegen war meine Absicht, mit der Zeit Alles so zu Papier zu bringen, dass es wenigstens mit mir dereinst nicht unterginge. Sehr bin

> ich also überrascht, dass diese Bemühung mir nun erspart werden kann und höchst erfreulich ist mir, dass es gerade der Sohn meines alten Freundes es ist, der mir auf eine so merkwürdige Art zuvorgekommen ist.

Während sich Farkas von Gauß' Würdigung, die er als «sehr schön» empfand, recht angetan zeigte, war deren Wirkung auf János verheerend. Nahezu ein Jahrzehnt hindurch weigerte er sich zu glauben, dass Gauß' Behauptung, er habe in dieser Sache den Vorrang, der Wahrheit entsprach. Und seine Beziehung zu seinem Vater, den er verdächtigte, Gauß seine Ergebnisse vorzeitig mitgeteilt zu haben, wurde dadurch ernsthaft belastet. Als er schließlich einsehen musste, dass Gauß bereits 1799 begonnen hatte, an diesem Problem zu arbeiten, reagierte János mit tiefer Verbitterung, und seine folgenden mathematischen Arbeiten (er hinterließ über zwanzigtausend Manuskriptseiten) gerieten mehr oder minder glanzlos.

Es besteht jedoch wenig Zweifel daran, dass Gauß der nichteuklidischen Geometrie in der Tat ein beträchtliches Maß an Überlegungen gewidmet hat. In einem Tagebucheintrag vom September 1799 schrieb er: «*In principiis geometriae egregios progressus fecimus*» («Zu den Prinzipien der Geometrie haben wir ausgezeichnete Fortschritte gemacht»). Im Jahr 1813 merkte er an: «In der Theorie der Parallellinien sind wir jetzt noch nicht weiter als Euklid war. Das ist die *partie honteuse* [der beschämende Teil] der Mathematik, die früh oder spät eine andere Gestalt bekommen muß.» Zu ganz ähnlichen Schlussfolgerungen gelangte unabhängig von ihm der Juraprofessor Ferdinand Schweikart (1780–1859), der Gauß irgendwann in den Jahren 1818 oder 1819 über seine Arbeit informierte. Da weder Schweikart noch Gauß ihre Ergebnisse publizierten, wird die Erstpublikation in der Regel Lobatschewski und Bolyai zugeschrieben, obschon man beide kaum als einzige «Schöpfer» der nichteuklidischen Geometrie bezeichnen kann.

Die hyperbolische Geometrie brach wie ein Wirbelsturm über die Welt der Mathematik herein und versetzte der Vorstellung von euklidischer Geometrie als einzig wahrer, unfehlbarer Darstellung von Raum einen ungeheuren Tiefschlag. Vor den Gauß-Lobatschewski-

Ueber

die Hypothesen, welche der Geometrie zu Grunde liegen.

Von

B. Riemann.

Aus dem Nachlass des Verfassers mitgetheilt durch R. Dedekind[1].

Plan der Untersuchung.

Bekanntlich setzt die Geometrie sowohl den Begriff des Raumes, als die ersten Grundbegriffe für die Constructionen im Raume als etwas Gegebenes voraus. Sie giebt von ihnen nur Nominaldefinitionen, während die wesentlichen Bestimmungen in Form von Axiomen auftreten. Das Verhältniss dieser Voraussetzungen bleibt dabei im Dunkeln; man sieht weder ein, ob und in wie weit ihre Verbindung nothwendig, noch a priori, ob sie möglich ist.

Diese Dunkelheit wurde auch von Euklid bis auf Legendre, um den berühmtesten neueren Bearbeiter der Geometrie zu nennen, weder von den Mathematikern, noch von den Philosophen, welche sich damit beschäftigten, gehoben. Es hatte dies seinen Grund wohl darin, dass der allgemeine Begriff mehrfach ausgedehnter Grössen, unter welchem die Raumgrössen enthalten sind, ganz unbearbeitet blieb. Ich habe mir daher zunächst die Aufgabe gestellt, den Begriff einer mehrfach ausgedehnten Grösse aus allgemeinen Grössenbegriffen zu construiren. Es wird daraus hervorgehen, dass eine mehrfach ausgedehnte Grösse ver-

1) Diese Abhandlung ist am 10. Juni 1854 von dem Verfasser bei dem zum Zweck seiner Habilitation veranstalteten Colloquium mit der philosophischen Facultät zu Göttingen vorgelesen worden. Hieraus erklärt sich die Form der Darstellung, in welcher die analytischen Untersuchungen nur angedeutet werden konnten; in einem besonderen Aufsatze gedenke ich demnächst auf dieselben zurückzukommen.

Braunschweig, im Juli 1867. R. Dedekind.

Abbildung 44

Bolyai'schen Arbeiten war die euklidische Geometrie gleichbedeutend mit der natürlichen Welt gewesen. Die Tatsache, dass man eine ganz andere Reihe von Axiomen wählen und darauf eine andere Art von Geometrie gründen konnte, ließ erstmals in der Geschichte den Verdacht aufkommen, dass die Mathematik vielleicht eine rein menschliche Erfindung sein könnte und nicht die Aufdeckung von Wahrheiten, die unabhängig vom menschlichen Geist existieren. Zur selben Zeit offenbarte der Zusammenbruch der bis dahin unauflöslichen Verknüpfung zwischen euklidischer Geometrie und dem realen physikalischen Raum fatale Defizite an der Vorstellung, die Mathematik sei die Sprache des Universums.

Der privilegierte Status der euklidischen Geometrie geriet vom Regen in die Traufe, als einer von Gauß' Schülern, Bernhard Riemann, zeigte, dass die hyperbolische Geometrie nicht die einzig mögliche nichteuklidische Geometrie darstellte. In einem brillanten Vortrag «Ueber die Hypothesen, welche der Geometrie zu Grunde liegen», gehalten am 10. Juni 1854 in Göttingen (Abbildung 44 zeigt das Titelblatt der späteren Veröffentlichung) legte Riemann seine Sicht der Dinge dar: Er begann mit den Worten: «Bekanntlich setzt die Geometrie sowohl den Begriff des Raumes, als die ersten Grundbegriffe für die Constructionen im Raume als etwas Gegebenes voraus. Sie giebt von ihnen nur Nominaldefinitionen, während die wesentlichen Bestimmungen in Form von Axiomen auftreten.» Aber, so weiter: «Das Verhältnis dieser Voraussetzungen bleibt dabei im Dunkeln; man sieht weder ein, ob und in wieweit eine Verbindung nothwendig, noch *a priori*, ob sie möglich ist.» Von den möglichen geometrischen Theorien diskutierte Riemann insbesondere die *elliptische Geometrie*, von der Art, wie man sie auf der Oberfläche einer Kugel antreffen würde (Abbildung 40c). Man beachte, dass bei einer solchen Geometrie die kürzeste Verbindung zwischen zwei Punkten keine gerade Linie ist, sondern vielmehr das Segment eines großen Kreisbogens, dessen Zentrum im Mittelpunkt der Kugel liegt. Fluglinien machen sich das zunutze – Flüge von den Vereinigten Staaten nach Europa folgen, wenn man sie auf einer Landkarte betrachtet, keiner geraden Linie, sondern beschreiben eher einen großen Kreis gen Norden. Sie können selbst leicht nachprüfen, dass zwei beliebige große Kreise sich an zwei einander gegenüberliegenden Punkten schneiden. Zwei Erdmeridiane beispielsweise, die am Äquator als Parallelen erscheinen mögen, treffen sich an den beiden Polen. Folglich gibt es in der elliptischen Geometrie auf einer Kugeloberfläche *überhaupt keine* Parallele – im Unterschied zur euklidischen Geometrie, bei der es durch jeden Punkt exakt eine Parallele zu einer gegebenen Graden, und der hyperbolischen Geometrie, bei der es mindestens zwei Parallelen gibt. Riemann trieb die nichteuklidischen Konzepte noch einen Schritt weiter und führte Geometrien in gekrümmten Räumen mit drei, vier und mehr

Dimensionen ein. Einer der von Riemann weiterentwickelten Schlüsselbegriffe war der der *Krümmung* – ein Maß für die lokale Richtungsänderung einer Kurve oder Fläche, sprich dafür, wie stark diese von einer Geraden oder einer Ebene abweichen. So zeigt beispielsweise ein Ei entlang der Mitte eine sanftere Krümmung als an einem seiner beiden spitzer zulaufenden Enden. Riemann lieferte eine präzise mathematische Definition des Begriffs Krümmung in Räumen von beliebig vielen Dimensionen. Mit diesem Schritt besiegelte er die von Descartes gestiftete Vermählung von Geometrie und Algebra neu. In Riemanns Arbeiten finden Gleichungen mit einer beliebigen Anzahl an Variablen ihr geometrisches Gegenstück, und die Konzepte der neuen, weiterentwickelten Geometrien fanden Partner in entsprechenden Gleichungen.

Der Glanz der euklidischen Geometrie sollte nicht das einzige Opfer sein, als sich im 19. Jahrhundert neue geometrische Horizonte eröffneten. Kants Vorstellung vom Raum überlebte nicht wesentlich länger. Erinnern Sie sich, dass Kant die Ansicht verfochten hatte, die Informationen, die uns unsere Sinne liefern, würden erst unter Zuhilfenahme euklidischer Vorgaben verarbeitet, bevor sie an unser Bewusstsein gelangen. Die Geometer des 19. Jahrhunderts entwickelten rasch ein Gefühl für die nichteuklidischen Geometrien und lernten, die Welt aus diesem Blickwinkel zu sehen. Die euklidische Wahrnehmung, so hatte sich gezeigt, war in Wirklichkeit doch erlernt und keineswegs intuitiv vorhanden. All diese dramatischen Entwicklungen veranlassten den französischen Mathematiker Henri Poincaré (1854–1912) zu der Schlussfolgerung: «Die geometrischen Axiome sind weder synthetische Urteile *a priori* noch experimentelle Tatsachen; es sind auf Übereinkommen beruhende Festsetzungen.» Mit anderen Worten: Sie sind *Konventionen.* Unsere Entscheidung zwischen den möglichen Konventionen wird durch experimentelle Fakten gelenkt, aber sie bleibt frei. Poincare betrachtete Axiome als «verkleidete Definitionen».

Poincarés Ansichten waren nicht nur von den bislang beschriebenen nichteuklidischen Geometrien inspiriert, sondern auch von der Verbreitung anderer neuer Geometrien, die gegen Ende des 19. Jahrhunderts nahezu außer Kontrolle zu geraten schien. In der *projektiven*

Geometrie (wie sie sich ergibt, wenn ein Bild auf einem Zelluloidfilm auf eine Leinwand geworfen wird) ließ sich die Rolle von Punkten und Geraden buchstäblich vertauschen, so dass Aussagen über Punkte und Geraden zu Aussagen über Geraden und Punkte wurden. In der *Differentialgeometrie* bedienten sich die Mathematiker der Infinitesimalrechnung, um die lokalen geometrischen Eigenschaften verschiedener mathematischer Räume wie der Oberfläche einer Kugel oder eines Torus zu untersuchen. Diese und andere Geometrien scheinen – wenigstens auf den ersten Blick – eher wie geniale Erfindungen fantasievoller mathematischer Geister denn wie präzise Beschreibungen physikalischer Gegebenheiten. Wie also lässt sich unter diesen Umständen die Vorstellung von einem Mathematiker-Gott verteidigen? Wenn Gott schließlich «unablässig Geometrie treibt» (ein Satz, den der Historiker Plutarch Platon in den Mund gelegt hat), für welche wird er sich dann entschieden haben?

Die sich rasch vertiefende Einsicht in die Unzulänglichkeiten der klassischen euklidischen Geometrie zwang die Mathematiker, die Grundlagen ihrer Wissenschaft im Allgemeinen und die Beziehung zwischen Mathematik und Logik im Besonderen genauer unter die Lupe zu nehmen. Wir werden in Kapitel 7 auf dieses wichtige Thema zurückkommen. Lassen Sie mich an dieser Stelle nur anmerken, dass das Vertrauen in die selbstverständliche Gültigkeit von Axiomen in Scherben lag. Folglich hat, wiewohl das 19. Jahrhundert eine ganze Reihe anderer wichtiger Entwicklungen in Algebra und Analysis gesehen hat, die Revolution der Geometrie wohl den größten Einfluss auf das Verständnis vom Wesen der Mathematik gehabt.

Von Räumen, Zahlen und Menschen

Bevor sich die Mathematiker jedoch dem großen Thema «Grundlagen der Mathematik» widmen konnten, forderten ein paar «kleinere» Themen ihre ungeteilte Aufmerksamkeit. Erstens bedeutete die Tatsache, dass nichteuklidische Geometrien formuliert und veröffentlicht worden waren, nicht automatisch, dass diese auch legitime Abkömmlinge der Mathematik waren. Noch immer herrschte die allgegenwärtige

Furcht vor Inkonsistenz – der Möglichkeit, dass es, wollte man diese Geometrien in letzter logischer Konsequenz ausreizen, irgendwann zu unlösbaren Widersprüchen kommen könnte. Ende der 1870er Jahre hatten der Italiener Eugenio Beltrami (1835–1900) und der Deutsche Felix Klein (1849–1925) gezeigt, dass, wenn die euklidische Geometrie in sich schlüssig war, dies auch für die nichteuklidischen gelten müsse. Das aber ließ die Frage offen, wie solide das Fundament der euklidischen Mathematik denn nun wirklich war. Dann gab es noch die wichtige Frage der Relevanz. Die meisten Mathematiker betrachteten die neuen Geometrien bestenfalls als amüsante Kuriositäten. Die euklidische Geometrie hingegen bezog einen Großteil ihres historischen Einflusses aus dem Umstand, dass sie als Beschreibung des realen Raumes angesehen, wohingegen die nichteuklidischen Geometrien anfangs als bar jeder Verbindung zur physikalischen Realität erachtet wurden. Infolgedessen wurden die nichteuklidischen Geometrien von vielen als die armen Verwandten der euklidischen Geometrie betrachtet. Henri Poincaré war ein bisschen entgegenkommender als die meisten, aber sogar er war nicht davon abzubringen, dass, wenn Menschen in eine Welt gebracht würden, in der die allgemein akzeptierte Geometrie eine nichteuklidische sei, wir es sicher noch immer nicht bequemer fänden, von der euklidischen zur nichteuklidischen Geometrie zu wechseln. Zwei Fragen standen daher unübersehbar im Raum: (1) Ließen sich die Geometrie (im Besonderen) und andere Zweige der Mathematik (im Allgemeinen) logisch solide auf axiomatische Fundamente gründen? Und (2) worin bestand die Beziehung (so es sie denn gab) zwischen der Mathematik und der physikalischen Welt?

Manche Mathematiker stellten sich bezüglich der Grundlagen der Geometrie auf einen pragmatischen Standpunkt. Enttäuscht von der Erkenntnis, dass sich das, was sie für absolute Wahrheiten gehalten hatten, keineswegs als unerschütterlich, sondern als deutlich erfahrungsabhängig erwiesen hatte, wandten sie sich der Arithmetik zu – der Mathematik der Zahlen. Descartes' analytische Geometrie, in der Punkten in der Ebene Zahlenpaare zugeordnet und Kreise durch gewisse Gleichungen hinreichend definiert sind (siehe Kapitel 4), lieferte genau das richtige Werkzeug für eine Neuausrichtung der Fundamente der Geometrie auf der Grundlage von Zahlen. Der deutsche

Mathematiker Jacob Jacobi (1804–1851) drückte diesen Gezeitenwechsel treffend aus, als er Platons «Gott betreibt unablässig Geometrie» ersetzte durch «Gott betreibt unablässig Arithmetik». In gewisser Hinsicht verlagerten solche Bestrebungen allerdings das Problem nur auf einen anderen Zweig der Mathematik. Zwar konnte der große deutsche Mathematiker David Hilbert (1862–1943) erfolgreich zeigen, dass die euklidische Geometrie schlüssig war, solange die Arithmetik schlüssig war, doch die Schlüssigkeit Letzterer war zu jenem Zeitpunkt alles andere als zweifelsfrei belegt.

Was die Beziehung zwischen der Mathematik und der physikalischen Welt anging, lag etwas Neues in der Luft. Viele Jahrhunderte hindurch war die Deutung der Mathematik als maßgeblicher Lesart des Universums dramatisch und kontinuierlich hervorgehoben worden. Die Mathematisierung der Wissenschaften durch Galilei, Descartes, Newton, die Bernoullis, Pascal, Lagrange, Quetelet und andere hatte starke Hinweise darauf geliefert, dass der Natur ein mathematisches Design zugrunde liegt. Man konnte fraglos den Standpunkt vertreten: «Wenn die Mathematik nicht die Sprache des Universums ist, warum ist sie dann so erfolgreich, wie sie ist, und erklärt Dinge wie die grundlegenden Gesetze der Natur genauso schlüssig wie Merkmale des Menschen?»

Sicher war den Mathematikern klar, dass die Mathematik sich nur mit ziemlich abstrakten platonischen Formen befasste, diese aber wurden als vernünftige Idealisierung tatsächlich existenter physikalischer Elemente verstanden. Ja, das Gefühl, das Buch der Natur sei in der Sprache der Mathematik geschrieben, war derartig tief verwurzelt, dass viele Mathematiker es komplett ablehnten, mathematische Konzepte und Strukturen in Betracht zu ziehen, die mit der physikalischen Welt nicht unmittelbar zu tun hatten. Solches war zum Beispiel der Fall bei der schillernden Figur des Girolamo Cardano (1501–1576). Cardano war ein Mathematiker von Format, berühmter Arzt und notorischer Spieler. Im Jahr 1545 veröffentlichte er eines der einflussreichsten Bücher in der Geschichte der Algebra – *Ars Magna* («Die große Kunst»). In dieser umfassenden Abhandlung untersucht Cardano höchst detailliert die Lösungen algebraischer Gleichungen, angefangen bei der einfachen quadratischen Gleichung (in der die Unbekannte in zweiter Potenz steht: x^2, daher auch Gleichung 2. Ordnung) über wegweisende Lösungen zur kubischen Gleichung (3. Ordnung, hier steht die unabhängig Variable in dritter Potenz: x^3) und schließlich zu Gleichungen 4. Ordnung. In der klassischen Mathematik wurden Größen oftmals als geometrische Elemente betrachtet. Zum Beispiel wurde der Wert der Unbekannten x mit einem Geradensegment gleicher Länge gleichgesetzt, die zweite Potenz stellte eine Fläche, die dritte einen Körper mit entsprechendem Volumen dar. Folgerichtig erklärt Cardano im ersten Kapitel der *Ars Magna:*

> Wir schließen unsere ausführliche Betrachtung mit der Untersuchung der Kubischen, andere werden nur beiläufige, wenn auch allgemeine Erwähnung finden. Denn da *positio* [die erste Potenz] eine Linie beschreibt, *quadratus* [das Quadrat] eine Fläche und *cubus* [der Würfel] einen Körper, wäre es sehr töricht, wollten wir uns über diesen Punkt hinauswagen. Die Natur sieht solches nicht vor. Daher werden, wie man sehen wird, alle Fragen bis hinauf zur 3. Potenz umfassend bewiesen, bei den anderen aber, die wir – aus Notwendigkeit vielleicht oder aus Neugier – hinzufügen werden, werden wir über das bloße Darlegen nicht hinausgehen.

Mit anderen Worten: Cardano vertritt die Ansicht, da die physikalische Welt, die von unseren Sinnen wahrgenommen wird, nur drei Dimensionen hat, wäre es töricht und vermessen, wollten Mathematiker sich mit höheren Dimensionen oder Gleichungen höheren Grades befassen.

Eine ganz ähnliche Meinung brachte der Mathematiker John Wallis (1616–1703) zum Ausdruck, aus dessen Werk *Arithmetica Infinitorum* («Arithmetik der unendlichen Größen») Newton die ersten Schritte der Analysis lernte. In einem anderen wichtigen Buch, *A Treatise on Algebra both historical and practical* («Eine Abhandlung über Algebra – historisch und praktisch»), erklärte Wallis: «Die Natur lässt – mit aller Schicklichkeit des Wortes – nicht mehr als *drei* Dimensionen zu.» Im Weiteren führte er dies deutlicher aus:

> Eine Linie, die gegen eine andere gezeichnet wird, ergibt eine Fläche oder Ebene, selbige, gegen eine Linie aufgespannt, ergibt einen Kör-

> per. Wenn aber dieser Körper gegen eine Linie oder diese Ebene gegen eine Ebene gezeichnet wird – was soll das geben? Eine Ebenenebene oder Überebene? Das wäre ein Monster der Natur und weniger möglich als eine Chimäre [ein feuerspeiendes Fabelwesen der griechischen Mythologie, ein Geschöpf aus Schlange, Löwe und Ziege] oder ein Zentaur [der «Pferdemensch» der griechischen Mythologie, ein Mischwesen mit dem Oberkörper eines Mannes, dessen übriger Körper samt der Beine die eines Pferdes sind], denn Länge, Breite und Höhe machen den *gesamten Raum* aus. Auch vermag unsere Einbildungskraft sich nicht vorzustellen, wie es eine vierte Dimension über diese drei hinaus geben sollte.

Auch hieraus spricht deutlich eine Logik, der zufolge es sinnlos ist, sich eine Geometrie, die über die Beschreibung des realen Raumes hinausgeht, auch nur vorzustellen.

Schließlich und endlich begannen sich die Standpunkte dann doch zu ändern. Die Mathematiker der 18. Jahrhunderts waren die Ersten, die Zeit als potentielle vierte Dimension in Betracht zogen. In einem 1754 veröffentlichten Artikel mit der Überschrift «Dimension» schrieb der Physiker Jean d'Alembert (1717–1783):

> Ich habe im Obenstehenden erklärt, dass es unmöglich ist, sich mehr als drei Dimensionen vorzustellen. Ein vielseitig begabter Mann aus meiner Bekanntschaft meint jedoch, man könne die Zeitdauer als vierte Dimension betrachten und dass das Produkt aus Zeit und Räumlichkeit in gewisser Weise eines ist, das vier Dimensionen reflektiert. Diese Vorstellung mag auf Widerspruch stoßen, aber sie scheint mir ein gewisses Verdienst auf ihrer Seite zu haben, das über das der reinen Neuheit hinausgeht.

Der große Mathematiker Joseph-Louis Lagrange ging einen Schritt weiter, als er 1797 die Feststellung traf:

> … weil die Position eines Punktes im Raum von den drei rechtwinkligen Koordinaten *x*, *y* und *z* abhängt, werden diese Koordinaten für die Probleme der Mechanik als Funktionen von *t* [Zeit] aufgefasst. Deshalb kann man die Mechanik als eine vierdimensionale Geometrie ansehen und die mechanische Analyse als eine Erweiterung der geometrischen Analyse.

Derlei kühne Überlegungen bereiteten einer Erweiterung der Mathematik den Weg, die zuvor als unvorstellbar gegolten hatte – Geometrien in einer beliebigen Anzahl von Dimensionen – und die komplett die Frage ausklammerten, ob die untersuchten Probleme irgendeine Relation zum physikalischen Raum besaßen.

Kant mag falsch gelegen haben mit seiner Vorstellung, dass unsere Sinne ausschließlich euklidischen Vorgaben gehorchen, aber es ist keine Frage, dass unsere Wahrnehmung nahezu von Natur aus und intuitiv nur in drei Dimensionen arbeitet. Wir können uns relativ problemlos vorstellen, wie unsere dreidimensionale Welt in Platons zweidimensionaler Schattenwelt aussehen würde, aber gedanklich über drei hinaus zu einer höheren Anzahl an Dimensionen vorzustoßen, erfordert wahrhaft die Fantasie eines Mathematikers.

Ein Teil der bahnbrechenden Arbeit zum Umgang mit *n*-dimensionalen Räumen – Geometrie in beliebiger Anzahl von Dimensionen – wurde von Herrmann Günther Graßmann (1809–1877) geleistet. Graßmann, eines von zwölf Kindern und selbst Vater von elf, war ein Schullehrer, der selbst nie irgendeine Art von mathematischer Universitätsbildung genossen hatte. Zu seinen Lebzeiten erfuhr er mehr Anerkennung für sein linguistisches Werk (insbesondere seine Studien zum Sanskrit und zum Gotischen) als für seine mathematischen Leistungen. Einer seiner Biographen schrieb: «Es scheint Graßmanns Schicksal zu sein, von Zeit zu Zeit neu entdeckt zu werden, jedes Mal so, als sei er seit seinem Ableben komplett in Vergessenheit geraten gewesen.» Dennoch war Graßmann verantwortlich für die Etablierung einer abstrakten Wissenschaft der «Räume», innerhalb derer die traditionelle Geometrie nur einen Sonderfall darstellte. Graßmann veröffentlichte seine bahnbrechenden Ideen (die zum Ursprung eines Zweigs der Mathematik werden sollten, der heute *lineare Algebra* genannt wird) 1844 in einem Buch, das gemeinhin unter dem Namen *Ausdehnungslehre* bekannt geworden ist (der eigentliche Titel lautete: *Die Wissenschaft der extensiven Größe oder die Ausdehnungslehre, eine neue mathematische Disziplin. 1. Teil: Die lineare Ausdehnungslehre*). In der Vorrede zu seinem Buch schrieb Graßmann:

> Schon lange war es mir nämlich einleuchtend geworden, dass die Geometrie keinesweges in dem Sinne wie die Arithmetik oder die Kombinationslehre als ein Zweig der Mathematik anzusehen sei, vielmehr die Geometrie schon auf ein in der Natur gegebenes (nämlich den Raum) sich beziehe, und dass es daher einen Zweig der Mathematik geben müsse, der in rein abstrakter Weise ähnliche Gesetze aus sich erzeuge, wie sie in der Geometrie an den Raum gebunden erscheinen.

Das war ein radikal neuer Blick auf das Wesen der Mathematik. Für Graßmann behandelt die herkömmliche Geometrie – das Erbe der alten Griechen – den physikalischen Raum und kann daher nicht als echter Zweig der abstrakten Mathematik gelten. Für ihn war die Mathematik ein völlig abstraktes Konstrukt des menschlichen Geistes, der nicht zwangsläufig eine Anwendung in der physikalischen Welt finden muss.

Es ist faszinierend, den scheinbar trivialen Gedankengang nachzuvollziehen, der Graßmann auf den Weg zu seiner Theorie der geometrischen Algebra brachte. Er begann mit der einfachen Formel $AB + BC = AC$, die in jedem Geometriebuch bei der Behandlung der Länge von Streckensegmenten auftaucht (siehe Abbildung 45a). Hierbei aber fiel Graßmann etwas Interessantes ins Auge, namentlich, dass diese Formel in dem Augenblick unabhängig von der Reihenfolge der Punkte *A*, *B*, *C* gültig wird, in dem man *AB*, *BC* und so weiter nicht nur als Längen interpretiert, sondern ihnen eine «Richtung» zuweist, in dem Sinne, dass $BA = - AB$ ist. Wenn zum Beispiel *C* zwischen *A* und *B* liegt (wie in Abbildung 45b), dann gilt $AB = AC + CB$, da aber $CB = - BC$ gilt, kommen wir zu $AB = AC - BC$, und die ursprüngliche Formulierung $AB + BC = AC$ ergibt sich zwanglos, indem man auf beiden Seiten *BC* addiert.

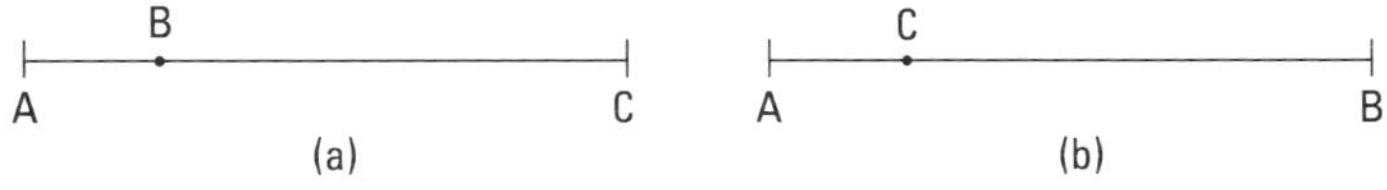

Abbildung 45

Das war schon für sich genommen interessant, aber Graßmanns Ausdehnungslehre hielt noch mehr Überraschungen bereit. Man muss wissen, dass, wenn wir es hier mit Algebra zu tun haben statt mit Geometrie, ein Ausdruck wie AB das Produkt $A \times B$ beschreibt. In diesem Falle verletzt Graßmanns Forderung $BA = -AB$ eines der heiligsten Gesetze der Arithmetik, welches besagt, dass es bei der Multiplikation zweier Größen gleichgültig ist, in welcher Reihenfolge man sie multipliziert. Graßmann stellte sich dieser beunruhigenden Situation und ersann eine neue, schlüssige Algebra (die man heute als *Graßmann-Algebra* oder *äußere Algebra* bezeichnet), die mehrere Multiplikationsprozesse zuließ und gleichzeitig Geometrien in einer beliebigen Zahl von Dimensionen möglich machte.

In den 1860er Jahren verbreitete sich die Kunde von n-dimensionaler Geometrie wie ein Lauffeuer. Nicht nur Riemann hatte in seiner epochalen Vorlesung beliebig gekrümmte Räume und jede Anzahl an Dimensionen zugelassen, auch andere Mathematiker wie Arthur Cayley und James Sylvester in England und Ludwig Schläfli in der Schweiz leisteten ihre eigenen originellen Beiträge auf diesem Gebiet. Unter den Mathematikern machte sich das Gefühl breit, endlich von Fesseln befreit zu sein, mit denen die Mathematik Jahrhunderte hindurch an menschliche Begriffe von Raum und Zahl gekettet gewesen war. Diese Fesseln hatten in der Geschichte ein solches Gewicht bekommen, dass noch Ende des 18. Jahrhunderts der erfolgreiche Schweizer Mathematiker Leonhard Euler (1707–1783) der Ansicht Ausdruck verliehen hatte, die Mathematik im Allgemeinen sei die Wissenschaft von Größen beziehungsweise die Wissenschaft von der Untersuchung der Mittel zur Bestimmung von Größen. Erst im 19. Jahrhundert begann der Wind sich allmählich zu drehen.

Erstens hatte die Einführung abstrakter geometrischer Räume und des Begriffs der Unendlichkeit (sowohl in der Geometrie als auch in der Mengenlehre) die Bedeutung von «Größe» und «Messung» bis zur Unkenntlichkeit verschwimmen lassen. Zweitens trugen die zahllosen Untersuchungen mathematischer Abstraktionen dazu bei, die Mathematik weiter und weiter von der physikalischen Realität zu entfernen und den Abstraktionen selbst Leben und «Existenz» einzuhauchen.

Georg Cantor (1845–1918), der Begründer der *Mengenlehre*, fasste den neuen Geist der Freiheit, der die Mathematik erfasst hatte, in eine «Unabhängigkeitserklärung», der zufolge die Mathematik in ihrer Entwicklung völlig frei und allein an die selbstverständliche Forderung gebunden ist, dass ihre Konzepte konsistent sein und dazu in exakten, durch Definitionen geordneten Beziehungen zu solchen Begriffen stehen müssen, die bereits eingeführt, verfügbar und etabliert sind. Dem fügte der Algebraiker Richard Dedekind (1831–1916) sechs Jahre später hinzu: «Ich betrachte den Zahlbegriff als völlig unabhängig von den Vorstellungen oder Intuitionen zu Raum und Zeit ... Zahlen sind freie Schöpfungen des menschlichen Geistes.» Das heißt, beide, Cantor wie Dedekind, betrachteten die Mathematik als abstraktes, rein gedankliches Unterfangen, eingeschränkt einzig durch die Erfordernis der Schlüssigkeit, ohne wie auch immer geartete Verpflichtung gegenüber dem Rechnen oder der Sprache der physikalischen Realität. Wie Cantor es zusammenfasste: «Das *Wesen der Mathematik* liegt in ihrer *Freiheit*.»

Gegen Ende des 19. Jahrhunderts hatten die meisten Mathematiker sich Cantors und Dedekinds Ansichten zur Freiheit der Mathematik zu eigen gemacht. Ziel der Mathematik war nicht länger die Suche nach Wahrheiten in der und über die Natur, sondern die Konstruktion abstrakter Strukturen – auf Axiome gegründeter Systeme – und das Durchdenken sämtlicher logischer Konsequenzen dieser Axiome.

Man mag gedacht haben, dies würde allem Gegrübel darüber, ob Mathematik nur eine Entdeckung oder eine Erfindung sei, ein Ende machen. Wenn die Mathematik nichts weiter war als ein wenn auch überaus komplexes Spiel, das mit willkürlich festgesetzten Regeln gespielt wird, ist es doch sinnlos, an die physikalische Realität mathematischer Konzepte zu glauben, oder?

Erstaunlicherweise rief die Ablösung der Mathematik von der physikalischen Realität bei manchen Mathematikern genau das gegenteilige Empfinden hervor. Statt sich auf den Standpunkt zu stellen, die Mathematik sei eine rein menschliche Erfindung, kehrten manche zur ursprünglichen, platonischen Vorstellung zurück, die Mathematik sei eine unabhängige Welt von Wahrheiten, deren Existenz so real ist wie die des physikalischen Universums. Die Versuche, die Mathematik mit der Physik zu versöhnen, wurden von diesen «Neoplatonikern» al mühseliges Gestrampel in *angewandter* Mathematik betrachtet, de die *reine*, allem Physikalischen abholde Mathematik gegenüberstand In einem Brief an den niederländischen Mathematiker Thomas Joannes Stieltjes (1856–1894) erklärte der französische Mathematike Charles Hermite (1822–1901) am 13. Mai 1894 seine Sicht der Dinge «Mein lieber Freund», schreibt er,

> ich bin hocherfreut, Sie geneigt zu wissen, sich in einen Naturalisten zu verwandeln, um die Phänomene der arithmetischen Welt zu erforschen. Ihre Ansicht ist die meine; ich glaube, dass die Zahlen und die Funktionen der Analysis kein willkürliches Produkt unseres Geistes sind; ich glaube, dass sie außerhalb von uns mit demselben Merkmal der Notwendigkeit existieren wie die Gegenstände der objektiven Realität und dass wir ihnen begegnen oder sie entdecken und sie studieren wie die Physiker, die Chemiker und die Zoologen etc.

Der englische Mathematiker G. H. Hardy, selbst praktizierender Vertreter der reinen Mathematik, war einer der freimütigsten modernen Platoniker. In einer wortgewandten Ansprache vor der British Association for the Advancement of Science am 2. September 1922 verkündete er:

> Mathematiker haben eine große Zahl unterschiedlicher geometrischer Systeme konstruiert. Euklidische und nichteuklidische von einer, zwei, drei und jeder beliebigen Zahl von Dimensionen. All diese Systeme sind vollständig und gleichberechtigt gültig. Sie verkörpern Ergebnisse von Beobachtungen der Mathematiker an ihrer Wirklichkeit, einer Wirklichkeit, die sehr viel stärker und unerschütterlicher ist als die dubiose und flüchtige Wirklichkeit der Physik … Die Aufgabe eines Mathematikers besteht somit schlicht darin, Tatsachen über sein eigenes festes und komplexes Wirklichkeitssystem, jenen überraschend wunderbaren Komplex logischer Beziehungen, der Gegenstand seiner Forschungen ist, festzustellen, als wäre er ein Forscher, der eine Bergkette in der Ferne betrachtet und die Ergebnisse seiner Beobachtungen in eine Reihe von Landkarten notiert, von denen eine jede ein Zweig der reinen Mathematik ist.

Es versteht sich von selbst, dass hartgesottene Platoniker selbst angesichts moderner Belege für die arbiträre Natur der Mathematik nicht die Hände in den Schoß gelegt haben. Ganz im Gegenteil fanden sie die Gelegenheit, in «ihre Wirklichkeit» – um es mit Hardys Worten zu sagen – abzutauchen, sehr viel spannender, als irgendwelche Brücken zur physikalischen Realität in Augenschein zu nehmen. Ungeachtet aller Ansichten zur metaphysischen Realität der Mathematik wurde eines aber immer deutlicher. Selbst in Anbetracht der scheinbar ungezügelten Freiheit der Mathematik blieb eine Einschränkung unveränderlich und unerschütterlich bestehen – die Forderung nach logischer Konsistenz. Mathematikern und Philosophen ging deutlicher denn je auf, dass sich die Nabelschnur zwischen Mathematik und Logik nicht würde durchtrennen lassen. Das war die Geburtsstunde einer neuen Idee: Ließ sich die gesamte Mathematik auf ein einzelnes logisches Fundament gründen? Und wenn ja, war das das Geheimnis ihrer Effizienz? Oder andersherum: Ließen sich mathematische Methoden zur Untersuchung des logischen Denkens im Allgemeinen verwenden? In diesem Falle wäre die Mathematik nicht allein die Sprache der Natur, sondern auch des menschlichen Denkens.

Kapitel 7

LOGIKER: NACHDENKEN ÜBER DAS DENKEN

Auf dem Schild eines Dorfbarbiers steht zu lesen: «Rasiere alle Männer im Dorf, die sich nicht selbst rasieren.» Klingt durch und durch vernünftig, oder? Klare Sache, dass Männer, die sich selbst rasieren, die Dienste des Barbiers nicht benötigen, und für den Barbier liegt es auf der Hand, dass er alle anderen rasiert. Aber nun fragen Sie sich einmal, wer denn nun den Barbier rasiert? Wenn er sich selbst rasiert, gehörte er dem Schild zufolge zu denen, die er nicht rasiert. Rasiert er sich hingegen nicht, gehörte er – wiederum dem Schild zufolge – zu denen, die er rasiert! Rasiert er sich also, oder rasiert er sich nicht? Schon weit weniger wichtige Fragen haben zu anderen Zeiten erbitterte Familienfehden ausgelöst. Dieses Paradoxon wurde formuliert von Bertrand Russell (1872–1970), einem der berühmtesten Logiker und Philosophen des 20. Jahrhunderts. Er wollte damit zeigen, dass die logische Intuition des Menschen alles andere als unfehlbar ist. Paradoxa oder Antinomien spiegeln Situationen wider, in denen scheinbar annehmbare Voraussetzungen in nicht annehmbare Schlussfolgerungen münden, im obigen Beispiel rasiert der Barbier sich und rasiert sich doch nicht. Lässt sich dieses Paradoxon irgendwie auflösen? Eine mögliche Lösung, die beide Prämissen erfüllt, wäre ganz einfach: Der Barbier ist eine Frau! Hätte man uns andererseits im Vorhinein gesagt, dass der Barbier ein Mann zu sein habe, dann müssen wir, wenn wir die Prämissen akzeptieren, unweigerlich bei einer absurden Schlussfolgerung landen. Mit anderen Worten: Einen solchen Barbier kann es schlicht nicht geben.

Was aber hat das alles mit Mathematik zu tun? Wie sich gezeigt hat, sind Mathematik und Logik aufs Engste miteinander verflochten. Russell selbst beschreibt ihre Beziehung folgendermaßen:

> Mathematik und Logik waren, historisch gesprochen, zwei getrennte Arbeitsgebiete. Die Mathematik hing mit den Naturwissenschaften, die Logik mit dem Griechischen zusammen. Aber beide haben sich in der modernen Zeit entwickelt. Die Logik wurde mathematischer, die Mathematik logischer. Infolgedessen ist es heute ganz unmöglich, einen Trennungsstrich zwischen beiden zu ziehen. Tatsächlich sind sie eins. Sie unterscheiden sich wie der Knabe und der Mann: Die Logik ist die Jugend der Mathematik, und die Mathematik ist das Mannesalter der Logik.

Russell vertritt hier den Standpunkt, *Mathematik lasse sich im Großen und Ganzen auf Logik zurückführen*. Mit anderen Worten: Die Grundkonzepte der Mathematik, sogar Objekte wie Zahlen können vermittels der grundlegenden Gesetze logischer Beweisführung definiert werden. Damit nicht genug, so argumentiert Russell im Weiteren, kann man jene Definitionen in Kombination mit logischen Prinzipien verwenden, um daraus mathematische Sätze erstehen zu lassen.

Ursprünglich hatte diese Betrachtungsweise der Mathematik (der sogenannte *Logizismus*) den Segen sowohl derjenigen, die in der Mathematik nichts weiter sahen als ein vom Menschen erfundenes, hochkomplexes Spiel (die sogenannten *Formalisten*), als auch den der bekümmerten Platoniker. Erstere waren ursprünglich froh gewesen, ein Sammelsurium von scheinbar in keiner Weise miteinander in Beziehung stehenden «Spielen» in einer «Mutter aller Spiele» aufgehen zu sehen. Letztere erblickten einen Hoffnungsschimmer in der Vorstellung, dass die gesamte Mathematik aus einer einzigen unanfechtbaren Quelle stammen könnte. In den Augen der Platoniker erhöhte dies die Wahrscheinlichkeit für einen gemeinsamen metaphysischen Ursprung immens – klar, dass eine und nur eine Wurzel für die gesamte Mathematik es (zumindest im Prinzip) auch leichter machen würde, die Ursache für deren Erklärungsmacht zu ermitteln.

Der Vollständigkeit halber sollte ich noch anmerken, dass es eine Denkschule gab – den *Intuitionismus* –, der sowohl den Logizismus als auch den Formalismus vehement ablehnte. Der Fackelträger dieser Schule war der einigermaßen fanatische niederländische Mathematiker Luitzen E. J. Brouwer (1881–1966). Brouwer glaubte, dass die natürlichen Zahlen der intuitiven Einsicht des Menschen in die Zeit und in diskrete Erfahrungsmomente entsprungen seien. Für ihn war es keine Frage, dass die Mathematik Ergebnis menschlichen Denkens war, daher sah er keinerlei Bedarf an universalen logischen Gesetzen von der Art, wie Russell sie vorschwebten. Brouwer ging jedoch noch viel weiter und erklärte, dass die einzig bedeutsamen mathematischen Entitäten solche seien, die sich vermittels einer endlichen Anzahl an Schritten auf der Basis der natürlichen Zahlen konstruieren ließen. Infolgedessen musste er große Teile der Mathematik, für die konstruktive Beweise nicht möglich sind, zurückweisen. Ein weiteres logisches Prinzip, das von Brouwer entschieden abgelehnt wurde, war das *Prinzip des ausgeschlossenen Dritten* oder *Tertium non datur* – die Bedingung, dass eine Aussage nur entweder wahr oder falsch sein kann. Folglich ließ er Aussagen zu, die sozusagen einem Stadium dazwischen (einem dritten eben) entsprachen, mithin «unentschieden» sein durften. Diese und einige andere intuitionistische Denkansätze drängten diese Schule letztlich ein bisschen an den Rand des Geschehens. Dessen ungeachtet ist allerdings zu sagen, dass intuitionistische Ideen und Überlegungen einen Teil der Erkenntnisse vorwegnahmen, die Kognitionswissenschaftler unserer Tage zu der Frage gewonnen haben, wie Menschen sich Mathematik aneignen (ein Thema, das in Kapitel 9 erörtert werden soll), und die Diskussionen moderner Mathematikphilosophen wie Michael Dummet befeuert haben. Dummetts Ansatz ist in erster Linie ein linguistischer, er verkündet – auch im Hinblick auf mathematische Aussagen – kategorisch:

> Den Sinn einer Aussage erklären wir nicht … dadurch, daß wir ihren Wahrheitswert durch Angabe der Wahrheitswerte ihrer Bestandteile festlegen, sondern dadurch, daß wir bestimmen, wann sie behauptet werden kann, indem wir die Bedingungen angeben, unter denen ihre Bestandteile behauptet werden können.

Mit anderen Worten: Die Bedeutung einer Aussage erschließt sich aus ihrem Zusammenhang. Wie aber hat sich eine so enge Beziehung zwischen Mathematik und Logik entwickelt? Und ist das logistische Programm überhaupt tragfähig? Lassen Sie mich kurz ein paar Meilensteine der letzten vier Jahrhunderte benennen.

Logik und Mathematik

Herkömmlicherweise befasst sich die Logik mit Beziehungen zwischen Begriffen und Aussagen (oder Propositionen) und den Verfahren, die aus jenen Beziehungen gültige Schlussfolgerungen herausdestillieren. Als einfaches Beispiel werden gerne Schlüsse nach dem Muster – «Jeder *X* ist ein *Y*; manche *Z* sind *X*, deshalb sind manche *Z Y*» – konstruiert, in denen, so die Prämissen wahr sind, die Wahrheit der Schlussfolgerung automatisch garantiert ist. Zum Beispiel führt «Jeder Biograph ist ein Autor, manche Politiker sind Biographen, deshalb sind manche Politiker Autoren» zu einem richtigen Schluss. Schlussfolgerungen, die allgemein dergestalt daherkommen, dass «jeder *X* ein *Y*, manche *Z* auch *Y* und somit manche *Z X* sind», sind unzulässig, denn man kann Beispiele finden, in denen trotz richtiger Prämissen die Schlussfolgerung falsch ausfällt. Zum Beispiel: «Jeder Mensch ist ein Säugetier, manche gehörnten Tiere sind Säugetiere, daher sind manche gehörnten Tiere Menschen.»

Solange gewisse Regeln befolgt werden, hängt die Gültigkeit eines Schlusses nicht vom Inhalt der Einzelaussagen ab. Zum Beispiel:

> Der Millionär wurde entweder vom Butler oder von seiner
> Tochter umgebracht.
> Seine Tochter war es nicht,
> Deshalb muss es der Butler gewesen sein.

führt zu einem wahren Schluss. Die Verlässlichkeit dieser Feststellung hängt in keiner Weise von unserer Meinung über den Butler oder von der Beziehung zwischen dem Millionär und seiner Tochter ab. Die Gültigkeit ist gesichert durch die Tatsache, dass Aussagenfolgen der allgemeinen Form «wenn entweder *p* oder *q* und wenn nicht *q*, dann *p*» logisch wahr sind.

Ihnen ist vielleicht nicht verborgen geblieben, dass in den beiden ersten Beispielen *X*, *Y* und *Z* Rollen innehaben, die sehr an die der Variablen in einer mathematischen Gleichung gemahnen – sie markieren Positionen, an deren Stelle Ausdrücke eingefügt werden können, so wie in der Algebra numerische Werte für Variablen eingesetzt werden. Ganz ähnlich erinnert der wahre Schluss in «wenn entweder *p* oder *q* und wenn nicht *q*, dann *p*» an die Axiome der euklidischen Geometrie. Dennoch musste fast zwei Jahrtausende über Logik nachgedacht werden, bis Mathematiker sich diese Analogie zu Herzen nahmen.

Der Erste, der versucht hat, die beiden Disziplinen Mathematik und Logik zu einer «universalen Mathematik» zusammenzuführen, war der deutsche Mathematiker und Philosoph Gottfried Wilhelm Leibniz (1646–1716). Leibniz, der eigentlich studierter Rechtswissenschaftler war, leistete den Großteil seiner Arbeiten auf den Gebieten der Mathematik, Physik und Philosophie in seiner freien Zeit. Zu seinen Lebzeiten war er vor allem dafür bekannt, dass er unabhängig von (und fast zeitgleich mit) Newton die Grundlagen der Infinitesimalrechnung gelegt hat (und für den anschließenden erbitterten Disput zwischen beiden darüber, wer denn nun Anspruch darauf hat, der Erste genannt zu werden). In einem Aufsatz, den er fast zur Gänze im Alter von sechzehn Jahren verfasst hat, träumte Leibniz von einer allgemeinen Wissenschaftssprache oder *Characteristica universalis*, die er als das ultimative Denkinstrument erachtete. Sein Ziel war es, einfache Vorstellungen und Begriffe durch gewisse Symbole und komplexere Beziehungen durch Kombinationen dieser Grundsymbole darzustellen. Leibniz hoffte, auf diese Weise dahin zu gelangen, die Wahrheit jeder Aussage in jeder beliebigen wissenschaftlichen Disziplin durch rein algebraische Operationen buchstäblich errechnen zu können. Er prophezeite, dass sich mit dem richtigen formalen Rechensystem – dem richtigen logischen Kalkül – philosophische Debatten künftig durch Rechnen würden lösen lassen. Leider kam Leibniz mit der Entwicklung seiner Algebra der Logik nicht sehr weit. Neben der allgemeinen Grundsatzidee einer «Algebra des Denkens» bestanden seine beiden Hauptbeiträge in einer klaren Aussage darüber, wann wir zwei Dinge als gleich zu betrachten haben, und in der etwas trivial anmutenden Feststellung, dass keine Aussage zur gleichen Zeit wahr und falsch sein kann. Leibniz' Ideen blieben, obwohl sie glänzend waren, lange Zeit hindurch mehr oder minder unbemerkt.

Mitte des 19. Jahrhunderts kam die Logik wieder mehr in Mode, und eine plötzliche Welle an Interesse brachte wichtige Werke hervor, in erster Linie von Augustus De Morgan (1806–1871), später von George Boole (1815–1864), Gottlob Frege (1848–1925) und Giuseppe Peano (1858–1932).

De Morgan war ein unglaublich produktiver Autor, der Tausende Artikel und Bücher über alle möglichen Themen in Mathematik, Mathematikgeschichte und Philosophie veröffentlicht hat. Zu seinen ungewöhnlicheren Werken gehören ein Almanach der Vollmonde (das Jahrtausende abdeckte) und ein Kompendium der ausgefallenen Mathematik. Fragte man ihn, wie alt er sei, gab er zur Antwort: «Ich war im Jahre x^2 x Jahre alt.» Sie können leicht nachprüfen, dass die einzige Zahl, die quadriert eine Zahl zwischen 1806 und 1871 (dem Geburts- beziehungsweise Sterbejahr von De Morgan) ergibt, 43 ist. De Morgans originellste Beiträge liegen sicher auf dem Gebiet der Logik, auf dem er den Anwendungsbereich der Syllogismen des Aristoteles beträchtlich erweiterte und eine algebraische Herangehensweise an logisches Denken erprobte. De Morgan blickte mit den Augen des Algebraikers auf die Logik und mit den Augen des Logikers auf die Algebra. In einem seiner Artikel beschrieb er diesen visionären Blickwinkel: «Zur Algebra müssen wir schauen, wollen wir den mühelosesten Umgang mit logischen Formen erlernen … der Algebraiker lebte [schon] in den höheren Sphären der Syllogismen, des unermüdlichen Herstellens von Beziehungen, bevor zugestanden wurde, dass eine solche Sphäre überhaupt existiert.»

Einer von De Morgans wichtigsten Beiträgen zur Logik behandelt die *Quantifikation von Prädikaten* – eine ziemlich bombastische Bezeichnung für das, was man als überraschenden Weitblick seitens der Logiker der klassischen Periode betrachten könnte. Die Aristoteliker hatten völlig zutreffend erkannt, dass aus Prämissen wie «manche *Z* sind *X*» und «manche *Z* sind *Y*» keinerlei notwendige Schlussfolgerung über die Beziehung zwischen den *X* und den *Y* gezogen werden kann. Zum Beispiel erlauben die Sätze «Manche Leute essen Brot» und «Manche Leute essen Äpfel» keine abschließenden Schlussfolgerungen über die Beziehung zwischen Apfelessern und Brotessern. Bis ins 19. Jahrhundert gingen Logiker überdies davon aus, dass für jede Beziehung zwischen den *X* und den *Y*, die sich notwendig ergibt, der sogenannte Mittelbegriff (im obigen Beispiel *Z*) in einer der beiden

Prämissen universal sein, das heißt «alle *Z*» in die entsprechende Aussage einschließen muss. De Morgan zeigte, dass diese Annahme falsch ist. In seinem Buch *Formal Logic* («Formale Logik», erschienen 1847) führte er aus, dass aus Prämissen wie «Die meisten *Z* sind *X*» und «Die meisten *Z* sind *Y*» notwendigerweise folgt, dass «manche *X* auch *Y* sind». Beispielsweise implizieren die Aussagen «Die meisten Menschen essen Brot» und «Die meisten Menschen essen Äpfel» unweigerlich die Aussage: «Manche Menschen essen *sowohl* Brot *als auch* Äpfel.» De Morgan ging sogar noch weiter und verlieh seinem neuen Syllogismus eine präzise quantitative Form. Stellen Sie sich vor, die Gesamtzahl aller *Z* würde mit z, die Gesamtzahl der *Z*, die auch *X* sind, mit x und die Zahl der *Z*, die auch *Y* sind, mit y bezeichnet. Im oben genannten Beispiel könnte es zum Beispiel eine Gesamtzahl von 100 Personen ($z = 100$) geben, von denen 57 Brot ($x = 57$) und 69 Äpfel essen ($y = 69$). Dann, so Morgan, muss es mindestens ($x + y - z$) *X* geben, die gleichzeitig auch *Y* sind. Mindestens 26 Leute (aus 57 + 69 – 100) müssten demnach sowohl Brot als auch Äpfel essen.

Leider zog diese schlaue Methode des Quantifizierens von Prädikaten De Morgan in einen ungemütlichen öffentlichen Disput hinein. Der schottische Philosoph William Hamilton (1788–1856) – nicht zu verwechseln mit dem irischen Mathematiker William Rowan Hamilton – beschuldigte De Morgan des Plagiats, da er selbst einige Jahre vor De Morgan mehr oder minder ähnliche (aber weit weniger akkurate) Überlegungen veröffentlicht hatte. In Anbetracht seiner grundsätzlichen Haltung zur Mathematik und zu den Mathematikern waren Hamiltons Angriffe keine sonderliche Überraschung, hatte er doch einmal gesagt: «Das übermäßige Studium der Mathematik macht den Geist völlig untauglich für jene intellektuelle Energie, die die Philosophie und das Leben erfordern.» Die nachfolgende erbitterte Briefschlacht zeitigte ein positives, wenngleich komplett unbeabsichtigtes Ergebnis: Sie brachte den Algebraiker George Boole zur Logik. Boole erinnert sich später in seinem Werk *Mathematische Analyse der Logik*:

> Im Frühjahr dieses Jahres wurde ich auf eine Frage aufmerksam, die zu der Zeit Sir William Hamilton und Professor De Morgan diskutierten. Mein Interesse erwachte von Neuem, und ich nahm einen

> fast vergessenen Faden meiner Untersuchungen wieder auf. Ich erkannte, daß der Logik, obgleich man sie mit Bezug auf die Idee der Quantität betrachten kann, noch ein weiteres, tieferes Beziehungssystem zugrundliegt. Wenn es zulässig ist, sie von *außen* als durch das Medium der Zahl mit der Intuition von Raum und Zeit verbunden zu betrachten, so ist es ebenso zulässig, sie von *innen* als auf Tatsachen einer anderen Ordnung basierend zu betrachten, die ihren Sitz in der Verfassung des Geistes hat.

Diese bescheidenen Worte beschreiben den Beginn dessen, was sich als Jahrhundertleistung in symbolischer Logik erweisen sollte.

Die Gesetze des Denkens

George Boole (Abbildung 46) wurde am 2. November 1815 in der Industriestadt Lincoln in England geboren. Sein Vater John Boole, Schuhmacher in Lincoln, zeigte großes Interesse an der Mathematik und war erfahrener Konstrukteur einer beachtlichen Palette an optischen Instrumenten. Seine Mutter Mary Ann Joyce war Zofe. Mit einem Vater, dessen Herz nicht allzu sehr an seinem ausgewiesenen Beruf hing, stand die Familie finanziell nicht übermäßig gut da. Bis zum Alter von sieben Jahren besuchte George die Volksschule, später dann eine Handelsschule, wo ein gewisser John Walter Reeves zu seinen Lehrern gehörte. Als Junge interessierte sich Boole hauptsächlich für Latein, worin er von einem Buchhändler unterrichtet wurde, und für Griechisch, das er im Selbststudium erlernte. Mit vierzehn Jahren gelang ihm die Übersetzung eines Gedichts des griechischen Dichters Meleagros aus dem 1. Jahrhundert v. Chr. Georges stolzer Vater veröffentlichte das Gedicht im *Lincoln Herald* – dieser Schritt veranlasste einen örtlichen Schulmeister zu einem Artikel, in dem er seinem Unglauben über die Leistung des Jungen Ausdruck verlieh. Die Armut seiner Familie zwang George Boole, sich bereits im Alter von sechzehn Jahren als Hilfslehrer zu verdingen. In den folgenden Jahren widmete er seine freie Zeit dem Studium des Französischen, Deutschen und Italienischen. Seine Kenntnisse in diesen modernen Sprachen erwiesen sich als überaus nützlich, denn sie erlaubten ihm, sich den

Abbildung 46

Werken der großen Mathematiker seiner Zeit, Sylvestre Lacroix, Laplace, Langrange, Jacobi und anderen, zuzuwenden. Noch immer verfügte er aber nicht über die Mittel, reguläre Mathematikvorlesungen zu besuchen, und fuhr mit seinem Selbststudium fort, während er nebenbei Eltern und Geschwister durch seine Lehrtätigkeit unterstützte. Trotzdem zeigte sich allmählich die mathematische Begabung dieses Autodidakten, und er fing an, seine Arbeiten im *Cambridge Mathematical Journal* zu veröffentlichen.

Im Jahr 1842 begann Boole einen regelmäßigen Briefwechsel mit De Morgan, dem er seine mathematischen Veröffentlichungen mit der Bitte um Kommentierung zu übersenden pflegte. Aufgrund seiner wachsenden Reputation als schöpferischer Mathematiker und dank entschiedener Fürsprache De Morgans bot man Boole im Jahr 1849 die Stellung eines Mathematikprofessors am Queen's College im irischen Cork an, wo er bis an sein Lebensende lehrte. Im Jahr 1855 heiratete Boole die siebzehn Jahre jüngere Mary Everest (nach deren

Onkel George Everest übrigens der Berg benannt ist), die beiden sollten fünf Töchter miteinander haben. Boole starb jung, im Alter von neunundvierzig Jahren. An einem kalten Wintertag des Jahres 1864 wurde er auf dem Weg zum College bis auf die Haut nass, bestand jedoch darauf, seine Vorlesungen zu halten, ohne seine Kleider zu wechseln. Daheim mag seine Frau seinen Zustand womöglich verschlechtert haben, als sie ihm eimerweise Wasser aufs Bett schüttete, gemäß einem alten Aberglauben, dem zufolge man den Teufel mit Beelzebub austreiben müsse. Boole erkrankte an einer Lungenentzündung und verstarb am 8. Dezember 1864. Bertrand Russell machte keinen Hehl aus seiner Bewunderung für diesen großen Autodidakten: «Die reine Mathematik wurde von Boole entdeckt in einem Werk, das er *The Laws of Thought* (1864) [‹Die Gesetze des Denkens›] nannte … Sein Buch befasste sich in Wirklichkeit mit formaler Logik, und das ist nichts anderes als Mathematik.» Für die damalige Zeit bemerkenswert ist übrigens, dass sowohl Mary Boole (1832–1916) als auch alle fünf Töchter des Paares beträchtliches Ansehen auf verschiedenen Wissenschaftsgebieten – von der Pädagogik bis hin zur Chemie – erwarben.

Im Jahr 1847 veröffentlichte Boole *The Mathematical Analysis of Logic*, 1854 *The Laws of Thought* (deren vollständiger Titel lautet: *An Investigation of the Laws of Thought, on Which Are Founded the Mathematical Theories of Logic and Probabilities*, «Eine Untersuchung zu den Gesetzen des Denkens, auf das sich die mathematischen Theorien der Logik und der Wahrscheinlichkeiten gründen»). Beides waren echte Meisterwerke – die ersten, die die Parallelität zwischen logischen und arithmetischen Operationen einen Riesenschritt voranbrachten. Boole transformierte die Logik tatsächlich im wahrsten Sinne des Wortes in eine Form von Algebra (die man später als *Boole'sche Algebra* bezeichnen sollte) und weitete seine logische Analytik sogar auf Wahrscheinlichkeiten aus. Mit Booles Worten:

> Inhalt der folgenden Abhandlung [*The Laws of Thought*] ist es, die zugrundeliegenden Gesetzmäßigkeiten jener Operationen des Geistes zu untersuchen, mittels derer Schlussfolgerungen durchgeführt werden, diesen in der Symbolsprache eines Kalküls Ausdruck zu verleihen und auf diesem Fundament die Wissenschaft der Logik zu errichten und ihre Methode zu konstruieren, sodann diese Methode

> selbst zur Grundlage einer allgemeinen Methode für die Anwendung der mathematischen Lehre von Wahrscheinlichkeiten zu machen und schließlich aus den verschiedenen Elementen der Wahrheit, die im Verlauf dieser Forschungen ans Licht kommen werden, zu einigen wahrscheinlichen Mutmaßungen über das Wesen und die Beschaffenheit des menschlichen Geistes zu gelangen.

Booles formales System (Kalkül) ließ sich sowohl auf Beziehungen zwischen *Klassen* (Gruppen von Gegenständen oder sonstigen Arten von Elementen) als auch im Rahmen der *Aussagenlogik* anwenden. Wenn x und y beispielsweise zwei Klassen sind, dann bedeutet eine Beziehung wie $x = y$, dass die beiden Klassen genau dieselben Elemente umfassen, auch wenn beide Klassen völlig unterschiedlich definiert sind. Ein Beispiel: Sind alle Schüler an einer bestimmten Schule kleiner als 2 Meter, dann lassen sich zwei Klassen definieren: x = «alle Schüler der Schule» und y = «alle Schüler dieser Schule, die kleiner als zwei Meter sind», die beiden Klassen sind in diesem Falle deckungsgleich. Wenn x und y Aussagen repräsentieren, dann bedeutet $x = y$, dass die beiden Aussagen einander äquivalent sind (dass eine von beiden wahr ist, wenn und nur wenn die andere auch wahr ist). So sind zum Beispiel die beiden Aussagen x = «John Barrymore war Ethel Barrymores Bruder» und y = «Ethel Barrymore war John Barrymores Schwester» äquivalent. Das Symbol «$x \times y$» steht für den beiden Klassen (x und y in diesem Falle) gemeinsamen Anteil (für jene Elemente also, die sowohl zu x als auch zu y gehören) oder für die *Konjunktion* (die «Und-Verknüpfung» wenn man so will) der beiden Aussagen x und y (also «*x und y*»). Bildete zum Beispiel x die Klasse aller Dorftrottel und y die Klasse aller Wesen mit schwarzen Haaren, dann stünde $x \times y$ für alle Dorftrottel mit schwarzen Haaren. Für die Aussagen x und y bedeutet die Verknüpfung $x \times y$ (oder das Wörtchen «und»), dass beide Aussagen wahr sein müssen. Wenn Ihnen die Führerscheinzulassungsstelle beispielsweise erklärt, «Sie müssen einen Sehtest und eine Fahrprüfung absolvieren», dann heißt das, Sie haben beide Forderungen zu erfüllen. Für zwei Klassen, die über keine gemeinsamen Elemente verfügen, repräsentiert nach Boole das Zeichen «$x + y$» eine Klasse, die sowohl die Elemente aus x als auch die Elemente aus y enthält. Im Falle von Aussagen bedeutet «$x + y$» «entweder x oder y, aber nicht beide». Lautet beispielsweise die Aussage x «Wäscheklammern sind eckig» und lautet y «Wäscheklammern sind rund», dann hieße $x + y$ «Wäscheklammern sind entweder eckig oder rund». Ganz ähnlich steht «$x - y$» für die Klasse aus Elementen von x, die kein Element von y sind, oder die Aussage «x, aber nicht y». Boole bezeichnete die Universalklasse (die alle möglichen in Frage kommenden Elemente umfasst) mit 1, die leere oder Nullklasse (die über keine wie auch immer gearteten Elemente verfügt) mit 0. Man beachte, dass die Nullklasse (oder Nullmenge) beileibe nicht dasselbe ist wie die Zahl 0 – Letztere bezeichnet nur die Zahl der Elemente in einer Nullklasse. Man beachte ferner, dass die Nullklasse nicht dasselbe ist wie nichts, denn eine Klasse mit nichts darin (mit null Elementen) ist immer noch eine Klasse. Wenn zum Beispiel alle Zeitungen in Albanien in albanischer Sprache geschrieben wären, würde in Booles Notation die Klasse sämtlicher auf Albanisch abgefassten Zeitungen in Albanien mit der Zahl 1 verzeichnet, wohingegen die Klasse der spanischsprachigen Zeitungen in Albanien mit einer 0 zu Buche schlagen würden. Im Falle von Aussagen steht 1 für den Wahrheitswert *wahr* (zum Beispiel: Alle Menschen sind sterblich) und 0 für den Wahrheitswert *falsch* (Menschen sind unsterblich).

Auf der Grundlage dieser Konventionen war Boole imstande, eine Reihe von Axiomen zu formulieren, die eine Algebra der Logik definieren. Sie können beispielsweise leicht nachprüfen, dass sich mit den oben genannten Definitionen die offensichtlich wahre Aussage «Alles ist entweder x oder nicht x» in Boole'scher Algebra schreiben lässt als $x + (1 - x) = 1$, ein Term, der auch in der gewöhnlichen Algebra gilt. Ganz ähnlich wird die Aussage, dass die Schnittmenge zwischen einer beliebigen Klasse und einer Nullklasse selbst eine Nullklasse ist, durch $0 \times x = 0$ dargestellt, was gleichzeitig auch besagt, dass die Konjunktion einer beliebigen Aussage mit einer falschen Aussage falsch ist. So liefert die Konjunktion der beiden Aussagen «Zucker ist süß, und Menschen sind unsterblich» eine falsche Aussage, obwohl der erste Teil wahr ist. Man beachte wiederum, dass diese «Gleichheit» in der Boole'schen Algebra auch für Zahlenoperationen in normaler Algebra gilt.

Um die Tauglichkeit seiner Methoden zu demonstrieren, wandte Boole seine Logiksymbole auf alles an, was ihm wichtig erschien. So analysiert er zum Beispiel sogar die Argumente der Philosophen Samuel Clarke und Baruch Spinoza hinsichtlich der Existenz und der Eigenschaften Gottes. Seine Schlussfolgerung war allerdings wenig optimistisch: «Es ist nicht möglich, glaube ich, aus der Durchsicht der Argumente Clarkes und Spinozas hervorzugehen, ohne von der Vergeblichkeit aller Unterfangen, die Existenz eines Unendlichen Wesens, Seiner Eigenschaften und Seiner Beziehung zum Universum *a priori* zu belegen, zutiefst überzeugt zu sein.» Trotz aller Stichhaltigkeit der Boole'schen Schlussfolgerung ist und war allem Anschein nach nicht jedermann von der Vergeblichkeit solcher Unterfangen überzeugt, denn aktualisierte Versionen des ontologischen Arguments für die Existenz Gottes werden noch heute ständig vorgelegt.

Alles in allem brachte Boole es fertig, die logischen Verknüpfungen *und*, *oder*, *wenn … so*, und *nicht* mathematisch zu zähmen; heutzutage bilden diese das Herz jeder Rechneroperation und verschiedener Schaltkreise. Boole wird folglich von vielen als einer der «Propheten» betrachtet, die das digitale Zeitalter eingeläutet haben. Trotz ihrer wegbereitenden Qualitäten aber war Booles Algebra alles andere als vollkommen. Erstens sind Booles Schriften in gewisser Weise unübersichtlich und schwer verständlich, weil er sich in seiner Notation zu eng an die gewöhnliche Algebra hielt. Zweitens brachte er die Unterscheidung zwischen Aussagen (wie «Aristoteles ist sterblich»), Aussagenfunktionen oder Prädikaten (wie «*x* ist sterblich») und quantifizierten Aussagen (wie «für alle *x*: *x* ist sterblich») durcheinander. Frege und Russell sollten schließlich zu der Überzeugung gelangen, dass die Algebra aus der Logik hervorgegangen sei und nicht umgekehrt. Man könnte deshalb den Standpunkt vertreten, dass es sinnvoller wäre, Algebra auf der Grundlage von Logik zu konstruieren, statt andersherum vorzugehen.

Es gab jedoch noch einen weiteren Aspekt an Booles Arbeiten, der sich als höchst fruchtbar erweisen sollte, und zwar die Einsicht, in welch enger Beziehung die Logik und die Begriffe von *Klassen* oder *Mengen* zueinander stehen. Erinnern Sie sich, dass die Boole'sche Algebra sich gleich gut auf Klassen wie auf logische Aussagen anwenden ließ? Wenn daher alle Elemente einer Menge *X* gleichzeitig Elemente der Menge *Y* sind (*X* eine *Teilmenge* von *Y* ist), dann lässt sich

Abbildung 47

diese Tatsache ausdrücken als *logische Implikation* der Form «wenn *X*, dann *Y*». So lässt sich beispielsweise die Tatsache, dass die Menge aller Pferde eine Teilmenge aller vierbeinigen Tiere ist, als die logische Aussage umschreiben: «Wenn *X* ein Pferd ist, dann ist es ein vierbeiniges Tier.»

Die Boole'sche Algebra der Logik sollte schließlich von einer ganzen Reihe Forscher ausgeweitet und weiterentwickelt werden; derjenige aber, der die Parallelen zwischen der Mengenlehre und der Logik voll ausschöpfte und das Gesamtkonzept auf eine ganz neue Ebene hob, war Gottlob Frege (Abbildung 47).

Friedrich Ludwig Gottlob Frege wurde in Wismar geboren, sein Vater und seine Mutter waren beide zu unterschiedlichen Zeiten Direktoren des dortigen Lyzeums. Er studierte Mathematik, Physik, Chemie und Philosophie zuerst an der Universität Jena und später für zwei weitere Jahre an der Universität Göttingen. Nach Abschluss seines Studiums begann er im Jahr 1874 als Privatdozent in Jena zu lehren, wo er sein gesamtes Berufsleben hindurch Mathematik unterrichten sollte. Trotz zahlreicher Lehrverpflichtungen brachte Frege es fertig, im Jahr 1879 sein erstes revolutionäres Werk auf dem Gebiet der Logik zu veröffentlichen, es trug den Titel *Begriffsschrift, eine der arithmetischen nachgebildete Formelsprache des reinen Denkens*, meist kurz als *Begriffsschrift* bezeichnet. In diesem Werk entwickelte Frege eine logische Sprache, die er später in seinem zweibändigen Werk *Grundgesetze der Arithmetik* weiter ausbaute. Freges Vorhaben auf dem Gebiet der Logik war überaus zielstrebig und außerordentlich ehrgeizig. Er konzentrierte sich primär auf die Arithmetik und bemühte sich zu zeigen, dass selbst so vertraute Konzepte wie das Reich der natürlichen Zahlen – 1, 2, 3, … – sich auf logische Konstrukte reduzieren ließen. Frege war folglich der Ansicht, man könne sämtliche arithmetischen Wahrheiten aus einigen wenigen Axiomen der Logik herleiten. Mit anderen Worten: Laut Frege sind selbst Aussagen wie $1 + 1 = 2$ keine *empirischen*, auf Beobachtungen basierenden Wahrheiten, sondern lassen sich aus einer Reihe von Axiomen logisch herleiten. Freges *Begriffsschrift* war von solchem Einfluss, dass sie den Logiker Willard Van Orman Quine (1908–2000) zu der Feststellung veranlasste: «Logik ist ein altes Gebiet, aber seit 1879 ist es ein großartiges.»

Von zentraler Bedeutung für Freges Philosophie war die Aussage, dass Wahrheit unabhängig vom menschlichen Urteil ist. In seinen *Grundgesetzen der Arithmetik* schreibt er: «Wahr sein ist etwas ganz anderes als Fürwahrgehaltenwerden, sei es von Einem, sei es von Vielen, sei es von Allen, und ist in keiner Weise darauf zurückzuführen. Es ist kein Widerspruch, dass etwas wahr ist, was von Allen für falsch gehalten wird. Ich verstehe unter den Gesetzen der Logik nicht psychologische Gesetze des Fürwahrhaltens, sondern Gesetze des Wahrseins. … sie [die Gesetze des Wahrseins] sind Grenzsteine in einem ewigen Grunde befestigt, von unserem Denken überfluthbar zwar, doch nicht verrückbar.»

Freges logische Axiome haben allgemein die Form «wenn …, so …». So lautet beispielsweise eines seiner Axiome: «wenn nicht

(nicht-p), so p». Dieses Axiom besagt in Worte gefasst: Wenn eine Aussage, die der gerade betrachteten widerspricht, falsch ist, dann ist die Aussage selbst wahr. Wenn es zum Beispiel nicht wahr ist, dass Sie bei einem Stoppzeichen mit Ihrem Auto nicht anhalten müssen, dann müssen Sie definitiv am Stoppzeichen halten. Um wirklich eine logische «Sprache» zu entwickeln, ergänzte Frege seine Sammlung von Axiomen um ein wichtiges neues Merkmal. Er ersetzte den herkömmlichen Subjekt/Prädikat-Stil der klassischen Logik durch Zeichen, die er der mathematischen Funktionslehre entnommen hatte. Lassen Sie mich das kurz erklären. Wenn man in der Mathematik Dinge schreibt wie $f(x) = 3x + 1$, dann bedeutet dies, dass f eine Funktion der Variablen x ist und dass sich der Wert dieser Funktion für einen gegebenen x-Wert dadurch errechnet, dass man diesen mit drei multipliziert und dann eins hinzuzählt. Frege hat, was er *Begriffe* nennt, über Funktionen definiert. Angenommen, Sie wollen den Bedeutungsinhalt «isst Fleisch» als Begriff diskutieren. Dieser Begriff würde symbolisch durch eine Funktion «$F(x)$» dargestellt, und der Wert (das Ergebnis) dieser Funktion wäre «wahr», wenn x = Löwe, und «falsch», wenn x = Reh. Auf Zahlen angewendet, ergäbe die Funktion «kleiner als sieben» in ähnlicher Weise «falsch» für alle Zahlen, die gleich sieben oder größer sind, «wahr» hingegen für alle Zahlen unter sieben. Frege nennt Gegenstände, für die ein bestimmter Begriff das Urteil (den Wahrheitswert) «wahr» ergibt, «unter den Begriff fallend».

Wie ich oben bereits erwähnt habe, war Frege fest davon überzeugt, dass sich jede Aussage über die natürlichen Zahlen einzig aus logischen Definitionen und Regeln herleiten und erkennen lasse. Demzufolge konnte er seine Ausführungen zum Thema natürliche Zahlen anstellen, ohne eine vorherige Definition des Begriffs «Zahl» fordern zu müssen. In Freges logischer Sprache sind beispielsweise zwei Begriffe *zahlengleich* (ihnen ist dieselbe Anzahl zuzuordnen), wenn es eine Eins-zu-eins-Entsprechung zwischen den Gegenständen gibt, die unter den einen Begriff fallen, und denen, die unter den anderen fallen. So sind Mülltonnendeckel zahlengleich mit den Mülltonnen selbst (so jede Tonne einen Deckel hat), und zu dieser Definition bedarf es keinerlei Erwähnung von Zahlen. Dann führte Frege eine geniale Definition der Zahl 0 ein. Stellen Sie sich eine Begriffsfunktion vor, die durch die Angabe «nicht mit sich selbst identisch» oder, wie Frege es nennt, «sich selbst ungleich» definiert ist. Da ja jeder Gegenstand mit sich selbst identisch sein muss, fällt unter *F* nichts. Mit anderen Worten: Für jeden beliebigen Gegenstand *x* ist *F*(*x*) = falsch. Frege definiert die Zahl 0 als die Anzahl, welche dem Begriff «sich selbst ungleich» zukommt. Im Weiteren definiert er die natürlichen Zahlen über eine Reihe von logischen Schritten, die man als *Extensionen* bezeichnet. Die Extension eines Begriffs bildet eine Klasse all der Gegenstände, die unter jenen Begriff fallen. Diese Definition mag für den Nichtlogiker nicht allzu leicht verdaulich erscheinen, ist aber in Wirklichkeit recht einfach. Der Begriffsumfang von «Frau» zum Beispiel ist die Gesamtheit aller Frauen. Man beachte, dass der Umfang des Begriffs Frau nicht selbst eine Frau ist.

Sie mögen sich vielleicht fragen, wie diese abstrakte logische Definition dazu beitragen soll, sagen wir, die Zahl 4 zu definieren. Laut Frege ist die Zahl 4 der Begriffsumfang (oder die Klasse) aller unter den Begriff Vier fallenden Entitäten, sprich aller Gruppen von vier Gegenständen. «Die Beine eines Hundes namens Snoopy» würde dementsprechend genauso zu dieser Klasse (und somit zu der Anzahl 4) gehören wie der Begriff «Großeltern von Gottlob Frege».

Freges Programm war außerordentlich eindrucksvoll, allerdings auch mit einigen schweren Mängeln behaftet. Auf der einen Seite war die Idee, Begriffe – das A und O des Denkens – zu verwenden, um daraus Arithmetik zu konstruieren, schlicht genial. Auf der anderen Seite übersah Frege an seinem Formalismus einige entscheidende Inkonsistenzen. Vor allem eines seiner Axiome – bekannt unter dem Namen *Grundgesetz V* – führte, wie sich zeigen sollte, zu einem unlösbaren Widerspruch und war damit dem Untergang geweiht.

Das besagte Grundgesetz selbst stellt völlig unschuldig fest, dass der Umfang eines Begriffs *P* dann und nur dann gleich dem Umfang eines Begriffs *Q* ist, wenn alle Gegenstände, die unter *P* fallen, auch unter *Q* fallen, und umgekehrt. Die Bombe platzte am 16. Juni 1902, als Bertrand Russell (Abbildung 48) Frege einen Brief schrieb, in dem er diesen darauf hinwies, dass ein gewisses Paradoxon zeige, dass Axiom V nicht widerspruchsfrei sei. Wie der Zufall so spielt, traf Russells Brief just in dem Augenblick ein, in dem Freges *Grundgesetze*

Abbildung 48

der Arithmetik hätten in Druck gehen sollen. Der schockierte Frege sah sich veranlasst, seinem Manuskript folgendes freimütiges Eingeständnis hinzuzufügen: «Einem wissenschaftlichen Schriftsteller kann kaum etwas Unerwünschteres begegnen, als dass ihm nach Vollendung seiner Arbeit eine der Grundlagen seines Baues erschüttert wird. In diese Lage wurde ich durch einen Brief des Herrn Bertrand Russell versetzt, als der Druck (...) sich seinem Ende näherte.» An Russell selbst schrieb er liebenswürdig: «Ihre Entdeckung des Widerspruchs hat mich auf's Höchste überrascht und, fast möchte ich sagen, bestürzt, weil dadurch der Grund, auf dem ich die Arithmetik aufzubauen gedachte, ins Wanken geräth.»

Die Tatsache, dass ein einzelnes Paradoxon so verheerende Auswirkungen auf ein ganzes Forschungsvorhaben zeitigen konnte, mag zunächst verwunderlich erscheinen, aber wie der Logiker W. V. O. Quine von der Harvard University einst bemerkte: «Mehr als einmal in der Geschichte ist die Entdeckung eines Paradoxons zum Anlass für einen tiefgreifenden Umbau an den Grundfesten des Denkens geworden.» Russells Paradoxon – die Russell'sche Antinomie – schuf ebendiese Art von Anlass.

Die Russell'sche Antinomie

Der Mann, der gewissermaßen im Alleingang die Mengenlehre begründet hat, war der deutsche Mathematiker Georg Cantor. Es zeigte sich, dass Mengen oder Klassen in derart fundamentaler Weise mit der Logik verflochten sind, dass jeglicher Versuch, die Mathematik auf das Fundament der Logik zu gründen, notwendigerweise beinhaltete, dass man sie auf das logische Fundament der Mengenlehre gründete.

Eine Klasse oder eine Menge ist zunächst einfach nur eine Gruppe von Dingen oder sonstigen Gegebenheiten. Diese Gegenstände müssen nicht in irgendeiner Weise miteinander verwandt sein. Sie können, wenn Sie wollen, zum Beispiel eine Klasse aufmachen, die sämtliche im Jahr 2003 ausgestrahlten Soap Operas, Napoleons weißes Pferd und die Idee der wahren Liebe umfasst. Die Gegenstände, die zu einer bestimmten Klasse gehören, bezeichnet man als *Elemente* dieser Klasse.

Die meisten Klassen von Gegenständen, die Ihnen einfallen werden, sind keine Elemente ihrer selbst. So ist zum Beispiel die Klasse aller Schneeflocken selbst keine Schneeflocke, die Klasse aller antiken Uhren selbst keine antike Uhr und so weiter. Manche Klassen aber sind in der Tat Elemente ihrer selbst. So ist zum Beispiel die Klasse «aller Elemente, die keine antiken Uhren sind», ein Element ihrer selbst, da diese Klasse definitiv nur antike Uhren ausschließt. Ganz ähnlich ist die Klasse aller Klassen Element ihrer selbst, denn sie ist ganz offensichtlich eine Klasse. Wie steht es mit der Klasse «all jener Klassen, die nicht Element ihrer selbst sind»? Lassen Sie uns diese Klasse *R* nennen. Ist *R* Element ihrer selbst (das heißt von *R*) oder nicht? Keine Frage, dass *R* nicht zu *R* gehören kann, denn wenn dem so wäre, würde dies die Definition der *R*-Zugehörigkeit verletzen. Wenn *R* sich jedoch selbst nicht zugehörig ist, dann muss es laut Definition Element von *R* sein. Ganz ähnlich wie bei der Geschichte mit dem Dorfbarbier stellen wir daher fest, dass die Klasse *R* zu *R* gehört und doch nicht zu *R* gehört, ein logischer Widerspruch. Genau dies war das Paradoxon, das Russell an Frege geschickt hatte. Da diese Antinomie das gesamte Verfahren unterminierte, durch das Klassen oder Mengen definiert werden konnten, kam sie einem tödlichen Schlag für Freges Vorgehensweise gleich. Frege unternahm zwar einige verzweifelte Anstrengungen, sein Axiomensystem zu retten, doch ohne Erfolg. Die Schlussfolgerung schien katastrophal – statt fester verankert zu stehen als die Mathematik, schien die formale Logik weit anfälliger dafür, durch logische Inkonsistenzen paralysiert zu werden.

Zur gleichen Zeit, da Frege sein logisches Rahmenwerk formulierte, versuchte sich der Italiener Giuseppe Peano an einem etwas anderen Ansatz. Peanos Anliegen war es, die Arithmetik auf ein axiomatisches Fundament zu gründen. Folglich bestand seine Ausgangsbasis aus einem schlüssigen und sehr simplen Satz von Axiomen. Seine ersten drei Axiome lauteten beispielsweise:

1. Null ist eine Zahl.
2. Der Nachfolger einer jeden Zahl ist ebenfalls eine Zahl.
3. Es gibt keine zwei Zahlen, die denselben Nachfolger haben.

Das Problem bestand darin, dass sich aus Peanos axiomatischem System zwar durchaus die bekannten Gesetze der Arithmetik herleiten ließen (so man ein paar zusätzliche Definitionen einführte), es darin jedoch nichts gab, was die natürlichen Zahlen eineindeutig beschrieb.

Den nächsten Schritt tat Bertrand Russell. Er verkündete, dass Freges ursprüngliche Idee – die Deduktion der Arithmetik aus der Logik – noch immer der richtige Kurs sei. Um diesem hohen Anspruch gerecht zu werden, verfasste Russell zusammen mit Alfred North Whitehead (Abbildung 49) ein unglaubliches logisches Meisterwerk – die bahnbrechende dreibändige *Principia Mathematica*. Dieses Werk ist – mit Ausnahme vielleicht von Aristoteles *Organon* – sicher das einflussreichste in der Geschichte der Logik gewesen (Abbildung 50 zeigt die Titelseite der Erstauflage).

In ihren *Principia* verteidigten Russell und Whitehead die Posi-

Abbildung 49

tion, dass Mathematik im Prinzip nichts anderes als eine Ausweitung der Gesetze der Logik darstelle und es zwischen Mathematik und Logik keine klare Abgrenzung gebe. Um jedoch zu einer in sich widerspruchsfreien Beschreibung zu gelangen, waren noch immer die Paradoxa oder Antinomien (von denen es neben der von Russell benannten noch weitere gibt) zu überwinden. Das machte einiges an kunstvollem logischem Jonglieren erforderlich. Russell argumentierte, dass diese Paradoxa sich nur aufgrund eines Circulus vitiosus, eines fehlerhaften Zirkelschlusses, ergäben, in dem man Entitäten vermittels Klassen von Gegenständen definiert, welche die definierte Entität selbst einschließen. Mit Russells Worten: «Wenn ich sage ‹Napoleon hatte alle Eigenschaften, die einen großen General ausmachen›, muss ich ‹Eigenschaften› so definieren, dass dies nicht diesen Satz wieder enthält. D. h. ‹alle Eigenschaften zu besitzen, die einen großen General ausmachen› darf nicht selbst eine Eigenschaft in dem vermuteten Sinn sein.»

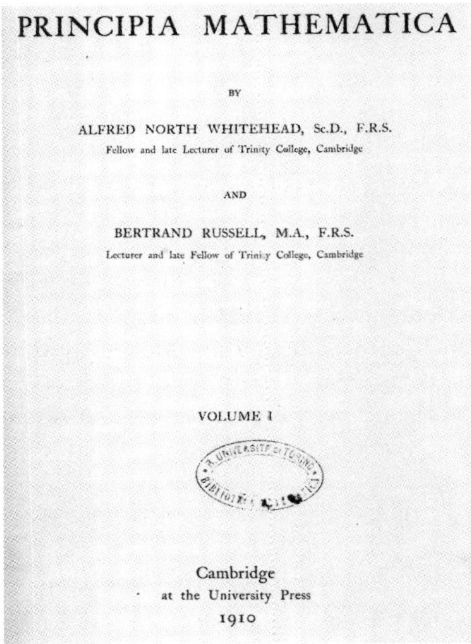

PRINCIPIA MATHEMATICA

BY

ALFRED NORTH WHITEHEAD, Sc.D., F.R.S.
Fellow and late Lecturer of Trinity College, Cambridge

AND

BERTRAND RUSSELL, M.A., F.R.S.
Lecturer and late Fellow of Trinity College, Cambridge

VOLUME I

Cambridge
at the University Press
1910

Abbildung 50

Um das Paradoxon aus der Welt zu schaffen, führte Russell eine *Typentheorie* ein, nach der eine Klasse (oder Menge) stets zu einer logischen Gesamtheit gehört, die über derjenigen steht, die die Elemente bilden, welche sie selbst umschließt. Angenommen zum Beispiel, die einzelnen Spieler des Footballteams Dallas Cowboys gehörten zu einer Menge vom Typ 0. Die Mannschaft Dallas Cowboys hingegen, als eine Gruppe von Spielern, gehörte demnach zu einer Menge vom Typ 1. Die National Football League, eine Klasse von Mannschaften also, wäre Typ 2, eine Gruppe von Ligen (wenn es sie gäbe) Typ 3 und so weiter. In diesem Konstrukt ist die Feststellung «eine Klasse, die sich selbst enthält» weder richtig noch falsch, sondern schlicht bedeutungslos. Folglich kann es zu Paradoxa von der Art, wie Russell sie formuliert hat, nicht kommen.

Es steht außer Frage, dass die *Principia* eine monumentale Leistung auf dem Gebiet der Logik darstellten, doch ließen sie sich kaum als das so lange ersehnte Fundament der Mathematik betrachten. Russells Typentheorie wurde von vielen als eine mehr oder minder artifizielle Lösung für das Problem der Paradoxa betrachtet – eine Lösung noch dazu, die Folgen von erschütternder Tragweite hatte. So bildeten darin die rationalen Zahlen (einfache Brüche zum Beispiel) eine Menge von einem höheren Typ als die natürlichen Zahlen. Um einige dieser Komplikationen zu beseitigen, führten Russell und Whitehead ein weiteres Axiom ein, das Reduzibilitätsaxiom, das jedoch seinerseits für schwere Kontroversen und eine Menge Argwohn sorgte.

Elegantere Wege zur Eliminierung der Paradoxa wurden schließlich von den Mathematikern Ernst Zermelo und Abraham Fraenkel aufgezeigt. Sie brachten es tatsächlich fertig, die Mengentheorie widerspruchsfrei zu axiomatisieren und auf dieser Basis einen Großteil der mengentheoretischen Ergebnisse darzustellen. Das schien, zumindest oberflächlich betrachtet, die teilweise Erfüllung der Träume eines jeden Platonikers zu sein. Wenn Mengentheorie und Logik wahrhaftig zwei Seiten einer Medaille bildeten, dann bedeutete ein solides Fundament für die Mengentheorie auch ein solides Fundament für die Logik. Und wenn sich darüber hinaus ein Großteil der Mathematik in der Tat der Logik verdankte, dann verlieh dies der Mathematik eine gewisse objektive Gewissheit, aus der sich vielleicht auch die unbegreifliche Erklärungsmacht der Mathematik erklären ließ. Leider konnten die Platoniker nicht allzu lange feiern, denn schon wurden sie von einem besonders üblen Fall von Déjà-vu heimgesucht.

Die nichteuklidische Krise – das Ganze von vorn?

Im Jahr 1908 verfolgte der deutsche Mathematiker Ernst Zermelo (1871–1953) einen sehr ähnlichen Weg, wie ihn seinerzeit Euklid um 300 v. Chr. beschritten hatte. Euklid hatte einige wenige unbewiesene, aber mutmaßlich selbstverständliche Postulate über Punkte und Strecken formuliert und dann auf der Basis dieser Postulate eine Geometrie hergeleitet. Zermelo – der Russells Paradoxon bereits 1900 unabhängig von diesem ebenfalls entdeckt hatte – schlug eine Möglichkeit vor, wie sich die Mengentheorie auf ein ähnliches axiomatisches Fundament würde gründen lassen. Russells Paradoxon wurde in dieser Theorie durch eine sorgsame Wahl von Konstruktionsprinzipien umgangen, die Widersprüchliches wie eine «Menge aller Mengen» eliminierten. Zermelos Vorlage wurde 1922 von dem israelischen Mathematiker Abraham Fraenkel (1891–1965) weiter ausgebaut zu dem, was inzwischen als Zermelo-Fraenkel-Mengenlehre bekannt geworden ist (John von Neumann nahm 1925 noch einige wichtige Änderungen daran vor). Die Dinge wären nahezu vollkommen gewesen (auch wenn der Beweis der Widerspruchsfreiheit noch ausstand), hätten nicht einige nagende Zweifel bestanden. Es gab da ein Axiom – das *Auswahlaxiom* –, das den Mathematikern ernsthaft im Magen lag. Einfach ausgedrückt, besagt dieses Axiom: Wenn X eine Menge von nichtleeren Mengen ist, dann können wir aus jeder Menge in X ein beliebiges Element herausgreifen und damit eine neue Menge Y begründen. Sie können sich problemlos davon überzeugen, dass diese Aussage wahr ist, wenn die Anzahl der Mengen in X nicht unendlich ist. Angenommen, wir haben einhundert Schachteln, in jeder davon befindet sich mindestens eine Murmel, so können wir leicht aus jeder Schachtel eine Murmel entnehmen und eine neue Menge Y aus einhundert Murmeln aufmachen. In diesem Falle benötigen wir kein Extraaxiom, wir können leicht zeigen, dass eine solche Auswahl möglich ist. Diese Aussage gilt sogar für unendliche Mengen X, solange wir präzise spezifizieren können, wie wir diese Auswahl treffen. Stellen Sie sich zum Beispiel eine unendliche Menge an nichtleeren Mengen aus natürlichen Zahlen vor. Die Elemente dieser Menge könnten Mengen sein wie {2, 6, 7}, {1, 0}, {346, 5, 11, 1257}, {alle natürlichen Zahlen zwischen 381 und 10 457} und so weiter. In jeder dieser Mengen von natürlichen Zahlen gibt es ein kleinstes Element. Unsere Auswahl könnte demnach eindeutig definiert sein als «das kleinste Element aus jeder dieser Mengen». Auch in diesem Falle ist die Notwendigkeit für das Auswahlaxiom nicht gegeben. Das Problem ergibt sich erst bei unendlichen Mengen und unter solchen Umständen, unter denen wir die Auswahl nicht definieren können. Unter diesen Umständen endet der Auswahlprozess nie, und die Existenz einer Menge aus je genau einem Element aus jeder der Mengen in X wird zu einer Glaubensfrage.

Das Auswahlaxiom hat vom ersten Tag an für heftige Kontroversen unter den Mathematikern gesorgt. Die Tatsache, dass das Axiom die Existenz bestimmter mathematischer Gegebenheiten (zum Beispiel einer Auswahlfunktion) annimmt, ohne mit einem handfesten Beispiel dafür aufwarten zu können, geriet prompt unter Beschuss, vor allem aus dem Lager der *Konstruktivisten* (einer philosophischen Position, die dem *Intuitionismus* verwandt ist). Die Konstruktivisten argumentierten, alles, was existiert, müsse nachvollziehbar zu konstruieren sein. Andere Mathematiker versuchten, das Auswahlaxiom zu umgehen und nur die anderen Axiome der Zermelo-Fraenkel-Mengenlehre zu verwenden.

In Anbetracht der empfundenen Unzulänglichkeit des Auswahlaxioms begannen sich manche Mathematiker zu fragen, ob sich dieses Axiom mit Hilfe der anderen Axiome vielleicht würde beweisen oder womöglich endgültig widerlegen lassen. Die Geschichte des fünften Euklidischen Axioms schien sich wahrhaftig zu wiederholen. Eine Teilantwort wurde schließlich Ende der 1930er Jahre gegeben. Kurt Gödel (1906–1978), einer der einflussreichsten Logiker aller Zeiten, bewies, dass das Auswahlaxiom und eine andere berühmte Annahme, die von dem Begründer der Mengenlehre, Georg Cantor, genauer untersucht worden war und später als *Kontinuumhypothese* in die Geschichte eingehen sollte, beide mit den anderen Zermelo-Fraenkel'schen Axiomen vereinbar waren. Das heißt, keine der beiden Hypothesen konnte vermittels der anderen Axiome der Mengenlehre zurückgewiesen werden. Zusätzliche Beweise des amerikanischen Mathematikers Paul Cohen (1934–2007, der tragischerweise verstarb, während ich noch an diesem Buch schrieb) bewiesen die komplette Unabhängigkeit von Auswahlaxiom und Kontinuumhypothese. Mit anderen Worten: Das Auswahlaxiom lässt sich auf der Basis der anderen Axiome der Mengenlehre weder beweisen noch widerlegen. Genauso kann auch die Kontinuumhypothese aus derselben Kollektion von Axiomen weder bewiesen noch zurückgewiesen werden, selbst dann nicht, wenn man das Auswahlaxiom hinzunimmt.

Diese Entwicklung hatte dramatische philosophische Konsequenzen. Wie im Falle der nichteuklidischen Geometrien im 19. Jahrhundert gab es danach nicht mehr nur eine einzige abgeschlossene Mengenlehre, sondern deren mindestens vier! Man konnte unterschiedliche Annahmen über unendliche Mengen zugrunde legen und hatte am Ende einander ausschließende Mengenlehren. Man konnte zum Beispiel annehmen, dass sowohl das Auswahlaxiom als auch die Kontinuumhypothese zutrafen, und erhielt die eine Version, oder man nahm an, dass beide nicht galten, und schon hatte man eine völlig andere Mengenlehre. Oder man konnte auch die Gültigkeit eines der beiden Axiome und die Nichtgültigkeit des jeweils anderen annehmen und hatte wiederum zwei neue Mengenlehren.

Es war so etwas wie eine Neuauflage der Krise der euklidischen Geometrie, nur schlimmer. Die fundamentale Rolle, die man der Mengenlehre als potentieller Basis für die gesamte Mathematik zuerkannt hatte, machte das Problem für die Platoniker sehr viel einschneidender. Wenn man wirklich einfach dadurch, dass man eine andere Auswahl an Axiomen wählte, alle möglichen Mengenlehren formulieren konnte, sprach das nicht dafür, dass Mathematik nichts als eine Erfindung des Menschen war? Der Sieg der Formalisten schien gewiss.

Eine unvollständige Wahrheit

Während Frege sich engagiert mit der Bedeutung von Axiomen herumschlug, focht der Hauptvertreter des Formalismus, der große deutsche Mathematiker David Hilbert (Abbildung 51) für den völligen Verzicht auf jedwede Interpretation mathematischer Formeln. Hilbert war nicht interessiert an Fragen wie der, ob die Mathematik aus den Konstrukten der Logik hergeleitet werden konnte. Für ihn bestand die Mathematik vielmehr aus einem Haufen für sich genommen bedeutungsloser Formeln – strukturierten Mustern aus willkürlich gewählten Zeichen. Die Aufgabe, das Fundament der Mathematik zu legen, wurde von Hilbert einem neuen Wissenszweig übertragen, den er als «Metamathematik» bezeichnete. Seine Metamathematik hatte zum

Abbildung 51

Ziel, mit Hilfe der Methoden der mathematischen Analytik zu beweisen, dass ein formalistischer Ansatz – das Herleiten von Sätzen aus Axiomen mit Hilfe strenger Schlussregeln – widerspruchsfrei gelingen konnte. Anders ausgedrückt, Hilbert glaubte, auf mathematischem Wege beweisen zu können, dass Mathematik funktioniert. Wie er es ausdrückt:

> Meine Untersuchungen zur Neubegründung der Mathematik bezwecken nichts Geringeres, als die allgemeinen Zweifel an der Sicherheit des mathematischen Schließens definitiv aus der Welt zu schaffen. ... Alles, was im bisherigen Sinne die Mathematik ausmacht, wird streng formalisiert, so daß die eigentliche Mathematik oder die Mathematik in engerem Sinne zu einem Bestand an Formeln wird. ... Zu der eigentlichen so formalisierten Mathematik kommt eine gewissermaßen neue Mathematik, eine Metamathematik, die zur Siche-

> rung jener notwendig ist, in der – im Gegensatz zu den rein formalen Schlußweisen der eigentlichen Mathematik – das inhaltliche Schließen zur Anwendung kommt, aber lediglich zum Nachweis der Widerspruchsfreiheit der Axiome. ... Auf diese Weise vollzieht sich die Entwicklung der mathematischen Gesamtwissenschaft in beständigem Wechsel auf zweierlei Art: durch Gewinnung neuer beweisbarer Formeln aus den Axiomen mittels formalen Schließens und andererseits durch Hinzufügung neuer Axiome nebst dem Nachweis der Widerspruchsfreiheit mittels inhaltlichen Schließens.

Hilberts Programm opferte Inhalt oder Bedeutung, um das Fundament zu sichern. Seinen formalistischen Mitstreitern galt die Mathematik demzufolge wirklich als Spiel, und ihr Ziel bestand darin, schlüssig zu zeigen, dass dieses Spiel durch und durch widerspruchsfrei sein konnte. Angesichts all der Fortschritte bei der Axiomatisierung mathematischer Inhalte schien die Umsetzung dieses formalistischen beweistheoretischen Traums in greifbarer Nähe zu liegen.

Doch nicht alle waren sicher, dass der von Hilbert eingeschlagene Weg der richtige war. Ludwig Wittgenstein (1889–1951), von manchen Leuten als größter Philosoph des 20. Jahrhunderts betrachtet, sah Hilberts Anstrengungen auf dem Gebiet der Metamathematik als bloße Zeitverschwendung. Man könne keine Regel zur Anwendung einer anderen Regel formulieren, argumentierte er. Mit anderen Worten: Wittgenstein glaubte nicht, dass das Verstehen eines «Spiels» auf der Konstruktion eines anderen basieren könne. Wenn man sich über das Wesen der Mathematik im Unklaren sei, könne einem kein Beweis der Welt helfen. Doch niemand erwartete den Blitz, der dann einschlagen sollte: Der vierundzwanzigjährige Kurt Gödel trieb mit einem einzigen gewaltigen Schlag einen Pflock mitten ins Herz des Formalismus.

Kurt Gödel (Abbildung 52) wurde am 28. April 1906 in der mährischen Stadt Brünn, heute Brno, in der Tschechischen Republik, geboren. Damals gehört Brünn zur österreichisch-ungarischen Doppelmonarchie, und Gödel wuchs in einer großbürgerlichen, deutschsprachigen Familie auf. Sein Vater Rudolf August war Miteigentümer einer Textilfabrik, und seine Mutter Marianne Gödel sorgte dafür, dass Kurt eine umfassende Erziehung und Ausbildung

Abbildung 52

– in Mathematik, Geschichte, Sprachen und Religion – genoss. Der heranwachsende Gödel entwickelte ein lebhaftes Interesse an Mathematik und Philosophie und schrieb sich mit achtzehn Jahren an der Universität Wien ein, wo er sich hauptsächlich der mathematischen Logik zuwandte. Insbesondere faszinierten ihn Russells und Whiteheads Werk *Prinicipia Mathematica* und der Hilbert'sche Ansatz (auch bekannt als Hilbert'sches Programm), und für seine Dissertation wählte er das Thema *Vollständigkeit*. Das Ziel dieser Untersuchung bestand im Prinzip darin zu zeigen, ob der von Hilbert vertretene formalistische Ansatz hinreichte, sämtliche wahren Aussagen der Mathematik abzuleiten. Im Jahr 1930 promovierte Gödel, und nur ein Jahr später legte er seine *Unvollständigkeitssätze* vor, die Schockwellen durch die mathematische und philosophische Welt sandten.

In rein mathematischer Sprache klingen die beiden Sätze ziemlich technisch und nicht übermäßig aufregend:

1. In jedem formalen System *S*, in dem ein gewisses Maß an elementarer Arithmetik möglich ist, gibt es einen unentscheidbaren Satz – einen Satz, der in *S* nicht beweisbar und dessen Negierung ebenso wenig beweisbar ist.
2. Kein formales System *S*, in dem ein gewisses Maß an elementarer Arithmetik möglich ist, lässt sich innerhalb seiner selbst als widerspruchsfrei beweisen.

Die Worte mögen sich harmlos lesen, aber die Konsequenzen für den formalistischen Ansatz waren von ungeheurer Tragweite. Ein bisschen naiv ausgedrückt, bewiesen die beiden Unvollständigkeitssätze, dass Hilberts formalistisches Programm mehr oder minder von Anbeginn an zum Scheitern verurteilt gewesen war. Gödel zeigte, dass jedes formale System, das leistungsfähig genug ist, um überhaupt von Interesse zu sein, zwangsläufig entweder unvollständig oder nicht schlüssig ist. Das heißt, es wird immer Behauptungen geben, die das formale System weder beweisen noch widerlegen kann. Im schlimmsten Falle würde das System zu Widersprüchen führen. Da für jede Aussage *T* immer gelten muss, dass entweder *T* oder nicht-*T* wahr ist, bedeutet der Nachweis dessen, dass ein endliches formales System gewisse Behauptungen weder beweisen noch widerlegen kann, dass es immer wahre Aussagen geben wird, deren Wahrheit sich innerhalb des Systems nicht beweisen lässt. Mit anderen Worten: Gödel bewies, dass kein formales System, das auf einer endlichen Anzahl an Axiomen und bestimmten Schlussregeln fußt, jemals die Gesamtheit aller Wahrheiten der Mathematik einfangen kann. Man kann bestenfalls hoffen, dass die akzeptierten Axiomatisierungen nur unvollständig, nicht aber in sich widersprüchlich sind.

Gödel selbst glaubte, dass ein unabhängiger platonischer Begriff von mathematischer Wahrheit existiere. In einem 1947 veröffentlichten Artikel schrieb er, trotz ihrer Distanz zu Sinneserfahrungen würden wir über so etwas wie eine Wahrnehmung für die Gegenstände der Mengenlehre verfügen. Dies ließe sich daraus ersehen, dass die Axiome sich uns als wahr aufdrängten. Er sehe keinen Grund dafür, dass wir weniger Vertrauen in diese Art Wahrnehmung, also in die mathematische Intuition, haben sollten als in unsere Sinneswahrnehmungen. Just in dem Augenblick also, da die Formalisten sich zum Siegeszug rüsteten, war dank einer ironischen Wendung des Schicksals Kurt Gödel – ein bekennender Platoniker – auf der Bildfläche erschienen und fuhr dem formalistischen Programm gründlich in die Parade.

Der berühmte Mathematiker John von Neumann (1903–1957), der zu jener Zeit Vorlesungen über Hilberts Arbeit hielt, sagte den Rest seiner geplanten Veranstaltungen ab und widmete sich in der verbliebenen Zeit Gödels Erkenntnissen.

Der Mensch Kurt Gödel übrigens war jeder Zoll so komplex wie seine Sätze. Im Jahr 1940 verließen er und seine Frau Adele das nationalsozialistische Österreich, und Gödel trat eine Stelle am Institute for Advanced Study in Princeton, New Jersey, an. Dort wurde er zum guten Freund Albert Einsteins, den er häufig auf dessen ausgedehnten Spaziergängen begleitete. Und als Gödel sich 1948 um die Einbürgerung als amerikanischer Staatsbürger bewarb, war es Einstein, der ihn zusammen mit dem Mathematiker und Wirtschaftswissenschaftler Oskar Morgenstern (1902–1977) zu seiner Anhörung bei den Einwanderungsbehörden begleitete. Die Ereignisse rund um dieses Interview sind allgemein bekannt, aber sie werfen ein so erhellendes Licht auf die Persönlichkeit Gödels, dass ich sie hier in ganzer Länge und *exakt* so wiedergeben will, wie sie von Oskar Morgenstern am 13. September 1971 aus dem Gedächtnis zu Papier gebracht worden sind. Ich bin Mrs. Dorothy Morgenstern Thomas, seiner Witwe, und dem Institute for Advanced Study überaus dankbar dafür, dass sie mir eine Kopie des Dokuments überlassen haben:

> Es war im Jahre 1948, dass Gödel amerikanischer Staatsbürger werden sollte. Er bat mich, sein Zeuge zu sein, als zweiten Zeugen schlug er Albert Einstein vor, der ebenfalls freudig zusagte. Einstein und ich kamen hin und wieder zusammen und waren höchst gespannt, was wohl während dieser Zeit vor dem Einbürgerungsverfahren und auch währenddessen so alles passieren würde.
>
> Gödel, den ich in den Monaten vor diesem Ereignis natürlich gelegentlich getroffen hatte, ging in akribischer Weise daran, sich angemessen vorzubereiten. Da er ein sehr gründlicher Mann war, begann er zunächst, sich über die Geschichte der Besiedlung Nord-

amerikas kundig zu machen. Das brachte ihn allmählich zur Beschäftigung mit der Geschichte der indianischen Urbevölkerung Amerikas, ihren verschiedenen Stämmen und so weiter. Er rief mich viele Male an und bat um Literatur, die er eifrig studierte. Viele Fragen wurden nach und nach aufgeworfen, und natürlich regten sich jede Menge Zweifel, ob all diese historischen Darstellungen wirklich zutreffend waren beziehungsweise welche besonderen Umstände sich jeweils darin widerspiegelten. Von da aus ging Gödel die nächsten Wochen hindurch dazu über, sich mit amerikanischer Geschichte zu befassen, und konzentrierte sich dabei insbesondere auf verfassungsrechtliche Fragen. Das brachte ihn zu Studien über die Geschichte von Princeton, und er wollte von mir wissen, wo die Grenze zwischen der Stadt selbst und dem umliegenden Bezirk verlief. Ich versuchte, ihm zu erklären, dass all das völlig unnötig sei, aber vergebens. Er bestand darauf, alles zu erfahren, was er für wichtig hielt, und so versorgte ich ihn mit den nötigen Informationen über Princeton. Dann wollte er wissen, wie der Gemeinderat und der Stadtrat gewählt würden, wer der Bürgermeister war und wie der Stadtrat arbeitete. Er dachte, man würde solche Dinge womöglich fragen. Wenn sich dabei zeigen würde, dass er über die Stadt, in der er wohnte, nichts wusste, würde dies einen schlechten Eindruck machen.

Ich versuchte ihn davon zu überzeugen, dass solche Fragen nie gestellt würden und dass die meisten Fragen reine Formsache seien und er sie leicht werde beantworten können, bestenfalls würde man von ihm wissen wollen, was für eine Art von Regierung wir in diesem Land haben oder wie das höchste Gericht heißt, solche Dinge eben. Wie dem auch sei, er fuhr mit seinem Studium der Verfassung fort.

Nun ergab sich eine interessante Wendung. Er erzählte mir recht aufgeregt, er habe bei seiner Beschäftigung mit der Verfassung zu seiner großen Bestürzung einige innere Widersprüche entdeckt und könne zeigen, dass sich jemand auf völlig legale Weise zum Diktator aufschwingen und ein faschistisches Regime errichten könne, was von denen, die die Verfassung erlassen hatten, garantiert nie und nimmer beabsichtigt gewesen sei. Ich entgegnete ihm, es sei höchst unwahrscheinlich, dass solche Ereignisse je stattfänden, selbst wenn er wirklich recht hätte, was ich selbstredend bezweifelte. Aber er blieb dabei, und so hatten wir eine Menge Diskussionen über diesen speziellen Punkt. Ich versuchte ihm einzuimpfen, dass er bei seiner Anhörung vor dem Gericht in Trenton lieber darauf verzichten solle, solche Fragen aufzuwerfen, und erzählte auch Einstein davon: Der war entsetzt, dass Gödel überhaupt auf eine solche Idee gekommen war, und erklärte ihm ebenfalls, er solle sich keine Gedanken über derlei Dinge machen und auch nicht die Sprache darauf bringen.

Monate gingen ins Land, und endlich kam der Tag der Anhörung in Trenton. Ich holte Gödel an diesem Tag mit meinem Wagen ab. Er nahm auf dem Rücksitz Platz, dann fuhren wir Einstein in seinem Haus in der Mercer Street abholen, von dort ging es nach Trenton. Während der Fahrt wandte sich Einstein ein bisschen nach hinten und sagte: «Nun, Gödel, sind Sie denn auch *wirklich* gut vorbereitet auf diese Prüfung?» Natürlich machte Gödel diese Frage völlig nervös, genau das hatte Einstein beabsichtigt, und er amüsierte sich königlich, als er Gödels besorgtes Gesicht sah. Als wir in Trenton ankamen, wurden wir in einen großen Raum geleitet, und obwohl die Bürgen in der Regel getrennt von den Bewerbern befragt wurden, machte man wegen Einsteins Erscheinen eine Ausnahme, und wir durften alle drei zusammen Platz nehmen, Gödel saß in der Mitte. Der Examinator fragte zuerst Einstein und dann mich, ob wir glaubten, dass Gödel einen guten Staatsbürger abgeben würde. Wir versicherten ihm, dass dies ganz gewiss der Fall und er ein ehrenwerter Mann sei und so weiter. Und dann wandte er sich an Gödel und fragte: «Nun, Mr. Gödel, woher kommen Sie?»

> Gödel: Woher ich komme? Österreich.
> Der Prüfer: Was für eine Regierung hatten Sie in Österreich?
> Gödel: Es war eine Republik, aber die Verfassung war so, dass sie schließlich in eine Diktatur verwandelt wurde.
> Der Prüfer: Oh! Das ist sehr schlimm. In diesem Land könnte das nicht passieren.
> Gödel: O doch, das kann ich *beweisen.*

Von allen möglichen Fragen hatte der Beamte also ausgerechnet die heikelste gestellt. Einstein und ich hatten dem Wortwechsel entsetzt gelauscht. Der Prüfer war jedoch klug genug, Gödel rasch zum Schweigen zu bringen, indem er sagte: «O Gott, lassen Sie uns das bloß nicht vertiefen», und brach zu unserer großen Erleichterung die Befragung an diesem Punkt ab. Wir konnten gehen, und als wir auf dem Weg zum Aufzug waren, kam ein Mann mit einem Stück Papier und einem Stift hinter uns hergerannt, lief auf Einstein zu und bat diesen um ein Autogramm. Einstein tat ihm den Gefallen. Als wir im Lift hinunterfuhren, wandte ich mich an Einstein und sagte: «Es muss fürchterlich sein, von so vielen Leuten in dieser Weise verfolgt

> zu werden.» Darauf Einstein zu mir: «Wissen Sie, das sind nur die letzten Überreste des Kannibalismus.» Ich wunderte mich über seine Antwort und fragte: «Wie das?» Darauf er: «Ja, früher wollten sie Ihr Blut, jetzt wollen sie Ihre Tinte.»
>
> Dann machten wir uns auf den Weg, fuhren nach Princeton zurück, und als wir an die Abzweigung zur Mercer Street kamen, fragte ich Einstein, ob er ins Institut oder nach Hause wolle. Er antwortete: «Bringen Sie mich nach Hause, meine Arbeit ist ohnehin nichts mehr wert.» Dann zitierte er aus einem amerikanischen Politsong (ich erinnere mich leider nicht mehr an die Worte, vielleicht habe ich sie noch in meinen Aufzeichnungen, aber mit Sicherheit würde ich ihn erkennen, wenn jemand die betreffende Zeile rezitieren würde). Also Richtung Einsteins Haus, dort drehte dieser sich ein weiteres Mal zu Gödel um und sagte: «Nun, Gödel, das war Ihre vorletzte Prüfung.» Gödel, schon wieder voller Sorge: «Großer Gott, kommt da noch eine?» Einstein entgegnete: «Gödel, die nächste Prüfung haben Sie, wenn Sie in Ihr Grab steigen.» Gödel: «Aber Einstein, ich steige nicht in mein Grab», darauf Einstein: «Gödel, genau das war der Witz!», und damit zog er ab. Ich fuhr Gödel heim. Alle waren erleichtert, dass diese denkwürdige Angelegenheit vorbei war, Gödel hatte den Kopf wieder frei, um sich mit Problemen der Logik und der Philosophie herumzuschlagen.

Später im Leben litt Gödel phasenweise unter schweren psychischen Störungen, die ihn dazu brachten, das Essen zu verweigern. Er starb am 14. Januar 1978 an Unterernährung und Erschöpfung.

Entgegen der teilweise verbreiteten irrigen Annahme bedeuten Gödels Unvollständigkeitssätze keineswegs, dass manche Wahrheiten niemals bekannt werden. Wir können aus diesen Sätzen auch nicht schließen, dass die menschliche Fähigkeit zu verstehen in irgendeiner Weise beschränkt ist. Vielmehr demonstrieren die Sätze lediglich die Schwächen und Unzulänglichkeiten formaler Systeme. Es mag daher in gewisser Weise überraschen, dass diese Sätze trotz des ungeheuren Gewinns, den sie für die Philosophie der Mathematik bedeutet haben, auf die Effektivität der Mathematik beim Bilden von Theorien nur verhältnismäßig geringen Einfluss genommen haben. Tatsächlich hatte die Mathematik in den Jahrzehnten um die Veröffentlichung der Gödel'schen Beweise herum einige ihrer spektakulärsten Erfolge zu verzeichnen, und zwar im Zusammenhang mit physikalischen Theorien über das Universum. Weit davon entfernt also, als unzuverlässig abgetan zu werden, erlangte die Mathematik samt ihrer logischen Schlussfolgerungen immer mehr Bedeutung für die Erklärung kosmischen Wirkens.

Das machte allerdings auch das Rätsel um die «unbegreifliche Erklärungsmacht» der Mathematik nur umso undurchsichtiger. Denken Sie einmal einen Augenblick darüber nach, und stellen Sie sich vor, wie die Dinge ausgesehen hätten, wäre das Unterfangen der Logiker von Erfolg gekrönt gewesen. Es hätte bedeutet, dass die Mathematik komplett aus der Logik – buchstäblich aus den Gesetzen des Denkens – hervorgegangen sein musste. Wie aber kann eine derart deduktive Wissenschaft auf solch fantastische Weise mit den Phänomenen der Natur vereinbar sein? Worin besteht die Beziehung zwischen formaler Logik (vielleicht sollten wir eher sagen, der formalen Logik des Menschen) und dem Kosmos? Hilbert und Gödel waren der Antwort darauf keinen Deut näher gekommen. Man hatte es fortan nur noch mit einem unvollständigen formalen «Spiel» in mathematischer Sprache zu tun: Wie war es möglich, dass Modelle, die auf einem dermaßen «unzuverlässigen» System fußten, so tiefe Einsichten in das Funktionieren des Universums zu vermitteln vermochten? Bevor ich auch nur den Versuch unternehme, diese Fragen anzugehen, möchte ich sie noch ein wenig zuspitzen, indem ich einige Fallstudien untersuche, die die Feinheiten der Erklärungsmacht von Mathematik ins rechte Licht rücken.

Kapitel 8

UNBEGREIFLICHE ERKLÄRUNGSMACHT?

In Kapitel 1 hatte ich erwähnt, dass der Erfolg der Mathematik bei der Beschreibung der physikalischen Welt zwei Aspekte hat: einen, den ich «aktiv», und einen, den ich «passiv» nannte. Die «aktive» Seite spiegelt die Tatsache wider, dass Wissenschaftler die Gesetze der Natur in handfeste, anwendbare mathematische Formeln zu fassen vermögen. Das heißt, sie verwenden mathematische Einheiten, Beziehungen und Gleichungen, die mit möglichen Anwendungen – oftmals für den nämlichen Diskussionsgegenstand – im Hinterkopf entwickelt wurden. In solchen Fällen lassen sich die Forscher in der Regel von Gemeinsamkeiten und Ähnlichkeiten zwischen den Eigenschaften der von ihnen verwendeten mathematischen Begriffe und den beobachteten Phänomenen oder Versuchsergebnissen leiten. Da mag die Erklärungsmacht der Mathematik nicht allzu überraschend erscheinen, denn man könnte argumentieren, dass die Theorien auf die Beobachtungen passend maßgeschneidert worden seien. Trotzdem gibt es auch an diesem «aktiven» Aspekt eine erstaunliche Seite, die ich später in diesem Kapitel näher erläutern werde. Die «passive» Tauglichkeit hingegen bezieht sich auf Fälle, in denen völlig abstrakte mathematische Theorien entwickelt wurden, ohne dabei an so etwas wie Anwendung überhaupt zu denken, die später dann auf wundersame Weise zu physikalischen Modellen von außerordentlicher Vorhersagekraft mutierten. Die *Knotentheorie* ist ein faszinierendes Beispiel für das Zusammenspiel zwischen aktiver und passiver Effizienz.

Knoten

Knoten sind ein Stoff, aus dem Legenden gemacht werden. Sie erinnern sich vielleicht an den griechischen Mythos vom Gordischen Knoten. Ein Orakel beschied den Bürgern Phrygiens, ihr nächster König werde jemand sein, der in einem Ochsenkarren in ihre Hauptstadt gefahren komme. Der Betreffende war Gordios. Von Dankbarkeit übermannt, weihte er seinen Wagen den Göttern und band ihn in einem Tempel mit einem komplizierten Jochknoten fest, der allen Versuchen, ihn zu lösen, widerstand. Die Vorsehung, so hieß es, wolle, dass derjenige, der den Knoten löse, König von ganz Kleinasien werde. Wie das Schicksal so spielte, war derjenige, der den Knoten (im Jahr 333 v. Chr.) schließlich durchtrennte, Alexander der Große, der anschließend tatsächlich Herrscher über Kleinasien wurde. Allerdings war Alexanders Art, den Gordischen Knoten zu lösen, nicht unbedingt das, was man als subtil oder gar fair bezeichnen würde – er durchschlug ihn, wie berichtet wird, mit seinem Schwert!

Aber wir müssen nicht den ganzen Weg zurück zu den alten Griechen marschieren, um es mit Knoten zu tun zu bekommen. Ein Kind, das seine Schnürsenkel bindet, ein Mädchen, das sein Haar schmückt, eine Pullover strickende Großmama oder ein Seemann, der sein Boot vertäut – sie alle bedienen sich der einen oder anderen Art von Knoten. Einige Knoten tragen fantasievolle Namen wie Altweiberknoten, Affenfaust, Fischerknoten, Henkersknoten, Rosenknoten, Trompetenknoten und Schotstek. Vor allem Seemannsknoten galten die Geschichte hindurch immerhin als so bedeutsam, dass man ihnen im England des 17. Jahrhunderts eine ganze Bibliothek an Büchern gewidmet hat. Eines dieser Bücher wurde übrigens von niemand anderem geschrieben als dem englischen Abenteurer John Smith (1580–1631), besser bekannt wegen seiner Liebesbeziehung zu Pocahontas, der Tochter eines Indianerhäuptlings.

Die Geburtsstunde der mathematischen Knotentheorie schlug im Jahr 1771 mit einem Aufsatz des französischen Mathematikers Alexandre-Théophile Vandermonde (1735–1796). Vandermonde war der Erste, dem aufging, dass Knoten sich als Teil einer *Geometrie der*

Lage auffassen lassen, die sich mit den Lagebeziehungen zwischen geometrischen Gebilden befasst und dabei Quantitäten und das Rechnen mit Größen völlig außer Acht lässt. Der Nächste in der Reihe derer, die die Entwicklung der Knotentheorie beförderten, war der deutsche «Princeps mathematicae» («Fürst der Mathematik») Carl Friedrich Gauß. Mehrere von Gauß' Aufzeichnungen enthalten Zeichnungen und genaue Beschreibungen von Knoten, dazu einige analytische Untersuchungen zu ihren Eigenschaften. Doch so bedeutsam die Arbeiten von Vandermonde, Gauß und einigen anderen Mathematikern des 19. Jahrhunderts auch gewesen sein mögen, die treibende Kraft hinter der modernen mathematischen Knotentheorie kam aus einer ganz anderen, völlig unerwarteten Richtung: dem Versuch, die Struktur von Materie zu erklären. Die Idee entsprang dem Geist des berühmten englischen Physikers William Thomson, besser bekannt als Lord Kelvin (1824–1907). Thomsons Forschungen konzentrierten sich in erster Linie darauf, eine Atomtheorie – eine Theorie der Grundbausteine von Materie also – zu formulieren. Seinen wirklich fantasievollen Überlegungen zufolge waren Atome in Wirklichkeit verknotete Wirbelfäden in einem geheimnisvollen kontinuierlichen Medium, das damaligen Vorstellungen zufolge allen Raum ausfüllen sollte. Die Vielfalt der chemischen Elemente sollte im Kontext seines Modells durch die Mannigfaltigkeit an möglichen Knoten erklärt werden.

Wenn Thomsons Mutmaßungen heutzutage ziemlich verschroben klingen, so nur deshalb, weil wir ein ganzes Jahrhundert Zeit hatten, uns an das richtige Atommodell zu gewöhnen, in dem Elektronen den Atomkern umschwirren, und dieses experimentell zu testen. Thomsons Zeit aber war das England der 1860er Jahre, und er war tief beeindruckt von der Stabilität komplexer Rauchringe und deren Fähigkeit zu schwingen – zwei Eigenschaften, die man seinerzeit als unentbehrlich für ein wirklichkeitsnahes Atommodell betrachtete. Um das Knotenäquivalent des Periodensystems der Elemente erstellen zu können, musste Thomson daher eine Knotenklassifikation aufstellen und herausfinden, welche verschiedenen Knoten überhaupt möglich sind. Aus diesem Streben nach einer tabellarischen Auflistung an möglichen Knoten entwickelte sich letztlich das ernsthafte Interesse an der Mathematik von Knoten.

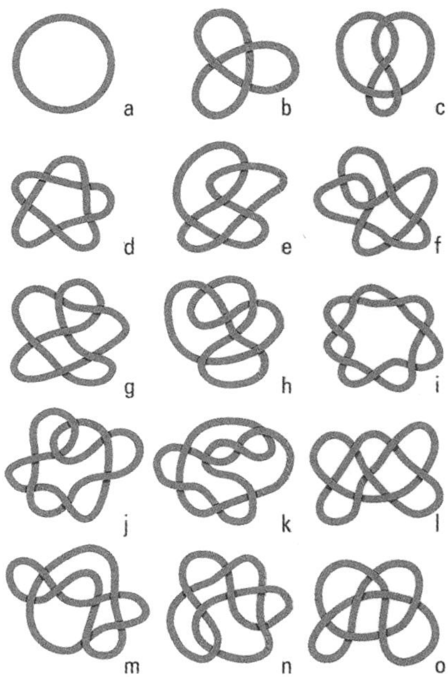

Abbildung 53

Wie ich bereits in Kapitel 1 erwähnt habe, sieht ein mathematischer Knoten aus wie ein ganz normaler Knoten in einem Stück Schnur, dessen Enden ineinander übergehen. Mit anderen Worten: Ein mathematischer Knoten sieht aus wie eine in sich geschlossene Raumkurve ohne offene Enden. Abbildung 53 gibt einige Beispiele, die Knoten sind hier als ihre Projektionen oder Schatten in der Ebene dargestellt. Die räumliche Anordnung zweier sich kreuzender Abschnitte ist dadurch kenntlich gemacht, dass die unten liegende Schlinge durch die obere unterbrochen wird. Der einfachste Knoten – der sogenannte *Unknoten* – ist nichts weiter als eine kreisförmige geschlossene Kurve (siehe Abbildung 53a). Der *Kleeblattknoten* oder die Kleeblattschlinge (Abbildung 53b) weist drei Überkreuzungen auf, der *Achterknoten*

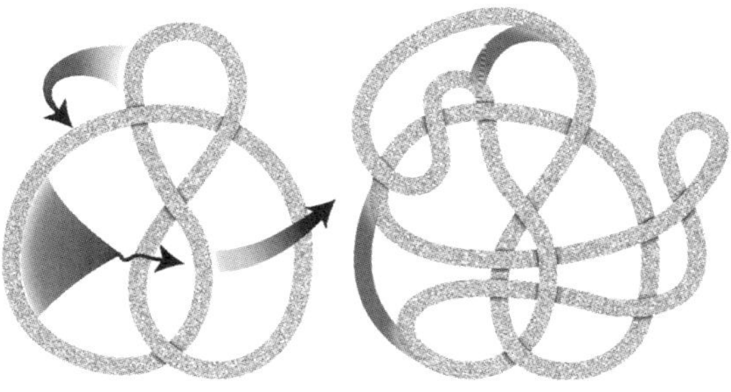

Abbildung 54

(Abbildung 53c) vier. Laut Thomsons Theorie könnten diese drei Knoten im Prinzip Modelle von drei Atomen zunehmender Komplexität – zum Beispiel von Wasserstoff-, Kohlenstoff- und Sauerstoffatom – sein. Dennoch war eine vollständige Knotenklassifikation bitter nötig, und derjenige, der sich daranmachte, Knoten auseinanderzusortieren, war Thomsons Freund, der schottische Physiker und Mathematiker Peter Guthrie Tait (1831–1901).

Die Fragen, die sich Mathematiker über Knoten stellen, unterscheiden sich nicht allzu sehr von denen, die man sich über ein Stück verknotete Schnur oder ein verwirrtes Garnknäuel stellen könnte. Ist es wirklich verknotet? Ist der betrachtete Knoten vielleicht eine andere Form eines anderen und damit diesem äquivalent? Die letzte Frage meint Folgendes: Kann ein Knoten so verformt oder deformiert werden, dass er die Gestalt eines anderen annimmt, ohne dass dazu die Stränge aufgebrochen oder, wie bei einem Taschenspielertrick, einer durch den anderen hindurchgezogen werden muss? Wie wichtig diese Frage ist, illustriert Abbildung 54; sie zeigt, dass man durch gewisse Manipulationen zwei höchst unterschiedliche Formationen ein und desselben Knotens erhalten kann. Letzten Endes sucht die Knotentheorie nach einer sicheren Möglichkeit zu beweisen, dass bestimmte Knoten (zum Beispiel der Kleeblattknoten und der Achterknoten in Abbildung 53b und 53c) sich wirklich voneinander unterscheiden, wohingegen sie oberflächliche, nur scheinbare Unterschiede innerhalb einzelner Knoten wie die in Abbildung 54 übergeht.

Tait begann seine Klassifikation auf höchst mühevolle Weise. Ohne einen handlichen mathematischen Formalismus – sprich: ein solides mathematisches Grundprinzip, das ihm bei seiner Systematik hätte helfen können – fertigte er lange Listen von Knoten mit einer, zwei, drei Kreuzungen und so weiter an. In Zusammenarbeit mit Reverend Thomas Penyngton Kirkman (1806–1895), einem anderen begeisterten Amateurmathematiker, begann er, systematisch die Kurven durchzugehen, um Doppelungen durch äquivalente Knoten zu eliminieren. Die Aufgabe war alles andere als trivial. Man muss sich klarmachen, dass an jeder Überkreuzung zwei Möglichkeiten zur Wahl stehen, welcher Abschnitt oben und welcher unten zu liegen kommen soll. Das bedeutet, dass für einen Kurvenverlauf – ein Knotendiagramm – mit, sagen wir, sieben Kreuzungen $2 \times 2 \times 2 \times 2 \times 2 \times 2 \times 2 = 128$ verschiedene Knoten in Betracht kommen. Mit anderen Worten: Ein Menschenleben ist zu kurz, um die Klassifikation von Knoten mit zehn oder mehr Kreuzungen auf solch intuitive, händische Weise zu bewerkstelligen. Dennoch blieb Taits Arbeit nicht ungewürdigt: Der große James Clerk Maxwell, dem wir die Formulierung der klassischen Theorie des Elektromagnetismus verdanken, betrachtete Thomsons Atomtheorie mit Respekt und stellte fest, sie erfülle mehr Bedingungen als jede Atomtheorie bis dahin. Und indem er gleichzeitig den Beitrag von Tait würdigte, dichtete Maxwell folgenden Vers:

Befrei dein Knäu'l von Knoten
Schaff ein vollendet' Geflecht,
In dem die Schlaufen und Schlingen
Einander durchdringen recht.

Bis zum Jahr 1877 hatte Tait alternierende Knoten mit bis zu sieben Kreuzungen klassifiziert. Alternierende Knoten sind solche, bei denen die Kreuzungen wie bei einem Webteppich abwechselnd Über- und Unterkreuzungen sind. Tait machte darüber hinaus noch einige pragmatischere Entdeckungen in Gestalt grundlegender Prinzipien, die man später *Tait'sche Vermutungen* taufen sollte. Diese Vermutungen waren übrigens derartig substanziell, dass sie allen Versuchen, sie schlüssig zu beweisen, bis Ende der 1980er Jahre widerstanden. Im Jahr 1855 veröffentlichte Tait Tabellen von Knoten mit bis zu zehn Kreuzungen und beschloss, an diesem Punkt aufzuhören. Unabhängig von ihm hatte Charles Newton Little (1858–1923, Professor an der University of Nebraska) im Jahr 1899 ebenfalls Tabellen nichtalternierender Knoten mit bis zu zehn Kreuzungen veröffentlicht.

Lord Kelvin war Tait stets überaus wohlgesinnt. Bei einem Festakt im Peterhouse College in Cambridge, bei dem ein Porträt von Tait enthüllt wurde, sagte er:

> Ich erinnere mich, wie Tait einst bemerkte, Wissenschaft sei das Einzige, für das es sich zu leben lohnt. Es war ernsthaft gesagt, aber er selbst hat seine Worte Lügen gestraft. Tait war ein großer Leser. Er konnte Shakespeare, Dickens und Thackeray auswendig rezitieren. Sein Gedächtnis war phänomenal. Was er einmal mit Herzblut gelesen hatte, blieb ihm auf immer im Gedächtnis.

Leider galten zu dem Zeitpunkt, als Tait und Little ihr heroisches Werk, die Herkulesaufgabe einer tabellarischen Auflistung aller möglichen Knoten, vollendet hatten, Kelvins Überlegungen zu einer potentiellen Atomtheorie längst als hoffnungslos überholt. Trotzdem blieb das Interesse an Knoten ungebrochen, mit dem Unterschied, dass, wie es der Mathematiker Michael Atiyah formulierte, «die Untersuchung von Knoten zu einem esoterischen Zweig der reinen Mathematik wurde».

Diejenige Domäne der Mathematik, in der Eigenschaften wie Größe, Ebenheit und in gewissem Sinne sogar Form keine Rolle spielen, nennt man Topologie. Die Topologie – Gummituchgeometrie, wenn man so will – untersucht Eigenschaften, die unverändert bleiben, wenn Raum gedehnt oder anderweitig verformt wird (ohne dass dabei Stücke von etwas abgetrennt oder irgendwelche Löcher gebohrt werden). Aufgrund ihrer Natur gehören Knoten zur Topologie. Nebenbei bemerkt, unterscheiden Mathematiker zwischen *Knoten* (einzelnen verschlungenen Raumkurven), *Verkettungen* und *Zöpfen*.

Wenn Sie von der Schwierigkeit der Klassifikation von Knoten noch nicht genügend beeindruckt sein sollten, lassen Sie sich einmal folgende höchst aufschlussreiche Anekdote auf der Zunge zergehen:

Charles Littles nach sechs Jahren harter Arbeit 1899 veröffentlichte Tabelle enthielt dreiundvierzig nichtalternierende Knoten mit zehn Kreuzungen. Diese Tabelle wurde von vielen Mathematikern unter die Lupe genommen und galt fünfundsiebzig Jahre hindurch als unfehlbar. Im Jahr 1974 spielte der New Yorker Rechtsanwalt und Mathematiker Kenneth Perko auf seinem Wohnzimmerfußboden mit Schnurstücken herum. Zu seiner Verblüffung entdeckte er, dass zwei der Knoten in Littles Tabelle in Wirklichkeit dieselben waren. Heute gehen wir davon aus, dass es lediglich zweiundvierzig nichtalternierende Knoten mit zehn Kreuzungen gibt.

Obschon das 20. Jahrhundert große Fortschritte auf dem Gebiet der Topologie zu verzeichnen hatte, gestaltete sich der Erkenntnisgewinn auf dem Gebiet der Knotentheorie relativ gemächlich. Eines der Hauptziele der Mathematiker, die sich mit Knoten befassten, war es, Eigenschaften zu identifizieren, die für einen Knoten unverwechselbar und typisch sind. Man bezeichnet solche Eigenschaften als *Knoteninvarianten* – Eigenschaften, für die zwei beliebige Projektionen desselben Knotens genau denselben Wert ergeben. Mit anderen Worten: Eine ideale Invariante ist buchstäblich so etwas wie ein «Fingerabdruck» des Knotens – eine charakteristische Eigenschaft, die durch Verformung nicht verloren geht. Die vielleicht einfachste Invariante, die sich denken lässt, ist die minimale Anzahl an Kreuzungen in einer zeichnerischen Darstellung des Knotens. Wie sehr Sie sich beispielsweise auch bemühen mögen, den Kleeblattknoten (Abbildung 53b) zu entwirren, Sie werden die Zahl der Kreuzungen nie auf weniger als drei bringen können. Leider gibt eine ganze Reihe von Argumenten dafür, dass die minimale Zahl an Kreuzungen nicht unbedingt die nützlichste Invariante darstellt. Erstens ist es, wie Abbildung 54 zeigt, nicht immer einfach herauszufinden, ob ein Knoten wirklich mit der minimalen Anzahl an Kreuzungen dargestellt wurde. Zweitens, und wichtiger noch als das, verfügen viele genuin unterschiedliche Knoten über dieselbe Anzahl an Kreuzungen. In Abbildung 53 gibt es beispielsweise drei verschiedene Knoten mit sechs Kreuzungen und nicht weniger als sieben verschiedene Knoten mit sieben Kreuzungen. Die minimale Anzahl an Kreuzungen liefert somit für einen Großteil der Knoten keine verlässliche Unterscheidungsgrundlage. Und schließlich liefert die minimale Anzahl an Kreuzungen aufgrund ihrer sehr eingeschränkten Aussagekraft nicht allzu viel Aufschluss über die Eigenschaften von Knoten im Allgemeinen.

Einen Durchbruch hatte die Knotentheorie zu verzeichnen, als der amerikanische Mathematiker James Waddell Alexander 1928 schließlich eine bedeutende Invariante entdeckte, die unter dem Namen *Alexander-Polynom* bekannt wurde. Im Prinzip war das Alexander-Polynom ein algebraischer Ausdruck, der die Anordnung der Kreuzungen zur Einordnung des Knotens heranzieht. Die gute Nachricht lautete, dass zwei Knoten, die unterschiedliche Alexander-Polynome aufwiesen, sich definitiv voneinander unterschieden, die schlechte Nachricht hingegen, dass zwei Knoten, die dasselbe Polynom aufweisen, immer noch verschieden sein konnten. Das Alexander-Polynom war daher zwar ungemein hilfreich, aber leider kein perfektes Instrument zur Unterscheidung von Knoten.

Mathematiker brachten die nächsten vier Jahrzehnte damit zu, die konzeptuellen Grundlagen des Alexander-Polynoms zu erforschen und weitere Einsichten in die Eigenschaften von Knoten zu gewinnen. Warum sie sich so sehr in dieses Thema vertieften? Sicher nicht der praktischen Anwendung halber. Thomsons Atommodell war längst vergessen, und weit und breit war in Natur- und Wirtschaftswissenschaften, der Architektur und allen möglichen anderen Disziplinen keinerlei Problem in Sicht, das eine Knotentheorie erforderlich gemacht hätte. Die Mathematiker der Welt brachten nur deshalb ungezählte Stunden mit Knoten zu, weil sie neugierig waren! Für diese Leute war einfach die Vorstellung, Knoten und die Prinzipien, die diesen zugrunde lagen, verstehen zu können, von ausgemachter Attraktivität. Der plötzliche Erkenntnisschub, den das Alexander-Polynom ihnen bot, war für Mathematiker nicht minder unwiderstehlich als die Herausforderung, den Mount Everest zu besteigen, für George Mallory gewesen war. Auf die Frage, warum er den Berg besteigen wolle, gab er eine Antwort, die zum geflügelten Wort wurde: «Weil er da ist!»

Ende der 1960er Jahre entdeckte der erfolgreiche angloamerikanische Mathematiker John Horton Conway ein Verfahren für das allmähliche «Entknoten» von Knoten und deckte damit die Beziehung zwischen Knoten und den ihnen zugehörigen Alexander-Polynomen

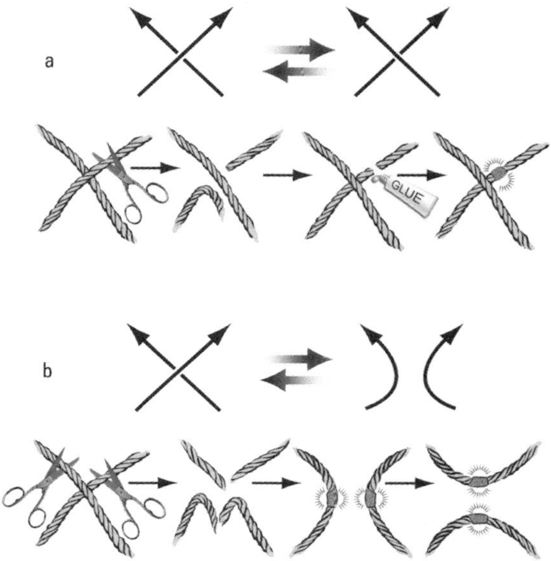

Abbildung 55

auf. Insbesondere führte Conway zwei einfache «chirurgische» Operationen ein, die als Basis für die Definition neuer Knoteninvarianten dienen konnten. Conways Operationen, die man als *Flip* und *Glätten* bezeichnet, sind schematisch in Abbildung 55 dargestellt. Beim Flip (Abbildung 55a) wird ein Knoten transformiert, indem man den oben verlaufenden Abschnitt mit dem unteren vertauscht (die Zeichnung illustriert auch, wie man dieses bei einem Knoten in einem echten Stück Schnur bewerkstelligen könnte). Man beachte, dass der Flip die Eigenschaften des Knotens verändert. Sie können sich beispielsweise leicht davon überzeugen, dass der Kleeblattknoten aus Abbildung 53b durch einen Flip zum Unknoten (Abbildung 53a) würde. Conways Glättungsschritt eliminiert die Kreuzung ganz (Abbildung 55b), indem er die Abschnitte «verkehrt» wieder zusammenflickt. Selbst mit

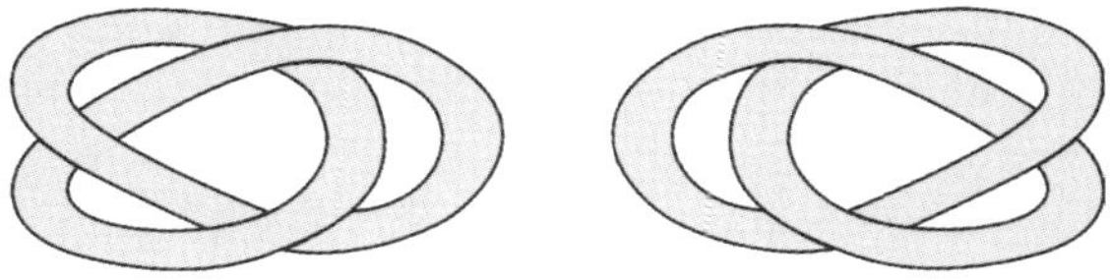

Abbildung 56

dem durch Conways Vorgehen neu gewonnenen Verständnis aber blieben die Mathematiker nahezu zwei weitere Jahrzehnte hindurch davon überzeugt, dass sich keine weiteren Knoteninvarianten (von der Art, wie die Alexander-Polynome sie darstellten) würden finden lassen. Diese Situation änderte sich dramatisch im Jahr 1984.

Der neuseeländische Mathematiker Vaughan Jones hatte sich zunächst überhaupt nicht mit Knoten befasst. Vielmehr untersuchte er eine noch viel abstraktere Welt – die mathematische Welt der *Von-Neumann-Algebren*. Jones fiel auf, dass eine Beziehung, die sich in Von-Neumann-Algebren ergab, einer Beziehung in der Knotentheorie verdächtig ähnlich sah, und traf sich daraufhin mit dem Knotentheoretiker Joan Birman von der Columbia University, um über mögliche Anwendungen zu diskutieren. Eine genauere Untersuchung dieser Beziehung legte schließlich eine völlig neue Knoteninvariante offen, die man *Jones-Polynom* taufte. Man erkannte das Jones-Polynom rasch als im Vergleich zum Alexander-Polynom weitaus sensitivere Invariante. So unterscheidet es beispielsweise zwischen Knoten und deren Spiegelbildern (beispielsweise dem rechts- und dem linkshändigen Kleeblattknoten in Abbildung 56), für die die Alexander-Polynome identisch ausfallen. Wichtiger aber war, dass Jones' Entdeckung unter den Knotentheoretikern für beispiellose Aufregung sorgte. Die Kunde von einer neuen Invariante trat eine solche Welle von Aktivität los, dass die Welt der Knoten plötzlich aussah wie das Börsenparkett an einem Tag, an dem die Bundesbank unerwartet den Zinssatz gesenkt hat.

In Jones' Entdeckung steckte eine ganze Menge mehr als lediglich ein Fortschritt für die Knotentheorie. Das Jones-Polynom verknüpfte mit einem Schlag ein verblüffendes Spektrum an mathematischen und physikalischen Forschungszweigen von der statistischen Mechanik (wie man sie zum Beispiel für Untersuchungen zum Verhalten größerer Anzahlen von Atomen oder Molekülen verwendet) bis hin zur Theorie der Quantengruppen (einem Zweig der Mathematik, mit dessen Hilfe sich die Physik der subatomaren Welt beschreiben lässt). Mathematiker auf der ganzen Welt stürzten sich in fieberhafte Versuche, noch allgemeinere Invarianten zu finden, die so viele Informationen enthalten, dass sie sowohl Alexander- als auch Jones-Polynome mit einschließen würden. Dieses mathematische Rennen endete mit dem vielleicht erstaunlichsten Ergebnis in der Geschichte des wissenschaftlichen Wettstreits. Nur wenige Monate nachdem Jones seine neuen Polynome vorgestellt hatte, verkündeten vier Gruppen, die unabhängig voneinander gearbeitet und drei verschiedene mathematische Ansätze verwendet hatten, *gleichzeitig* die Entdeckung einer weiteren, noch sensitiveren Invariante. Das neue Polynom wurde nach den Anfangsbuchstaben der Namen seiner Entdecker – Hoste, Ocneanu, Millett, Freyd, Lickorish und Yetter – *HOMFLY-Polynom* genannt. Und als wenn vier Gruppen auf der Ziellinie eines äußerst knappen Rennens noch nicht genug wären, entdeckten zwei polnische Mathematiker (Przytycki und Traczyk) unabhängig voneinander genau dasselbe Polynom, waren jedoch aufgrund irgendwelcher Kapriolen der Postzustellung mit der Veröffentlichung zu spät dran. Folglich wird das Polynom unter Einbeziehung der Anfangsbuchstaben seiner beiden polnischen Entdecker auch als HOMFLYPT-(manchmal auch THOMFLYP-)Polynom bezeichnet.

Seither sind zwar weitere Knoteninvarianten entdeckt worden, doch eine vollständige Klassifikation aller Knoten ist noch immer in weiter Ferne. Die Frage, welcher Knoten wie genau zu drehen und zu wenden ist, um ohne Zuhilfenahme einer Schere einen anderen Knoten zu bilden, ist noch immer nicht abschließend beantwortet. Die gegenwärtig modernste bekannte Invariante verdanken wir der Arbeit des russisch- französischen Mathematikers Maxim Konzewitsch, der für seine Arbeit 1998 die prestigeträchtige Fields-Medaille und 2008 den Crafoord-Preis erhielt. Jim Hoste vom Pitzer College im kalifornischen Claremont und Jeffrey Weeks aus Canton, New York, listeten 1998 übrigens alle Knoten und Verschlingungen mit bis zu sechzehn

Kreuzungen auf. Eine identische Tabelle wurde von Morwen Thistlethwaite von der University of Tennessee in Knoxville angefertigt. Jede dieser Tabellen enthält genau 1 701 936 verschiedene Knoten!

Die wahre Überraschung aber steckt gar nicht so sehr in den Fortschritten auf dem Gebiet der Knotentheorie selbst als vielmehr in dem unerwarteten und dramatischen Comeback, das diese in verschiedenen, völlig anderen Wissenszweigen erlebt hat.

Die Knoten des Lebens

Sie erinnern sich, dass die Knotentheorie ursprünglich durch ein falsches Atommodell inspiriert wurde. Als dieses Modell gestorben war, hatten sich die Mathematiker nicht entmutigen lassen, sondern im Gegenteil mit großer Leidenschaft auf die lange und schwierige Reise begeben, Knoten um ihrer selbst willen verstehen zu wollen. Stellen Sie sich ihr Entzücken vor, als sich die Knotentheorie nun plötzlich als Schlüssel zum Verständnis fundamentaler Prozesse der Moleküle des Lebens erwies. Kann es ein besseres Beispiel für die «passive» Rolle der reinen Mathematik bei der Erklärung der Natur geben?

Desoxyribonukleinsäure, kurz DNS (oder auch DNA nach dem englischen *deoxyribonucleic acid*), bildet das «Erbgut» von Lebewesen und stellt als solches die genetische Ausstattung einer jeden Zelle. Sie besteht aus zwei sehr langen Gerüststrängen, die zu einer Doppelhelix umeinandergewunden und obendrein millionenmal verdreht und verknäuelt sind. Entlang der beiden Stränge, die man sich als die beiden Holme einer Leiter vorstellen kann, wechseln sich Zucker- und Phosphatmoleküle ab. Die «Sprossen» der Leiter bestehen aus vier verschiedenen Purin- und Pyrimidinbasen (Adenin, Guanin, Thymin und Cytosin), die in genau definierter Weise über Wasserstoffbrücken miteinander zu Paaren verbunden sind: Adenin verbindet sich immer mit Thymin, Cytosin mit Guanin (siehe Abbildung 57). Wenn sich eine Zelle teilt, besteht der erste Schritt dazu in der Replikation der DNA, damit die Tochterzelle eine Kopie des Erbguts erhalten kann. Dabei wird, ganz ähnlich wie bei dem Prozess der *Transkription* (bei

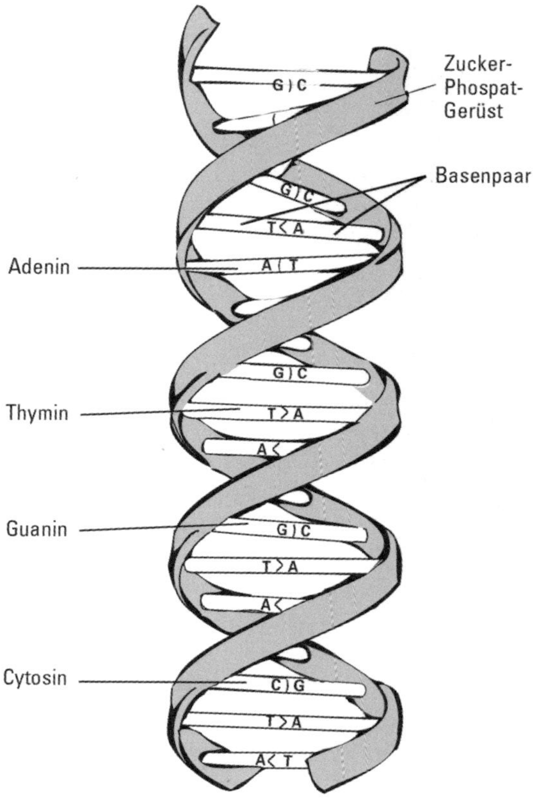

Abbildung 57

dem die genetische Information der DNA abschnittsweise in RNA umgeschrieben wird), die DNA-Helix entknäuelt. Bei der Transkription betrifft dies nur einen kurzen Abschnitt der Helix; nur eine Seite des Strangs dient als Vorlage und wird abgelesen. Ist die RNA komplett, verknäuelt sich die DNA wieder zur Helix. Weder die Replikation noch die Transkription ist jedoch ein Kinderspiel, weil die DNA so fest verknotet und verknäuelt ist (um die Information möglichst

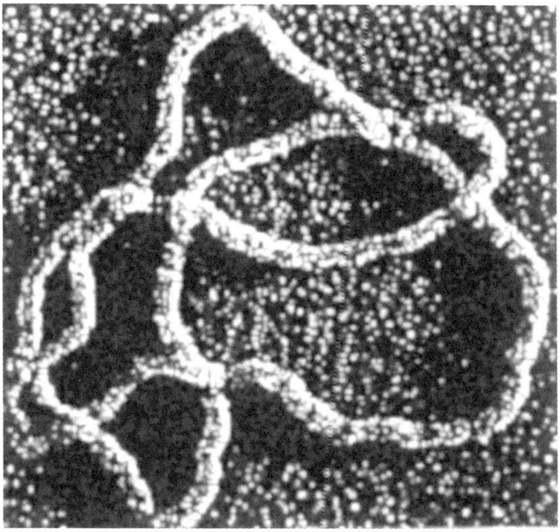

Abbildung 58

kompakt zu speichern), dass ohne trickreiche Entknäuelungsprozesse keiner dieser lebenswichtigen Schritte reibungslos stattfinden könnte. Bei der Replikation muss nicht nur die gesamte Eltern-DNA ent-, sondern danach auch, genau wie die Nachkommen-DNA, wieder zur vorgesehenen Konfiguration verknäuelt werden.

Die Akteure, die das Entknoten und Entwirren leisten, sind Enzyme. Enzyme können einen DNA-Strang durch einen anderen hindurchfädeln, indem sie hier und da Schnitte setzen und Enden neu zusammenfügen. Kommt Ihnen das bekannt vor? Genau das waren die «chirurgischen Eingriffe», die Conway für das Entwirren mathematischer Knoten (vergleiche Abbildung 55) ersonnen hatte. Mit anderen Worten: Vom topologischen Standpunkt aus betrachtet, handelt es sich bei der DNA um einen komplexen Knoten, der von Enzymen entwirrt werden muss, damit es zu Replikation oder Transkription kommen kann. Indem sie mittels der Knotentheorie berechnen, wie schwierig es ist, die DNA an dieser oder jener Stelle zu entknoten, vermögen Wissenschaftler die Eigenschaften von Enzymen vorauszusagen, die das Entwirren leisten. Besser noch, mithilfe gewisser experimenteller Techniken zur Sichtbarmachung von biologischen Prozessen – wie der Elektronenmikroskopie oder der Gelelektrophorese – können die Wissenschaftler die durch die Enzyme bewirkten Veränderungen des Verknotungs- und Wiederverknüpfungs-(Linkage-)Zustands der DNA verfolgen (Abbildung 58 zeigt eine elektronenmikroskopische Aufnahme von verknäulter DNA). Die Herausforderung für die Mathematiker besteht dann darin, aus den beobachteten Veränderungen der DNA-Topologie Mechanismen herzuleiten, mittels derer Enzyme solche bewirken können. Als Nebenprodukt liefert die Veränderung der Anzahl an Kreuzungen innerhalb des DNA-Knotens den Biologen ein Maß für die *Reaktionsgeschwindigkeit* der Enzyme – sprich, wie viele Kreuzungen pro Minute ein Enzym in bestimmter Konzentration abarbeiten kann.

Doch die Molekularbiologie ist nicht das einzige Gebiet, auf dem die Knotentheorie unvorhergesehene Anwendung gefunden hat. Auch bei der Stringtheorie – dem jüngsten Versuch, eine einheitliche Theorie zu formulieren, die alle Naturkräfte erklärt – spielen Knoten eine zentrale Rolle.

Tanzt das Universum an Fäden?

Die Gravitation ist eine Kraft, die in ungeheuren Dimensionen wirkt. Sie hält die Sterne einer Galaxie zusammen und beeinflusst die Expansion des Universums. Einsteins allgemeine Relativitätstheorie liefert ein höchst bemerkenswertes Lehrgebäude zum Thema Gravitation oder Schwerkraft. Im tiefsten Innern des Atomkerns aber haben andere Kräfte und eine andere Theorie das Sagen. Starke Kernkräfte halten Partikel namens *Quarks* zu den wohlvertrauten Protonen und Neutronen, den Grundbausteinen von Materie, zusammen. Das Verhalten der Partikel und Kräfte in der subatomaren Welt wird von den Gesetzen der Quantenmechanik gelenkt. Spielen Quarks und Galaxien wirklich nach denselben Regeln? Physiker glauben, dem sollte so

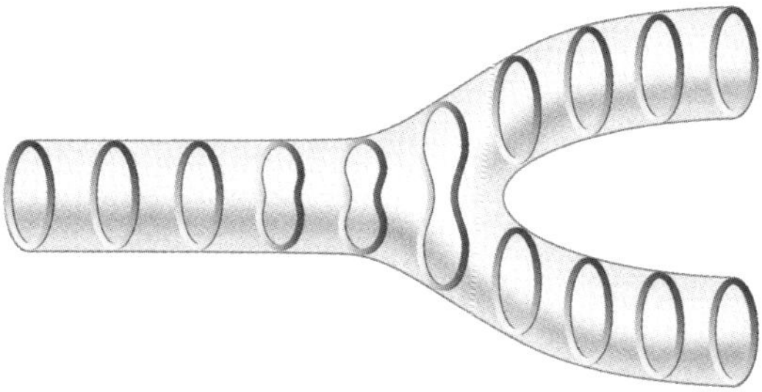

Abbildung 59

sein, auch wenn sie nicht so genau wissen, warum. Jahrzehnte hindurch haben sie nach einer «Theory of Everything» gesucht – einer umfassenden Beschreibung der Naturgesetze. Insbesondere ist ihnen daran gelegen, die Lücke zwischen dem Großen und dem Kleinen mit einer Quantentheorie der Schwerkraft zu überbrücken – sprich: einer Versöhnung von allgemeiner Relativitätstheorie und Quantenmechanik. Die Stringtheorie scheint gegenwärtig der aussichtsreichste Kandidat für eine solche Theory of Everything zu sein. Ursprünglich als eine Theorie zu den Kräften im Atominneren entwickelt und wieder verworfen, wurde die Stringtheorie 1974 von den Physikern John Schwarz und Joel Scherk der Vergessenheit entrissen und wieder ans Licht geholt.

Die Grundidee der Stringtheorie ist recht einfach. Die Theorie fordert, dass subatomare Elementarteilchen wie Quarks und Elektronen keine punktähnlichen Existenzen ohne Struktur und Dimension, sondern vielmehr unterschiedliche Schwingungszustände derselben «Strings» sind. Der Kosmos ist dieser Vorstellung zufolge voller winziger flexibler gummiringartiger Objekte oder Strings. So wie eine Geigensaite beim Zupfen unterschiedliche Harmonien hervorbringt, sollen unterschiedliche Schwingungen dieser Strings einzelnen Materiepartikeln entsprechen. Mit anderen Worten: Die Welt ist eine Sinfonie.

Da Strings geschlossene Strukturen sind, die sich mit der Zeit durch den Raum bewegen, überstreichen sie gewisse Areale, sogenannte *Weltflächen*, von zylindrischer Gestalt (siehe Abbildung 59). Emittiert ein String weitere Strings, gabelt sich der Zylinder. Wenn viele Strings miteinander interagieren, bilden sie ein komplexes Netzwerk aus fusionierten ringförmigen Strukturen. Bei der Untersuchung dieser komplexen topologischen Gebilde entdeckten die Stringtheoretiker Hirosi Ooguri und Cumrun Vafa eine überraschende Verbindung zwischen der Zahl an ringförmigen Strukturen, den geometrischen Eigenschaften von Knoten und dem Jones-Polynom. Zuvor hatte bereits Ed Witten – einer der Hauptakteure bei der Formulierung der Stringtheorie – eine unerwartete Beziehung zwischen dem Jones-Polynom und dem Fundament der Stringtheorie (der *Quantenfeldtheorie*) selbst hergestellt. Wittens Modell wurde später von dem Mathematiker Michael Atiyah aus mathematischer Perspektive noch einmal durchdacht. Stringtheorie und Knotentheorie bilden demnach eine vollkommene Symbiose. Auf der einen Seite hat die Stringtheorie von den Ergebnissen der Knotentheorie profitiert, auf der anderen hat die Stringtheorie zu neuen Einsichten in der Knotentheorie geführt.

Aus der Distanz betrachtet, sucht die Stringtheorie genauso hypothetisch nach Erklärungen für die grundlegendsten Eigenschaften von Materie, wie Thomson seinerzeit nach einer Atomtheorie gesucht hatte. Thomson ging davon aus, dass Knoten die Allerklärer seien, was sich zunächst als Irrtum erwies. Dank einer überraschenden Wendung haben Stringtheoretiker nun herausgefunden, dass Knoten doch zumindest einige Antworten bereithalten.

Die Geschichte der Knotentheorie zeigt sehr schön, welch unerwartete Erklärungsmacht der Mathematik innewohnt. Wie ich bereits im Vorhergehenden erwähnt habe, hält selbst die «aktive» Seite dieser Erklärungsmacht – wenn Wissenschaftler die Mathematik schaffen, die sie zur Erklärung der beobachtbaren Phänomene benötigten – in puncto Genauigkeit ein paar verblüffende Überraschungen bereit. Lassen Sie mich kurz ein Thema der Physik anreißen, für das sowohl passive als auch aktive Aspekte eine Rolle gespielt haben, das jedoch wegen der erreichten Genauigkeit einer besonderen Erwähnung wert ist.

Gewichtige Genauigkeit

Newton betrachtete die von Galilei und anderen italienischen Forschern entdeckten Gesetze fallender Körper, kombinierte sie mit den von Kepler aufgestellten Gesetzen der Planetenbewegungen und formulierte aus den solchermaßen vereinigten Erkenntnissen ein universales mathematisch begründetes Gravitationsgesetz. Auf dem Weg dahin musste Newton einen völlig neuen Zweig der Mathematik aus der Taufe heben – die Infinitesimalrechnung –, der es ihm ermöglichte, schlüssig und kohärent alle Eigenschaften der von ihm formulierten Bewegungs- und Gravitationsgesetze zu beschreiben. Die Genauigkeit, mit der Newton in Anbetracht der Versuchs- und Beobachtungsmöglichkeiten seiner Tage sein Gravitationsgesetz durch Beobachtungen verifizieren konnte, lag bei nicht mehr als vier Prozent. Trotzdem bewies das Gesetz eine Treffsicherheit, die alle realistischen Erwartungen übertraf, und bereits in den 1950er Jahren hatte die experimentelle Genauigkeit mehr als ein tausendstel Prozent erreicht. Aber das ist noch nicht alles. Einige neuere spekulative Theorien, die Erklärungen dafür liefern sollten, dass die Ausdehnung unseres Universums sich zu beschleunigen scheint, gelangten zu der Vermutung, dass die Schwerkraft ihr Verhalten über sehr geringe Entfernungen möglicherweise ändern könnte. Erinnern Sie sich, dass Newtons Gesetz zufolge die Schwerkraft mit dem Quadrat der Entfernung abnimmt. Das heißt, wenn Sie die Entfernung zwischen zwei Massen verdoppeln, nimmt die Anziehungskraft, die jede der beiden Massen erfährt, um den Faktor vier ab. Die neuen Szenarien sagten für Entfernungen von weniger als einem Millimeter Abweichungen von diesem Verhalten voraus. Eric Adelberger, Daniel Kapner und ihre Mitarbeiter an der University of Washington in Seattle führten eine Reihe äußerst einfallsreicher Experimente durch, um nach solchen prognostizierten veränderten Eigenschaften in Abhängigkeit von der Entfernung beziehungsweise Nähe zu suchen. Ihre jüngsten, im Januar 2007 veröffentlichten Ergebnisse zeigen, dass die inversquadratische Proportionalität des Gesetzes bis zu einer Entfernung von einem sechsundfünfzigtausendstel Millimeter gilt! Ein mathematisches Gesetz, das vor über dreihundert Jahren auf der Grundlage höchst magerer Beobachtungen formuliert worden ist, hat sich nicht nur als phänomenal genau erwiesen, sondern zeigt sich sogar noch in Größenordnungen als zuverlässig, die man bis vor kurzem noch nicht einmal erfassen konnte.

Eine große Frage hatte Newton komplett unbeantwortet gelassen: Wie funktioniert die Schwerkraft eigentlich? Wie beeinflusst die Erde aus einer Entfernung von etwa 400 000 Kilometern die Bewegung des Mondes? Newton war sich dieses Defizits seiner Theorie durchaus bewusst und gestand in seinen *Principia* freimütig:

> Ich habe bisher die Erscheinungen der Himmelskörper und die Bewegungen des Meeres durch die Kraft der Schwere erklärt, aber ich habe nirgends die Ursache der letzteren angegeben. Diese Kraft rührt von irgend einer Ursache her, welche bis zum Mittelpunkte der Sonne und der Planeten dringt, ohne irgend etwas von ihrer Wirksamkeit zu verlieren. Sie wirkt nicht nach Verhältniss der *Oberfläche* derjenigen Theilchen, worauf sie einwirkt (wie die mechanischen Ursachen), sondern nach Verhältniss der Menge fester Materie, und ihre Wirkung erstreckt sich nach allen Seiten hin, bis in ungeheure Entfernungen, indem sie stets im doppelten Verhältniss der letzteren abnimmt. Die Schwere gegen die Sonne ist aus der Schwere gegen jedes ihrer Theilchen zusammengesetzt, und sie nimmt mit der Entfernung von der Sonne genau im doppelten Verhältniss der Abstände ab, und dies geschieht bis zur Bahn des Saturns, wie die Ruhe der Aphelien der Planeten beweist; sie erstreckt sich ferner bis zu den äusseren Aphelien der Kometen, wenn diese Aphelien in Ruhe sind. Ich habe noch nicht dahin gelangen können, aus den Erscheinungen den Grund dieser Eigenschaften der Schwere abzuleiten, und Hypothesen erdenke ich nicht.

Derjenige, der beschloss, die durch Newtons Verzicht gestellte Herausforderung anzunehmen, war niemand anderer als Albert Einstein (1879–1955). Gerade im Jahr 1907 hatte Einstein allen Grund sich für die Gravitation zu interessieren – schien doch seine spezielle Relativitätstheorie mit dem Newton'schen Bewegungsgesetz direkt zu kollidieren.

Newton hatte die Wirkung der Gravitation für verzögerungslos gehalten, will sagen, er nahm an, dass keine Zeit verging, bis Planeten die Gravitation der Sonne erreichte oder bis ein Apfel die Anziehungskraft der Erde zu spüren bekam. Zentraler Stützpfeiler von Einsteins *spezieller Relativitätstheorie* hingegen war die Aussage, dass kein Gegenstand, keine Energie und keine Information schneller als mit Lichtgeschwindigkeit reisen können. Wie also sollte die Gravitation ohne Verzögerung wirken können? Wie das folgende Beispiel zeigen wird, hätte dies katastrophale Folgen für so grundlegende Dinge wie unsere Wahrnehmung von Ursache und Wirkung.

Stellen Sie sich vor, die Sonne würde plötzlich verschwinden. Der Kraft beraubt, die sie auf ihrer Umlaufbahn hält, würde die Erde (so Newton) sofort beginnen, sich (von winzigen Abweichungen, die der Anziehung durch die anderen Planeten geschuldet sind, abgesehen) entlang einer geraden Linie zu bewegen. Den Blicken der Erdbewohner entzöge sich die Sonne allerdings erst etwa acht Minuten später, denn dies ist die Zeit, die ihr Licht braucht, um die Entfernung zwischen Sonne und Erde zu überbrücken. Mit anderen Worten: Die Veränderung der Erdbewegung würde dem Verschwinden der Sonne zuvorkommen.

Um diesen Konflikt aus der Welt zu schaffen und gleichzeitig Newtons unbeantwortete Frage anzugehen, stürzte sich Einstein in eine fast schon besessene Suche nach einer neuen Gravitationstheorie. Das war eine ungeheure Aufgabe. Jede neue Entdeckung hatte nicht nur sämtliche absolut bemerkenswerten Fortschritte der Newton'schen Theorie zu bewahren, sondern darüber hinaus zu erklären, wie die Gravitation funktioniert, und dies in einer Weise, die mit der speziellen Relativitätstheorie vereinbar war. Nach einer Reihe von Fehlstarts und ausgedehnten Ausflügen in verschiedene Sackgassen war Einstein 1915 endlich am Ziel. Seine *allgemeine Relativitätstheorie* wird noch heute von vielen Leuten als eine der elegantesten Theorien gefeiert, die je formuliert worden sind.

Kern der bahnbrechenden Einsichten Einsteins war die Überlegung, dass Gravitation nichts anderes bewirkt als Verwerfungen im Gefüge von Raum und Zeit. Laut Einstein folgen Planeten in dem durch die Schwerkraft der Sonne gekrümmten Raum gewissen gekrümmten Bahnen – ähnlich wie Golfbälle, die durch Senken und

Verwerfungen des Rasens in ihrer Bahn gelenkt werden. Mit anderen Worten: Ohne Materie oder andere Formen von Energie wäre die *Raumzeit* (das Raum-Zeit-Kontinuum als vierdimensionale Verbindung von Raum und Zeit) flach. Materie und Energie verwerfen das Raum-Zeit-Kontinuum so, wie eine Bowlingkugel ein Trampolin eindellt.

In dieser durch die Manifestation der Schwerkraft gekrümmten Geometrie nehmen Planeten den kürzesten Weg. Indem er das «Wie» der Wirkung von Gravitation erklärte, lieferte Einstein auch den Rahmen für die Antwort auf die Frage, wie rasch diese sich ausbreitet. Letzteres lief darauf hinaus zu klären, wie rasch Verwerfungen der Raumzeit sich fortpflanzen, was ein bisschen so ist, als wollten Sie die Ausbreitungsgeschwindigkeit von Wellen auf einer Wasseroberfläche berechnen. Einstein war in der Lage zu zeigen, dass die Gravitation sich nach der allgemeinen Relativitätstheorie exakt mit Lichtgeschwindigkeit ausbreitete, womit die Diskrepanz zwischen der Newton'schen Theorie und der speziellen Relativitätstheorie aus der Welt war. Würde die Sonne verschwinden, änderte sich die Erdbahn genau acht Minuten später, und das stimmt mit dem überein, was wir beobachten würden.

Dass Einstein den gekrümmten vierdimensionalen Raum zum Eckpfeiler seiner neuen Theorie des Universums gemacht hatte, brachte es mit sich, dass er dringend eine mathematische Theorie für diese geometrischen Gegebenheiten benötigte. In seiner Verzweiflung wandte er sich an seinen alten Studienkollegen Marcel Grossmann (1878–1936): Grossmann erklärte Einstein, dass Riemanns nichteuklidische Geometrie (siehe Kapitel 6) genau das Instrument war, das er benötigte – eine Geometrie gekrümmter Räume in einer beliebigen Anzahl von Dimensionen, eine geradezu unglaubliche Demonstration dessen, was ich als «passive» Effektivität der Mathematik bezeichnet habe. Einstein erkannte dies prompt an und quittierte es mit dem Zugeständnis: «Aber das eine ist sicher, dass ich mich im Leben noch nicht so geplagt habe, und dass ich grosse Hochachtung für die Mathematik eingeflösst bekommen habe, die ich bis jetzt in ihren subtileren Teilen als Luxus ansah!» Und weiter: Man könne die Geometrie wohl als ältesten Zweig der Physik betrachten, und ohne sie wäre er nicht imstande gewesen, die Relativitätstheorie zu formulieren.

Die allgemeine Relativitätstheorie konnte obendrein mit beeindruckender Genauigkeit überprüft werden, was keine Kleinigkeit war, da sich die durch einen Himmelskörper wie die Sonne bewirkte Krümmung des Raum-Zeit-Kontinuums nur in «Teilen von einer Million» (abgekürzt *ppm* nach dem Englischen *parts per million*) bemisst. Während die ursprünglichen Tests sämtlich Beobachtungen am Sonnensystem zum Inhalt hatten (zum Beispiel winzige Veränderungen der Merkurbahn im Vergleich zu den Vorhersagen der Newton'schen Gravitationstheorie), sind in jüngster Zeit ausgefallenere Überprüfungen möglich geworden. Eine der besten Verifizierungen macht sich ein astronomisches Phänomen zunutze, das man als *Doppelpulsar* bezeichnet.

Ein Pulsar ist ein außerordentlich dichter, Radiowellen emittierender Stern mit einer Masse, die etwas größer ist als die der Sonne, aber einem Radius von unter zehn Kilometern. Die Dichte eines solchen Sterns (eines sogenannten *Neutronensterns*) ist so immens, dass ein Kubikzentimeter seiner Materie eine Masse im Bereich von Milliarden Tonnen hat. Viele dieser Neutronensterne rotieren sehr schnell um ihre eigene Achse und senden dabei von ihren magnetischen Polen Radiowellen aus. Ist die Magnetachse gegenüber der Rotationsachse geneigt (siehe Abbildung 60), schneidet der Radiowellenstrahl von einem der beiden Pole genau wie der Lichtstrahl eines Leuchtturms unsere Blickachse nur einmal pro Umdrehung. In diesem Falle scheint die Radiostrahlung zu pulsieren, daher der Name «Pulsar». Es gibt ein System, bei dem zwei Pulsare auf einer sehr engen Bahn um ihr gemeinsames Gravitationszentrum rotieren und somit einen Doppelpulsar bilden.

Zwei Eigenschaften machen einen solchen Doppelpulsar zu einem exzellenten Labor für das Testen der allgemeinen Relativitätstheorie: (1) Radiopulsare sind Uhren von überragender Qualität – ihre Rotationsbewegung ist derart stabil, dass sie sogar Atomuhren an Genauigkeit übertreffen, und (2) Pulsare sind so dicht, dass ihre Gravitationsfelder sehr stark sind und demzufolge messbare relativistische Erscheinungen zeigen. Diese Eigenschaften ermöglichen es den Astronomen, sehr präzise jene Veränderungen der Zeitspanne, in der das Licht der beiden Pulsare die Erde erreicht, zu messen, die

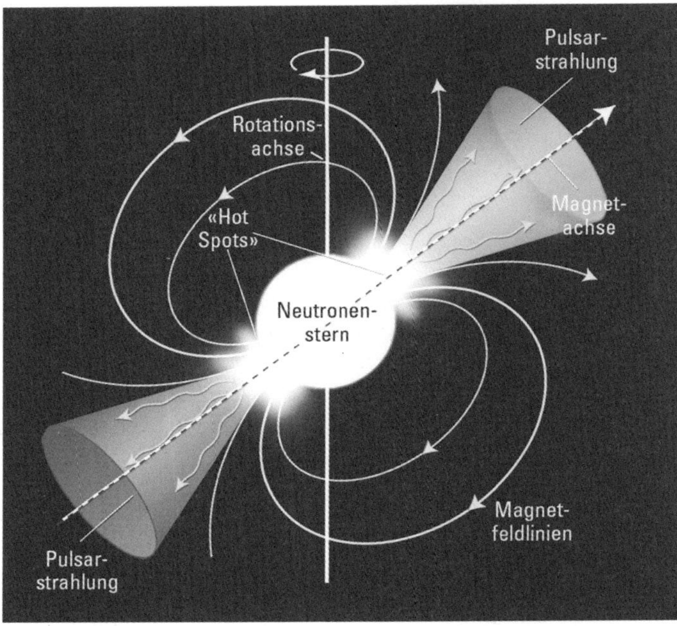

Abbildung 60

durch ihre Bewegung in ihrem gegenseitigen Schwerefeld bedingt sind.

Der jüngste Test war das Ergebnis von Präzisionszeitbeobachtungen über einen Zeitraum von zweieinhalb Jahren an einem Doppelpulsarsystem namens PSR J0737-3039A/B (die lange «Telefonnummer» bezeichnet die Himmelskoordinaten des Systems). Die beiden Pulsare in diesem System absolvieren einen vollständigen Umlauf in nur zwei Stunden und siebenunddreißig Minuten, und das Ganze spielt sich ungefähr zweitausend Lichtjahre von der Erde entfernt ab (ein Lichtjahr entspricht der Distanz, die Licht in einem Jahr im Vakuum zurücklegt, es sind dies ungefähr 9,5 Billionen Kilometer). Eine Gruppe von Astronomen unter Leitung von Michael Kramer von der University of Manchester hat sich die nach der allgemeinen Relativitätstheorie zu erwartenden Korrekturen an den Newton'schen Vorhersagen vorgenommen. Die im Oktober 2006 publizierten Ergebnisse stimmten mit den Vorhersagen der allgemeinen Relativitätstheorie mit einer Ungenauigkeit von nur 0,05 Prozent überein!

Übrigens spielen sowohl die spezielle als auch die allgemeine Relativitätstheorie eine wichtige Rolle für das Globale Positionierungssystem (GPS), das uns hilft, unseren Standort auf der Erde zu bestimmen und zu Fuß, mit dem Auto oder per Flugzeug den Weg von einem Ort zum anderen zu finden. Das GPS bestimmt die gegenwärtige Position des Empfängers, indem es die Zeit misst, die ein entsprechendes Signal von verschiedenen Satelliten benötigt, um das Gerät zu erreichen, und diese dann per Triangulation zu den bekannten Positionen der Satelliten in Bezug setzt. Die spezielle Relativitätstheorie sagt voraus, dass eine Atomuhr an Bord der Satelliten aufgrund der Bewegung derselben langsamer ticken (Tag für Tag ein paar millionstel einer Sekunde verlieren) sollte als eine auf der Erde. Gleichzeitig sagt die allgemeine Relativitätstheorie voraus, dass die Satellitenuhr um ein paar zehntelmillionstel rascher gehen sollte als jene auf dem Erdboden, weil weit oberhalb der Erdoberfläche die durch die Erdmasse bedingte Krümmung der Raumzeit geringer ist. Ohne die notwendigen Korrekturen für diese beiden Effekte würden sich Fehler im Bereich von mehr als zehn Kilometern täglich addieren.

Die Gravitationstheorie ist nur eines von vielen Beispielen für die unbegreifliche Erklärungsmacht der Mathematik und ihre erstaunliche Genauigkeit bei der Formulierung von Naturgesetzen. In diesem wie in vielen anderen Fällen ist das, was wir aus den Gleichungen herausbekommen, weit mehr als das, was wir ursprünglich hineingesteckt haben. Die bislang bewiesene Genauigkeit sowohl der Newton'schen als auch der Einstein'schen Theorien übertrifft die Genauigkeit der Beobachtungen, die diese Theorien zu erklären suchen, um ein Vielfaches.

Das vielleicht beste Beispiel für die verblüffende Genauigkeit, die eine mathematische Theorie erreichen kann, ist die sogenannte *Quantenelektrodynamik* (QED), eine Theorie, die alle Phänomene von elektrisch geladenen Teilchen und Licht beschreibt. Im Jahr 2006 bestimmte eine Gruppe Physiker an der Harvard University das Magnetmoment des Elektrons (ein Maß dafür, wie stark das Elektron mit einem Magnetfeld wechselwirkt) auf acht Teile von einer Milliarde genau. Das ist für sich genommen bereits eine unglaubliche experimentelle Leistung. Wenn Sie aber nun noch die Tatsache hinzunehmen, dass die jüngsten theoretischen Berechnungen auf der Grundlage der Quantenelektrodynamik eine ähnliche Genauigkeit erreichen und beide Ergebnisse übereinstimmen, wird die Präzision nahezu unglaublich. Angesichts des stetig wachsenden Erfolgs der Quantenelektrodynamik erklärte einer ihrer Mitbegründer, der Physiker Freeman Dyson: «Ich kann nur staunen, wie genau die Natur nach der Melodie tanzt, die wir da vor siebenundfünfzig Jahren so sorglos aufs Papier gekritzelt haben, und darüber, dass die Experimentatoren und Theoretiker ihren Tanz auf einen Teil pro Milliarde genau messen und berechnen können.»

Doch Genauigkeit ist nicht der einzige Ruhm, den mathematische Theorien für sich beanspruchen können – die Macht der Vorhersage ist ein weiterer. Lassen Sie mich zwei einfache Beispiele anführen – eines aus dem 19. und eines aus dem 20. Jahrhundert –, die das sehr schön illustrieren. Die erste Theorie sagte ein neues Phänomen voraus, die andere das Vorhandensein neuer Elementarteilchen.

James Clerk Maxwell, der die klassische Theorie des Elektromagnetismus formuliert hat, forderte 1864 auf der Basis seiner Überlegungen, dass sich verändernde elektrische oder magnetische Felder sich ausbreitende Wellen erzeugen sollten. Diese Wellen – die uns wohlvertrauten elektromagnetischen Wellen (zum Beispiel Radiowellen) – wurden Ende der 1880er Jahre von dem deutschen Physiker Heinrich Hertz (1857–1894) in einer Versuchsreihe nachgewiesen.

Ende der 1960er Jahre entwickelten die Physiker Steven Weinberg, Sheldon Glashow und Abdus Salam eine Theorie, die elektromagnetische und schwache Wechselwirkung unter einem Dach vereinigte. Diese Theorie der elektroschwachen Wechselwirkung sagte die Existenz von drei Partikeln (den sogenannten W^+-, W^-- und Z-Bosonen) voraus, die kein Mensch bis dahin beobachtet hatte. Im Jahr 1983 konnte man diese Partikel schließlich unter Leitung von Carlo Rubbia und Simon van der Meer in Beschleunigerexperimenten (in denen man subatomare Teilchen mit hoher Geschwindigkeit aufeinanderprallen lässt) zweifelsfrei nachweisen.

Der Physiker Eugene Wigner, der seinem Staunen über die unbegreifliche Erklärungsmacht der Mathematik einst so beredt Ausdruck verliehen hat, schlug vor, all diese unerwarteten Leistungen mathematischer Theorien als «empirisches Gesetz der Erkenntnistheorie» zu bezeichnen. Gäbe es dieses «Gesetz» nicht, so sein Argument, wären Wissenschaftlern die Ermutigung und Bestärkung versagt geblieben, die nötig sind, um den Naturgesetzen auf den Grund zu gehen. Allerdings hatte Wigner keine Erklärung für dieses empirische Gesetz zu bieten. Vielmehr betrachtete er es als ein «wunderbares Geschenk», für das wir dankbar sein sollten, auch wenn wir seine Ursprünge nicht verstehen. Für Wigner war dieses «Geschenk» die Antwort auf die Frage nach der geheimnisvollen Erklärungsmacht der Mathematik.

An diesem Punkt haben wir, glaube ich, genügend Indizien beisammen, um zumindest den Versuch zu wagen, eine Antwort auf die Frage zu geben, die wir uns am Anfang gestellt hatten: Warum ist die Mathematik so effizient und fruchtbar, wenn es darum geht, die Welt um uns herum zu erklären, dass sie sogar neues Wissen hervorbringt? Und ist Mathematik denn nun eine Erfindung, oder ist sie eine Entdeckung?

Kapitel 9

DER MENSCHLICHE GEIST, DIE MATHEMATIK UND DAS UNIVERSUM

Die beiden Fragen: (1) Existiert die Mathematik auch außerhalb des menschlichen Geistes und ist mithin unabhängig von ihm? und (2) Warum lassen sich mathematische Konzepte weit über den Zusammenhang hinaus anwenden, in dem und für den sie ursprünglich erdacht und entwickelt wurden?, sind eng miteinander verflochten. Um die Diskussion zu vereinfachen, will ich sie trotzdem nacheinander angehen.

Zunächst werden Sie sich vielleicht fragen, wie zeitgenössische Mathematiker zu der Frage stehen, ob Mathematik als Entdeckung oder als Erfindung zu begreifen ist. Die beiden Mathematiker Philip Davis und Reuben Hersh urteilen in ihrem hinreißenden Buch *Erfahrung Mathematik:*

> Die meisten, die sich zu diesem Thema äußern, scheinen darin übereinzustimmen, daß der typische Mathematiker an Werktagen Platonist und an Sonntagen Formalist ist. Das heißt, daß er, wenn er aktiv Mathematik betreibt, überzeugt ist, daß er es mit einer objektiven Realität zu tun hat, deren Eigenschaften er zu ergründen sucht. Wird er jedoch mit der Forderung konfrontiert, eine philosophische Darlegung dieser Realität zu geben, findet er es doch einfacher vorzugeben, daß er letztlich nicht an sie glaubt.

Außer dass ich vielleicht versucht wäre, «er» überall durch «er oder sie» zu ersetzen, um den veränderten demographischen Verhältnissen in der Mathematik Rechnung zu tragen, habe ich den Eindruck, dass diese Einschätzung weiterhin für viele zeitgenössische Mathematiker und theoretische Physiker gültig ist. Dennoch haben etliche Mathematiker des 20. Jahrhunderts sehr entschieden für die eine oder andere Seite Position bezogen. Für die platonische Sicht der Dinge plädiert G. H. Hardy in *A Mathematician's Apology* («Verteidigungsschrift eines Mathematikers»):

> Für mich und, ich nehme an, für die meisten Mathematiker gibt es eine zweite Wirklichkeit, die ich als mathematische Wirklichkeit bezeichnen möchte; und über das Wesen dieser mathematischen Wirklichkeit herrscht sowohl unter Mathematikern als auch unter Philosophen alles andere als Einigkeit. Manche behaupten, es sei «geistig», und wir konstruierten es in gewisser Weise, andere halten dagegen, es sei außerhalb unserer selbst und unabhängig von uns. Der Mensch, der mit einer überzeugenden Bewertung der mathematischen Wirklichkeit aufwarten könnte, hätte viele der schwierigsten metaphysischen Probleme enträtselt. Gelänge es ihm auch noch, die physikalische Realität in seine Darstellung einzubeziehen, hätte er sie alle gelöst.
>
> Ich wünschte nicht auch nur eine dieser Fragen zu erörtern, selbst wenn ich dazu die nötige Kompetenz besäße, aber ich will meinen eigenen philosophischen Standpunkt hier klarmachen, um kleineren Missverständnissen vorzubeugen. Ich glaube, dass die mathematische Realität außerhalb unserer selbst existiert, dass es unsere Aufgabe ist, sie zu entdecken oder zu *beobachten*, und dass die Sätze, die wir beweisen und die wir großspurig als unsere «Schöpfungen» bezeichnen, nichts weiter sind als Aufzeichnungen unserer Beobachtungen. Diese Ansicht wurde in der einen oder anderen Form von vielen renommierten Philosophen seit Platon vertreten, und ich spreche die Sprache eines Mannes, der diese teilt.

Die Mathematiker Edward Kasner (1878–1955) und James Newman (1907–1966) verliehen in *Mathematics and Imagination* («Mathematik und Vorstellungskraft») der genau entgegengesetzten Betrachtungsweise Ausdruck:

> Dass die Mathematik ein Ansehen genießt, an das keine andere Art von Zweckdenken herankommt, ist nicht verwunderlich. Sie hat so viele Fortschritte in den Wissenschaften möglich gemacht, ist gleichermaßen so unentbehrlich in praktischen Angelegenheiten und ein solches Meisterwerk der reinen Abstraktion, dass die Anerken-

> nung ihrer überragenden Bedeutung unter den intellektuellen Leistungen des Menschen nicht mehr als recht und billig ist.
>
> Ungeachtet dieser Vorrangstellung wurde ihr die erste wahre Wertschätzung erst in jüngster Zeit durch die Errungenschaft der nichteuklidischen und vierdimensionalen Geometrien zuteil. Damit soll nicht gesagt werden, dass die durch Infinitesimalrechnung, Wahrscheinlichkeitstheorie, Topologie und Arithmetik des Unendlichen sowie andere Themenbereiche erzielten Fortschritte, die wir im Vorhergehenden besprochen haben, als weniger wertvoll einzustufen seien. Jeder davon hat die Mathematik erweitert und sowohl ihre Bedeutung als auch unser Verstehen des physikalischen Universums vertieft. Dennoch hat keine so viel zur mathematischen Innenschau, zum Wissen um die Beziehung der einzelnen Bereiche der Mathematik zueinander und zur Mathematik als Ganzem beigetragen wie die nichteuklidischen Häresien.
>
> Als ein Ergebnis des beherzt-tapferen Geistes, der diese Ketzereien hervorgebracht hat, haben wir die Vorstellung überwunden, mathematische Wahrheiten existierten außerhalb und unabhängig von unserem Geist. Es kommt uns vielmehr seltsam vor, dass eine solche Ansicht je existiert haben soll. Dennoch ist es das, was Pythagoras gedacht haben würde – und Descartes, dazu Hunderte anderer großer Mathematiker vor dem 19. Jahrhundert. Heutzutage ist die Mathematik ungebunden, hat ihre Fesseln abgeworfen. Worin immer ihr Wesen bestehen mag, wir betrachten sie als ebenso frei wie den Geist, genauso fassbar wie die Fantasie. Die nichteuklidischen Geometrien sind der Beweis, dass die Mathematik im Unterschied zur Musik der Sphären von Menschenhand gemacht wird und nur den Grenzen unterworfen ist, die ihr die Gesetze des Denkens auferlegen.

In krassem Gegensatz zu der Präzision und Gewissheit, durch die sich Aussagen in der Mathematik sonst im Allgemeinen auszeichnen, haben wir es hier also mit zwei komplett konträren Standpunkten zu tun, wie sie eigentlich eher für Debatten in der Philosophie und der Politik typisch sind. Sollte uns das überraschen? Eigentlich nicht. Ob die Mathematik eine Erfindung oder eine Entdeckung darstellt, ist schließlich absolut keine mathematische Frage.

Der Begriff «Entdeckung» schließt Präexistenz ein – ein Dasein in irgendeinem physischen oder metaphysischen Universum –, der Begriff «Erfindung» hingegen den menschlichen Geist, den einzelnen oder den kollektiven. Damit gehört diese Frage in einen interdisziplinären Bereich, betrifft mithin so verschiedene Fachrichtungen wie Physik, Mathematik, Kognitionswissenschaften und sogar Anthropologie und ist sicher nicht allein der Mathematik vorbehalten (zumindest nicht direkt). Folglich sind die Mathematiker womöglich noch nicht einmal besonders gut gerüstet, um diese Frage anzugehen. Schließlich sind auch Dichter, die mit Sprache zaubern können, nicht notwendigerweise die besten Sprachwissenschaftler und die größten Philosophen in der Regel keine Experten für die Funktionsweise des Gehirns. Die Frage «erfunden oder entdeckt» lässt sich somit, wenn überhaupt, so nur durch das sorgsame Abwägen zahlreicher Indizien aus allen möglichen Bereichen beantworten.

Metaphysik, Physik und Erkennen

Diejenigen, die der Ansicht sind, Mathematik existiere in einem Universum, das unabhängig vom Menschen ist, teilen sich, wenn es um die Beschaffenheit dieses Universums geht, immer noch in zwei Lager auf. Da sind erstens die «echten» Platoniker, für die die Mathematik in einer abstrakten ewigen Welt der mathematischen Formen und Begriffe existiert. Und dann gibt es noch jene, die vermuten, dass mathematische Strukturen tatsächlich realer Bestandteil der natürlichen Welt seien. Da ich den reinen Platonismus und einen Teil seiner philosophischen Unzulänglichkeiten bereits recht ausführlich diskutiert habe, lassen Sie mich ein wenig bei Letzteren verweilen.

Derjenige, der die vielleicht extremste und spekulativste Version des Szenarios «Mathematik = Teil der physikalischen Welt» vertritt, ist ein Kollege von mir, der Astrophysiker Max Tegmark vom MIT.

Tegmark steht auf dem Standpunkt: «Unser Universum wird nicht nur durch Mathematik beschrieben, sondern es *ist* Mathematik» [Kursivierung von mir]. Seine Begründung geht von der durchaus nicht unumstrittenen Vermutung aus, dass eine äußere physikalische Realität existiert, die vom Menschen unabhängig ist. Im Weiteren untersucht er die Frage, wie eine Theorie beschaffen sein muss, die diese Realität umfassend beschriebe (das, was Physiker als

«Theory of Everything» oder Weltformel bezeichnen). Da diese Realität völlig unabhängig vom Menschen ist, so Tegmark, müsse ihre Beschreibung frei sein von allem menschlichen «Ballast» (zum Beispiel von menschlicher Sprache). Mit anderen Worten: Die fertige Theorie darf keine Begriffe wie «subatomare Partikel», «Strings» und «gekrümmte Raumzeit» oder andere Konstrukte des menschlichen Geistes enthalten. Auf der Basis dieser Grundannahme kommt Tegmark zu dem Schluss, dass die einzig mögliche Beschreibung des Kosmos eine sein müsse, die nur abstrakte Begriffe und die Beziehungen zwischen diesen verwende, was, wie er findet, die Arbeitsdefinition von Mathematik ist.

Tegmarks Argumente für das Bestehen einer mathematischen Realität sind sicher faszinierend, und wenn sie zuträfen, kämen sie einer Antwort auf die Frage nach der «unbegreiflichen Erklärungsmacht» der Mathematik ein gutes Stück näher. In einem Universum, das als Mathematik zu betrachten ist, wäre die Tatsache, dass Mathematik auf die Natur wie angegossen passt, kaum verwunderlich. Leider finde ich Tegmarks roten Faden nicht allzu überzeugend. Der Sprung von der Existenz einer externen (vom Menschen unabhängigen) Realität zu der Schlussfolgerung – in Tegmarks Worten: «Du musst an das glauben, was ich als ‹Hypothese vom mathematischen Universum› bezeichne: daran, dass unsere physikalische Realität eine mathematische Struktur ist» – hat meiner Meinung etwas von einem Taschenspielertrick. Wenn Tegmark versucht zu charakterisieren, was seiner Ansicht nach Mathematik ausmacht, sagt er: «Für einen modernen Logiker ist die Mathematik genau das: eine Handvoll abstrakter Gegebenheiten, zwischen denen gewisse Beziehungen bestehen.» Aber dieser moderne Logiker ist ein Mensch! Mit anderen Worten: Tegmark *beweist* an keiner Stelle, dass unsere Mathematik nicht von Menschen erfunden wurde, er vermutet es einfach. Hinzu kommt, wie der französische Neurobiologe Jean-Pierre Changeux in Reaktion auf eine ähnliche Behauptung gemeint hat, dass es in seinen Augen ein ernstes erkenntnistheoretisches Problem aufwerfe, wollte man für mathematische Objekte dieselbe Art von physikalischer Realität fordern, wie sie uns die von der Biologie untersuchten Naturphänomene präsentieren; denn es sei schwer vorstellbar, wie ein physikalischer

Zustand in unserem Gehirn einen anderen physikalischen Zustand außerhalb unseres Gehirns abbilden könnte.

Die meisten anderen Versuche, mathematische Objekte sauber in der äußeren physikalischen Realität zu verankern, berufen sich schlicht auf die Effizienz der Mathematik bei der Erklärung von Natur. Dies aber setzt voraus, dass keine andere Begründung der Erklärungsmacht der Mathematik in Frage kommt, was, wie ich im Weiteren zeigen werde, nicht zutrifft.

Wenn die Mathematik weder in der raum- und zeitlosen platonischen noch in der physikalischen Welt beheimatet ist, heißt das, Mathematik ist eine reine Erfindung des Menschen? Mitnichten. Ja, ich werde im folgenden Abschnitt den Standpunkt vertreten, dass der größte Teil der Mathematik tatsächlich aus Entdeckungen besteht. Bevor wir fortschreiten, scheint es mir jedoch hilfreich, zunächst einige Ansichten zeitgenössischer Kognitionswissenschaftler zu beleuchten. Der Grund dafür ist einfach: Selbst wenn die Mathematik nichts weiter als Entdeckung wäre, so würde diese noch immer ausschließlich von menschlichen Mathematikern und deren Gehirnen geleistet.

Angesichts des ungeheuren Fortschritts, den die Kognitionswissenschaften in den vergangenen Jahren zu verzeichnen hatten, war zu erwarten, dass Neurobiologen und Psychologen nun der Mathematik ihre Aufmerksamkeit zuwenden würden, insbesondere der Suche nach den Wurzeln der Mathematik im menschlichen Denken. Ein flüchtiger Blick auf die Schlussfolgerungen der meisten Kognitionswissenschaftler wird bei Ihnen vermutlich zunächst den Eindruck hinterlassen, als hätten Sie es mit der Ausgestaltung eines Ausspruchs von Mark Twain zu tun: «Für jemanden mit einem Hammer sieht jedes Ding wie ein Nagel aus.» Mit winzigen Abweichungen hinsichtlich der Gewichtung dieser Feststellung sind sich so gut wie alle Neuropsychologen und Biologen darin einig, dass Mathematik eine Erfindung des Menschen ist. Bei näherem Hinsehen werden Sie zwar feststellen, dass die Interpretation der Daten kognitionswissenschaftlicher Studien keineswegs unzweideutig ist, grundsätzlich jedoch kein Zweifel daran besteht, dass die Leistungen der Kognitionswissenschaftler bei der Suche nach den Urgründen der Mathematik eine neue und innovative Phase eingeläutet haben. Hier eine kleine aber repräsentative Stichprobe der Kommentare von Kognitionswissenschaftlern.

Der französische Neurowissenschaftler Stanislas Dehaene, dessen Interesse vor allem der Zahlenwahrnehmung gilt, stellte 1997 in seinem Buch *Der Zahlensinn* fest, dass wir vom ersten Lebensjahr an ein Gespür für Zahlen haben, das tief in unserem Gehirn verankert ist. Diese Aussage steht fraglos der Position der Intuitionisten nahe, die alle Mathematik in einem menschlichen Gespür für natürliche Zahlen begründet sehen wollen. Dehaene ist der Ansicht, dass durch die Forschungsergebnisse einer Psychologie der Arithmetik belegt ist, dass Zahlen zu den natürlichen «Denkobjekten» gehören – angeborenen Kategorien, nach denen wir die Welt beurteilen. Im Anschluss an ihre später durchgeführten Studien bei den Mundurukú – einer isolierten indigenen Gesellschaft am Amazonas – ließen Dehaene und seine Mitstreiter 2006 eine ähnliche Einschätzung zur Geometrie folgen: «Das spontane Verstehen geometrischer Begriffe und Karten bei den Menschen einer derart entlegen lebenden Gemeinschaft belegt, dass ein Kern an geometrischem Wissen ganz ähnlich wie die Grundlagen der Arithmetik universeller Bestandteil des menschlichen Geistes ist.» Nicht alle Kognitionswissenschaftler würden dem zustimmen. Manche weisen zum Beispiel darauf hin, dass der Erfolg der Mundurukú bei der Beschäftigung mit den ihnen gestellten geometrischen Aufgaben, bei denen sie zum Beispiel unter lauter geraden Linien eine gebogene, aus vielen Quadraten ein Rechteck, aus Kreisen eine Ellipse und so weiter herauszupicken hatten, statt mit angeborenem geometrischen Wissen durchaus mehr mit deren Fähigkeit zu tun haben könnte zu erkennen, was aus einer Ansammlung von Dingen heraussticht.

Der französische Neurobiologe Jean-Pierre Changeux, der sich in *Gedankenmaterie* mit dem Mathematiker Alain Connes (einem Platoniker) einen faszinierenden Schlagabtausch zum Wesen der Mathematik liefert, wartet mit folgender Feststellung auf:

> Der Grund dafür, dass mathematische Objekte nichts mit der sinnlich erfahrbaren Welt zu tun haben, ergibt sich ... aus ihrem generativen Charakter, ihrer Fähigkeit, andere Objekte hervorzubringen.

> Der Punkt, der an dieser Stelle betont werden muss, ist, dass es im Gehirn etwas gibt, was wir vielleicht als «bewusste Abteilung» bezeichnen können, in der sich das Simulieren und Kreieren von neuen Gegenständen räumlich-physikalisch abspielt ... In gewisser Hinsicht sind diese neuen mathematischen Gegenstände dann so etwas wie lebende Wesen: Genau wie diese sind sie physikalische Objekte, die einer raschen Evolution unterworfen sind. Im Unterschied aber zu Lebewesen ... findet diese Evolution in unserem Gehirn statt.

Das entschiedendste Statement im Zusammenhang mit der Frage Erfindung oder Entdeckung stammt wohl von dem Kognitionswissenschaftler und Linguisten George Lakoff und dem Psychologen Rafael Núñez in ihrem nicht unumstrittenen Buch *Where Mathematics Comes From* («Woher die Mathematik kommt»). Wie bereits im Vorhergehenden berichtet, verkündeten sie:

> Mathematik ist ein natürlicher Bestandteil unseres Menschseins. Sie entspringt unserem Körper, unserem Gehirn und unseren Alltagserfahrungen in der Welt. [Lakoff und Núñez vertreten somit die Ansicht, die Mathematik entspringe dem «verkörperten Geist».] ... Mathematik ist ein System aus menschlichen Begriffen und Konzepten, das sich der normalen Werkzeuge menschlicher Erkenntnis in außerordentlicher Weise bedient ... Die Menschen waren für die Erschaffung der Mathematik verantwortlich, und wir bleiben auch dafür verantwortlich, sie zu erhalten und zu erweitern. Das Porträt der Mathematik zeigt ein menschliches Gesicht.

Kognitionswissenschaftler gründen ihre Schlussfolgerungen auf, wie sie finden, überzeugende Beweise aus zahlreichen Experimenten. Bei einigen dieser Studien wurde das Gehirn der Probanden während der Bearbeitung von mathematischen Aufgabenstellungen mit bildgebenden Verfahren beobachtet. Bei anderen ging es um die mathematischen Fähigkeiten von Kleinkindern, Jägern und Sammlern wie den Mundurukú, die nie eine Schulbildung genossen haben, und von Menschen mit verschiedenen Arten von Hirnschädigungen. Die meisten Forscher sind sich darin einig, dass gewisse mathematische Fähigkeiten offenbar angeboren sind. So sind zum Beispiel alle Menschen imstande, auf einen Blick zu sagen, ob sie nun einen Gegenstand oder zwei oder drei vor sich haben (man bezeichnet diesen Vorgang auch als *Subitisation*). Eine sehr eingeschränkte Version von Arithmetik in Gestalt des Gruppierens, der Paarbildung und einfacher Subtraktionen und Additionen mag sogar noch angeboren sein, vielleicht auch ein gewisses Grundverstehen geometrischer Gegebenheiten (wobei Letzteres eher umstritten ist). Auch haben Neurowissenschaftler Regionen im Gehirn identifiziert – zum Beispiel den Gyrus angularis in der linken Hirnhälfte –, die für das Jonglieren mit Zahlen und mathematische Berechnungen, nicht aber für die Sprache oder das Arbeitsgedächtnis von entscheidender Bedeutung sind.

Laut Lakoff und Núñez besteht unser Hauptinstrument, um über diese angeborenen Fertigkeiten hinauszukommen, in der Konstruktion sogenannter *konzeptueller Metaphern* – gewissen Denkprozessen, die abstrakte Begriffe in konkretere umsetzen und so in *metaphorische Konzepte* münden. Die Arithmetik gründet zum Beispiel auf der einfachen Metapher einer Anzahl von Gegenständen. Das hochkomplexe Szenario, das Lakoff und Núñez entworfen haben, bietet interessante Einblicke in die Frage, warum Menschen mit einigen mathematischen Konzepten größere Probleme haben als mit anderen. Andere Forscher wie die Neurowissenschaftlerin Rosemary Varley von der University of Sheffield mutmaßen, dass zumindest einige mathematische Strukturen auf dem Sprachvermögen «parasitieren» – manche mathematischen Einsichten sich formen, indem sie sich mentale Werkzeuge ausborgen, die eigentlich im Dienste des Spracherwerbs stehen.

Kognitionswissenschaftler tendieren, allgemein gesprochen, weit eher zu der Ansicht, dass unsere Mathematik eng mit dem menschlichen Geist assoziiert ist, und weniger zum Platonismus. Interessanterweise kommt das, was ich als stärkstes Argument gegen den Platonismus erachte, nicht von einem Neurobiologen, sondern von Sir Michael Atiyah, einem der größten Mathematiker des 20. Jahrhunderts. Ich hatte seine Argumente in Kapitel 1 kurz angerissen, möchte sie an dieser Stelle aber gerne etwas detaillierter darstellen.

Wenn Sie ein Konzept unserer Mathematik herausgreifen sollten, bei dem die Wahrscheinlichkeit, dass es unabhängig vom menschlichen Geist existiert, am größten ist – welches würden Sie wählen? Die meisten Menschen würden vermutlich zu dem Schluss kommen, dass es sich um die natürlichen Zahlen handeln müsse. Was könnte «natürlicher» sein als 1, 2, 3, …? Der deutsche Mathematiker und Intuitionist Leopold Kronecker (1823–1891) prägte den berühmten Ausspruch: «Die ganzen Zahlen hat der liebe Gott gemacht; alles andere ist Menschenwerk.» Könnte man also zeigen, dass sogar die natürlichen Zahlen ihren Ursprung im menschlichen Geist haben, wäre dies ein überzeugendes Argument zugunsten des «Erfindungsparadigmas». Hier noch einmal Atiyahs Sicht der Dinge: «Lassen Sie uns einen Augenblick annehmen, Intelligenz hätte ihren Sitz nicht in der Menschheit, sondern in irgendeinem komplett isolierten, solitär lebenden Polypen in den tiefsten Tiefen des Pazifik genommen. Dieses Wesen hätte keinerlei Begegnungen mit einzelnen Gegenständen, sondern nur mit dem Wasser, von dem es umgeben ist. Seine sensorischen Erfahrungen bestünden aus Fließgeschwindigkeit, Temperatur und Druck. In einem solchen reinen Kontinuum stellt sich die Frage nach dem Diskreten nicht, und so gäbe es nichts zu zählen.» Mit anderen Worten: Atiyah ist davon überzeugt, dass sogar ein so grundlegendes Konzept wie das der natürlichen Zahlen vom Menschen durch Abstraktion von Elementen der physikalischen Welt (Kognitionswissenschaftler würden sagen, durch das *Verankern* von Metaphern) *geschaffen* wurde. Anders ausgedrückt: Die Zahl 12 beispielsweise steht genauso für eine gemeinsame Eigenschaft aller Dinge, die im Dutzend vorkommen, wie das Wort «Gedanken» für eine Vielfalt an Prozessen steht, die in unserem Gehirn vor sich gehen.

Der Leser mag sich an dem hypothetischen Kosmos eines Polypen stoßen, der hier zur Illustration des Arguments bemüht wird, und ins Feld führen, dass es doch ein und nur ein unbezweifelbares Universum gibt und dass jede Vermutung im Zusammenhang mit diesem einen Universum zu prüfen ist. Das aber liefe auf das Zugeständnis hinaus, dass das Konzept der natürlichen Zahlen tatsächlich irgendwie vom Universum der menschlichen Erfahrung abhängt! Denken Sie daran, dass dies genau das ist, was Lakoff und Núñez meinen, wenn sie Mathematik als «Verkörperung» ansehen.

Ich habe soeben den Standpunkt vertreten, dass die Konzepte und Begriffe unserer Mathematik ihren Ursprung im menschlichen Geist haben. Sie fragen sich vielleicht, warum ich dann vorher darauf herumgeritten habe, dass ein Großteil der Mathematik tatsächlich eine Entdeckung ist, eine Haltung, die sehr viel näher bei den Platonikern zu liegen scheint.

Erfindung und Entdeckung

In unserer Alltagssprache schwankt die Unterscheidung von Entdeckung und Erfindung zwischen glasklar und verschwommen. Niemand würde behaupten wollen, Shakespeare habe *Hamlet* entdeckt oder Madame Curie das Radium erfunden. Andererseits werden neue Medikamente gegen bestimmte Arten von Krankheiten in der Regel als Entdeckungen gefeiert, obschon sie oftmals die penible Synthese neuer chemischer Verbindungen voraussetzen. Ich möchte an dieser Stelle gerne ein sehr spezielles Beispiel aus der Mathematik etwas ausführlicher erörtern, das, wie ich finde, nicht nur dazu beitragen kann, die Unterscheidung zwischen Erfindung und Entdeckung zu klären, sondern auch wertvolle Einsichten in den Prozess vermittelt, mittels dessen Mathematik fortschreitet und sich entwickelt.

Im sechsten Buch der *Elemente*, jenes monumentalen Werks des Euklid zur Geometrie, finden wir die Definition einer bestimmten Art von Aufteilung einer Strecke in zwei ungleiche Teile (eine frühere Definition dieser Aufteilung mit Bezug auf Flächen findet sich in Buch II). Laut Euklid gilt eine Strecke *AB*, die durch einen Punkt *C* in zwei Abschnitte unterteilt wird (Abbildung 61), «als *stetig geteilt*, wenn sich, wie die ganze Strecke zum größeren Abschnitt, so der größere Abschnitt zum kleineren verhält», sprich, in diesem Fall das Längenverhältnis der beiden Streckenabschnitte (*AC*/*CB*) gleich dem Quotienten aus der gesamten Strecke und dem längeren Abschnitt (*AB*/*AC*) ist. Seit dem 19. Jahrhundert ist dieses Verhältnis gemeinhin als *Golde-*

Abbildung 61

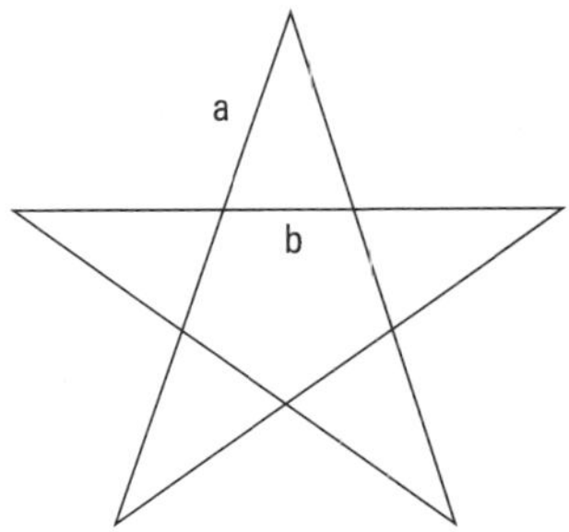

Abbildung 62

ner Schnitt bekannt. Ein bisschen Algebra ergibt zwanglos, dass der Goldene Schnitt auf

$(1 + \sqrt{5})/2 = 1{,}6180339887\ldots$ kommt.

Die erste Frage, die Sie sich stellen, lautet womöglich, warum sich Euklid die Mühe gemacht hat, diese spezielle Streckenunterteilung zu definieren und dem Verhältnis einen Namen zu geben. Schließlich gibt es unendlich viele Möglichkeiten, wie man eine Strecke aufteilen kann. Die Antwort darauf hat mit dem mystisch-kulturellen Erbe der Pythagoreer und Platons zu tun. Wie Sie sich erinnern, waren die Pythagoreer von Zahlen geradezu besessen. Ihnen galten die ungeraden Zahlen als männlich und gut und, wenig schmeichelhaft, die geraden als weiblich und schlecht. Sie hatten eine besondere Affinität zu der Zahl 5, der Vereinigung von 2 und 3, der ersten geraden (weiblichen) und der ersten ungeraden (männlichen) Zahl. (Die Zahl 1 wurde nicht als Zahl betrachtet, sondern galt als Generator aller Zahlen.) Für die Pythagoreer symbolisierte die Zahl 5 somit Liebe und Ehe, und sie verwendeten das Pentagramm – den fünfzackigen Stern (Abbildung 62) – als Symbol ihrer Schule. Hier hat der Goldene Schnitt seinen ersten Auftritt. Wenn Sie ein regelmäßiges Pentagramm betrachten, entspricht das Verhältnis der Seite eines Dreiecks zu dessen Basis (*a*/*b* in Abbildung 61) exakt dem Goldenen Schnitt. Genauso entspricht auch das Verhältnis jeder Diagonalen eines regelmäßigen Fünfecks zu einer

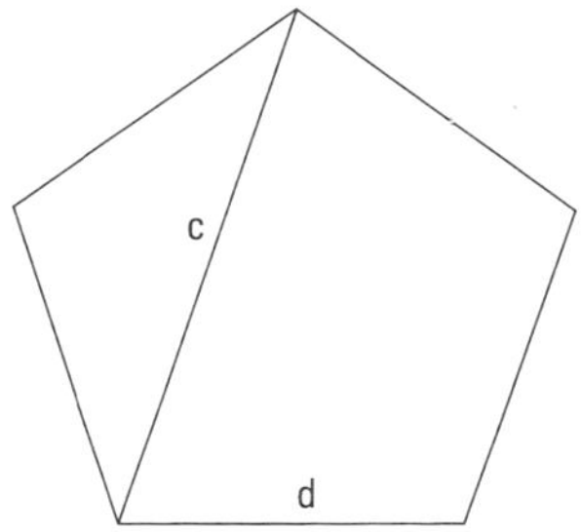

Abbildung 63

von dessen Seiten (*c*/*d* in Abbildung 63) dem Goldenen Schnitt. Ja, um vermittels einer Grundseite und eines Zirkels ein Pentagramm zu konstruieren (der normalen Vorgehensweise der alten Griechen), muss man diese Seite gemäß dem Goldenen Schnitt teilen.

Platon fügte der mythischen Bedeutung des goldenen Schnitts noch eine weitere Dimension hinzu. Die Menschen im antiken Griechenland glaubten, dass jedes Ding im Universum aus vier Elementen zusammengesetzt sei: aus Erde, Feuer, Wasser und Luft. Im *Timaios* versucht Platon die Struktur von Materie mittels der fünf regelmäßigen Körper zu erklären, die man heute nach ihm *platonische Körper* oder regelmäßige Polyeder (Abbildung 64) nennt. Diese konvexen Körper – Tetraeder, Würfel, Oktaeder, Dodekaeder und Ikosaeder – sind die einzigen, bei denen alle Flächen (des jeweiligen Körpers) gleich sind, regelmäßige Polygone («Vielflächner»), deren Eckpunkte jeweils auf einer Kugeloberfläche zu liegen kommen würden. Platon setzte vier dieser Körper mit je einem der kosmischen Grundelemente gleich. Die Erde wurde zum Beispiel dem stabilen Würfel zugeordnet, das alles durchdringende Feuer dem spitzigen Tetraeder, Luft dem Oktaeder und Wasser dem Ikosaeder. Was aber den Dodekaeder (Abbildung 64d), die «fünfte Zusammensetzung» gleicher Flächen betraf, so «bediente der Gott sich ihrer bei der Ausschmückung des Alls», schrieb Platon. Beachten Sie aber, dass das Dodekaeder mit seinen zwölf fünfeckigen Flächen den Goldenen Schnitt geradezu eingemei-

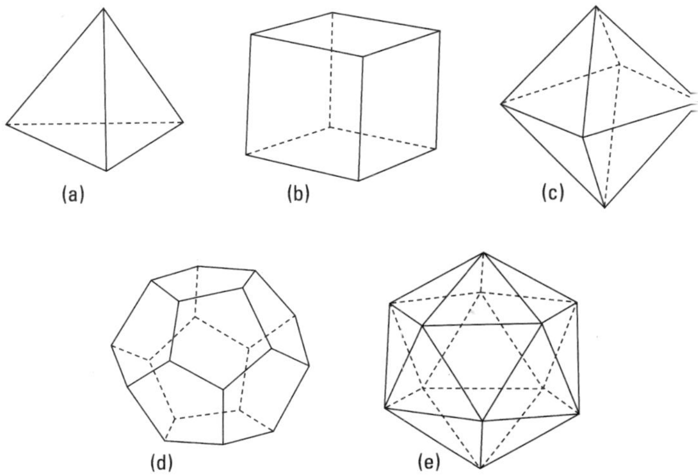

Abbildung 64

ßelt hat. Sowohl sein Volumen als auch seine Seitenflächen lassen sich als einfache Funktionen des Goldenen Schnitts ausdrücken (dasselbe gilt übrigens für das Ikosaeder).

Die Geschichte zeigt also, dass die Pythagoreer und ihre Nachfolger vermittels zahlloser Versuche und Irrtümer Mittel und Wege *entdeckt* hatten, gewisse geometrische Figuren zu konstruieren, die für sie wichtige Gegebenheiten wie Liebe und den gesamten Kosmos repräsentierten. Kein Wunder also, dass sie und Euklid (der ihre Tradition schriftlich festgehalten und überliefert hat), den Begriff des Goldenen Schnitts *erfanden*, der diesen Konstruktionen zugrunde liegt, und ihm einen Namen gaben. Im Unterschied zu anderen willkürlichen Aufteilungsverhältnissen rückte die Zahl 1,618… nunmehr in den Mittelpunkt einer intensiven und bunten Historie von Nachforschungen und taucht auch heute noch immer wieder an höchst unerwarteten Orten auf. So machte zum Beispiel der deutsche Astronom Johannes Kepler zwei Jahrtausende nach Euklid die *Entdeckung*, dass diese Zahl auf wundersame Weise im Zusammenhang mit einer Folge von Zahlen erschien, denen man den Namen *Fibonacci-Zahlen* gegeben hat. Besagte Fibonacci-Zahlen lauten: 1, 1, 2, 3, 5, 8, 13, 21, 34, 55, 89, 144, 233, … und sind dadurch bestimmt, dass ab dem dritten Glied der Reihe jede Folgezahl die Summe ihrer beiden Vorgänger ist (zum Beispiel: 2 = 1 + 1, 3 = 1 + 2, 5 = 2 + 3 und so weiter). Wenn Sie nun jede Zahl in dieser Reihe durch ihren unmittelbaren Vorgänger teilen (zum Beispiel 144 : 89, 233 : 144, …), werden Sie feststellen, dass die Quotienten in ihrem Wert um den Goldenen Schnitt herumpendeln und sich diesem immer weiter annähern. So erhält man zum Beispiel folgende Ergebnisse (auf die sechste Stelle hinter dem Komma gerundet): 144 : 89 = 1,617978, 233 : 144 = 1,618056, 377 : 233 = 1,618026 und so weiter.

In jüngerer Zeit hat man festgestellt, dass man sogar bei Gegebenheiten wie der Blattstellung mancher Pflanzen oder der Kristallstruktur bestimmter Aluminiumlegierungen auf Fibonacci-Zahlen und somit auf den Goldenen Schnitt stößt.

Warum ich Euklids Definition des Begriffs Goldener Schnitt als Erfindung einstufe? Weil Euklids schöpferischer Geist dieses Verhältnis dargestellt und die Aufmerksamkeit der Mathematiker darauf gelenkt hat. In China hingegen, wo der Begriff des Goldenen Schnitts nicht eingeführt wurde, enthält die mathematische Literatur auch keinerlei Hinweis darauf. Und in Indien, wo er ebenfalls keine gesonderte Aufmerksamkeit erfahren hat, findet das Phänomen des Goldenen Schnitts nur in einigen unbedeutenden trigonometrischen Sätzen beiläufige Erwähnung.

Es gibt viele andere Beispiele, die zeigen, dass die Frage «Ist Mathematik eine Erfindung oder eine Entdeckung?» nicht eben glücklich formuliert ist. *Unsere Mathematik ist eine Kombination aus beidem – aus Erfindungen und Entdeckungen.* Die Axiome der euklidischen Geometrie waren Erfindung, so wie die Regeln des Schachs eine Erfindung sind. Auch wurden die Axiome von einer ganzen Reihe erfundener Begriffe ergänzt – Dreiecke, Parallelogramme, Ellipsen, Goldener Schnitt und so weiter. Die Sätze der euklidischen Geometrie hingegen waren im Großen und Ganzen Entdeckungen, erhellten die Verbindungen zwischen den einzelnen Begriffen. In einigen Fällen wurden die Sätze durch Beweise gewonnen – Mathematiker untersuchten, was sie beweisen konnten, und leiteten daraus Sätze her. In anderen wurde, wie es Archimedes in seiner *Methodenlehre* beschreibt, zuerst die Antwort auf eine bestimmte Frage von Interesse gefunden und dann erst der Beweis ausgearbeitet.

Begriffe waren im Regelfall Erfindungen. Primzahlen als Begriff waren eine Erfindung, die Theoreme über Primzahlen aber waren Entdeckungen. Die Mathematiker des alten Babylon, in Ägypten und China haben trotz ihrer hoch entwickelten Mathematik nie den Begriff der Primzahlen erfunden. Könnten wir daher sagen, sie haben sie nicht «entdeckt»? Mit nicht mehr Recht, als wir sagen könnten, das Vereinigte Königreich habe keine festgeschriebene allgemeine Verfassung «entdeckt». So wie ein Land mit einer ungeschriebenen Verfassung überleben kann, kann sich eine komplexe Mathematik ohne den Begriff der Primzahl entwickeln. Und so ist es geschehen!

Wissen wir, warum die Griechen solche Begriffe und Konzepte wie Axiome und Primzahlen erfunden haben? Nicht ganz sicher, aber wir können mutmaßen, dass dies Teil ihrer unermüdlichen Bestrebungen war, die grundlegenden Prinzipien des Universums zu ergründen. Primzahlen sind der Grundbaustein von Zahlen, so wie Atome die Bausteine von Materie sind. Genauso galten die Axiome als Urquell, aus dem sämtliche geometrischen Wahrheiten fließen sollten. Das Dodekaeder stand für den gesamten Kosmos, und der Goldene Schnitt war das, was diesem Symbol zum Dasein verhalf.

Diese Diskussion beleuchtet einen anderen interessanten Aspekt der Mathematik – sie ist Teil der menschlichen Kultur. Als die Griechen das Axiomatisieren erst einmal erfunden hatten, folgten sämtliche Kulturen Europas ihnen auf dem Fuße und übernahmen ihre Philosophie und ihre Praktiken. Der Anthropologe Leslie A. White (1900–1975) versuchte einst, diesen kulturellen Aspekt in Worte zu fassen: «Wäre Newton bei den Hottentotten [einer einst wohl nicht allzu schmeichelhaft gemeinten Bezeichnung für die indigenen Völker Südafrikas] aufgewachsen, hätte er wie ein Hottentotte gerechnet.» Dieser kulturelle Aspekt der Mathematik ist höchstwahrscheinlich auch dafür verantwortlich, dass viele mathematische Entdeckungen (zum Beispiel die der Knoteninvarianten) und sogar einige der großen Erfindungen (zum Beispiel die Infinitesimalrechnung) zur gleichen Zeit unabhängig voneinander von mehreren Personen gemacht wurden.

Sprechen Sie Mathematisch?

In einem früheren Abschnitt hatte ich die Einführung des abstrakten Begriffs Zahl mit der Übereinkunft über den Bedeutungsgehalt eines Wortes verglichen. Ist die Mathematik demnach eine Art von Sprache? Erkenntnisse aus der mathematischen Logik einerseits und aus der Linguistik andererseits zeigen, dass dies zu einem gewissen Grad stimmt. Die Arbeiten von Boole, Frege, Peano, Russell, Whitehead, Gödel und deren Nachfolgern im 21. Jahrhundert haben (vor allem auf Gebieten wie Philosophischer Syntax und Semantik beziehungsweise in der Linguistik) gezeigt, dass Grammatik und Schlussfolgern aufs Engste mit einer Algebra der Aussagenlogik verflochten sind. Warum aber gibt es dann mehr als 6500 Sprachen und nur eine Mathematik? Nun, genau genommen haben womöglich all die verschiedenen Sprachen eine ganze Reihe von Gestaltungsmerkmalen gemeinsam. So hat zum Beispiel der amerikanische Linguist Charles F. Hockett (1916–2000) in den 1960er Jahren darauf aufmerksam gemacht, dass alle Sprachen über eingebaute Mechanismen zum Erwerb neuer Worte und Phrasen verfügen (denken Sie nur an «Internetseite», «Laptop» oder «Indie-Streifen» und Ähnliches). Genauso erlauben alle Sprachen des Menschen Abstraktionen (zum Beispiel Begriffe wie «Surrealismus», «Größe», «Abwesenheit»), Verneinungen (Beispiel «nicht», «hat nicht») und hypothetische Aussagen («Wenn meine Oma Räder hätte, wäre sie ein Omnibus»). Die beiden vielleicht wichtigsten Merkmale aller Sprachen sind ihre unbeschränkten Möglichkeiten und ihre Unabhängigkeit vom eintreffenden Reiz. Mit Ersterem meine ich die Möglichkeit, nie zuvor gehörte Lautkombinationen zu äußern und zu verstehen. So kann ich zum Beispiel einen Satz bilden wie: «Leise, leise zieht die Meise ihre Kreise», und obwohl Sie diesen Satz vermutlich nie zuvor gehört haben, fällt es Ihnen nicht schwer, ihn zu verstehen. Reizunabhängigkeit beschreibt die Möglichkeit, wählen zu können, wie oder gar ob man auf einen empfangenen

Reiz reagieren will. So kann die Antwort auf eine Schlagertextzeile des Inhalts «Hast du mich morgen noch lieb?» genauso gut lauten: «Ich weiß nicht einmal, ob ich morgen noch lebe», wie «Klar doch», «Ich lieb dich jetzt schon nicht», «Nicht so sehr wie meinen Hund», «Das ist definitiv unser schönster Schlager» oder gar «Ich frage mich, wer dieses Jahr die Australian Open gewinnt». Ihnen wird aufgefallen sein, dass viele dieser Merkmale (zum Beispiel: Abstraktion, Verneinung, Unbeschränktheit und die Fähigkeit, eine Evolution zu durchlaufen) auch Merkmale der Mathematik sind.

Wie bereits erwähnt, betonen Lakoff und Núñez die Rolle von Metaphern in der Mathematik. Kognitive Linguisten vertreten überdies die Ansicht, dass alle menschlichen Sprachen zum Ausdruck von so gut wie allem Metaphern verwenden. Noch wichtiger ist vielleicht, dass sich seit dem Jahr 1957– jenem Jahr, in dem der berühmte Linguist Noam Chomsky seine bahnbrechende Arbeit *Strukturen der Syntax* publiziert hat – viele linguistische Bemühungen um das Konzept einer Universalgrammatik drehen – gewisse Prinzipien, die alle Sprachen steuern. Mit anderen Worten: Hinter dem, was sich als babylonisches Sprachengewirr ausnimmt, verbirgt sich womöglich ein überraschendes Maß an struktureller Ähnlichkeit. Wäre dem nicht so, hätten Wörterbücher wohl nie funktioniert.

Vielleicht fragen Sie sich noch immer, warum die Mathematik sowohl im Hinblick auf ihre Inhalte als auch ihre symbolische Notation derart uniform ist. Vor allem der erste Teil der Frage ist ungeheuer faszinierend. Die meisten Mathematiker sind sich darüber einig, dass sich die Mathematik, wie wir sie kennen, aus den beiden Zweigen Geometrie und Arithmetik entwickelt hat, wie sie von den Babyloniern, Ägyptern und Griechen praktiziert wurden. War es jedoch wirklich unausweichlich, dass die Mathematik mit diesen beiden Disziplinen angefangen hat? Der Computerwissenschaftler Stephen Wolfram vertritt in seinem umfangreichen Buch *A New Kind of Science* («Eine neue Art von Wissenschaft») die These, dass dem nicht notwendigerweise so ist. Insbesondere zeigt Wolfram, wie man, ausgehend von einem einfachen Satz von Regeln, die wie kleine Computerprogramme wirken (sogenannte *zelluläre Automaten*), eine ganz andere Art von Mathematik entwickeln kann. Diese zellulären Automaten könnten (zumindest im Prinzip) als Werkzeuge zum Modellieren von Naturphänomenen verwendet werden und die Differentialgleichungen ersetzen, die drei Jahrhundert hindurch die Wissenschaft dominiert haben. Was also hat die alten Kulturen dahin gebracht, unsere spezielle «Art» Mathematik zu entdecken und zu erfinden? Ich weiß es wirklich nicht, aber vielleicht hat es viel mit den Details des menschlichen Wahrnehmungssystems zu tun. Menschen nehmen Kanten, gerade Linien und Kurven sehr rasch wahr. Denken Sie nur daran, mit welch großer Genauigkeit Sie (mit dem bloßen Auge) feststellen, ob eine Linie gerade oder krumm ist, oder wie mühelos Sie zwischen einem Kreis und einer Form unterscheiden, die ganz leicht elliptisch ist. Diese perzeptiven Fertigkeiten haben die menschliche Erfahrung bezüglich der Welt sicher stark geprägt und eine Mathematik entstehen lassen, die auf diskreten Objekten (Arithmetik) und geometrischen Figuren (euklidische Geometrie) fußt.

Die Einheit der symbolischen Notation ist möglicherweise Ergebnis dessen, was man vielleicht als Microsoft-Windows-Effekt bezeichnen könnte: Die ganze Welt verwendet dieses Betriebssystem – nicht weil es keine Alternative gäbe, sondern nur, weil irgendwann ein Betriebssystem begonnen hatte, den Computermarkt zu beherrschen, und jedermann es übernehmen musste, um die Kommunikation reibungslos zu gestalten und die entsprechenden Produkte anwenden zu können. Ganz ähnlich hat vielleicht die Zeichennotation des Westens der mathematischen Welt ihre Uniformität aufgedrängt.

Auf faszinierende Weise tragen Astronomen und Astrophysiker noch immer zur Debatte «Entdeckung oder Erfindung» bei. Die jüngsten Untersuchungen an Planeten außerhalb des Sonnensystems lassen vermuten, dass etwa fünf Prozent aller Sterne einen großen Planeten (wie den Jupiter unseres Sonnensystems) haben, der sie umrundet, und dass dieser Anteil quer durch unsere Milchstraße im Durchschnitt mehr oder minder überall gleich ist. Zwar ist die genaue Zahl an *erdähnlichen* Planeten unbekannt, doch bestehen gute Chancen, dass sie die Galaxie zu Milliarden bevölkern. Selbst wenn sich nur ein kleiner (allerdings nicht vernachlässigbar geringer) Teil dieser «Erden» in einer *lebensfreundlichen Zone* um ihre Zentralgestirne bewegt – das heißt auf Umlaufbahnen, die flüssiges Wasser auf der Planetenoberfläche gestatten –, ist die Wahrscheinlichkeit, dass sich auf ihrer Oberfläche Leben im Allgemeinen und intelligentes Leben im Besonderen entwickelt, keineswegs null. Sollten wir eine andere intelligente Lebensform entdecken, mit der wir kommunizieren könnten, würden wir womöglich unschätzbare Informationen über die Formalismen erhalten, mit deren Hilfe diese Zivilisationen den Kosmos erklären. Wir würden nicht nur unvorstellbare Fortschritte im Hinblick auf unser Verständnis vom Ursprung und der Evolution von Leben machen, sondern könnten sogar unsere Logik mit der potentiell weiterentwickelter Geschöpfe vergleichen.

Noch weit spekulativere kosmologische Szenarien in der Kosmologie (zum Beispiel eines namens *Ewige Inflation*) sagen die Existenz multipler Universen voraus. Einige dieser Universen dürften möglicherweise nicht nur durch ganz andere physikalische Konstanten oder *Naturkonstanten* (zum Beispiel die Stärke gewisser Kräfte oder die Massenverhältnisse subatomarer Partikel) charakterisiert sein, sondern insgesamt komplett anderen Naturgesetzen gehorchen. Der Astrophysiker Max Tegmark vertritt die Ansicht, es sollte sogar zu jeder möglichen mathematischen Struktur ein Universum geben. Wenn dies wahr wäre, hätten wir es mit einer Extremversion des Standpunkts «Das Universum *ist* Mathematik» zu tun – es gibt nicht nur *eine* Welt, die sich mit Mathematik gleichsetzen lässt, sondern eine ganze Menge davon. Leider ist diese Spekulation nicht nur radikal und gegenwärtig unhaltbar, sondern sie scheint auch (zumindest in ihrer einfachsten Form) dem zu widersprechen, was man als *Prinzip des Mittelmaßes* bezeichnet. Wie in Kapitel 5 erläutert, besteht, wenn Sie zufällig eine Person auf der Straße herauspicken, eine Chance von 95 Prozent, dass deren Körpergröße irgendwo innerhalb eines Intervalls von zwei Standardabweichungen von einer mittleren Körpergröße liegt. Ähnliches sollte auf die Eigenschaften von Universen zutreffen. Nun nimmt aber die Zahl an möglichen mathematischen Strukturen mit zunehmender Komplexität dramatisch zu. Das bedeutet, dass die meisten «mittelmäßigen» Strukturen (diejenigen, die sich in der Nähe des Mittelwerts befinden) ungemein komplex sein sollten. Dies aber scheint der relativen Schlichtheit unserer Mathematik und unserer Theorien über das Universum zuwiderzulaufen und verletzt so die naheliegende Erwartung, dass unser Universum ein typisches sein sollte.

Wigners Mysterium

«Ist Mathematik eine Schöpfung oder eine Entdeckung?» ist also die falsche Frage, denn sie macht glauben, dass die Antwort nur Entweder oder lauten kann und dass die beiden Möglichkeiten sich gegenseitig ausschließen. Ich möchte vielmehr annehmen, dass die Mathematik teils geschaffen und teils entdeckt wird. Menschen sind damit befasst, mathematische Begriffe zu erfinden und die Beziehungen zwischen diesen zu entdecken. Sicher sind manche empirischen Entdeckungen der Formulierung von Konzepten vorausgegangen, aber die Konzepte selbst waren zweifellos Ansporn für die Entdeckung weiterer Sätze. Einige Mathematikphilosophen wie der Amerikaner Hilary Putnam nehmen eine Mittlerposition ein, die man als *Realismus* bezeichnet – sie glauben an die Objektivität des mathematischen Diskurses (das heißt, dass Sätze entweder wahr oder falsch sind und dass das, was sie wahr oder falsch macht, außerhalb des Menschen liegt), ohne sich wie die Platoniker dem Glauben an die Existenz «mathematischer Objekte» zu verschreiben. Führt irgendeine dieser Einsichten zu einer zufriedenstellenden Antwort auf das Wigner'sche Rätsel der «unbegreiflichen Erklärungsmacht»?

Lassen Sie mich zunächst einige mögliche Antworten namhafter zeitgenössischer Denker vorstellen. Der Physiknobelpreisträger David Gross schreibt:

> Ein Standpunkt, der meiner Erfahrung nach unter kreativen Mathematikern nicht ungewöhnlich ist, besteht darin, dass die mathematischen Strukturen, zu denen sie gelangen, keine künstlichen Auswüchse des menschlichen Geistes sind, sondern ihnen vielmehr eine Natürlichkeit anhaftet, als seien sie nicht minder real als die von Physikern erdachten Strukturen zur Erklärung der sogenannten wirklichen Welt. Mit anderen Worten, Mathematiker erfinden keine neue Mathematik, sie entdecken sie. Wenn das stimmt, werden manche vermeintlichen Mysterien, die wir erforscht haben [das der «unbe-

> greiflichen Erklärungsmacht»] ein bisschen weniger rätselhaft. Wenn Mathematik von Strukturen handelt, die realer Teil der natürlichen Welt sind, so real wie die Konzepte der theoretischen Physiker, dann verwundert es nicht, dass sie ein so wirksames Instrument zur Analyse der realen Welt darstellt.

Mit anderen Worten: Gross geht von einer «Mathematik als Entdeckung» aus, die irgendwo zwischen der platonischen Welt und dem Paradigma «Das Universum *ist* Mathematik» angesiedelt ist, allerdings ein bisschen näher am platonischen Standpunkt liegt. Wie wir gesehen haben, ist es jedoch schwierig, das Entdeckungsparadigma philosophisch zu untermauern. Hinzu kommt, dass der Platonismus das in Kapitel 8 beschriebene Problem der phänomenologischen Genauigkeit im Grunde nicht zu lösen vermag, ein Punkt, der auch von Gross anerkannt wird.

Sir Michael Atiyah, dessen Betrachtungsweise zur Natur der Mathematik ich mich im Großen und Ganzen anschließen möchte, sieht die Dinge folgendermaßen:

> Wenn man das Gehirn in seinem evolutionären Kontext betrachtet, dann lässt sich der geheimnisvolle Erfolg der Mathematik auf dem Gebiet der physikalischen Wissenschaften zumindest teilweise erklären. Das Gehirn hat eine Evolution durchlaufen, die es ihm ermöglicht, die physikalische Welt zu erschließen, es sollte daher nicht allzu sehr verwundern, dass es eine Sprache – die Mathematik – entwickelt hat, die für diesen Zweck sehr gut geeignet ist.

Diese Begründung klingt sehr ähnlich wie das, was die Kognitionswissenschaften zu bieten haben. Atiyah gesteht allerdings zu, dass sie kaum die kniffligeren Facetten des Problems zu erklären vermag – wie die Mathematik zu den esoterischeren Aspekten der physikalischen Welt passt. Insbesondere lässt sie die Frage der «passiven» Effizienz, wie ich sie genannt habe (die Erfahrung, dass mathematische Konzepte manchmal lange nach ihrer Erfindung plötzlich praktische Anwendung finden) völlig offen. Atiyah sagt dazu: «Der Skeptiker kann einwenden, dass der Kampf ums Überleben uns nur abverlangen würde, mit physikalischen Phänomenen in menschlichen Größenordnungen umzugehen, wohingegen die mathematische Theorie aber offensichtlich mit allen möglichen Dimensionen vom Subatomaren bis zum Galaktischen höchst erfolgreich zu hantieren vermag.» Seine diesbezügliche Vermutung lautet: «Vielleicht hat die Erklärung mit der abstrakt-hierarchischen Natur der Mathematik zu tun, die uns in die Lage versetzt, die Größenordnungen des Weltgefüges mit vergleichsweise großer Leichtigkeit hinauf- und hinunterzuklettern.»

Der amerikanische Mathematiker und Computerwissenschaftler Richard Hamming (1915–1998) hat 1980 einen sehr ausführlichen und interessanten Beitrag zum Thema Wigner'sches Mysterium geleistet. Zunächst kam er, was die Frage der Natur der Mathematik betrifft, zu dem Schluss, dass «Mathematik vom Menschen gemacht und deshalb dazu angetan ist, unablässig vom Menschen verändert zu werden». Dann schlug er vier mögliche Erklärungen für die unbegreifliche Effektivität der Mathematik vor: (1) Selektionseffekte, (2) die Evolution mathematischer Instrumente, (3) die Grenzen mathematischer Erklärungsmacht und (4) die Evolution des Menschen.

Zum ersten Punkt: Man erinnere sich, dass Selektionseffekte zum Beispiel Verzerrungen von Versuchsergebnissen bewirken – bedingt durch Messungenauigkeiten der verwendeten Apparatur oder durch die Art und Weise, wie die Daten gesammelt wurden. Wollte ein Forscher beispielsweise bei einem Test zur Wirksamkeit einer Diät alle Probanden ausschließen, die den Versuch abbrechen, würde das Ergebnis verfälscht, denn höchstwahrscheinlich brechen diejenigen ab, bei denen die Diät nicht angeschlagen hat. Mit anderen Worten: Hamming mutmaßt, dass zumindest in manchen Fällen «das ursprüngliche Phänomen durch die mathematischen Werkzeuge zustande kommt, die wir verwenden, und nicht der realen Welt entstammt … vieles von dem, was wir sehen, verdanken wir der Brille, die wir gerade aufhaben.» Als Beispiel verweist er darauf, dass sich zeigen lässt, dass jede Kraft, die sich von einem gegebenen Punkt aus im dreidimensionalen Raum (unter minimalem Energieaufwand) symmetrisch ausbreitet, einem inversquadratischen Gesetz gehorchen müsse, weshalb die Gültigkeit des Newton'schen Gravitationsgesetzes niemanden verwundern sollte. Hammings Einwand ist durchaus treffend, aber Selektionseffekte können kaum die fantastische Genauigkeit mancher Theorien erklären.

Hammings zweite Erklärung betrifft die Tatsache, dass Menschen sich ständig mit Mathematik befassen und diese unablässig optimieren, um sie bestimmten Situationen anzupassen. Mit anderen Worten: Hamming schlägt vor, dass das, was wir beobachten, ein Prozess der «Evolution und natürlichen Selektion» mathematischer Ideen ist – Menschen erfinden jede Menge mathematische Konzepte, und nur die, die passen, werden übernommen. Viele Jahre hindurch habe ich das für die vollständige Erklärung gehalten. Eine ähnliche Erklärung lieferte auch der Physiknobelpreisträger Steven Weinberg in seinem Buch *Der Traum von der Einheit des Universums*. Ist das *die* Erklärung für das Wigner'sche Rätsel? Kein Zweifel kann daran bestehen, dass Selektion und Evolution in der Tat stattfinden. Wissenschaftler durchforsten ständig das Spektrum der möglichen mathematischen Formalismen und Instrumente, picken sich diejenigen heraus, die funktionieren, und zögern keinen Augenblick, sie zu verbessern oder zu verwerfen, wenn bessere verfügbar werden. Doch selbst wenn wir uns diese Vorstellung zu eigen machen, bleibt immer noch die Frage, warum mathematische Theorien das Universum überhaupt erklären können.

Hammings dritter Punkt lautet, dass unser Eindruck von der ungeheuren Erklärungsmacht der Mathematik in Wirklichkeit nur eine Illusion ist, da sich in der Welt, die uns umgibt, eine Menge Dinge finden, die die Mathematik nicht erklären kann. Zugunsten dieser Ansicht könnte ich zum Beispiel anführen, dass der Mathematiker Israel Moissejewitsch Gelfand einmal gesagt haben soll: «Es gibt nur eine Sache, die unbegreiflicher ist als die unbegreifliche Effizienz der Mathematik für die Physik, und das ist die unbegreifliche *Ineffizienz* [Kursivierung von mir] der Mathematik für die Biologie.» Ich glaube nicht, dass dies allein Wigners Frage beantwortet. Es stimmt, dass wir anders als in *Per Anhalter durch die Galaxis* nicht sagen können, die Antwort auf die Frage nach dem Leben, dem Universum und dem ganzen Rest laute zweiundvierzig, trotzdem gibt es eine hinreichend große Zahl an Phänomenen, die sich mit Hilfe der Mathematik erhellen lassen, so dass dieser Umstand einer Erklärung bedarf. Hinzu kommt, dass sich das Spektrum an Tatsachen und Prozessen, die sich mittels Mathematik interpretieren lassen, unablässig erweitert.

Hammings vierter Punkt kommt dem von Michael Atiyah recht nahe – dem zufolge eine «Darwinsche Evolution durch natürliche Selektion das Überleben derjenigen unter den konkurrierenden Lebensformen begünstigen würde, deren Geist mit dem besten Realitätsmodell aufwarten kann – wobei ‹beste› bedeutet, bestangepasst im Sinne des Überlebens und der Fortpflanzung.»

Der Computerwissenschaftler Jef Raskin (1943–2005), der häufig der geistige Vater des Macintosh genannt wird, vertritt eine ähnliche Ansicht, er betont vor allem die Rolle der Logik. Raskin kam zu dem Schluss, dass

> die menschliche Logik uns durch die physikalische Welt aufgedrängt wurde und deshalb mit dieser konsistent ist. Mathematik leitet sich aus der Logik her. Das ist der Grund dafür, dass Mathematik mit der physikalischen Welt im Einklang steht. Es gibt da kein Geheimnis – obschon wir unser Staunen und unser Gefühl der Verwunderung angesichts des Wesens der Dinge nie verlieren sollten, nur weil wir sie besser verstehen lernen.

Hamming war allerdings von der Schlagkraft seines eigenen Arguments weit weniger überzeugt. Er gab zu bedenken,

> wenn Sie das Zeitalter der Wissenschaft mit einer Dauer von ungefähr 4000 Jahren veranschlagen, kommen Sie auf maximal 200 Generationen. In Anbetracht dessen, dass wir nach Evolutionseffekten suchen, die durch die Selektion unter kleinen Zufallsvarianten bewirkt werden, will mir nicht scheinen, dass die Evolution mehr als einen winzigen Teil der Effizienz von Mathematik erklären kann.

Raskin glaubt, dass «die Grundlagen für die Mathematik vor langer Zeit, vermutlich vor Millionen Jahren, bei unseren Vorfahren gelegt wurden». Ich muss allerdings sagen, dass ich dieses Argument nicht allzu überzeugend finde. Selbst wenn die Logik bereits im Gehirn unserer Vorfahren tief verankert gewesen sein sollte, ist nicht recht einzusehen, wie sich diese Fähigkeit zu den abstrakten mathematischen Theorien einer subatomaren Welt wie der Quantenmechanik hätte auswachsen sollen, die eine ungeheure Genauigkeit voraussetzen.

Bleibt zu erwähnen, dass Hamming seinen Artikel mit dem bemerkenswerten Eingeständnis schloss, dass «alle Erklärungen, die ich gegeben habe, in der Summe schlicht nicht ausreichen, das zu erklären, was ich mir vorgenommen hatte» (sprich: die unbegreifliche Erklärungsmacht der Mathematik).

Sollten wir also mit dem Eingeständnis schließen, dass uns die Erklärungsmacht der Mathematik noch immer genauso rätselhaft ist wie am Anfang?

Lassen Sie mich, bevor wir aufgeben, versuchen, den Kern von Wigners Fragestellung herauszudestillieren, indem wir die *wissenschaftliche Methode* unter die Lupe nehmen. Wissenschaftler erfahren Tatsachen über die Natur vor allem durch Experimente und Beobachtungen. Diese Fakten werden dann zunächst dazu verwendet, ein qualitatives Modell der beobachteten Phänomene zu entwickeln (etwa, die Erde zieht einen Apfel an, kollidierende subatomare Partikel können neue Partikel entstehen lassen, das Universum dehnt sich aus und so weiter). In vielen Zweigen der Wissenschaft bleiben auch die so aufgestellten Theorien ihrer Natur nach nichtmathematisch. Eines der besten Beispiele für eine Theorie von ungeheurer Erklärungsmacht ist die Darwin'sche Evolutionstheorie. Auch wenn die Theorie der natürlichen Selektion nicht auf einem mathematischen Formalismus basiert, war ihr Erfolg bei der Erklärung des Ursprungs von Arten bemerkenswert. In der physikalischen Grundlagenforschung hingegen besteht der nächste Schritt in der Regel in dem Versuch, mathematische, quantitative Theorien zu konstruieren (beispielsweise die allgemeine Relativitätstheorie, die Quantenelektrodynamik und so weiter). Am Ende verwenden die Wissenschaftler jene mathematischen Modelle dazu, weitere Phänomene, Teile und Ergebnisse von bislang noch nicht durchgeführten Experimenten und Beobachtungen vorherzusagen. Was Wigner und Einstein verblüffte, war der unglaubliche Erfolg der beiden letzten Schritte. Wie ist es möglich, dass Physiker wieder und wieder imstande sind, mathematische Werkzeuge zu finden, die nicht nur die vorhandenen Versuchs- und Beobachtungsergebnisse erklären, sondern darüber hinaus zu völlig neuen Einsichten und Vorhersagen führen?

Ich will versuchen, mich mit einem wunderbaren Beispiel des Mathematikers Reuben Hersh einer Antwort für diese Version unserer Frage zu nähern. Hersh vertrat den Standpunkt, man solle bei der Analyse von Problemen dieser Art in Mathematik und theoretischer Physik stets den einfachsten aller möglichen Fälle heranziehen. Betrachten Sie folgendes scheinbar triviale Experiment: Sie legen Steinchen in eine undurchsichtige Urne. Angenommen, Sie legen als Erstes vier weiße Steinchen hinein, danach sieben schwarze. Irgendwann im Laufe der Geschichte haben Menschen gelernt, dass sie für gewisse Zwecke eine Anzahl von Steinchen beliebiger Beschaffenheit und Farbe vermittels eines abstrakten Begriffs darstellen konnten, den sie erdacht hatten – durch eine natürliche Zahl. Das heißt, die Menge an weißen Steinchen konnte mit der Zahl 4 assoziiert werden (oder auch IIII oder IV oder was immer zu jener Zeit an Symbolen verwendet wurde) und die schwarzen mit der Zahl 7. Mithilfe von Experimenten, wie ich sie im Vorhergehenden beschrieben habe, haben Menschen auch herausgefunden, dass ein weiteres von ihnen ersonnenes Konzept – die Addition – korrekt den physischen Akt des Zusammenfügens von Dingen beschreibt. Mit anderen Worten: Das Ergebnis des abstrakten Vorgangs, der symbolisch durch 4 + 7 dargestellt ist, vermag eindeutig die Zahl der Steinchen in der Urne vorhersagen. Was das alles heißt? Es heißt, dass Menschen ein unglaubliches mathematisches Werkzeug entwickelt hatten – eines, mit dem sich verlässlich das Ergebnis *jedes* Experiments dieser Art vorhersagen ließ! Dieses Werkzeug ist in Wirklichkeit weit weniger trivial, als es vielleicht den Anschein hat, denn eben dasselbe Werkzeug funktioniert beispielsweise nicht für Wassertropfen. Wenn Sie vier Tropfen Wasser in Ihre Urne tropfen lassen und dann sieben dazutun, haben Sie in Ihrem Gefäß keine elf distinkten Tropfen. Ja, um irgendeine Vorhersage für ähnliche Experimente mit Flüssigkeiten (oder Gasen) machen zu können, mussten die Menschen völlig andere Konzepte entwickeln (Gewicht zum Beispiel) und erkennen, dass sie jeden Tropfen oder jede Volumeneinheit Gas für sich zu wiegen hatten.

Die Lektion daraus ist klar. Die mathematischen Instrumente

wurden nicht willkürlich gewählt, sondern vielmehr sehr genau abgestimmt auf ihre Fähigkeit, die Ergebnisse der relevanten Experimente und Beobachtungen erklären und vorhersagen zu können. Zumindest für diesen trivialen Fall war ihre Effizienz demnach garantiert. Menschen mussten nicht im Vorhinein raten, wie die passende Mathematik aussehen würde. Die Natur hat ihnen den Luxus von Versuch und Irrtum beschert, mit dem sie herausfinden können, was funktioniert. Sie mussten überdies nicht unter allen Umständen bei denselben Werkzeugen bleiben. Manchmal gab es den passenden mathematischen Formalismus für ein gegebenes Problem einfach nicht, und jemand musste ihn erfinden (wie im Falle Newtons, als er die Infinitesimalrechnung erfand, oder moderner Mathematiker, die im Zusammenhang mit den jüngsten Vorstößen auf dem Gebiet der Stringtheorie verschiedene topologisch-geometrische Ideen entwickelt haben). In anderen Fällen hat der Formalismus bereits existiert, doch musste noch jemand entdecken, dass dieser eine Lösung war, die noch des richtigen Problems harrte (wie im Fall der Einstein'schen Hinwendung zur Riemann'schen Geometrie oder der Auseinandersetzung der Teilchenphysiker mit der Gruppentheorie). Der springende Punkt ist, dass Menschen durch brennende Neugier, hartnäckige Ausdauer, schöpferische Fantasie und finstere Entschlossenheit imstande gewesen sind, mathematische Formalismen zur Modellierung einer großen Zahl physikalischer Phänomene zu finden.

Ein Merkmal der Mathematik, das für das, was ich als «passive» Effizienz bezeichnet habe, absolut unerlässlich war, ist ihre buchstäblich ewige Gültigkeit. Die euklidische Geometrie ist heute genauso korrekt wie im Jahr 300 v. Chr. Wir wissen heute, dass ihre Axiome nicht allein selig machend sind und dass sie, statt absolute Wahrheiten über den Raum zu liefern, vielmehr Wahrheiten innerhalb eines bestimmten, vom Menschen wahrgenommenen Universums und den ihm zugehörigen, vom Menschen erdachten Formalismus abbilden. Dennoch, wenn wir den engeren Zusammenhang betrachten, treffen alle ihre Sätze zu. Mit anderen Worten: Zweige der Mathematik können in übergeordnete, umfassendere Zweige integriert werden (so ist die euklidische Geometrie nur eine mögliche Form von Geometrie), aber die Genauigkeit innerhalb des jeweiligen Zweiges bleibt bestehen.

Es ist diese unbegrenzte Langlebigkeit, die es Wissenschaftlern ermöglicht, im Arsenal bereits entwickelter Formalismen immer und zu jeder Zeit nach passenden mathematischen Werkzeugen zu suchen.

Das einfache Beispiel mit den Steinchen in der Urne lässt zwei Elemente des Wigner'schen Rätsels unberührt. Erstens stellt sich die Frage, warum wir offenbar in manchen Fällen mehr Genauigkeit aus einer Theorie herausbekommen, als wir hineingesteckt haben. Bei dem Experiment mit den Steinchen liegt die Genauigkeit der «vorhergesagten» Ergebnisse (die Gesamtzahl an Kieseln) nicht wesentlich über der Genauigkeit des Experiments, das die Formulierung der «Theorie» (der arithmetischen Addition) überhaupt erst angestoßen hatte. Im Falle von Newtons Gravitationstheorie hingegen geht die Genauigkeit der bisher nachgeprüften Vorhersagen weit über die der Beobachtungen hinaus, die diese Theorie inspiriert haben. Warum? Ein kurzer retrospektiver Blick auf die Geschichte der Newton'schen Theorie gibt hier womöglich Aufschluss.

Das geozentrische Modell des Ptolemäus hat fast fünfzehnhundert Jahre unangefochten bestanden. Auch wenn es keinen Anspruch auf Universalität erhob – die Bewegung der einzelnen Planeten wurde gesondert betrachtet – und keine Rede von den physikalischen Ursachen (zum Beispiel Kräften und Beschleunigung) war, schien die Übereinstimmung mit dem, was beobachtet wurde, vernünftig. Nikolaus Kopernikus (1473–1543) veröffentlichte 1543 sein heliozentrisches Modell, und Galilei sorgte dafür, dass dieses Modell sozusagen festen Boden unter den Füßen bekam. Galilei sorgte auch für die Fundamente der Bewegungsgesetze. Doch es war Kepler, der aus seinen Beobachtungen das erste mathematische (wenn auch nur phänomenologische) Gesetz der Planetenbewegung herleitete. Kepler zog die umfassende Datensammlung aus dem Nachlass des Astronomen Tycho Brahe heran, um die Umlaufbahn des Mars zu errechnen. Er nannte die sich daraus ergebenden Hunderte von Seiten seinen «Krieg mit Mars». Mit Ausnahme zweier Abweichungen stimmte eine kreisförmige Umlaufbahn mit allen Beobachtungen überein. Dennoch war Kepler mit dieser Lösung nicht ganz einverstanden, und er beschreibt später seinen Denkprozess: «Wenn ich geglaubt hätte, dass wir diese acht Minuten [gemeint sind acht Bogenminuten] außer Acht lassen könnten, hätte ich meine Hypothese umgearbeitet, um dem Rechnung zu tragen. Nun aber, da es nicht erlaubt war, sie außer Betracht zu lassen, waren es diese acht Bogenminuten, die allein einer vollständigen Neuordnung der Astronomie den Weg wiesen.» Die Folgen seiner Akribie waren an Dramatik nicht zu überbieten. Kepler folgerte, dass die Umlaufbahnen der Planeten nicht kreisförmig, sondern elliptisch sein müssten, und formulierte zwei weitere quantitative Gesetze, die für *alle* Planeten galten. Und als sich diese Gesetze mit Newtons Bewegungsgesetzen verbanden, wurden sie zur Grundlage von Newtons Gravitationsgesetz. Erinnern Sie sich jedoch, dass auf halbem Wege Descartes mit seiner Wirbeltheorie auf der Bildfläche erschien, der zufolge die Planeten durch Wirbel sich bewegender Teilchen um die Sonne getragen wurden. Mit dieser Theorie konnte man, schon bevor Newton gezeigt hatte, dass sie nicht schlüssig ist, nicht allzu weit kommen, denn Descartes hat nie einen systematischen mathematischen Umgang mit seinen Wirbeln entwickelt.

Was lernen wir also aus dieser kurzen Geschichte? Es kann kein Zweifel daran bestehen, dass Newtons Gravitationsgesetz das Werk eines Genies war. Ein Teil der Grundlagen dafür war in mühevoller Kleinarbeit von früheren Wissenschaftlern gelegt worden. Wie ich in Kapitel 4 berichtet habe, hatten auch weit weniger große Mathematiker als Newton wie der Architekt Christopher Wren und der Physiker Robert Hooke unabhängig voneinander das inversquadratische Abstandsgesetz der Anziehungskraft vorgeschlagen. Newtons Größe zeigte sich in seiner unerreichten Fähigkeit, alle Erkenntnisse zu einer einheitlichen Theorie zusammenzufassen, und in seinem beharrlichen Bestreben, die Konsequenzen seiner Theorie mathematisch hieb- und stichfest durch einen Beweis zu untermauern. Warum traf dieser Formalismus so genau ins Schwarze? Teils, weil er ein absolut grundlegendes Problem betraf – die Anziehungskräfte, die zwischen zwei Körpern wirken, und die daraus resultierende Bewegung. Keine weiteren Faktoren komplizierten das Problem. Allein und nur für dieses Problem gelangte Newton zu einer absoluten Lösung. Die zugrunde liegende Theorie war somit extrem genau, ihr Geltungsbereich bedurfte jedoch kontinuierlicher Verfeinerung. Das Sonnensystem besteht aus mehr als zwei Körpern. Wenn die Effekte der anderen Planeten (immer noch nach dem inversquadratischen Wirkungsgesetz) berücksichtigt werden, hören die Umlaufbahnen auf, einfache Ellipsen zu sein. Zum Beispiel stellt man fest, dass die Planetenbahn der Erde ihre Orientierung im Raum ganz allmählich ändert; man bezeichnet dies als *Präzession*, das Ganze ähnelt in etwa der «eiernden» Bewegung, die die Achse eines tanzenden Kreisels vollführt. Ja, moderne Untersuchungen haben gezeigt, dass die Planetenbahnen im Gegensatz zu dem, was Laplace erwartet hatte, am Ende womöglich chaotisch werden. Newtons so fundamentale Theorie ging freilich später in Einsteins allgemeiner Relativitätstheorie auf. Und der Geburt dieser Theorie ging ebenfalls eine Reihe von Fehlstarts und Beinahefehlschlägen voraus. Die Genauigkeit einer Theorie lässt sich also nicht vorhersehen oder erwarten. Probieren geht über Studieren – ständig werden Veränderungen und Verbesserungen vorgenommen, bis die gewünschte Genauigkeit erreicht ist. Die wenigen Fälle, in denen größtmögliche Genauigkeit mit einem einzigen Schritt erreicht wird, erscheinen uns wie Wunder.

Offensichtlich steht hinter alldem eine entscheidende Tatsache, die die Suche nach fundamentalen Gesetzmäßigkeiten lohnenswert macht. Die Tatsache nämlich, dass die Natur freundlicherweise von *allgemeingültigen* Gesetzen und nicht von Feld-Wald-und-Wiesen-Regeln mit beschränkter Reichweite gelenkt wird. Ein Wasserstoffatom auf der Erde, eines am anderen Ende der Milchstraße, ja gar eines in einer Galaxie, die zehn Milliarden Lichtjahre entfernt ist, verhalten sich in genau derselben Art und Weise. Und das gilt zu jeder Zeit und für jede Richtung, in die wir schauen. Mathematiker und Physiker haben einen physikalischen Terminus erfunden, der solche Eigenschaften beschreibt, man spricht hier von *Symmetrien*, und diese sind ein Maß für die Unveränderlichkeit eines Systems im Hinblick auf bestimmte Wechsel von Ort, Zeit und Orientierung. Ohne solche Symmetrien wäre es schlecht bestellt um unsere Hoffnung, je den großen Entwurf der Natur entschlüsseln zu können, denn jedes Experiment müsste unablässig an jedem Ort im Raum wiederholt werden (so sich in einem solchen Universum überhaupt Leben entwickeln könnte). Ein weiteres Merkmal des Kosmos, der den Bühnenhintergrund aller mathematischen Theorie bildet, lautet *Lokalität* –

die Möglichkeit, aufbauend auf der Beschreibung von grundlegendsten Interaktionen unter den Elementarteilchen, einem Puzzle gleich das «große Bild» zu konstruieren.

Wir kommen nun zum letzten Element in Wigners Puzzle: Was garantiert, dass eine mathematische Theorie überhaupt existiert? Mit anderen Worten: Warum gibt es beispielsweise eine allgemeine Relativitätstheorie? Könnte es nicht auch so sein, dass es gar keine mathematische Theorie der Schwerkraft gibt?

Die Antwort auf diese Frage ist genau genommen viel einfacher, als Sie womöglich geneigt sind anzunehmen. Es gibt in der Tat keine Garantien! Für eine Vielzahl an Phänomenen sind keine genauen Vorhersagen, ja nicht einmal prinzipielle Einschätzungen möglich. Zu dieser Kategorie gehört zum Beispiel ein ganzes Spektrum an dynamischen Systemen, die ihrer Struktur nach *chaotisch* sind und in denen die winzigsten Änderungen der Ausgangsbedingungen komplett andere Endergebnisse zeitigen. Zu den Phänomenen, die ein solches Verhalten an den Tag legen, gehören Dinge wie der Aktienmarkt, das Wetter in den Rocky Mountains, eine Kugel im Roulettekessel, Rauch, der aus einer Zigarette aufsteigt, und, in der Tat, die Umlaufbahnen der Planeten des Sonnensystems. Damit soll nicht gesagt sein, dass die Mathematiker nicht über geniale Formalismen verfügten, mit denen sie einige wichtige Aspekte dieser Probleme angehen können, aber es gibt keine deterministische, prädikative Theorie. Das gesamte Gebiet der Wahrscheinlichkeitstheorie und Statistik verdankt ja seine Existenz ebendem Bedürfnis, auch Bereiche anzupacken, in denen man keine Theorie zur Verfügung hat, die es einem erlaubt, mehr aus seinen Überlegungen herauszuholen, als man hineingesteckt hat. Ganz ähnlich umreißt ein Gebiet namens *Komplexitätstheorie* die Grenzen unserer Fähigkeit, Probleme mittels handhabbarer Algorithmen zu lösen, und Gödels Unvollständigkeitssätze zeigen der Mathematik sogar gewisse Beschränkungen auf, die in ihr selbst gründen. Die Mathematik ist also für manche Beschreibungen außerordentlich effizient – vor allem für solche im Bereich der Grundlagenwissenschaft –, vermag aber nicht unser Universum in allen seinen Dimensionen zu erfassen. Bis zu einem gewissen Grad haben Wissenschaftler sich die Probleme, die sie sich zu lösen vorgenommen haben, auch immer schon danach ausgesucht, ob diese einem mathematischen Ansatz zugänglich sind.

Haben wir nun also die Frage nach der unbegreiflichen Erklärungsmacht der Mathematik ein für allemal gelöst? Ich habe sicher mein Bestes gegeben, aber ich bezweifle stark, dass jeder Leser sich von den Argumenten, die ich in diesem Buch angeführt habe, restlos hat überzeugen lassen. Lassen wir dazu Bertrand Russell das letzte Wort:

> Wir wollen also unsere Betrachtungen über den Wert der Philosophie zusammenfassen: Der Philosophie soll man sich widmen, nicht um irgend welche endgültige Antworten auf ihre Fragen zu erwarten, da in der Regel keine bestimmten Antworten als wahr erkannt werden können, sondern um der Fragen selbst willen; weil diese Fragen unseren Begriff von dem, was möglich ist, erweitern, die Phantasie unseres Verstandes bereichern, und die dogmatische Sicherheit, die den Geist gegen Spekulationen unempfindlich macht, vermindert. Vor allem aber deshalb, weil die Größe der Welt, mit der sich ja die philosophische Betrachtung befasst, den Geist selbst groß macht und so fähig zu jener Vereinigung mit dem Weltall, in der sein höchstes Gut besteht.

ANHANG

DANKSAGUNG

Viele Menschen haben – direkt und indirekt – über einen beträchtlichen Zeitraum zu den in diesem Buch vorgestellten Überlegungen beigetragen. Für überaus hilfreiche Diskussionen möchte ich mich bedanken bei Sir Michael Atiyah, Gia Dvali, Freeman Dyson, Hillel Gauchman, David Gross, Sir Roger Penrose, Lord Martin Rees, Raman Sundrum, Max Tegmark, Steven Weinberg und Stephen Wolfram. Dorothy Morgenstern Thomas bin ich zu großem Dank verpflichtet, weil sie mich den gesamten Text von Oscar Morgensterns Bericht über Kurt Gödels Erfahrungen mit den amerikanischen Einwanderungs- und Einbürgerungsbehörden hat einsehen lassen. William Christens-Barry, Keith Knox, Roger Easton und insbesondere William Noel waren so freundlich, mir im Detail ihre Vorgehensweise bei dem Versuch, das Archimedes-Palimpsest lesbar zu machen, zu erklären. Besonderer Dank geht an Laura Garbolino, die mich mit entscheidend wichtigen Quellen und seltenem Archivmaterial zur Geschichte der Mathematik versorgt hat. Ich danke auch der Abteilung für Sondersammlungen der Johns Hopkins University, der University of Chicago und der französischen Nationalbibliothek für das Ausfindigmachen einiger seltener Manuskripte.

Stefano Casertano bin ich sehr dankbar für seine Hilfe beim Übersetzen einiger schwieriger Passagen aus dem Lateinischen, Elizabeth Fraser und Jill Lagerstrom für ihre unschätzbare (und stets mit einem Lächeln gewährte) bibliographische und linguistische Unterstützung.

Ein besonderes Dankeschön an Sharon Toolan für professionelle Hilfe bei der Vorbereitung des Manuskripts für die Drucklegung und an Ann Feild, Krista Wildt und Stacey Benn für das Anfertigen eines Teils der Zeichnungen.

Danksagung

Jeder Autor kann sich glücklich schätzen, wenn er von seiner Lebensgefährtin so unermüdliche Unterstützung und Geduld erfährt, wie sie mir meine Frau Sofie während der langen Zeit hat angedeihen lassen, die ich an diesem Buch geschrieben habe.

Schließlich möchte ich mich noch bei meiner Agentin Susan Rabiner bedanken, ohne deren Ermutigung dieses Buch nie zustande gekommen wäre. Auch meinem Lektor Bob Bender schulde ich großen Dank für das sorgfältige Lesen des Manuskripts und seine kenntnisreichen Kommentare, dazu Johanna Li für ihre unschätzbare Unterstützung bei der Fertigstellung, Loretta Denner und Amy Ryan fürs Korrekturlesen, Victoria Meyer und Katie Grinch für die Werbung und dem gesamten Herstellungs- und Vertriebsteam bei Simon & Schuster für seinen engagierten Einsatz.

ANMERKUNGEN

Kapitel 1: Ein Mysterium

Seite

9 *wie der britische Physiker James Jeans (1877–1946) einst sinnierte:* Jeans 1930.

10 *wie Einstein sich einst fragte:* Einstein 1934, zitiert aus Dehaene, S. 285.

10 *führt er die Geometrie als Lehrbeispiel an:* Hobbes 1651, zitiert aus Hobbes, Stuttgart, 2005, S. 33.

10 *Penrose unterscheidet drei verschiedene «Welten»:* Penrose diskutiert diese drei Welten wunderbar in seinem Buch *Computerdenken*.

11 *Der Nobelpreisträger für Physik Eugene Wigner:* Wigner 1960. Wir werden noch häufiger in diesem Buch auf seinen Artikel zurückkommen.

13 *dass er mit großem Nachdruck erklärte:* Hardy 1940.

13 *Eine seiner Arbeiten feierte Auferstehung:* Näheres zum Hardy-Weinberg-Gesetz finden Sie unter anderem in Hedrick 2004 sowie in jedem Lehrbuch der Populationsgenetik oder der Populationsökologie.

14 *Im Jahr 1973 gelang dem britischen Mathematiker Clifford Cocks:* Cocks ersann im Jahr 1973 ein sogenanntes asymmetrisches Verschlüsselungssystem, das später den Namen RSA erhalten sollte, zu seiner Zeit allerdings streng geheim gehalten wurde. Einige Jahre später wurde es unabhängig von ihm von R. Rivest, A. Shamir und I. Adleman am MIT erneut entdeckt (den Anfangsbuchstaben ihrer Nachnamen verdankt es sein Kürzel RSA). Siehe Rivest, Shamir und Adleman 1978.

14 *um die Symmetrien der Welt zu beschreiben:* Eine populärwissenschaftliche Beschreibung von Symmetrien, der Gruppentheorie und ihrer gemeinsamen Geschichte finden sich in *The Equation That Couldn't Be Solved* (Livio 2005), Stewart 2007, Ronan 2006 und Du Sautoy 2008.

15 *Ergebnis einer Rechenfolge:* Eine wunderbare populärwissenschaftliche Beschreibung der Entstehung der Chaostheorie findet sich in Gleick 1987.

17 *Black-Scholes-Modell:* Black und Scholes 1973.

17 *Problem des Handlungsreisenden:* Eine hervorragende, wenn auch technische Darstellung des Problems und seiner Lösung findet sich in Applegate et al. 2007.

19 *in deutlichen Worten Ausdruck:* Changeux und Connes 1995.

20 *scherzhaft bemerkt:* Gardner 2003.

20 *Bei der Rezension eines Buches:* Atiyah 1995.

22 *Mit den Worten des französischen Neurowissenschaftlers:* Changeux und Connes 1995, hier zitiert aus Berlin, Heidelberg, New York, 1992, S. 13.

22 *An einer Stelle klagt sie:* Eine kurze Biographie von Marjory Fleming findet sich unter anderem in Wallechinsky und Wallace 1975–1981.

23 *Mathematiker und Autor Ian Stewart:* Stewart 2004.

Kapitel 2:
Mystiker: Der Numerologe und der Philosoph

25 *Descartes war einer der Hauptarchitekten:* Eine ausführlichere Darstellung der Beiträge Descartes' findet sich in Kapitel 4.

26 *Denn völlig frei bekenne ich:* Descartes 1644, hier zitiert aus Hamburg 2005, S. 175.

26 *er gilt als derjenige:* Iamblichos ca. 300 v. Chr., siehe Guthrie 1987.

26/ *drei sehr ausführliche Biographien seiner Person aus dem 3. Jahrhundert:*
27 Laertios ca. 250 v. Chr., Porphyrios ca. 270 v. Chr., Iamblichos ca. 300 v. Chr.

27 *Infolgedessen fand sogar Aristoteles:* Aristoteles, ca. 350 v. Chr.; diskutiert in Burkert 1972.

27 *Der griechische Geschichtsschreiber Herodot:* Herodotus 440 v. Chr.

27 *Empedokles (ca. 492–432 v. Chr.) fügte voll Bewunderung hinzu:* Porphyrios ca. 270 v. Chr., Zitat hier entnommen aus *Die Vorsokratiker I*, Stuttgart, 2008, S. 175.

28 *Die Zahl 1 zum Beispiel:* Eine gute Darstellung der pythagoreischen Lehren findet sich in Strohmeier und Westbrook 1999.

28 *Der englische Gelehrte:* Stanley 1687.

29 *Die Tatsache, dass jemand Zahlen:* Eine faszinierende Zusammenfassung der Eigenschaften von Zahlen findet sich in Wells 1986.

30 *Pythagoras bittet jemanden zu zählen:* Zitiert in Heath 1921.

30 *Bei ihm, der die Heilige Vier:* Iamblichos ca. 300 v. Chr., hier zitiert aus Zürich, Stuttgart, 1963, S. 165, auch in Guthrie 1987.

31 *Wenn zwei ähnlich gespannte Saiten gleichzeitig:* Strohmeier und Westbrook 1999, Stanley 1687.

32 *Das Wort «Gnomon»:* T. L. Heath liefert eine ausführliche Diskussion des Begriffs und dessen, was dieser zu verschiedenen Zeiten bedeutet hat (Heath 1921). Der Mathematiker Theon von Smyrna (ca. 70–135 v. Chr.)

verwendete diesen Ausdruck im Zusammenhang mit der figurativen Darstellung von Zahlen (Theon von Smyrna ca. 130 v. Chr.).

35 *Wenn wir auf jene hören:* Ihnen wird aufgefallen sein, dass Proklos in seinem Kommentar nicht genau sagt, welcher Ansicht er selbst betreffs der Frage, ob Pythagoras diesen Satz wirklich als Erster formuliert hat, ist. Die Anekdote mit dem Ochsen findet sich in den Schriften von Laertius, Porphyrios und des Historikers Plutarch (ca. 45–120 v. Chr.). Sie basiert auf Versen von Appolodorus. Allerdings ist in den Versen stets nur die Rede von «jenem berühmten Satz», ohne dass gesagt wird, um welchen Satz es sich gehandelt hat. Siehe Laertius ca. 250 v. Chr., Plutarch ca. 75 v. Chr.

36 *Diese Konstruktionen waren:* Renon und Felliozat 1947, van der Waerden 1983.

37 *Die Grundphilosophie:* Diese Weltlehre basierte auf der Vorstellung, dass Wirklichkeit daraus entsteht, dass (die als unendlich betrachtete) Materie durch (die als endlich oder beschränkend betrachtete) Form gestaltet wird.

38 *Die älteste überlieferte Anekdote:* Joost-Gaugier 2006.

39 *im Hinblick auf die Fragestellung:* Gute Diskussionen zum Beitrag der Pythagoreer und ihres Einflusses finden sich in Huffman 1999, Riedweg 2005, Joost-Gaugier 2006 und Huffman 2006 in der *Stanford Encyclopedia of Philosophy*.

40 *Einem aus den Reihen der Pythagoreer:* Fritz 1945.

41 *Erkenntnis, dass es «abzählbare» und «nichtabzählbare» Unendlichkeiten gibt:* Ich will an dieser Stelle keine Dinge wie transfinite Zahlen und die Arbeiten von Cantor und Dedekind erörtern. Hervorragende populärwissenschaftliche Darstellungen dazu finden sich in Aczel 2000, Barrow 2005, Devlin 2000, Rucker 1995 und Wallace 2003.

41 *wie der Philosoph Iamblichos berichtet:* Iamblichos ca. 300 v. Chr., hier zitiert aus Zürich, Stuttgart, 1963, S. 239.

42 *wenn es nach den Pythagoreern ging:* Siehe Netz 2005.

42 *Die sicherste allgemeine Charakterisierung:* Whitehead 1929, hier zitiert aus Frankfurt am Main, 1979, S. 91.

43 *Wer war dieser unermüdliche Sucher:* Die Titel der Abhandlungen über Platon und seine Ideen würden selbstredend ein ganzes Buch füllen. Hier einige, die ich besonders hilfreich fand: zu Platon im Allgemeinen: Hamilton und Cairns 1961, Havelock 1963, Gosling 1973, Ross 1951, Kraut 1992. Zur Mathematik: Heath 1921, Cherniss 1951, Mueller 1991, Fowler 1999, Herz-Fischler 1998.

44 *Einer Festansprache des römischen Kaisers Julian des Apostaten zufolge:* Die Ansprache stammt aus dem Jahr 362, enthielt jedoch keine Details zum Inhalt der Inschrift. Ihren Text verdanken wir einer Randbemerkung in einem

Manuskript von der Hand des Aelius Aristides. Diese Notiz stammt möglicherweise von dem Redner Sopatros aus dem 4. Jahrhundert und verkündet in etwa: «Am Eingang zur Schule des Platon stand die Inschrift: ‹Lasst niemanden eintreten, der kein Geometer ist›, [Solches steht] für ‹unlauter oder ungerecht›: denn die Geometrie ist der Lauterkeit und der Gerechtigkeit verpflichtet.» Die Anmerkung will offenbar besagen, dass Platons Inschrift eine damals gebräuchliche Floskel ersetzt hat, die an heiligen Orten verwendet wurde: «Lasst keinen Unlauteren oder Ungerechten eintreten». Diese Geschichte wurde später von nicht weniger als fünf alexandrinischen Philosophen des 6. Jahrhunderts wiederholt und fand letztlich Eingang in die *Chiliades* des Gelehrten Johannes Tzetzes (ca. 1110–1180). Eine ausführliche Diskussion findet sich in Fowler 1999.

45 *Mich hat schwer enttäuscht:* Eine zusammenfassende Darstellung zahlreicher erfolgloser archäologischer Versuche findet sich in Glucker 1978.

46 *Der Philosoph und Historiker Philodemus:* Berichtet in Cherniss 1945, Mekler 1902.

46 *Und der Philosoph und Mathematiker Proklos schwärmte:* Cherniss 1945, Proklos ca.450.

47 *Nun dürfen also nur Leute an die Macht kommen:* Platon ca. 360 v. Chr., hier zitiert aus Zürich 2000, S. 585.

47 *Die Wissenschaft von den Zahlen:* Washington 1788.

48 *Stelle dir Menschen vor in einer unterirdischen höhlenartigen Behausung:* Eine interessante Diskussion zu diesem Gleichnis findet sich in Stewart 1905, hier zitiert aus Zürich 2000, S. 567.

50 *Platons Ansichten bildeten die Grundlage:* Interessante Diskussionen zum Platonismus und dessen Platz in der Philosophie der Mathematik in Tiles 1996, Mueller 1992, White 1992, Russell 1945, Tait 1996, hervorragende populärwissenschaftliche Darstellungen in Davis und Hersh 1981, Barrow 1992.

50/51 *Folgerichtig war in Platons Denken:* Eine Diskussion zu dieser Frage findet sich in Mueller 2005.

51 *Er vertrat die Ansicht:* Platons Kommentare zur Astronomie und zu den Planetenbewegungen werden in *Der Staat* (Plato ca. 360 v. Chr.), in dem Dialog *Timaios* und in *Die Gesetze* dargelegt. G. Vlostos und I. Mueller befassen sich mit den Konsequenzen der platonischen Position (Vlostos 1975, Mueller 1992).

53 *als Werbegag für einen Roman mit dem Titel Onkel Petros und die Goldbach'sche Vermutung* (Doxiadis 2000).

53 *ein anderes unschuldig wirkendes Beispiel:* Eine ausführliche Beschreibung enthält Ribenboim 1994.

54 *Manche Mathematiker, Philosophen, Kognitionswissenschaftler:* Ich werde auf diese Ansichten in Kapitel 9 zurückkommen.

54 *Den Propheten zufolge:* Bell 1940.

Kapitel 3: Magier: Der Meister und der Ketzer

57 *Unter den vorhandenen (Dingen):* Aristoteles ca. 330 v. Chr. a, b, siehe auch Koyré 1978. Hier zitiert aus Hamburg, S. 51.

58 *Mittels eines pfiffigen Gedankenexperiments:* Galileo 1589–1592.

59/60 *in sich geschlossenes System einer logischen Argumentation:* Dieses und andere logische Konstrukte werden in Kapitel 7 ausführlich behandelt.

61 *Hätte der Mathematikhistoriker Eric Temple Bell:* Bell 1937.

62 *von einem gewissen Herakleides:* Erwähnt ist dies unter anderem in Kommentaren zu Archimedes' *Kreis-Messung* des Mathematikers Eutokios (ca. 480–540 v. Chr.), siehe Heiberg 1910–1915.

62 *Dieser war genau genommen eher an den militärischen Leistungen:* Plutarch ca. 75 v. Chr. (hier zitiert aus Zürich 1955, S. 321–325).

62 *Archimedes wurde in Syrakus geboren:* Sein Geburtsjahr wurde nach den *Chiliades* des byzantinischen Gelehrten Johannes Tzetzes aus dem 12. Jahrhundert bestimmt.

63 *Als Jugendlicher verbrachte Archimedes einige Zeit in Alexandria:* Belege hierfür werden diskutiert in Dijksterhuis 1957.

64 *Daraus formte sich in seinem Kopf auf der Stelle eine Lösung:* Der römische Architekt Marcus Vitruvius Pollio (1. Jahrhundert v. Chr.) berichtet uns diese Geschichte in seiner Abhandlung *De Architectura* (siehe Vitruvius, 1. Jahrhundert v. Chr.). Er erzählt, Archimedes habe ein Stück Silber und ein Stück Gold, beide vom selben Gewicht wie die Krone des Königs, in Wasser gelegt und dabei festgestellt, dass die Krone mehr Wasser verdrängt als das Gold, aber weniger als das Silber. Man kann leicht zeigen, dass sich aus der Menge des jeweils verdrängten Wassers das Verhältnis des Anteils von Silber und Gold in der Krone errechnen last. Entgegen manchen Darstellungen benötigte Archimedes übrigens keines der Gesetze der Hydrostatik, um das Problem zu lösen.

64 *wurde von Thomas Jefferson ebenso zitiert:* In einem Brief an M. Correa de Serra schrieb Thomas Jefferson im Jahre 1814: «Mit dem geeigneten Angelpunkt vermag die gute Meinung der Menschheit die Welt ebenso zu bewegen wie der Hebel des Archimedes.» Lord Byron erwähnt Archimedes' Ausspruch in seinem *Don Juan*, John F. Kennedy in einer Wahlkampfrede, zitiert in der *New York Times* vom 3. November 1960, und

Mark Twain in einem Artikel mit der Überschrift «Archimedes» aus dem Jahr 1887.

66 *Reihe von Spiegeln:* Eine Gruppe Studenten am MIT hat im Oktober 2005 versucht, ein Schiff mit Hilfe von Spiegeln in Brand zu setzen. Einige von ihnen wiederholten das Experiment für die Fernsehshow *Myth Busters.* Die Ergebnisse waren nicht ganz schlüssig, denn zwar vermochten die Studenten einen Brandherd zu erzeugen, der nicht sofort verlosch, doch war dieser nicht übermäßig groß. Bei einem ähnlichen Experiment konnte man im September 2002 in Deutschland mit Hilfe von 500 Spiegeln das Segel eines Schiffs in Brand setzen. Eine Diskussion zur Brennkraft von Spiegeln findet sich auf einer Internetseite, die von Michael Lahanas betreut wird.

66 *Einigen Berichten zufolge:* Diese Formulierung entstammt den *Chiliades* von Tzetzes; siehe Dijksterhuis 1957. Plutarch berichtet nur, Archimedes habe sich geweigert, dem Soldaten zu Marcellus zu folgen, ehe er nicht das Problem gelöst hatte, das ihn so beschäftigte. (Plutarch ca. 75 v. Chr.).

67 *Wie der britische Mathematiker und Philosoph:* Whitehead 1911, hier zitiert aus München, 1958, S. 21.

68 *Archimedes' Werk deckt ein erstaunlich breites Spektrum:* Ein hervorragendes Buch über die Werke des Archimedes ist Heath 1897. Andere erstklassige Ausführungen hierzu finden sich in Dijksterhuis 1957 und Hawking 2005.

69 *Es gibt Leute, König Gelon:* Heath 1897, hier zitiert aus Berlin, 1914, S. 343.

72 *Die Geschichte dieser Entdeckung:* Ein packender Bericht über das Palimpsest Project findet sich in Netz und Noel 2007.

72 *Irgendwann im 10. Jahrhundert:* vermutlich 975 v. Chr.

72 *Der Schreiber Ioannes Myronas:* Netz und Noel 2007.

75 *Ich hatte das Glück, die Palimpsest-Forscher:* Will Noel, der Leiter des Projektes, hat mir ein Treffen mit William Christens-Barry, Roger Easton und Keith Knox ermöglicht. Dieses Team hat das NBI-System *(narrow band imaging system)* entworfen und den Algorithmus zur Sichtbarmachung des Textes entwickelt. Hinzu kommen bildgebende Verfahren, entwickelt von den Forschern Anna Tonazzini, Luigi Bedini und Emanuele Salerno.

75 *Bei einer früheren Gelegenheit sandte ich dir:* Heath 1897, hier zitiert aus Berlin 1914, S. 414, Dijksterhuis 1957.

77 *Vorwegnahme der* Integral- und Differentialrechnung*:* Eine wunderbare Darstellung der Geschichte und Bedeutung der Differentialrechnung findet sich in Berlinski, 1996.

79 *Dem griechischen Mathematiker Geminos:* Heath 1921.

79 *verlangte, man möge sie auf seinem Grabstein festhalten:* Plutarch ca. 75 v. Chr.

80 *die durchaus anrührende Darstellung:* Cicero, 1. Jahrhundert v. Chr. Eine gelehrte Analyse des Cicero-Textes, seiner Struktur, seiner rhetorischen Elemente und seiner Symbolfunktion findet sich in Jaeger 2002, Zitat hier aus Darmstadt 1992, S. 367.

81 *Galileo Galilei wurde … in Pisa geboren:* Eine exzellente moderne Biographie liefert S. Drake mit *Galilei* (Drake 1978). Von etwas leichterer Hand ist J. Restons *Galileo Galilei: Eine Biographie* (Reston 1994). Siehe auch Van Helden und Burr 1995. Galileis Gesamtwerk (in italienischer Sprache) findet sich in Favaro 1890–1909.

81 *welche in den nachgelassenen Schriften:* In *Die Waage*, Galilei 1586 (hier zitiert aus München 1987, S. 45).

82 *ein Holzkörper, den man von einem Turm herunterfallen lässt:* Galileo 1589–1592 (Galilei 1600a und Galilei 1600b). C. B. Schmitt (Schmitt 1969, nach D. A. Maklich) spekuliert, dass Galileis Aussage vielleicht darauf zurückzuführen sein könnte, dass die Hand eine Bleikugel fester hält als eine Holzkugel und Letztere infolgedessen rascher losgelassen wird. Eine hervorragende Darstellung der richtigen Überlegungen Galileis zum Verhalten fallender Körper findet sich in Frova und Marenzana 1998, eine fantastische Diskussion zu Galileis physikalischem Denken in Koyré 1978.

82 *Viviani schuf das populäre Image:* Ausführliche Diskussionen über die Methoden und Gedanken Galileis finden sich in Shea 1972 und in Machamer 1998.

83 *nicht nur unwissend:* Galileo 1589–1592. Eine ausführliche Kritik Galileis an Aristoteles findet sich in *De Motu*. Siehe Galilei 1600a, b.

83 *Virginia, Livia und Vincenzio:* Die Lebensgeschichte der Virginia, später bekannt geworden als Schwester Maria Celeste, erzählt Dava Sobel in *Galileos Tochter* (Sobel 1999) auf ganz wunderbare Weise.

85 *Vor ungefähr zehn Monaten:* Galilei 1610a, b (hier zitiert nach München, 1987, S. 101). Eine hervorragende Beschreibung der Arbeiten, die zur Konstruktion des besagten Fernrohrs geführt haben, findet sich in Reeves 2008.

86 *Wie der Wissenschaftshistoriker Noel Swerdlow:* Swerdlow 1998. Eine ausführliche Beschreibung von Galileis Entdeckungen mit Hilfe des Fernrohrs findet sich in Shea 1972, Drake 1990.

86 *Er richtete sein Fernrohr auf den Mond:* Eine allgemeine, nicht allzu sehr wissenschaftlich ausgerichtete Beschreibung der Entdeckungen Galileis sowie eine allgemeine Geschichte des Fernrohrs findet sich in Panek 1998.

88 *Wie wichtig die Entdeckung der Jupitermonde:* Galileis kopernikanischer Standpunkt wird ausführlich diskutiert von Shea 1998 und Swerdlow 1998.

88 *ein verspielt-verschmitzter Galilei:* Der Brief selbst war an den Botschafter der Toskana in Prag gerichtet, Galileo hatte diesem das Anagramm für Kepler beigelegt.

89 *Kepler versuchte erfolglos:* Er schrieb dazu an Galilei: «Ich beschwöre Euch, uns nicht lange über die Bedeutung im unklaren zu lassen. Ihr seht doch, daß ihr es mit echten Deutschen zu tun habt. Bedenkt, in welche Nöte Ihr mich durch Euer Schweigen versetzt.» Zitiert in Caspar 1993.

91 *Scheiner vertrat die Ansicht, es sei unmöglich:* Über den Schlagabtausch im Detail berichtet Shea 1972.

92 *Der schottische Dichter Thomas Seggett:* Das Epigramm war ursprünglich in Latein abgefasst. Seggett (1570–1627) war Schüler von Galilei in Padua gewesen. Das Epigramm erschien in Favaros *Le Opere*. Eine sehr schöne Diskussion zur Dichtung über Fernrohre findet sich in in Nicolsons *Modern Philology* (Nicolson 1935).

92 *Sir Henry Wotton:* Curzon 2004.

93 *Hier der Aristoteliker Giorgio Coresio:* Coresio 1612, auch zitiert in Shea 1972.

93 *der Philosoph Vincenzo di Grazia aus Pisa:* aus di Grazias *Considerazioni* (1612), abgedruckt in Favaros *Opere di Galileo*, Bd. 4, S. 385.

94 *In seinem Manuskript über die Hydrostatik:* Zitiert in Shea 1972.

95 *seine aristotelischen Vorstellungen von einem «vollkommenen» Himmel:* Die gesamte Kontroverse über die Beschaffenheit der Sonnenflecken schildern Van Helden 1996 und Swerdlow 1998. Siehe auch Shea 1972.

96 *Die Hintergrundgeschichte:* Galilei 1623.

97 *die aber von seinem Schüler Mario Guiducci:* Antonio Favaro, der Herausgeber von Galileis Gesamtwerk, stellte fest, dass große Teile von Guiduccis Manuskript (darunter die zu den Vorlesungen) in Galileis Handschrift verfasst wurden.

97 *Jawohl, er sei der Autorität Tychos gefolgt:* Grassi 1619.

98 *Bei Sarsi meine ich den festen Glauben herauszuspüren:* Galilei 1623, zitiert in Drake, 2001.

99 *Discorsi e dimonstrazioni mathematiche:* Galilei 1638, hier zitiert aus Galilei, *Schriften, Briefe, Dokumente*, Bd. 1, S. 374.

101 *Die Ablehnung der kopernikanischen Weltsicht:* Zwei hervorragende Abhandlungen über Galileis Position zur Beziehung zwischen der Wissenschaft und der Heiligen Schrift finden sich in Feldberg 1995 und in McMullin 1998.

102 *In einem langen Brief an Castelli:* von Gebler 1879 und Galilei, *Schriften, Briefe, Dokumente*, Bd. 1, S. 169–170.

103 *vertrug sich eindeutig nicht:* Der Theologie Melchor Cano erklärte 1585, dass «nicht nur jedes Wort [der Schrift], sondern jedes Komma vom Heiligen Geist gesetzt» sei. Zitiert in Vawter 1972.

104 *Galileis unermüdliche Versuche:* eine ausführliche Darstellung bietet z. B. Redondi 1989.

104 *Dialogo sopra i due massimi sistemi del mondo:* Galilei 1632.

105 *Wir verurteilen dich:* de Santillana 1955, hier zitiert aus *Schriften, Briefe, Dokumente,* Bd. 2, S. 210.

106 *Deshalb, da ich aus dem Geiste Eurer Eminenzen:* de Santillana 1955, hier zitiert aus Galilei, *Schriften, Briefe, Dokumente,* Bd. 2, S. 211.

107 *Die Tatsache, dass der Papst:* Beltrán Marí 1994. Siehe auch Frova und Marenzana 1998.

Kapitel 4:
Magier: Der Skeptiker und der Riese

110 *größte[n] Schritt, der in der Entwicklung:* Zitat aus Sedgwick und Tyler 1917.

110 *René Descartes wurde am 31. März 1596 … geboren:* Es gibt eine Fülle von Descartes-Biographien. Die klassische stammt von Adrien Baillet (1691), hier zitiert aus: Klagenfurt, Wien, 2006. Andere Bücher, die mir nützlich waren, sind Vrooman 1970 und das recht neue von Rodis-Lewis 1998. Bell 1937 liefert eine kurze, aber sehr schöne Zusammenfassung. Auch interessant in diesem Zusammenhang: Finkel 1898, Watson 2002 und Grayling 2005.

111 *habe den nächstbesten Passanten gebeten:* Zwar besteht keinerlei Zweifel daran, dass Descartes Beeckman an diesem Tag tatsächlich getroffen hat, doch erwähnt Beeckman in seinen Tagebüchern nichts von einem mathematischen Problem auf einem Schild. Beeckman erklärt vielmehr, Descartes habe «alle Anstrengungen unternommen zu zeigen, dass der Winkel in Wirklichkeit nicht existiere».

112 *Einfluss auf Descartes' physikalisch-mathematische Untersuchungen:* Siehe Baillet 1691 und Gaukroger 2002.

112 *Am 10. November 1619 hatte Descartes drei Träume:* Die meisten Biographen geben als Ort, an dem er diese Träume hatte, Ulm an. Descartes selbst berichtet in Aufzeichnungen darüber, die nur von seinen frühen Biographen eingesehen wurden. Nur wenige Passagen daraus haben in Abschriften überlebt. In seinem *Discours* erwähnt er Eindrücke aus diesen Träumen (Adam und Tannery 1897–1910). Eine umfassende Darstellung der Träume und ihrer möglichen Deutungen findet sich in Grayling 2005 und Cole 1992.

115 *ich bin hier nicht in meinem Element:* Brief an Vicomte de Bregy, französischer Gesandter in Schweden und Amateurphilosoph. Adam and Tannery 1897–1910, Descartes, Briefe, hier zitiert aus Köln, 1949, S. 440.

115 *Descartes wurde in Schweden begraben:* Ursprünglich war seine letzte Ruhestätte der Friedhof von Malmö. Als seine sterblichen Überreste nach Frank-

reich überführt wurden, gab es Gerüchte, dass ein Teil davon – der Schädel vor allem – in Schweden verblieben sei (Adam und Tannery 1897–1910). In Frankreich wurde er zuerst in der Abtei Sainte-Genevieve beigesetzt, später dann umgebettet in die Chapelle des Petits-Augustines. Schließlich fand er seine letzte Ruhe in der Eglise Saint-Germain-des-Prés, in der Seitenkapelle des heiligen Benedikt. Ich hatte Probleme, das Grab zu finden, weil ich nicht glauben konnte, dass jemand wie René Descartes nicht allein beigesetzt worden war – zusammen mit ihm sind dort die beiden Benediktiner Mabillon und Montfaucon beigesetzt, und die einzige Büste, die dort steht, ist die von Mabillon.

116 *Was Descartes jedoch zu einem wahren Vertreter der Moderne:* Siehe dazu Balz 1952.

116 *Verfahren und Methoden des Schlussfolgerns in der Mathematik:* Ein Großteil meiner Zitate stammt aus Adam and Tannery 1897–1910. Von Descartes Werken gibt es eine Reihe von Übersetzungen, hier zitiert aus *Bericht über die Methode*, Stuttgart, 2001, *Regeln zur Leitung des Geistes*, Hamburg. Zur Wissenschaftsphilosophie Descartes' siehe auch Clarke 1992.

118 *Für Descartes führte diese Flut an offenen Fragen:* Eine hervorragende Einführung in die Philosophie Descartes' im Allgemeinen bietet Cottingham 1986. Eine Diskussion über den Zweifel Descartes' und seine Schlussfolgerung «Cogito ergo sum» findet sich in Wolterstorff 1999, Ricoeur 1996, Sorell 2005 und 1999, Curley 1993 sowie Beyssade 1993.

119 *in einem 106 Seiten langen Anhang mit dem Titel* La Géométrie*:* Descartes 1637. Die hier verwendeten englischen Übersetzungen sind die Ausgabe von P. J. Olscamp 1965 (Descartes 1637a) und eine wunderbare Übersetzung (mit einem Faksimile der ersten Auflage: *The Geometry of Rene Descartes* (übersetzt von D. E. Smith und M. L. Latham; Descartes 1637b). Eine deutsche Übersetzung aus dem Jahr 1922 stammt von Ludwig Schlesinger (Darmstadt, 1981).

121 *hatte einen Weg gefunden:* Descartes' mathematische Leistungen sind sehr schön dokumentiert in Rouse Ball 1908. Eine sehr gute populärwissenschaftliche Darstellung des Lebens und der Werke von Descartes findet sich in Aczel 2005. Das Abstraktionsniveau Descartes'scher Mathematik analysiert Gaukroger 1992.

123 *eine Schrift über den Kosmos und die Physik:* Descartes' Glaube an die Existenz von Naturgesetzen lässt sich erahnen aus einem Brief, den er am 10. Mai 1632 an Marin Mersenne schrieb; dort heißt es: «… seit zwei oder drei Monaten habe ich mich sehr weit in den Himmel vorgewagt; und nachdem ich mir hinsichtlich seiner Natur und der Sterne, die wir an ihm sehen, und mehrer anderer Dinge, die ich von einigen Jahren nicht einmal zu hoffen gewagt hätte, Genugtuung verschafft habe, bin ich so kühn geworden, daß ich es jetzt wage, die Ursache der Lage jedes Fixsterns zu suchen. Denn obgleich sie sehr unregelmäßig hier und dort über den Himmel verstreut erscheinen, zweifle ich doch keineswegs daran, daß eine natürliche Ordnung unter ihnen besteht, die regelmäßig und bestimmt ist.»

124 *Zwei seiner Gesetze erinnern:* Adam und Tannery 1897–1910. Siehe auch Miller und Miller 1983. Eine gute Diskussion der Descartes'schen Physik findet sich in Garber 1992. Eine allgemeinere Beschreibung seiner Naturphilosophie in Keeling 1968.

127 *Newtons Grab in der Westminster Abbey:* Das Grabmal wurde 1731 errichtet, ausgeführt von dem flämischen Bildhauer Michael Rysbrack und dem Architekten William Kent. Außer Newton selbst, dessen Ellenbogen auf einigen seiner Werke ruht, zeigt die Skulptur Kinder, die Tafeln mit seinen wichtigsten Erfindungen tragen. Hinter dem Sarkophag erhebt sich eine Pyramide, vor dieser ein Globus, auf dem verschiedene Konstellationen eingezeichnet sind, darunter die Bahnen des Kometen von 1681.

128 *In Wirklichkeit hat Newton diesen Spruch:* Es ist unmöglich zu sagen, ob Newton dies als Beleidigung gemeint hat oder nicht, R. K. Merton zufolge war «on the shoulders of giants» zu Newtons Zeit eine häufig gebrauchte Redewendung (Merton 1993).

129 *In seiner Antwort auf Hookes Brief:* Newtons gesamte Korrespondenz ist in Turnbull, Scott, Hall und Tilling 1959–1977 zusammengetragen.

129 *Die Fehde zwischen den beiden Wissenschaftlern:* Im Einzelnen dargestellt ist diese in einigen hervorragenden Newton-Biographien, unter anderem Westfall 1983, Hall 1992 und Gleick 2003 (deutsche Ausgabe, 2004).

130 *wie eine Sammlung aus Ahnungen, Mutmaßungen und Spekulationen:* In einer 1674 erschienenen Abhandlung schrieb Hooke über die Schwerkraft, ihre «Anziehungskraft sei umso stärker, je näher der Körper, auf den sie wirkt, ihrem Zentrum ist». Er hatte zwar die richtige Eingebung, aber er konnte ihr nicht in mathematisch fundierter Weise Ausdruck verleihen.

130 *Wir … betrachten hauptsächlich diejenigen:* Es gibt eine ganze Reihe von Übersetzungen von Newtons *Principia*, unter anderem Motte 1729, Cohen und Whitman 1999 ins Englische, ins Deutsche: Hrsg. J. Ph. Wolfers, Darmstadt 1963 (siehe Newton 1729). Eine höchst hilfreiche, da mit aufschlussreichen Anmerkungen versehene ist die Version von Chandrasekhar 1995. Das allgemeine Konzept eines Schwerkraftgesetzes und seiner Geschichte wird ausführlich diskutiert in Girifalco 2008, Greene 2004, Hawking 2007 und Penrose 2004 (deutsch: 2002).

131 *In seinem stärker experimentell orientierten Buch über das Licht:* Newton 1730.

132 *In seinen* Memoirs of Sir Isaac Newton's Life: Stukeley 1752. Neben den großen umfassenden Biographien gibt es eine Reihe von kleineren Werken, die zum Beispiel einzelne Episoden aus Newtons Leben oder dem seiner Anverwandten berichten, unter anderem De Morgan 1885 und Craig 1946.

133 *Unabhängig davon, ob sich die legendäre Begebenheit:* In seiner Newton-Biographie schrieb David Brewster 1831: «Der berühmte Apfelbaum, von dem man sagt, daß der Fall eines seiner Äpfel die Aufmerksamkeit Newton's auf die Untersuchung der Schwere gelenkt habe, wurde vor einigen Jahren vom Winde zerstört, jedoch hat in Turnor [Eigentümer von Newtons Haus in Woolsthorpe] in der Form eines Stuhls aufbewahrt.» Brewster 1831. Deutsche Ausgabe: «Sir Isaac Newton's Leben nebst einer Darstellung seiner Entdeckungen», übersetzt von B. M. Goldberg, Leipzig: Göschen 1833, S. 289.

133 *Möglicherweise hat alles in Newtons Jugend begonnen:* Eine aufschlussreiche Darstellung von Newtons Beschäftigung mit der Mathematik findet sich in Hall 1992.

134 *Und im selben Jahr:* Die Notiz befindet sich in der Portsmouth Collection. Es gibt noch weitere Dokumente, die darauf schließen lassen, dass Newton in den Pestjahren tatsächlich über ein inversquadratisches Gravitationsgesetz nachgedacht hat. Siehe beispielsweise Whiston 1753.

135 *Aus nicht ganz geklärten Gründen:* Eine allgemeine Diskussion zu den Gründen, die Newtons Verkündigung des Gravitationsgesetzes verzögert haben könnten, liefern Cajori 1928 und Cohen 1982. Im nächsten Abschnitt will ich zusammenfassen, was ich für die zwei plausibelsten Möglichkeiten halte.

136 *Im Jahr 1684 kam Dr. Halley:* De Moivre erinnerte sich an das, was Newton ihm berichtet hatte.

138 *Einige mutmaßen gar:* Cohen 1982, um nur eine Quelle zu nennen.

140 *Die Bedeutung dieses wunderbaren Beweises:* Glaisher 1888.

143 *Für Newton waren die bloße Existenz der Welt:* In den *Principia* sagt er über Gott: «Er ist überall gegenwärtig, und zwar nicht nur virtuell, sondern auch substanziell … ganz Ohr, Auge, Gehirn, Arm, Gefühl, Einsicht und Wirksamkeit auf eine keineswegs menschliche und noch weniger körperliche, sondern durchaus unbekannte Weise.» In einem Manuskript vom Anfang des 18. Jahrhunderts, das 1936 bei Sotheby's ersteigert und 2001 in Jerusalem ausgestellt wurde, beruft sich Newton auf das Buch Daniel, um das Datum der Apokalypse vorherzusagen. Nur falls Sie sich jetzt Sorgen machen, er kam zu dem Schluss, dass es keinerlei Grund dafür gebe, dass die Welt vor 2060 ihr Ende finden sollte.

144 *Die Gültigkeit des kosmologischen und des teleologischen sowie ähnlich gelagerter Argumente:* Eine hervorragende Darstellung zur Geschichte dieser

Argumente und eine Bewertung ihrer logischen Folgerichtigkeit finden sich bei Dennett 2006, Dawkins 2006 und Paulos 2008.

145 *Diese Sorte von logischem Manöver:* Siehe Dennett 2006, Dawkins 2006, Paulos 2008.

Kapitel 5: Statistiker und Wahrscheinlichkeitstheoretiker: Die Wissenschaft von der Ungewissheit

147 *Jener Zweig der Mathematik, der als Infinitesimalrechnung bezeichnet wird:* Sehr gut lesbare Beschreibungen der Differentialrechnung und ihrer Anwendungen finden sich in Berlinski 1996, Kline 1967 und in Bell 1951. Ein bisschen technischer, im Übrigen aber wirklich hervorragend auch Kline 1972.

148 *Angehörige der legendären Familie Bernoulli:* Einen Teil der Leistungen dieser Familie beschreiben Maor 1994, Dunham 1994.

148 *waren für ihre bitteren Familienfehden fast genauso bekannt:* Siehe Hellman 2006.

149 *Katenoide … Seilkurve oder Kettenlinie:* Eine hervorragende Darstellung des Problems und insbesondere der Huygens'schen Lösung findet sich in Bukowski 2008. Für die Lösungen von Bernoulli, Leibniz und Huygens siehe Truesdell 1960.

150 *Ihr sagt, mein Bruder habe dieses Problem formuliert:* Zitiert in Truesdell 1960.

152 *dass Laplace in seinem* Philosophischen Versuch über die Wahrscheinlichkeit *kühn verkündete:* Laplace 1814, hier zitiert aus Thun, Frankfurt am Main 1996.

157 *John Graunt (1629–1674) verkaufte von Berufs wegen Knöpfe:* Hervorragende Beschreibungen des Lebens und der Arbeiten von Graunt finden sich in Hald 1990, Cohen 2006 und Graunt 1662.

160 *Halleys Arbeit, die unter dem etwas länglichen Titel:* Einen Nachdruck dieser Arbeit finden Sie in Newman 1956.

162 *Jakob Bernoulli beschrieb das gleiche Problem folgendermaßen:* Zitiert in Newman 1956 (Zitat hier aus Leipzig, 1899, S. 89–90). Eine Zusammenfassung seiner Arbeit findet sich in Todhunter 1856.

164 *Adolphe Quetelet wurde am 22. Februar 1796 … geboren:* Zwei exzellente Werke über Quetelet und seine Arbeit sind Hankins 1908 und Lottin 1912. Kürzere, aber trotzdem informative Abrisse finden sich in Stigler 1997, Krüger 1987 und Cohen 2006, die hier angegebenen Zitate stammen zum größten Teil aus Quetelet, Adolphe, *Soziale Physik*, Jena 1914.

165 *Zufall, jenes mysteriöse, viel missbrauchte Wort:* Quetelet 1828.

167 *der Mensch sei, den die Natur hervorzubringen trachte:* Quetelet schrieb in seinen Memoiren über die Veranlagung zur Kriminalität: «Bestimmte man den mittleren Menschen für eine Nation, so repräsentierte dieser den Nationaltypus, ließe er sich aus der Gesamtheit der Menschheit bestimmen, so spiegelte er den [angestrebten] Typus der gesamten Menschheit wider.»

169 *Derjenige, der das Werkzeug der Korrelationskoeffizienten erstmals eingeführt hat:* Eine gut lesbare Zusammenfassung der Arbeiten von Galton und Pearson liefert Kaplan und Kaplan 2006.

171 *Die ernsthafte Auseinandersetzung mit Wahrscheinlichkeiten:* Unter den neuesten unterhaltsamen Darstellungen zur Wahrscheinlichkeitstheorie, ihrer Geschichte und ihres Einsatzes sind zu nennen: Akcel, 2004, Kaplan und Kaplan 2006, Connor 2006, Burger und Starbird 2005 sowie Tabak 2004.

171 *in einem Brief vom 29. Juli 1654:* Todhunter 1865, Hald 1990.

172 *Das Wesen der Wahrscheinlichkeitstheorie:* Eine hervorragende, gut lesbare und kurze Darstellung der Prinzipien der Wahrscheinlichkeitslehre findet sich in Kline 1967.

173 *Die Wahrscheinlichkeitstheorie liefert uns genaue Informationen:* Die Bedeutung der Wahrscheinlichkeitstheorie für viele Situationen des täglichen Lebens illustriert in wunderbarer Weise Rosenthal 2006.

174 *Derjenige, der die Wahrscheinlichkeit in der Genetik ins Spiel gebracht hat:* Eine wunderbare Biographie ist Orell 1996.

176 *Obwohl Mendel seinen Artikel «Versuch über Pflanzenhybriden» im Jahre 1865 zur Veröffentlichung vorlegte:* Mendel 1865.

177 *Wenn auch in Bezug auf die Genauigkeit seiner Ergebnisse einige Fragen offenbleiben:* Siehe beispielsweise Fisher 1936.

177 *der renommierte britische Statistiker Ronald Aylmer Fisher:* Eine kurze Darstellung seiner Arbeit findet sich in Tabak 2004. Fischer verfasste unter anderem einen extrem originellen, kein bisschen technischen Aufsatz über das Anliegen von Experimenten: «Mathematics of a Lady Tasting Tea» («Die Mathematik des Teetrinkens bei einer Dame», Fisher 1956).

180 *in seinem Buch* Wahrscheinlichkeitsrechnung (Ars Conjectandi): Eine hervorragende deutsche Übersetzung findet sich unter Bernoulli 1713b.

181 *Anschließend erläutert er das Konzept an einem Musterbeispiel:* Bernoulli, 1713b, Nachdruck in Newman 1956.

182 *«The Vice of Gambling and the Virtue of Insurance»:* Der Aufsatz findet sich in Newman 1956.

Kapitel 6: Der Zukunftsschock der Geometer

185 *In seinem berühmt gewordenen Buch:* Toffler 1970, hier zitiert aus Stuttgart, Hamburg, München 1972.

186 *unterscheidet Hume zwei Arten von «Wahrheiten»:* Hume 1748, hier zitiert aus Frankfurt am Main 2007, S. 45–46.

187 *Kant richtet seine Aufmerksamkeit nach innen und fragt nicht,* was *wir wissen:* Nach Kant ist es eine der grundlegenden Aufgaben der Philosophie, die Möglichkeit von synthetischem, *a priori* vorhandenem Wissen um mathematische Begriffe auszuloten. Aus den vielen Quellen möchte ich hier als gute Referenz für die allgemeinen Begriffe herausgreifen: Höffe 1994 und Kühn 2001. Eine gute Diskussion zur Anwendung in der Mathematik findet sich in Trudeau 1987.

187 *Der Raum ist kein empirischer Begriff:* Kant 1781, hier zitiert aus Frankfurt am Main, S. 72.

188 *Die ersten vier euklidischen Postulate:* Eine behutsame Einführung zu euklidischer und nichteuklidischer Geometrie bietet Greenberg 1974. Die Postulate sind hier zitiert nach Thun, Frankfurt am Main 1997, S. 2.

189 *Konstruktionsanweisungen für die ersten achtundzwanzig Propositionen:* Siehe dazu Trudeau 1987.

190 *Einige dieser Unterfangen säten nagende Zweifel:* Eine hervorragende Beschreibung all der Überlegungen, die schließlich zur Entwicklung der nichteuklidischen Geometrien geführt haben, gibt Bonola 1955.

191 *Der Erste, der eine ganze Abhandlung:* Eine Übersetzung von Lobatschewskis *Exposition succincte des principes de la géometrie avec une démonstration rigoureuse du Thèorém des paralleles* («Gedrängte Darlegung der Prinzipien der Geometrie mit einem strengen Beweis des Parallelentheorems») findet sich in Bonola 1955.

192 *ein junger Mathematiker aus Ungarn:* Eine Biographie Bolyais und eine Beschreibung seines Werks geben Gray 2004 und Maeger 1999. Dass ich kein Bild des jungen Bolyai eingefügt habe, hat den Grund, dass das in der Regel verwendete von zweifelhafter Echtheit ist. Das einzig verlässliche Porträt von ihm befindet sich offenbar in einem Relief der Fassade des Kulturpalastes von Târgu Mureş (ehemals Neumarkt am Mieresch) in Siebenbürgen.

192 *Das Werk trug die Überschrift* Scientiam spatii absolute verem exhibens – *«Absolut wahre Raumlehre»:* Ein Faksimile des lateinischen Originals und der englischen Übersetzung findet sich in Gray 2004, Original und die deutsche Übersetzung von János Bolyai selbst in Maeger 1999.

195 *Es besteht jedoch wenig Zweifel daran:* Eine hervorragende Darstellung der gesamten Episode aus der Gauß'schen Perspektive liefert Dunnington 1955, aus Bolyaischer Perspektive siehe Maeger 1999. Eine knappe, aber genaue Zusammenfassung des jeweiligen Prioritätsanspruchs von Lobatschewski und Bolyai findet sich in Kline 1972. Ein Teil der Gauß'schen Korrespondenz zu nichteuklidischer Geometrie ist enthalten in Ewald 1996. Der Briefwechsel zwischen Gauß und dem älteren Bolyai in Schmidt und Stäckel 1899, hier zitiert aus dem Nachdruck von 1972.

197 *In einem brillanten Vortrag:* Siehe unter anderem Pesic 2007, Teilzitat in Wußing 2, S. 162. Komplett einzusehen auch unter http://gdz.sub.uni-goettingen.de/dms/load/img/?IDDOC=35634.

198 *Poincarés Ansichten:* Poincaré 1891, zitiert hier aus Wußing 2, 2009, S. 476.

202 *Cardano im ersten Kapitel der* Ars Magna*:* Cardano 1545.

202 *In einem anderen wichtigen Buch,* A Treatise on Algebra both historical and practical: Wallis 1685. Eine gute Zusammenfassung der Biographie von John Wallis und seiner Arbeiten findet sich in Rouse Ball 1908 sowie in Wußing 1, S. 445.

203 *Schließlich und endlich begannen sich die Standpunkte dann doch zu ändern:* Eine kurze Zusammenfassung der Geschichte liefern Cajori 1926 sowie Klein, 1926.

203 *In einem 1754 veröffentlichten Artikel mit der Überschrift «Dimension»:* Dieser Artikel erschien in Diderots *Encyclopédie*. Zitiert in Archibald 1914.

203 *Joseph-Louis Lagrange ging einen Schritt weiter, als er 1797 die Feststellung traf:* Lagrange 1797.

204 *Graßmann, eines von zwölf Kindern:* eine hervorragende Biographie und Beschreibung der Arbeiten Graßmanns findet sich in Petsche 2006.

205 *Es ist faszinierend, den scheinbar trivialen Gedankengang:* Eine einigermaßen verständliche, wenn auch immer noch technische Beschreibung seiner Arbeiten zur Linearen Algebra findet sich in Fearnley-Sander 1979 und 1982.

206 *In den 1860er Jahren verbreitete sich die Kunde:* Ein guter Text zur Einführung ist Sommerville 1929.

207 *in eine «Unabhängigkeitserklärung»:* Text in Ewald 1996.

207 *Dem fügte der Algebraiker Richard Dedekind (1831–1916) … hinzu:* Siehe Ewald 1996.

208 *erklärte der französische Mathematiker Charles Hermite (1822–1901) … seine Sicht der Dinge:* Stieltjers erster Brief an Hermite trägt das Datum vom 8. November 1882. Der Briefwechsel zwischen den beiden Mathematikern besteht aus 432 Briefen und ist in Hermite 1905 komplett enthalten. Die vorliegenden Passagen habe ich übersetzt.

208 *Mathematiker haben eine große Zahl unterschiedlicher geometrischer Systeme konstruiert:* Die Vorlesung findet sich in O'Connor und Robertson 2007.

Kapitel 7: Nachdenken über das Denken

211 *Auf dem Schild eines Dorfbarbiers:* Das Dorfbarbier-Paradoxon wird in vielen Büchern diskutiert. Siehe unter anderem Quine 1966, Rescher 2001 und Sorensen 2003.

211 *Russell selbst beschreibt ihre Beziehung folgendermaßen:* Russell 1919. Es handelt sich dabei um Russells eher populärwissenschaftliche Einführung seiner Überlegungen zur Logik.

212 *Der Vollständigkeit halber sollte ich noch anmerken:* Brouwers intuitionistischer Ansatz ist schön beschrieben in van Stegt 1998. Eine hervorragende, gut lesbare Darstellung gibt auch Barrow 1992. Die Debatte zwischen Formalisten und Intuitionisten ist gut wiedergegeben in Hellman 2006.

213 *Den Sinn einer Aussage erklären wir nicht:* Dummett fügt dem hinzu, dass «ein Individuum nicht kommunizieren kann, was man an ihm beim Kommunizieren nicht beobachten kann: Wenn ein Individuum mit einem mathematischen Zeichen oder einer Formel einen gewissen geistigen Inhalt verbindet, kann es, so die Assoziation sich nicht aus dem Gebrauch des Zeichens oder der Formel erschließt, diesen Inhalt vermittels des Zeichens oder der Formel nicht transportieren, weil seiner Zuhörerschaft diese Assoziation verborgen ist und sie keine Möglichkeit hat, sich dieser bewusst zu werden.» Dummett 1978.

214 *Herkömmlicherweise befasst sich die Logik:* Eine ausgesprochen gut lesbare Einführung in die Logik bietet Bennett 2004. Etwas mehr technisch orientiert, aber hervorragend auch Quine 1982. Eine hübsche Zusammenfassung zur Geschichte der Logik von Czeslaw Lejewski findet sich in der 15. Auflage der *Encyclopaedia Britannica.*

216 *De Morgan war ein unglaublich produktiver Autor:* Eine knappe, aber ungemein aufschlussreiche Biographie seines Lebens und Werks findet sich in Ewald 1996.

217 *Boole erinnert sich später:* in *The Mathematical Analysis of Logic*: Boole 1847.

218 *George Boole wurde am 2. November 1815 … geboren:* Eine ausführliche Biographie liefert MacHale 1985.

220 *Inhalt der folgenden Abhandlung:* Boole 1854.

223 *Trotz aller Stichhaltigkeit der Boole'schen Schlussfolgerung:* Boole kam zu dem Schluss, dass, wenn es um den Glauben an Gott geht, die auf den Glauben gegründeten, nicht logischen «strauchelnden Schritte eines in seinen Möglichkeiten und Wissensinhalten beschränkten Verstehens nutzbringender sind als der ehrgeizige Versuch, eine auf der Basis einer Naturreligion unerreichbare Gewissheit zu erlangen».

225 *Trotz zahlreicher Lehrverpflichtungen*: Frege 1879. Dies ist eines der wichtigsten Werke in der Geschichte der Logik.

225 *In seinen* Grundgesetzen der Arithmetik: Frege 1893, 1903.

225 *Freges logische Axiome haben allgemein die Form:* Eine allgemeine Diskussion über die Ideen Freges und seinen Formalismus geben Resnik 1980, Demopoulos und Clark 2005, Zalta 2005 und 2007 sowie Boolos 1985. Eine hervorragende allgemeine Darstellung zur mathematischen Logik findet sich in DeLong 1970.

227 *Im Weiteren definiert:* Frege 1884.

229 *«all jener Klassen, die nicht Element ihrer selbst sind»:* Russells Paradoxon und seine Konsequenzen werden unter anderem erläutert in Boolos 1999, Clark 2002, Sainsbury 1988 und Irvine 2003.

230 *die bahnbrechende dreibändige* Principia Mathematica: Whitehead und Russell 1910. Eine leichter lesbare und sehr erhellende Beschreibung der Inhalte dieses Werks liefert Russell 1919.

230 *In ihren* Principia *verteidigten Russell und Whitehead:* Zur wechselseitigen Beeinflussung von Russell und Frege siehe Beaney 2003. Zum Logizismus Russells siehe Shapiro 2000 sowie Godwyn und Irvine 2003.

232 *Um das Paradoxon aus der Welt zu schaffen:* Eine hervorragende Diskussion der Typentheorie findet sich in Urquhart 2003.

233 *Russells Typentheorie wurde von vielen:* Tatsächlich hat die Typentheorie bei den meisten Mathematikern an Gunst verloren. Ein ähnliches Konstrukt hat jedoch Eingang in die Programmierung von Computern gefunden. Siehe dazu zum Beispiel Mitchell 1990.

233 *der deutsche Mathematiker Ernst Zermelo:* Ewald 1996 liefert eine gute Darstellung seiner Beiträge.

234 *Zermelos Vorlage wurde 1922:* Eine relative gut verdauliche Einführung in die Mengenlehre von Zermelo und Fraenkel findet sich in Devlin 1993.

234 *Einfach ausgedrückt, besagt dieses Axiom:* Eine sehr ausführliche Diskussion über dieses Axiom in Moore 1982.

235 *als* Kontinuumhypothese *in die Geschichte eingehen sollte:* Cantor entwarf eine Methode, die Mächtigkeit oder Kardinalität von unendlichen Mengen zu vergleichen. Im Besonderen bewies er, dass die Menge der reellen Zahlen mächtiger ist als die Menge der natürlichen Zahlen, und formulierte die Kontinuumhypothese, der zufolge es keine Menge gibt, deren Mächtigkeit zwischen der Mächtigkeit der natürlichen und der der reellen Zahlen liegt.

Als David Hilbert im Jahre 1900 seine berühmte Liste der mathematischen Probleme vorlegte, betraf das erste darunter die Frage, ob die Kontinuumhypothese Gültigkeit hat. Eine relativ aktuelle Diskussion der Problematik liefert Woodin 2001a, b.

235 *Zusätzliche Beweise des amerikanischen Mathematikers Paul Cohen:* Er beschreibt seine Arbeit in Cohen 1966.

236 *Für ihn bestand die Mathematik vielmehr:* Eine gute Beschreibung des Hilbert'schen Programms findet sich in Sieg 1988. Ein hervorragender aktualisierter Überblick über die Philosophie der Mathematik und eine prägnante Zusammenfassung zu den Spannungen zwischen Logizismus, Formalismus und Intuitionismus wird gegeben in Shapiro 2000.

237 *Meine Untersuchungen zur Neubegründung:* Hilbert hielt seinen Vortrag im September 1922 in Leipzig. Der Text findet sich in *Mathematische Annalen*, 88, 1–2, 1922.

238 *Seinen formalistischen Mitstreitern:* Eine aufschlussreiche Diskussion über den Formalismus in Detlefsen 2005.

238 *Ludwig Wittgenstein:* Ray Monk hat eine wunderbare Biographie Wittgensteins vorgelegt: Original: Monk 1990, 1992 in deutscher Übersetzung erschienen.

238 *Wenn man sich über das Wesen der Mathematik im Unklaren sei:* In Waismann 1979.

238 *Kurt Gödel wurde am 28. April 1906 … geboren:* Eine Biographie jüngeren Datums hat Goldstein 2005 (deutsch 2007) vorgelegt, die «Standardbiographie» stammt von Dawson 1997 (deutsch 1999).

239 *ein Jahr später legte er seine* Unvollständigkeitssätze *vor:* Ausgezeichnete Darstellungen zu Gödels Sätzen, ihrer Bedeutung und ihrer Verbindung zu anderen Wissenszweigen liefern Hofstadter 1979, Nagel und Newman 1959 sowie Franzén 2005.

240 *trotz ihrer Distanz zu Sinneserfahrungen:* Gödel 1947.

241 *Der Mensch Kurt Gödel:* Eine umfassende Darstellung der philosophischen Ansichten Kurt Gödels und dessen, wie er philosophische Überlegungen mit den Grundfesten der Mathematik verband, findet sich in Wang 1996.

241 *Es war im Jahre 1948:* Morgenstern 1971.

245 *Man hatte es fortan nur noch:* Hierbei handelt es sich um eine sträfliche Vereinfachung, wie man sie sich nur in einem populärwissenschaftlichen Text leisten darf, denn noch heute gibt es auf dem Gebiet des Logizismus ernsthafte Vorstöße. In der Regel gehen diese davon aus, dass viele mathematische Wahrheiten *a priori* erkennbar sind. Siehe dazu beispielsweise Wright 1997 und Tennant 1997.

Kapitel 8: Unbegreifliche Erklärungsmacht?

248 *Einige Knoten tragen fantasievolle Namen:* Ein sehr interessantes Buch über das Knüpfen von Knoten ist Ashley 1944.

248 *Die Geburtsstunde der mathematischen Knotentheorie:* Vandermonde 1771. Einen hervorragenden Überblick über die Geschichte der Knotentheorie liefern Przytycki 1992 und Epple, 1999, eine lebendige Einführung in die Theorie selbst in Adams 1994. Eine gut lesbare Darstellung für Laien geben Neuwirth 1979, Peterson 1988 sowie Menasco und Rudolph 1995.

249 *Thomsons Forschungen konzentrierten sich:* Sehr gute Beschreibungen liefern Sossinsky 2002 und Atiyah 1990.

252 *Tait begann seine Klassifikation:* Tait 1898, Sossinsky 2002. Eine kurze, sehr gut geschriebene Biographie von Tait findet man in O'Connor und Robertson 2003.

252 *dichtete Maxwell folgenden Vers:* Knott 1911.

253 *Unabhängig von ihm hatte Charles Newton Little:* Little 1899.

253 *Die Topologie – Gummituchgeometrie, wenn man so will:* Eine etwas technische, aber trotzdem grundlegende Einführung liefern Messer und Straffin 2006.

254 *der New Yorker Rechtsanwalt und Mathematiker:* Perko 1974.

255 *Einen Durchbruch hatte die Knotentheorie zu verzeichnen:* Alexander 1928.

255 *Ende der 1960er Jahre:* Conway 1970.

257 *Eine genauere Untersuchung dieser Beziehung:* Jones 1985.

259 *in verschiedenen, völlig anderen Wissenschaftszweigen:* Eine Beziehung zwischen dem Jones-Polynom und der statistischen Physik hat zum Beispiel Louis Kauffman aufgezeigt. Ein interessantes, wenngleich technisches Buch über die Anwendungen der Knotentheorie in der Physik ist Kauffman 2001.

261 *Die Akteure, die das Entknoten und Entwirren leisten:* Eine hervorragende Beschreibung zur Knotentheorie im Zusammenhang mit dem Wirken von Enzymen findet sich in Summers 1995. Siehe auch Wasserman und Cozzarelli 1986.

263 *Die Stringtheorie scheint gegenwärtig:* Wunderbare populärwissenschaftliche Kommentare zur Stringtheorie und ihrer Erfolge und Misserfolge geben Greene 1999, Randall 2005, Krauss 2005 und Smolin 2006. Eine eher fachliche Einführung liefert Zweibach 2004.

264 *die Stringtheoretiker Hirosi Ooguri und Cumrun Vafa:* Ooguri und Vafa 2000.

264 *Zuvor hatte bereits Ed Witten:* Witten 1989.

264 *aus mathematischer Perspektive noch einmal durchdacht:* Atiyah 1989, einen breiteren Blickwinkel bietet Atiyah 1990.

265 *Eric Adelberger, Daniel Kapner und ihre Mitarbeiter:* Kapner et al. 2007.

266 *Gerade im Jahre 1907 hatte Einstein allen Grund:* Es gibt zahlreiche großartige Schilderungen der Ideen, die der speziellen und der allgemeinen Relativität zugrunde liegen. An dieser Stelle seien nur einige wenige erwähnt: Davies 2001, Deutsch 1997, Ferris 1997, Gott 2001, Greene 2004, Hawking und Penrose 1996, Kaku 2004, Penrose 2004, Rees 1997 sowie Smolin 2001. Eine neuere wunderbare Würdigung des Menschen Einstein und seiner Ideen liefert Isaacson 2007. Zu den älteren, aber hervorragenden Darstellungen Einsteins und seiner Welt gehören Bodanis 2000, Lightman 1993, Overbye 2000, Fölsing 1995 und Pais 1982. Eine gute Zusammenstellung der Originalartikel liefert Hawking 2007.

270 *Der jüngste Test war das Ergebnis von Präzisionszeitbeobachtungen:* Kramer et al. 2006.

271/
272 *Im Jahr 2006 bestimmte eine Gruppe Physiker an der Harvard University:* Odom et al. 2006.

272 *Ende der 1960er Jahre entwickelten die Physiker:* Eine hervorragende Darstellung findet sich in Weinberg 1993.

Kapitel 9: Der menschliche Geist, die Mathematik und das Universum

275 *Die beiden Mathematiker Philip Davis und Reuben Hersh urteilen:* Davis und Hersh 1981.

276 *Für die platonische Sicht der Dinge:* G. H. Hardy in *A Mathematician's Apology*: Hardy 1940.

276 *Die Mathematiker Edward Kasner (1878–1955) und James Newman (1907–1966):* Kasner und Newman 1989.

278 *Diejenigen, die der Ansicht sind:* Eine der besten populärwissenschaftlichen Darstellungen zum Wesen von Mathematik findet sich in Barrow 1992. Ein etwas mehr technisch orientierter, aber noch immer gut lesbarer Überblick wird gegeben in Kline 1972.

278 *Da ich den reinen Platonismus:* Eine andere außerordentlich gute Diskussion vieler der in diesem Buch angerissenen Themen bietet Barrow 1992.

278 *Tegmark steht auf dem Standpunkt:* Tegmark 2007a, b.

279 *Hinzu kommt, wie der französische Neurobiologe Jean-Pierre Changeux:* Changeux und Connes 1995.

281 *stellte 1997 in seinem Buch:* Dehaene 1997.

281 *ließen Dehaene und seine Mitstreiter 2006:* Dehaene et al. 2006.

281 *Nicht alle Kognitionswissenschaftler würden dem zustimmen:* Siehe beispielsweise Holden 2006.

281 *Der französische Neurobiologe Jean-Pierre Changeux:* Changeux und Connes 1995.

282 *Das entschiedenste Statement:* Lakoff und Núñez 2000.

283 *Auch haben Neurowissenschaftler:* Siehe zum Beispiel Ramachandran und Blakeslee 1999.

283 *die Neurowissenschaftlerin Rosemary Varley:* Varley et al. 2005, Klessinger et al. 2007.

284 *Hier noch einmal Atiyahs Sicht der Dinge:* Atiyah 1995.

285/286 *Seit dem 19. Jahrhundert ist dieses Verhältnis gemeinhin als* Goldener Schnitt *bekannt:* Eine sehr ausführliche Beschreibung des Goldenen Schnitts, seiner Geschichte und seiner Eigenschaften findet sich in Livio 2002 sowie in Herz-Fischler 1998.

290 *Primzahlen als Begriff waren eine Erfindung:* Eine gute Diskussion zu den Ideen dahinter liefert ein Artikel von Yehuda Rav in Hersh 2000.

290 *Der Anthropologe Leslie A. White:* White 1947.

291 *der amerikanische Linguist Charles F. Hockett:* Eine populärwissenschaftliche Darstellung liefert Hockett 1960.

291 Mit *Ersterem meine ich die Möglichkeit:* Eine gut lesbare Diskussion zu Sprache und Gehirn findet sich in Obler und Gjerlow 1999.

292 *auch Merkmale der Mathematik sind:* Die Ähnlichkeiten zwischen Sprache und Mathematik behandeln Sarrukai 2005 und Atiyah 1994.

292 *jenem Jahr, in dem … Noam Chomsky seine bahnbrechende Arbeit:* Chomsky 1957. Ein stärker linguistisch orientierter hervorragender Überblick findet sich in Aronoff und Rees-Miller 2001. Eine populärwissenschaftliche und hochinteressante Darstellung gibt Pinker 1994.

292 *Der Computerwissenschaftler Stephen Wolfram:* Wolfram 2002.

294 *Der Astrophysiker Max Tegmark:* Tegmark benennt vier verschiedene Typen von Paralleluniversen. «Stufe I» wird gebildet von Universen, die denselben physikalischen Gesetzen gehorchen, aber unter verschiedenen Ausgangsbedingungen entstanden sind. «Stufe II» umfasst Universen mit gleichen physikalischen Gesetzen, aber möglicherweise verschiedenen Naturkonstanten, «Stufe III» die «Viele-Welten-Interpretation» der Quantenmechanik, und in «Stufe IV» herrschen unterschiedliche mathematische Strukturen. Tegmark 2004, 2007b.

294 *Prinzip des Mittelmaßes:* Eine hervorragende Diskussion liefert Vilenkin 2006.

295 *nehmen eine Mittlerposition ein, die man als* Realismus *bezeichnet:* Putnam 1975.

295 *Lassen Sie mich zunächst einige mögliche Antworten namhafter zeitgenössischer Denker vorstellen:* Es gibt andere Ansichten, die hier nicht zu Wort kommen. Steiner (2005) vertritt zum Beispiel die Ansicht, Wigner zeige nicht, dass die Beispiele, die er für seine unbegreifliche Erklärungsmacht anführt, überhaupt damit zu tun haben, dass die Konzepte mathematischer Natur sind.

295 *Der Physiknobelpreisträger David Gross schreibt:* Gross 1988. Mehr zur Beziehung zwischen Mathematik und Physik findet sich in Vafa 2000.

296 *Sir Michael Atiyah:* Atiyah 1995, siehe auch Atiyah 1993.

297 *Der amerikanische Mathematiker und Computerwissenschaftler Richard Hamming:* Hamming 1980.

298 *Eine ähnliche Erklärung lieferte:* Weinberg 1993.

298 *der Mathematiker Israel Moissejewitsch Gelfand:* In Borovik 2006.

299 *Raskin kam zu dem Schluss:* Raskin 1998

301 *Hersh vertrat den Standpunkt:* Ein hervorragender Aufsatz von Hersh findet sich in Hersh 2000.

303 *Kepler zog die umfassende Datensammlung:* Keplers Werke sind eine hoch interessante Lektüre für jeden, der an Wissenschaftsgeschichte interessiert ist. Sehr gute Biographien haben Caspar 1993 und Gingerich 1973 vorgelegt.

305 *dass die Planetenbahnen im Gegensatz zu dem, was Laplace erwartet hatte:* Einen Überblick gibt Lecar et al. 2001.

306 *Die Antwort auf diese Frage ist genau genommen viel einfacher:* Eine spannende Diskussion zum Nutzen von Mathematik findet sich in Raymond 2005, aufschlussreiche Überlegungen zu Wigners Mysterium in Wilczek 2006, 2007.

307 *Lassen wir dazu Bertrand Russell das letzte Wort:* Russell 1912.

BIBLIOGRAPHIE

Aczel, A. D. 2000. *The Mystery of the Aleph: Mathematics, the Kabbalah und the Search for Infinity* (New York: Four Walls Eight Windows).

– 2004. *Chance: A Guide to Gambling, Love, the Stock Market und Just about Everything Else* (New York: Thunder's Mouth Press).

– 2005. *Descartes' Secret Notebook* (New York: Broadway Books).

Adam, C., und Tannery, P., Hrsg. 1897–1910. *Œuvres des Descartes.* Überarbeitete Neuauflage 1964–1976 (Paris: Vrin/CNRS) Die umfassendste Übersetzung ins Englische bieten Cottingham, J., Stoothoff, R., und Murdoch, D., Hrsg. 1985. *The Philosophical Writing of Descartes* (Cambridge: Cambridge University Press). Die deutschen Zitate sind entnommen aus: René Descartes, *Die Prinzipien der Philosophie* (Hamburg: Meiner), 2005, *Meditationes de Prima Philosophia*, deutsche Ausgabe: *Meditationen über die erste Philosophie* (Stuttgart: Reclam), 2001, *Briefe*, Hrsg. Max Bense, übersetzt von Fritz Baumgart (Köln, Krefeld. Staufen-Verlag), 1949, Descartes, *Regulae ad directionem ingenii*, deutsche Ausgabe: *Regeln zur Leitung des Geistes*, übers. und hrsg. von Arthur Buchenau (Hamburg: Meiner) 1959) sowie *Geometrie*, übersetzt von Ludwig Schlesinger (1922) (Darmstadt: Wissenschaftliche Buchgesellschaft), 1981.

Adams, C. 1994. *The Knot Book: An Elementary Introduction to the Mathematical Theory of Knots* (New York: W. H. Freeman).

Alexander, J. W. 1928. *Transactions of the American Mathematical Society*, 30, S. 275.

Applegate, D. L., Bixby, R. E., Chvátal, V., und Cook, W. J. 2007. *The Traveling Salesman Problem* (Princeton: Princeton University Press).

Archibald, R. C. 1914. *American Mathematical Society Bulletin*, 20, S. 409.

Aristoteles. ca. 350 v. Chr. *Metaphysics.* In Barnes, J., Hrsg., 1984. *The Complete Works of Aristotle* (Princeton: Princeton University Press), deutsche Zitate aus *Metaphysik* (Stuttgart: Reclam), 2007.

– ca. 330 v. Chr. a. *Physics.* Übersetzt von R. P. Hardie und R. K. Gaye.

– http://people.bu.edu/wwildman/WeirdWildWeb/courses/wphil!/readings/wphil_rdg07_physics_entire.htm (gemeinfreie englische Übersetzung).

– ca. 330 v. Chr. b. *Physics.* Übersetzt von P. H. Wickstead und F. M. Cornford, 1960 (London: Heinemann), deutsche Zitate aus *Physik* (Hamburg: Meiner), 1987.

Aronoff, M., und Rees-Miller, J. 2001. *The Handbook of Linguistics* (Oxford: Blackwell Publishing).

Ashley, C. W. 1944. *The Ashley Book of Knots* (New York: Doubleday).

Atiyah, M. 1989. *Publications Mathématiques de l'Inst. des Hautes Etudes Scientifiques*, Paris, 68, S. 175.

– 1990. *The Geometry and Physics of Knots* (Cambridge: Cambridge University Press).

– 1993. *Proceedings of the American Philosophical Society*, 137 (4), S. 517.

– 1994. *Supplement to Royal Society News*, 7 (12), (i).

– 1995. *Times Higher Education Supplement*, 29. September.

Baillet, A. 1691. *La Vie de M. Des-Cartes* (Paris: Daniel Horthemels). Faksimiles von 1972 (Hildesheim: Olms) und 1987 (New York: Garner).

Balz, A. G. A. 1952. *Descartes and the Modern Mind* (New Haven: Yale University Press).

Barrow, J. D. 1992. *Pi in the Sky: Counting, Thinking und Being* (Oxford: Clarendon Press), auf Deutsch erschienen als *Ein Himmel voller Zahlen* (Reinbek: Rowohlt), 1999.

– 2005. *The Infinite Book: A Short Guide to the Boundless, Timeless and Endless* (New York: Pantheon), auf Deutsch erschienen als *Einmal Unendlichkeit und zurück* (Reinbek: Rowohlt), 2008.

Beaney, M. 2003. In Griffin, N., Hrsg. *The Cambridge Companion to Bertrand Russell* (Cambridge: Cambridge University Press).

Bell, E. T. 1937. *Men of Mathematics: The Lives and Achievements of the Great Mathematicians from Zeno to Poincare* (New York: Touchstone).

– 1940. *The Development of Mathematics* (New York: McGraw-Hill).

– 1951. *Mathematics: Queen and Servant of Science* (New York: McGraw-Hill).

Beltrán Marí, A. 1994. «Introduction». In Galilei, G. *Dialogo Sobre los Dos Máximos Sistemas del Mundo* (Madrid: Alianza Editorial).

Bennett, D. 2004. *Logic Made Easy: How to Know When Language Deceives You* (New York: W. W. Norton).

Berkeley, G. 1734. «The Analyst: Or a Discourse Addressed to an Infidel Mathematician», D. R. Wilkins, Hrsg. http:///www.maths.tcd.ie/pub/HistMath/People/ Berkeley/Analyst/Analyst.html.

Berlinski, D. 1996. *A Tour of the Calculus* (New York: Pantheon Books).

Bernoulli, J. 1713a. *The Art of Conjecturing (Ars Conjectandi)*, mit Einführung und Anmerkungen übersetzt von E. D. Sylla, 2006 (Baltimore: Johns Hopkins University Press).

– 1713b. *Ars Conjectandi* (Basel: Tharnisiorum), Deutsche Ausgabe: *Wahrscheinlichkeitsrechnung (Ars conjectandi)*, Dritter und Vierter Teil, übers. und hrsg. v. R. Haussner, Leipzig 1899.

Beyssade, M. 1993. «The Cogito». In Voss, S., Hrsg. *Essays on the Philosophy and Science of Rene Descartes* (Oxford: Oxford University Press).

Black, F., und Scholes, M. 1973. *Journal of Political Economy*, 81 (3), S. 637.

Bodanis, D. 2000. *E = mc!: A Biography of the World's Most Famous Equation* (New York: Walker).

Bonola, R. 1955. *Non-Euclidean Geometry.* Übersetzt von H. S. Carshaw (New York: Dover Publications). Es handelt sich hierbei um eine Neuauflage der Übersetzung von 1912 (Chicago: Open Court Publishing Company). Deutsche Ausgabe: *Die Nicht-euklidische Geometrie: historisch-kritische Darstellung ihrer Entwicklung*, 3. Auflage (Leipzig: Teubner), 1921.

Boole, G. 1847. *The Mathematical Analysis of Logic, Being an Essay towards a Calculus of Deductive Reasoning.* In Ewald, W. 1996. *From Kant to Hilbert: A Source Book in the Foundations of Mathematics* (Oxford: Clarendon Press).

– 1854. *An Investigation of the Laws of Thought on Which Are Founded the Mathematical Theories of Logic and Probabilities* (London: Macmillan). Reprinted 1958 (Mineola, N. Y.: Dover Publications).

Boolos, G. 1985. *Mind*, 94, S. 331.

– 1999. *Logic, Logic, Logic* (Cambridge, Mass.: Harvard University Press).

Borovik, A. 2006. *Mathematics under the Microscope.* http://www.maths. manchester. ac. uk/%7Eavb/micromathematics/downloads.

Brewster, D. 1831. *The Life of Sir Isaac Newton* (London: John Murray, Albernarie Street). Deutsche Ausgabe: *Sir Isaac Newton's Leben* (Leipzig: Göschen), 1833.

Bukowski, J. 2008. *The College Mathematics Journal*, 39 (1), S. 2.

Burger, E. B., und Starbird, M. 2005. *Coincidences, Chaos und All That Math Jazz: Making Light of Weighty Ideas* (New York: W. W. Norton).

Burkert, W. 1972. *Lore and Science in Ancient Pythagoreanism* (Cambridge, Mass.: Harvard University Press).

Cajori, F. 1926. *The American Mathematical Monthly*, 33 (8), S. 397.

– 1928. In *The History of Science Society. Sir Isaac Newton 1727–1927: A Bicentenary Evaluation of His Work* (Baltimore: The Williams & Wilkins Company).

Cardano, G. 1545. *Artis Magnae, sive de regulis algebraices.* Veröffentlicht 1968 unter dem Titel *The Great Art or the Rules of Algebra*, übersetzt und herausgegeben von T. R. Witmer (Cambridge, Mass.: MIT Press).

Caspar, M. 1948. *Johannes Kepler* (Stuttgart: Kohlhammer).

Chandrasekhar, S. 1995. *Newton's «Principia» for the Common Reader* (Oxford: Clarendon Press).

Changeux, J.-P., und Connes, A. 1995. *Conversations on Mind, Matter, and Mathematics* (Princeton: Princeton University Press), deutsche Ausgabe: *Gedankenmaterie* (Berlin, Heidelberg, New York: Springer), 1992.

Cherniss, H. 1945. *The Riddle of the Early Academy* (Berkeley: University of California Press). Nachdruck 1980 (New York: Garland), deutsche Ausgabe: *Die ältere Akademie: ein historisches Rätsel und seine Lösung* (Heidelberg: Winter), 1996.

– 1951. *Review of Metaphysics*, 4, S. 395.

Chomsky, N. 1957. *Syntactic Structures* (The Hague: Mouton & Co.), deutsche Ausgabe: *Strukturen der Syntax* (Berlin: De Gruyter), 1973.

Cicero. 1. Jahrhundert v. Chr. *Gespräche in Tusculum*, zweisprachige Ausgabe (Darmstadt: Wiss. Buchgesellschaft), 1992.

Clark, M. 2002. *Paradoxes from A to Z* (London: Routledge).

Clarke, D. M. 1992. In Cottingham, J., Hrsg. *The Cambridge Companion to Descartes* (Cambridge: Cambridge University Press).

Cohen, I. B. 1982. In Bechler, Z., Hrsg. *Contemporary Newtonian Research* (Dordrecht: Reidel).

– 2006. *The Triumph of Numbers* (New York: W. W. Norton & Company).

Cohen, P. J. 1966. *Set Theory and the Continuum Hypothesis* (New York: W. A. Benjamin).

Cole, J. R. 1992. *The Olympian Dreams and Youthful Rebellion of Rene Descartes* (Champaign: University of Illinois Press).

Connor, J. A. 2006. *Pascal's Wager: The Man Who Played Dice with God* (New York: HarperCollins).

Conway, J. H. 1970. In Leech, J., Hrsg. *Computational Problems in Abstract Algebra* (Oxford: Pergamon Press).

Coresio, G. 1612. *Operetta intorno al galleggiare de' corpi solidi.* Nachdruck in Favaro, A. 1968. *Le Opere di Galileo Galilei.* Edizione Nazionale (Florence: Barbera).

Cottingham, J. 1986. *Descartes* (Oxford: Blackwell).

Craig, Sir J. 1946. *Newton at the Mint* (Cambridge: Cambridge University Press).

Curley, E. 1993. In Voss, S., Hrsg. *Essays on the Philosophy and Science of Rene Descartes* (Oxford: Oxford University Press).

Curzon, G. 2004. *Wotton and His Words: Spying, Science and Venetian Intrigues* (Philadelphia: Xlibris Corporation).

Davies, P. 2001. *How to Build a Time Machine* (New York: Allen Lane).

Davis, P. J., und Hersh, R. 1981. *The Mathematical Experience* (Boston: Birkhäuser). Überarbeitete Neuauflage 1998 (Boston: Mariner Books), deutsche Ausgabe: *Erfahrung Mathematik* (Basel: Birkhäuser) 1986.

Dawkins, R. 2006. *The God Delusion* (New York: Houghton Mifflin Company), deutsche Ausgabe: *Der Gotteswahn* (Berlin: Ullstein), 2009.

Dawson, J. 1997. *Logical Dilemmas: The Life and Work of Kurt Gödel* (Natick, Mass.: A. K. Peters), deutsche Ausgabe: *Kurt Gödel: Leben und Werk* (Wien, New York: Springer) 1999.

Dehaene, S. 1997. *The Number Sense* (Oxford: Oxford University Press), deutsche Ausgabe: *Der Zahlensinn* (Basel, Boston, Berlin: Birkhäuser), 1999.

Dehaene, S., Izard, V., Pica, P., und Spelke, E. 2006. *Science*, 311, S. 381.

DeLong, H. 1970. *A Profile of Mathematical Logic* (Reading, Mass.: Addison-Wesley). Nachdruck 2004 (Mineola, New York: Dover Publications).

Demopoulos, W., und Clark, P. 2005. In Shapiro, S., Hrsg. *The Oxford Handbook of Philosophy of Mathematics and Logic* (Oxford: Oxford University Press).

De Morgan, A. 1885. *Newton: His Friend: and His Niece* (London: Elliot Stock).

Dennett, D. C. 2006. *Breaking the Spell: Religion as a Natural Phenomenon* (New York: Viking), deutsche Ausgabe: *Den Bann brechen: Religion als Naturphänomen* (Frankfurt am Main: Verlag der Weltreligionen im Insel-Verlag).

De Santillana, G. 1955. *The Crime of Galileo* (Chicago: University of Chicago Press).

Descartes, R. 1637a. *Discourse on Method, Optics, Geometry und Meteorology.* Übersetzt von P. J. Olscamp, 1965 (Indianapolis: The Bobbs-Merrill Company), deutsche Zitate aus *Bericht über die Methode* (Stuttgart: Reclam), 2001.

– 1637b. *The Geometry of Rene Descartes.* Übersetzt von D. E. Smith und M. L. Latham, 1954 (Mineola, New York: Dover Publications), deutsche Ausgabe: *Geometrie*, übersetzt von Ludwig Schlesinger (1923) (Darmstadt: Wiss. Buchgesellschaft), 1981.

– 1644. *Principles of Philosophy*, II: 64. In Cottingham, J., Stoothoff, R., und Murdoch, D., Hrsg. 1985. *Philosophical Works of Descartes* (Cambridge: Cambridge University Press), deutsche Ausgabe: *Die Prinzipien der Philosophie* (Hamburg: Felix Meiner Verlag), 2005.

– 1637–1644. *The Philosophy of Descartes: Containing the Method, Meditations und Other Works.* Übersetzt von J. Veitch, 1901 (New York: Tudor Publishing).

Detlefsen, M. 2005. In Shapiro, S., Hrsg. *The Oxford Handbook of Philosophy of Mathematics and Logic* (Oxford: Oxford University Press).

Deutsch, D. 1997. *The Fabric of Reality* (New York: Allen Lane).

Devlin, K. 1993. *The Joy of Sets: Fundamentals of Contemporary Set Theory*, 2. Auflage (New York: Springer-Verlag).

– 2000. *The Math Gene: How Mathematical Thinking Evolved and Why Numbers Are like Gossip* (New York: Basic Books).

Dijksterhuis, E. J. 1957. *Archimedes* (New York: The Humanities Press).

Doxiadis, A. K. 2000. *Uncle Petros and Goldbach's Conjecture* (New York: Bloomsbury), auf Deutsch erschienen als *Onkel Petros und die Goldbach'sche Vermutung* (Bergisch-Gladbach: Lübbe), 2000.

Drake, S. 1978. *Galileo at Work: His Scientific Biography* (Chicago: University of Chicago Press).

– 1990. *Galileo: Pioneer Scientist* (Toronto: University of Toronto Press).

– 2001. *Galilei* (Freiburg: Herder).

Dummett, M. 1978. *Truth and Other Enigmas* (Cambridge, Mass.: Harvard University Press), hier zitiert aus der deutschen Ausgabe: *Wahrheit* (Stuttgart: Reclam), 1982.

Dunham, W. 1994. *The Mathematical Universe: An Alphabetical Journey through the Great Proofs, Problems and Personalities* (New York: John Wiley & Sons).

Dunnington, G. W. 1955. *Carl Friedrich Gauss: Titan of Science* (New York: Hafner Publishing).

Du Sautoy, M. 2008. *Symmetry: A Journey into the Patterns of Nature* (New York: Harper Collins), deutsche Ausgabe: *Die Mondscheinsucher. Mathematiker entschlüsseln das Geheimnis der Symmetrie* (München: C. H. Beck), 2008.

Einstein, A. 1934. «Geometrie und Erfahrung». In *Mein Weltbild* (Frankfurt am Main: Ullstein Materialien).

Ewald, W. 1996. *From Kant to Hilbert: A Source Book in the Foundations of Mathematics* (Oxford: Clarendon Press).

Favaro, A., Hrsg. 1890–1909. *Le Opere di Galileo Galilei, Edizione Nationale* (Florence: Barbera). Es gibt eine Reihe von Nachdrucken, der jüngste datiert von 1964–1966. Dieser Text ist online einsehbar unter http://www.imss.fi.it/istitutolindex.html.

Fearnley-Sander, D. 1979. *The American Mathematical Monthly*, 86 (10), S. 809.

– 1982. *The American Mathematical Monthly*, 89 (3), S. 161.

Feldberg, R. 1995. *Galileo and the Church: Political Inquisition or Critical Dialogue* (Cambridge: Cambridge University Press).

Ferris, T. 1997. *The Whole Shebang* (New York: Simon & Schuster).

Finkel, B. F. 1898. «Biography: Rene Descartes». *American Mathematical Monthly*, 5 (8–9), S. 191.

Fisher, R. A. 1936. *Annals of Science*, 1, S. 115.

– 1956. In Newman, J. R., Hrsg. *The World of Mathematics* (New York: Simon & Schuster).

Fölsing, Albrecht 1995. *Albert Einstein* (Frankfurt am Main: Suhrkamp).

Fowler, D. 1999. *The Mathematics of Plato's Academy* (Oxford: Clarendon Press).

Franzen, T. 2005. *Gödel's Theorem: An Incomplete Guide to Its Use and Abuse* (Wellesley, Mass.: A. K. Peters).

Frege, G. 1879. *Begriffsschrift, eine der arithmetischen nachgebildete Formelsprache des reinen Denkens* (Halle: L. Nebert).

– 1884. *Die Grundlagen der Arithmetik* (Breslau: Koebner).

– 1893. *Grundgesetze der Arithmetik* (Jena: Verlag Hermann Pohle). Hier verwendete Ausgabe: *Grundgesetze der Arithmetik* (Paderborn: Mentis), 2009.

Fritz, K. von. 1945. «The Discovery of Incommensurability by Hipposus of Metapontum». *Annals of Mathematics*, 46, S. 242.

Frova, A., und Marenzana, M. 1998. *Thus Spoke Galileo: The Great Scientist's Ideas and Their Relevance to the Present Day.* Übersetzt von J. McManus, 2006 (Oxford: Oxford University Press).

Galilei, G. 1586. *The Little Balance.* In *Galileo and the Scientific Revolution.* Übersetzt von L. Fermi und G. Bernardini (New York: Basic Books). Es handelt sich dabei um eine Übersetzung aus Favaro, A., Hrsg. 1890–1909. *Le Opere di Galileo Galilei* (Florence: G. Barbera), deutsche Zitate aus: Mudry, A. *Schriften, Briefe, Dokumente* (München: C. H. Beck), 1987.

– ca. 1600a. *On Mechanics.* Übersetzt von S. Drake, 1960 (Madison: University of Wisconsin Press).

– ca. 1600b. *On Motion.* Übersetzt von E. Drabkin, 1960 (Madison: University of Wisconsin Press).

– 1610a. *Sidereal Nuncius, or The Sidereal Messenger.* Übersetzt von A. Van Helden, 1989. (Chicago: University of Chicago Press), deutsch unter anderem: *Nachricht von neuen Sternen* (Frankfurt am Main: Suhrkamp), 2002.

– 1610b. *The Sidereal Messenger (Sidereus Nuncius).* In Drake, S. 1983. *Telescopes, Tides and Tactics* (Chicago: University of Chicago Press).

– 1623. *The Assayer [Il Saggiatore].* In *The Controversy on the Comets of 1618.* Übersetzt von S. Drake und C. D. O'Malley, 1960 (Philadelphia: University of Pennsylvania Press).

– 1632. *Dialogue Concerning the Two Chief World Systems.* Übersetzt von S. Drake, 1967 (Berkeley: University of California Press), deutsche Ausgabe unter anderem: *Dialog über die beiden hauptsächlichsten Weltsysteme: das ptolemäische und das kopernikanische* (Paderborn: Voltmedia), 2007.

– 1638. *Discourses on the Two New Sciences.* Übersetzt von S. Drake, 1974 (Madison: University of Wisconsin Press), deutsche Ausgabe: *Unterredungen und mathematische Demonstrationen über zwei neue Wissenszweige, die Mathematik und die Fallgesetze betreffend*, siehe oben, Mudry, 1987.

Garber, D. 1992. In Cottingham, J., Hrsg. *The Cambridge Companion to Descartes* (Cambridge: Cambridge University Press).

Gardner, M. 2003. *Are Universes Thicker than Blackberries?* (New York: W. W. Norton).

Gaukroger, S. 1992. In Cottingham, J., Hrsg. *The Cambridge Companion to Descartes* (Cambridge: Cambridge University Press).

– 2002. *Descartes's System of Natural Philosophy* (Cambridge: Cambridge University Press).

Gingerich, O. 1973. «Kepler, Johannes». In Gillespie, C. C., Hrsg. *Dictionary of Scientific Biography*, Bd. 7 (New York: Scribners).

Girifalco, L. A. 2008. *The Universal Force* (Oxford: Oxford University Press).

Glaisher, J. W. L. 1888. Bicentenary Address, *Cambridge Chronicle*, 20. April 1888.

Gleick, J. 1987. *Chaos: Making a New Science* (New York: Viking).

– 2003. *Isaac Newton* (New York: Vintage Books), auf Deutsch erschienen als *Isaac Newton. Die Geburt des modernen Denkens* (Düsseldorf: Patmos), 2004.

Glucker, J. 1978. *Antiochus and the Late Academy*, hypomnemata 56 (Göttingen: Vandenhoeck & Ruprecht).

Gödel, K. 1947. In Benaceroff, P., und Putnam, H., Hrsg. 1983. *Philosophy of Mathematics: Selected Readings*, 2. Auflage. (Cambridge: Cambridge University Press).

Godwin, M., und Irvine, A. D. 2003. In Griffin, N., Hrsg. *The Cambridge Companion to Bertrand Russell* (Cambridge: Cambridge University Press).

Goldstein, R. 2005. *Incompleteness: The Proof and Paradox of Kurt Gödel* (New York: W. W. Norton), auf Deutsch erschienen als *Kurt Gödel, Jahrhundertmathematiker und großer Entdecker* (München, Zürich: Piper), 2007.

Gosling, J. C. B. 1973. *Plato* (London: Routledge & Kegan Paul).

Gott, J. R. 2001. *Time Travel in Einstein's Universe* (Boston: Houghton Mifflin).

Grassi, O. 1619. *Libra Astronomica ac Philosophica.* In Drake, S., und O'Malley, C. D., übers. 1960. *The Controversy on the Comets of 1618* (Philadelphia: University of Pennsylvania Press).

Graunt, J. 1662. *Natural and Political Observations Mentioned in a Following Index, and Made Upon the Bills of Mortality* (London: Tho. Roycroft), deutsche Ausgabe: *Natürliche und politische Anmerkungen über die Todten-Zettul der Stadt London* (Leipzig: Fritsch), 1702.

Gray, J. J. 2004. *János Bolyai, Non-Euclidean Geometry und the Nature of Space* (Cambridge, Mass.: Burndy Library).

Grayling, A. C. 2005. Descartes: *The Life and Times of a Genius* (New York: Walker & Company).

Greenberg, M. J. 1974. *Euclidean and Non-Euclidean Geometries: Development and History*, 3. Auflage (New York: W. H. Freeman and Company).

Greene, B. 1999. *The Elegant Universe: Superstrings, Hidden Dimensions und the Quest for the Ultimate Theory* (New York: W. W. Norton).

– 2004. *The Fabric of the Cosmos: Space, Time und the Texture of Reality* (New York: Alfred A. Knopf).

Gross, D. 1988. *Proceedings of the National Academy of Sciences* (USA), 85, S. 8371.

Guthrie, K. S. 1987. *The Pythagorean Sourcebook and Library: An Anthology of Ancient Writings which Relate to Pythagoras and Pythagorean Philosophy* (Grand Rapids, Michigan: Phanes Press).

Hald, A. 1990. *A History of Probability and Statistics and Their Applications Before* 1750 (New York: John Wiley & Sons).

Hall, A. R. 1992. *Isaac Newton: Adventurer in Thought* (Oxford: Blackwell). Neu aufgelegt 1996 (Cambridge: Cambridge University Press).

Hamilton, E., und Cairns, H., Hrsg. 1961. *The Collected Dialogues of Plato* (New York: Pantheon).

Hamming, R. W. 1980. *The American Mathematical Monthly*, 87 (2), S. 81.

Hankins, F. H. 1908. *Adolphe Quetelet as Statistician* (New York: Columbia University). Online von R. E. Wyllys unter http://www.gslis.utexas.edu/~wyllys/QueteletResources/index.html.

Hardy, G. H. 1940. *A Mathematician's Apology* (Cambridge: Cambridge University Press).

Havelock, E. 1963. *Preface to Plato* (Cambridge, Mass.: Harvard University Press).

Hawking, S. 2005. *God Created the Integers: The Mathematical Breakthroughs that Changed History* (Philadelphia: Running Press).

Hawking, S., Hrsg. 2007. *A Stubbornly Persistent Illusion: The Essential Scientific Writings* of *Albert Einstein* (Philadelphia: Running Press).

Hawking, S., und Penrose, R. 1996. *The Nature of Space and Time* (Princeton: Princeton University Press), deutsche Ausgabe: *Raum und Zeit* (Reinbek: Rowohlt), 1998.

Heath, T. L. 1897. *The Works of Archimedes* (Cambridge: Cambridge University Press), deutsche Ausgabe: *Archimedes' Werke* (Berlin: Häring), 1914.

– 1921. *A History of Greek Mathematics* (Oxford: Clarendon Press). Neuauflage 1981 (New York: Dover Publications).

Hedrick, P. W. 2004. *Genetics of Populations* (Sudbury, Mass.: Jones & Bardett).

Heiberg, J. L., Hrsg. 1910–1915. *Archimedes Opera Omnio cum Commentariis Eutocii* (Leipzig); griechischer Text mit lateinischer Übersetzung.

Hellman, H. 2006. *Great Feuds in Mathematics: Ten of the Liveliest Disputes Ever* (Hoboken, New Jersey: John Wiley & Sons).

Hermite, C. 1905. *Correspondence d'Hermite et de Stieltjes* (Paris: Gauthier-Villars).

Herodotus. 440 v. Chr. *The History*, Buch III. Übersetzt von D. Greve, 1988 (Chicago: University of Chicago Press), deutsche Ausgabe: *Neun Bücher zur Geschichte*, Band III (Wiesbaden: Marix) 2004.

Hersh, R. 2000. *18 Unconventional Essays on the Nature of Mathematics* (New York: Springer).

Herz-Fischler, R. 1998. *A Mathematical History of the Golden Number* (Mineola, New York: Dover Publications).

Hobbes, T. 1651. *Leviathan.* Neu aufgelegt 1982 (New York: Penguin Classics), Zitat aus der deutschen Ausgabe: (Stuttgart: Reclam), 2005.

Hockett, C. F. 1960. *Scientific American*, 203 (September), S. 88.

Höffe, O. 2007. *Immanuel Kant.* (München: C. H. Beck).

Hofstadter, D. 1979. *Gödel, Escher, Bach: An Eternal Golden Braid* (New York: Basic Books), deutsche Ausgabe *Gödel, Escher, Bach – ein endloses geflochtenes Band* (Stuttgart: Klett-Cotta), 1985.

Holden, C. 2006. *Science*, 311, S. 317.

Huffman, C. A. 1999. In Long, A. A., Hrsg. *The Cambridge Companion to Early Greek Philosophy* (Cambridge: Cambridge University Press).

– 2006. «Pythagoras». In *The Stanford Encyclopedia of Philosophy*. http://plato. stanford. edu/entries/Pythagoras.

Hume, D. 1748. *An Enquiry Concerning Human Understanding.* Nachdruck 2000 in *The Clarendon Edition of the Works of David Hume*, hrsg. von T. L. Beauchamp (Oxford: Oxford University Press), deutsche Ausgabe: *Eine Untersuchung über den menschlichen Verstand* (Frankfurt am Main: Suhrkamp), 2007.

Iamblichos. ca. 300 n. Chr. *Iamblichus' Life of Pythagoras.* Übersetzt von T. Taylor, 1986 (Rochester, Vermont: Inner Traditions), deutsche Ausgabe: *Pythagoras, Legende, Lehre, Lebensgestaltung* (Zürich, Stuttgart: Artemis), 1963.

– ca. 300 n. Chr. *On the Pythagorean Life.* Übersetzt von J. Dillon und J. Hershbell (Atlanta: Scholar Press).

Irvine, A. D. 2003. «Russell's Paradox». In *The Stanford Encyclopedia of Philosophy.* http://plato. stanford. edu/entries/russell-paradox.

Isaacson, W. 2007. *Einstein: His Life and Universe* (New York: Simon & Schuster).

Jaeger, M. 2002. *The Journal of Roman Studies*, 92, S. 49.

Jeans, J. 1930. *The Mysterious Universe* (Cambridge: Cambridge University Press).

Jones, V. F. R. 1985. *Bulletin of the American Mathematical Society*, 12, S. 103.

Joost-Gaugier, C. L. 2006. *Measuring Heaven: Pythagoras and His Influence on Thought and Art in Antiquity and the Middle Ages* (Ithaca: Cornell University Press).

Kaku, M. 2004. *Einstein's Cosmos* (New York: Atlas Books).

Kant, I. 1781. *Kritik der reinen Vernunft.* Hier zitiert nach der Ausgabe: *Kritik der reinen Vernunft* (Frankfurt am Main: Suhrkamp), 1982.

Kaplan, M., und Kaplan, E. 2006. *Chances Are: Adventures in Probability.* (New York: Viking), deutsche Ausgabe: *Eins zu Tausend* (Frankfurt am Main: Campus), 2007.

Kapner, D. J., Cook, T. S., Adelberger, E. G., Gundiaeh, J. H., Heckei, B. R., Hoyle, C. D., und Swanson, H. E. 2007. *Physical Review Letters.* 98, 021101.

Kasner, E., und Newman, J. R. 1989. *Mathematics and the Imagination* (Redmond, Washington: Tempus Books).

Kauffman, L. H. 2001. *Knots and Physics*, 3. Auflage (Singapore: World Scientific).

Keeling, S. V. 1968. *Descartes* (Oxford: Oxford University Press).

Kepler, J. 1981. *Mysterium Cosmographicum* (New York: Abaris Books).

– 1997. *The Harmony of the World* (Philadelphia: American Philosophical Society), deutsche Ausgabe: *Harmonice mundi* (München: Oldenbourg), 2006.

Klessinger, N., Szczerbinski, M., und Varley, R. 2007. *Neuropsychologia.* 45, S. 1642.

Kline, M. 1967. *Mathematics for Liberal Arts* (Reading, Mass.: AddisonWesley). Nachdruck 1985 als *Mathematics for the Nonmathematician* (New York: Dover Publications).

– 1972. *Mathematical Thought from Ancient to Modern Times* (Oxford: Oxford University Press).

Knott, C. G. 1911. *Life and Scientific Work of Peter Guthrie Tait* (Cambridge: Cambridge University Press).

Koyre, A. 1978. *Galileo Studies.* Übersetzt von J. Mepham (Atlantic Highlands, New Jersey: Humanities Press).

Kramer, M., Stairs, I. H., Manchester, R. N., et al. 2006. *Science*, 314 (5796) S. 97.

Krauss, L. 2005. *Hiding in the Mirror: The Mysterious Allure of Extra Dimensions, from Plato to String Theory and Beyond* (New York: Viking Penguin).

Kraut, R. 1992. *The Cambridge Companion to Plato* (Cambridge: Cambridge University Press).

Krüger, L. 1987. In Krüger, L., Daston, L. J., und Heidelberger, M., Hrsg. *The Probabilistic Revolution* (Cambridge, Mass.: The MIT Press).

Kühn, M. 2007. *Kant. Eine Biographie* (München: Deutscher Taschenbuch Verlag).

Laertius, D. ca. 250 AD. *Lives of Eminent Philosophers.* Übersetzt von R. D. Hicks, 1925 (Cambridge, Mass.: Harvard University Press).

Lagrange, J. 1797. *Theorie des Fonctions Analytiques* (Paris: Imprimerie de la Republique).

Lahanas, M. «Archimedes and his Burning Mirrors». www.mlahanas.de/Greeks/Mirrors.htm.

Lakoff, G., und Núñez, R. E. 2000. *Where Mathematics Comes From* (New York: Basic Books).

Laplace, P. S., Marquis de 1814. *A Philosophical Essay on Probabilities*. Übersetzt von F. W. Truscot und F. L. Emory, 1902 (New York: John Wiley & Sons). Nachdruck 1995 (Mineola, New York: Dover), deutsche Ausgabe: *Philosophischer Versuch über die Wahrscheinlichkeit* (Frankfurt am Main: Thun), 1996.

Lecar, M., Franklin, F. A., Holman, M. J., und Murray, N. W. 2001. *Annual Review of Astronomy and Astrophysics*, 39, S. 581.

Lightman, A. 1993. *Einstein's Dreams* (New York: Pantheon Books).

Little, C. N. 1899. *Transaction of the Royal Society of Edinburgh*, 39 (Teil III), S. 771.

Livio, M. 2002. *The Golden Ratio: The Story of Phi, the World's Most Astonishing Number* (New York: Broadway Books).

– 2005. *The Equation That Couldn't Be Solved* (New York: Simon & Schuster).

Lottin, J. 1912. *Quetelet: Staticien et Sociologue* (Louvain: Institut Superieur de Philosophie).

MacHale, D. 1985. *George Boole: His Life and Work* (Dublin: Boole Press Limited).

Machamer, P. 1998. In Machamer, P., Hrsg. *The Cambridge Companion to Galileo* (Cambridge: Cambridge University Press).

Maeger, Annemarie. 1999. *János Bolyai. Der Mozart der Mathematik. Leben und Werk*, Hamburg.

Manning, H. P. 1914. *Geometry of Four Dimensions* (London: Macmillan), Nachdruck 1956 (New York: Dover Publications).

Maor, E. 1994. *The Story of a Number* (Princeton: Princeton University Press).

McMullin, E. 1998. In Machamer, P., Hrsg. *The Cambridge Companion to Galileo* (Cambridge: Cambridge University Press).

Mekler, S., Hrsg. 1902. *Academicorum Philosophorum Index Herculanensis* (Berlin: Weidmann).

Menasco, W., und Rudolph, L. 1995. *American Scientist*, 83, Januar-Februar, S. 38.

Mendel, G. 1865. «Experiments in Plant Hybridization». http://www.mendelweb.org/Mendel.plain.html.

Merton, R. K. 1993. *On the Shoulders of Giants: A Shandean Postscript* (Chicago: University of Chicago Press), deutsche Ausgabe: *Auf den Schultern von Riesen. Ein Leitfaden durch das Labyrinth der Gelehrsamkeit* (Frankfurt am Main: Suhrkamp), 1983.

Messer, R., und Straffin, P. 2006. *Topology Now* (Washington, D. C.: Mathematical Association of America).

Miller, V. R., und Miller, R. P., Hrsg. 1983. *Descartes. Principles of Philosophy* (Dordrecht: Reidel).

Mitchell, J. C. 1990. In van Leeuwen, J., *Handbook of Theoretical Computer Science* (Cambridge, Mass.: MIT Press).

Monk, R. 1990. *Ludwig Wittgenstein: The Duty of Genius* (London: Jonathan Cape), deutsche Ausgabe: *Ludwig Wittgenstein, Das Handwerk des Genies* (Stuttgart: Klett-Cotta), 1992.

Moore, G. H. 1982. *Zermelo's Axiom of Choice: Its Origins, Development, and Influence* (New York: Springer-Verlag).

Morgenstern, O. 1971. Mitschrift «Memorandum from Mathematica». Thema: Die Einbürgerung von Kurt Gödel. Institute for Advanced Study, Princeton, New Jersey.

Motte, A. 1729. *Sir Isaac Newton's Mathematical Principles of Natural Philosophy and His System of the World.* Kommentiert von F. Cajori, 1947 (Berkeley: University of California Press). Auch erschienen als Newton, I. 1995. *The Principia* (New York: Prometheus Books), deutsche Ausgabe: Newton, Isaac, *Mathematische Prinzipien der Naturlehre* (Darmstadt: Wissenschaftliche Buchgesellschaft), 1963.

Mueller, I. 1991. In Bowen, A., Hrsg. *Science and Philosophy in Classical Greece* (London: Garland).

– 1992. In Kraut, R., Hrsg. *The Cambridge Companion to Plato* (Cambridge: Cambridge University Press).

– 2005. In Koestier, T., und Bergmans, L., Hrsg. *Mathematics and the Divine: A Historical Study* (Amsterdam: Elsevier).

Nagel, E., und Newman, J. 1959. *Gödel's Proof* (New York: Routledge & Kegan Paul). Nachdruck 2001 (New York: New York University Press), auf Deutsch erschienen als *Der Gödelsche Beweis* (Wien, München: Oldenbourg), 2003.

Netz, R. 2005. In Koetsier, T., und Bergmans, L., Hrsg. *Mathematics and the Divine: A Historical Study* (Amsterdam: Elsevier).

Netz, R., und Noel, W. 2007. *The Archimedes Codex: How a Medieval Prayer Book is Revealing the True Genius of Antiquity's Greatest Scientist* (Philadelphia: Da Capo Press), deutsche Ausgabe: *Der Kodex des Archimedes* (München: C. H. Beck), 2007.

Neuwirth, L. 1979. *Scientific American*, 240 (Juni), S. 110.

Newman, J. R. 1956. *The World of Mathematics* (New York: Simon & Schuster).

Newton, Sir I. 1729. *Mathematical Principles of Natural Philosophy.* Übersetzt von I. B. Cohen und A. Whitman, 1999 (Berkeley: University of California Press), deutsche Ausgabe: *Mathematische Prinzipien der Naturlehre* (Darmstadt: Wissenschaftliche Buchgesellschaft), 1963.

– 1730. *Opticks, or A Treatise of the Reflections, Refractions, Inflections and Colours of Light*, 4. Auflage (London: G. Bell). Nachdruck 1952 (New York: Dover Publications). Deutsche Ausgabe: *Optik: oder Abhandlung über Spie-*

gelungen, Brechungen, Beugungen u. Farben des Lichts, Nachdruck der Ausgabe Leipzig 1898 (Braunschweig: Vieweg), 1983.

Nicolson, M. 1935. *Modern Philology*, 32 (3), S. 233.

Obler, L. K., und Gjerlow, K. 1999. *Language and the Brain* (Cambridge: Cambridge University Press).

O'Connor, J. J., und Robertson, E. F. 2003. «Peter Guthrie Tait». http://www-history.mcs.st-andrews.ac.uk/Biographies/Tait.html.

– 2005. «Hermann Günter Grassmann». http://www-history.mcs.st-andrews.ac.uk/Biographies/Grassmann.html.

– 2007. «G. H. Hardy Addresses the British Association in 1922, part 1». http://www-history.mcs.st-andrews.ac.uk/Extras/BA_1922_1.html.

Odom, B., Hanneke, D., D'Urso, B., und Gabrielse, G. 2006. *Physical Review Letters*, 97, 030801.

Ooguri, H., und Vafa, C. 2000. *Nuclear Physics B*, 577, S. 419.

Orel, V. 1996. *Gregor Mendel: The First Geneticist* (New York: Oxford University Press).

Overbye, D. 2000. *Einstein in Love: A Scientific Romance* (New York: Viking).

Pais, A. 1982. *Subtle is the Lord: The Science and Life of Albert Einstein* (Oxford: Oxford University Press).

Panek, R. 1998. *Seeing and Believing: How the Telescope Opened Our Eyes and Minds to the Heavens* (New York: Viking), deutsche Ausgabe: *Das Auge Gottes, das Teleskop und die lange Entdeckung der Unendlichkeit* (München: Deutscher Taschenbuch Verlag), 2004.

Paulos, J. A. 2008. *Irreligion: A Mathematician Explains Why the Arguments for God Just Don't Add Up* (New York: Hill and Wang).

Penrose, R. 1989. *The Emperor's New Mind: Concerning Computers, Minds und the Laws of Physics* (Oxford: Oxford University Press), deutsche Ausgabe: *Computerdenken* (Heidelberg, Berlin: Springer), 2002.

– 2004. *The Road to Reality: A Complete Guide to the Laws of the Universe* (London: Jonathan Cape), auf Deutsch in Teilübersetzung erschienen als *Der Weg zur Wirklichkeit* (Heidelberg: Spektrum Akademischer Verlag), 2010.

Perko, K. A. Jr. 1974. *Proceedings of the American Mathematical Society*, 45, S. 262.

Pesic, P. 2007. *Beyond Geometry: Classic Papers from Riemann to Einstein* (Mineola, New York: Dover Publications).

Peterson, 1. 1988. *The Mathematical Tourist: Snapshots of Modern Mathematics* (New York: W. H. Freeman and Company).

Petsche, J.-J. 2006. *Grassmann* (Basel: Birkhäuser Verlag), deutsche Ausgabe: *Graßmann* (Basel: Birkhäuser), 2006 (in manchen Universitätsbibliotheken online einsehbar).

Pinker, S. 1994. *The Language Instinct* (New York: William Morrow and Company), auf Deutsch erschienen als *Der Sprachinstinkt: Wie der Geist die Sprache bildet* (München: Knaur), 1998.

Plato. ca. 360 v. Chr. *The Republic.* Translated by A. Bloom, 1968 (New York: Basic Books), Zitate hier aus der deutschen Ausgabe: Platon, *Der Staat* (Düsseldorf, Zürich: Artemis), 2000.

Plutarch. ca. 75 n. Chr. «Marcellus». Übersetzt von J. Dryden. In Clough, A. H., Hrsg. 1992. *Plutarch's Lives* (New York: Modern Library), deutsche Zitate aus: Plutarch, *Große Griechen und Römer*, Band III (Zürich: Artemis), 1955.

Poincaré, H. 1891. *Revue Generale des Sciences Pures et Appliquées* 2, S. 769. Der Artikel ist auf Englisch erschienen in Pesic, P., 2007. *Beyond Geometry.*

Porphyrios. ca. 270 n. Chr. *Life of Pythagoras.* In Hadas, M., und Smith, M., Hrsg. 1965. *Heroes and Gods* (New York: Harper and Row).

Proklos. ca. 450 n. Chr. *Proclus: A Commentary on the First Book of Euclid's «Elements».* Übersetzt von G. Morrow, 1970 (Princeton: Princeton University Press).

Przytycki, J. H. 1992. Aportaciones Matemáticas Comunicaciones, 11, S. 173.

Putnam, H. 1975. *Mathematics, Matter and Method: Philosophical Papers*, Bd. 1 (Cambridge: Cambridge University Press), S. 60.

Quetelet, L. A. J. 1828. *Instructions Populaires sur le Calcul des Probabilites* (Brussels: H. Tarbier & M. Hayez).

Quetelet, Adolphe, *Soziale Physik* (Jena: Fischer), 1914.

Quine, W. V. O. 1966. *The Ways of Paradox and Other Essays* (New York: Random House).

– 1982. *Methods of Logic*, 4. Auflage (Cambridge, Mass.: Harvard University Press).

Radelet-de Grave, P., Hrsg. 2005. «Bernoulli-Edition». http://www.ub.unibas.ch/spez/bernoull.htm.

Ramachandran, V. S., und Blakeslee, S. 1999. *Phantoms of the Brain* (New York: Quill), deutsche Ausgabe: *Die blinde Frau, die sehen kann, rätselhafte Phänomene unseres Bewusstseins* (Reinbek: Rowohlt), 2002.

Randall, L. 2005. *Warped Passages: Unraveling the Mysteries of the Universe's Hidden Dimensions* (New York: Ecco).

Raskin, J. 1998. «Effectiveness of Mathematics». http://jef.raskincenter.org/unpublished/effectiveness_mathematics.html.

Raymond, E. S. 2005. «The Utility of Mathematics». http://www.catb.org/~esr/writings/utility-of-math.

Redondi, P. 1998. In Machamer, P. *The Cambridge Companion to Galileo* (Cambridge: Cambridge University Press), deutsche Ausgabe: *Galilei – der Ketzer* (München: C. H. Beck), 1989.

Rees, M. J. 1997. *Before the Beginning* (Reading, Mass.: Addison-Wesley).

Reeves, E. 2008. *Galileo's Glassworks: The Telescope and the Mirror* (Cambridge, Mass.: Harvard University Press).

Renon, L., und Felliozat, J. 1947. *L'Inde Classique: Manuel des Etudes Indiennes* (Paris: Payot).

Rescher, N. 2001. *Paradoxes: Their Roots, Range und Resolution* (Chicago: Open Court).

Resnik, M. D. 1980. *Frege and the Philosophy of Mathematics* (Ithaca: Cornell University Press).

Reston, J. 1994. *Galileo: A Life* (New York: HarperCollins), deutsche Ausgabe: *Galileo Galilei. Eine Biographie* (München: Goldmann), 1998.

Ribenboim, P. 1994. *Catalan's Conjecture* (Boston: Academic Press).

Ricœur, P. 1996. *Synthese*, 106, S. 57.

Riedweg, C. 2002. *Pythagoras. Leben, Lehre, Nachwirkung* (München: C. H. Beck).

Rivest, R., Shamir, A., und Adleman, L. 1978. *Communications of the Assocation for Computing Machinery*, 21 (2), S. 120.

Rodis-Lewis, G. 1998. *Descartes: His Life and Thought* (Ithaca: Cornell University Press).

Ronan, M. 2006. *Symmetry and the Monster: The Story of One of the Greatest Quests of Mathematics* (New York: Oxford University Press).

Rosenthal, J. S. 2006. *Struck by Lightning: The Curious World of Probabilities* (Washington, D. C.: Joseph Henry Press).

Ross, W. D. 1951. *Plato's Theory of Ideas* (Oxford: Clarendon Press).

Rouse Ball, W. W. 1908. *A Short Account of the History of Mathematics*, 4. Auflage. Neu aufgelegt 1960 (Mineola, New York: Dover Publications).

Rucker, R. 1995. *Infinity and the Mind: The Science and Philosophy of the Infinite* (Princeton: Princeton University Press).

Russell, B. 1912. *The Problems of Philosophy* (London: Home University Library). Nachdruck 1997 von Oxford University Press (Oxford), deutsche Ausgabe: *Probleme der Philosophie* (Frankfurt am Main: Suhrkamp), 2001.

– 1919. *Introduction to Mathematical Philosophy* (London: George Allen and Unwin). Neuauflage 1993, hrsg. von J. Slater (London: Routledge). Nachdruck 2005 (New York: Barnes & Noble), deutsche Ausgabe: *Einführung in die mathematische Philosophie* (Hamburg: Meiner), 2002.

– 1945. *History of Western Philosophy.* Nachdruck 2007 (New York: Touchstone), deutsche Ausgabe: *Philosophie des Abendlandes* (Darmstadt: Holle), 1951.

Sainsbury, R. M. 1988. *Paradoxes* (Cambridge: Cambridge University Press).

Sarrukai, S. 2005. *Current Science*, 88 (3), S. 415.

Schmidt, Franz, und Paul Stäckel, *Briefwechsel zwischen Carl-Friedrich Gauss und Wolfgang Bolyai*, Leipzig 1899, Nachdruck: New York, London, 1972.

Schmitt, C. B. 1969. «Experience and Experiment: A Comparison of Zabarella's Views with Galileo's in *De Motu*». *Studies in the Renaissance*, 16, S. 80.

Sedgwick, W. T., und Tyler, H. W. 1917. *A Short History of Science* (New York: The Macmillan Company).

Shapiro, S. 2000. *Thinking about Mathematics: The Philosophy of Mathematics* (Oxford: Oxford University Press).

Shea, W. R. 1972. *Galileo's Intellectual Revolution: Middle Period, 1610–1632* (New York: Science History Publications), deutsche Ausgabe: Shea, William, und Mariano Artigas, *Galileo Galilei, Aufstieg und Fall eines Genies* (Darmstadt: Primus), 2006.

– 1998. In Machamer, P., Hrsg. *The Cambridge Companion to Galileo* (Cambridge: Cambridge University Press).

Sieg, W. 1988. «Hilbert's Program Sixty Years Later». *Journal of Symbolic Logic*, 53, S. 349.

Smolin, L. 2001. *Three Roads to Quantum Gravity* (New York: Basic Books).

– 2006. *The Trouble with Physics: The Rise of String Theory, The Fall of Science and What Comes Next* (Boston: Houghton Mifflin), deutsche Ausgabe: *Die Zukunft der Physik: Probleme der Stringtheorie und wie es weitergeht* (München: Deutsche Verlagsanstalt), 2009.

Sobel, D. 1999. *Galileo's Daughter* (New York: Walker & Company), deutsche Ausgabe: *Galileos Tochter* (Berlin: Berlin Verlag), 1999.

Sommerville, D. M. Y. 1929. *An Introduction to the Geometry of N Dimensions* (London: Methuen).

Sorell, T. 2005. *Descartes Reinvented* (Cambridge: Cambridge University Press), deutsche Ausgabe: *Descartes* (Freiburg, Basel, Wien: Herder), 1999.

Sorensen, R. 2003. *A Brief History of the Paradox: Philosophy and the Labyrinths of the Mind* (Oxford: Oxford University Press).

Sossinsky, A. 2002. *Knots: Mathematics with a Twist* (Cambridge, Mass.: Harvard University Press).

Stanley, T. 1687. *The History of Philosophy*, Teil 9. Veröffentlicht 1970 als Faksimile unter dem Titel *Pythagoras: His Life and Teachings* (Los Angeles: The Philosophical Research Society).

Steiner, M. 2005. In Shapiro, S., Hrsg. *The Oxford Handbook of Philosophy of Mathematics and Logic* (Oxford: Oxford University Press).

Stewart, I. 2004. *Galois Theory* (Boca Raton, Florida: Chapman & Hall/CRC).

– 2007. *Why Beauty Is Truth: A History of Symmetry* (New York: Perseus Books).

Stewart, J. A. 1905. *The Myths of Plato* (London: Macmillan and Co.).

Stigler, S. M. 1997. In *Academic Royale de Belgique, Bulletin de la Classe des Sciences, Memoires*, 8 (3), S. 47.

Strohmeier, J., und Westbrook, P. 1999. *Divine Harmony* (Berkeley, Kalifornien: Berkeley Hills Books).

Stukeley, W. 1752. *Memoirs of Sir Isaac Newton's Life*. Nachdruck 1936 (London: Taylor and Francis).

Summers, D. W. 1995. *Notices of the American Mathematical Society*, 42 (5), S. 528.

Swerdlow, N. 1998. In Machamer, P., Hrsg. *The Cambridge Companion to Galileo* (Cambridge: Cambridge University Press).

Tabak, J. 2004. *Probability and Statistics: The Science of Uncertainty* (New York: Facts on File).

Tait, P. G. 1898. In *Scientific Papers of Peter Guthrie Tait*, Bd. 1 (Cambridge: Cambridge University Press).

Tait, W. W. 1996. In Hart, W. D. *The Philosophy of Mathematics* (Oxford: Oxford University Press).

Tegmark, M. 2004. In Barrow, J. D., Davies, P. C. W., und Harper, C. L. Jr., Hrsg. *Science and Ultimate Reality* (Cambridge: Cambridge University Press).

– 2007a. «Shut Up and Calculate», arXiv 0709.4024 [hep-th]. 2007b. «The Mathematical Universe», arXiv 0704.0646 [gr-qc].

Tennant, N. 1997. *The Taming of the True* (Oxford: Oxford University Press).

Theon von Smyrna. ca. 130 n. Chr. *Mathematics, Useful for Understanding Plato*. Übersetzt von R. Lawlor and D. Lawlor, 1979 (San Diego: Wizards Bookshelf).

Tiles, M. 1996. In Bunin, N., und Tsui-James, E. P., Hrsg. *The Blackwell Companion to Philosophy* (Oxford: Blackwell Publishing).

Todhunter, I. 1865. *A History of the Mathematical Theory of Probability* (Cambridge: Macmillan and Co.).

Toffler, A. 1970. *Future Shock* (New York: Random House), deutsche Ausgabe: *Der Zukunftsschock* (Bern, München, Wien: Scherz), 1970.

Trudeau, R. J. 1987. *The Non-Euclidean Revolution* (Boston: Birkhäuser).

Truesdell, C. 1960. *The Rotational Mechanics of Flexible or Elastic Bodies*, 1638–1788, *Leonhardi Euler Opera Omnia*, sero II, Bd. 11, Teil 2 (Zürich: Orell Füssli).

Turnbull, H. W., Scott, J. F., Hall, A. R., und Tilling, L., Hrsg. 1959–1977. *The Correspondence of Isaac Newton* (Cambridge: Cambridge University Press).

Urquhart, A. 2003. In Griffin, N., Hrsg. *The Cambridge Companion to Bertrand Russell* (Cambridge: Cambridge University Press).

Vafa, C. 2000. In Arnold, V., Atiyah, M., Lax, P., und Mazur, B., Hrsg. *Mathematics: Frontiers and Perspectives* (Providence, Rhode Island: American Mathematical Society).

Vandermonde, A. T. 1771. *L'Histoire de l'Academie des Sciences avec les Memoires* (Paris: Memoires de l'Academie Royale des Sciences).

Van der Waerden, B. L. 1983. *Geometry and Algebra in Ancient Civilizations* (Berlin: Springer-Verlag).

Van Heijenoort, J., Hrsg. 1967. *From Frege to Gödel: A Source Book in Mathematical Logic* (Cambridge, Mass.: Harvard University Press).

Van Helden, A. 1996. *Proceedings of the American Philosophical Society*, 140, S. 358.

Van Helden, A., und Burr, E. 1995. The Galileo Project. http://galileo.rice.edu/index.html.

Van Stegt, W. P. 1998. In Mancosu, P., Hrsg. *From Brouwer to Hilbert: The Debate on the Foundations of Mathematics in the 1920s* (Oxford: Oxford University Press).

Varley, R., Klessinger, N., Romanowski, C., und Siegal, M. 2005. *Proceedings of the National Academy of Sciences* (USA), 102, S. 3519.

Vawter, B. 1972. *Biblical Inspiration* (Philadelphia: Westminster).

Vilenkin, A. 2006. *Many Worlds in One: The Search for Other Universes* (New York: Hill and Wang).

Vitruvius, M. P. 1. Jahrh. v. Chr. *De Architectura.* In Rowland, I. D., und Howe, T. N., Hrsg. 1999. *Ten Books on Architecture* (Cambridge: Cambridge University Press).

Vlostos, G. 1975. *Plato's Universe* (Seattle: University of Washington Press).

Von Gebler, K. 1879. *Galileo Galilei und die Römische Kurie.* Nachdruck 1968 (Wiesbaden: Saudig).

Vrooman, J. R. 1970. *Rene Descartes: A Biography* (New York: Putnam).

Waismann, F. 1979. *Ludwig Wittgenstein and the Vienna Circle: Conversations Recorded by Friedrich Waismann.* Edited by B. McGuinness; translated by J. Schulte and B. McGuinness (Oxford: Basel Blackwell), deutsche Ausgabe: *Ludwig Wittgenstein und der Wiener Kreis: Gespräche* (Frankfurt am Main: 1984 (Nachdruck 2009).

Wallace, D. F. 2003. *Everything and More: A Compact History of Infinity* (New York: W. W. Norton).

Wallechinsky, D., und Wallace, I. 1975–1981. «Biography of Scottish Child Prodigy Marjory Fleming, part 1». http://www.trivia-library.com/b/biography-of-scottish-child -prodigy-marjory-fleming-part-1.htm.

Wallis,J. 1685. *Treatise of Algebra.* Zitiert in Manning, H. P. 1914. *Geometry of Four Dimensions* (London: Macmillan).

Wang, H. 1996. *A Logical Journey: From Gödel to Philosophy* (Cambridge, Mass.: MIT Press).

Washington, G. 1788. Brief an Nicholas Pike, 20. Juni 1788. In Fitzpatrick, J. C., Hrsg. 1931–1944. *Writings of George Washington* (Washington, D.C.: Government Printing Office). Zitiert in Deutsch, K. L., und Nicgorski, W., Hrsg. 1994. *Leo Strauss: Political Philosopher and Jewish Thinker* (Lanham, Maryland: Rowman & Littlefield).

Wasserman, S. A., und Cozzarelli, N. R. 1986. *Science*, 232, S. 951.

Watson, R. 2002. *Cogito, Ergo Sum: The Life of Rene Descartes* (Boston: David R. Godine).

Weinberg, S. 1993. *Dreams of a Final Theory* (New York: Pantheon Books), deutsche Ausgabe: *Der Traum von der Einheit des Universums* (München: Goldmann), 1995.

Wells, D. 1986. *The Penguin Dictionary of Curious and Interesting Numbers* (London: Penguin). Überarbeitete Neuauflage 1997.

Westfall, R. S. 1983. *Never at Rest: A Biography of Isaac Newton* (Cambridge: Cambridge University Press).

Whiston, W. 1753. *Memoirs of the Life and Writings of Mr. William Whiston, Containing, Memoirs of Several of His Friends Also*, 2. Auflage (London: J. Whiston und B. White).

White, L. A. 1947. *Philosophy of Science*, 14 (4), S. 289.

White, N. P. 1992. In Kraut, R., Hrsg. *The Cambridge Companion to Plato* (Cambridge: Cambridge University Press).

Whitehead, A. N. 1911. *An Introduction to Mathematics* (London: Williams & Norgate). Reprinted 1992 (Oxford: Oxford University Press), deutsche Ausgabe: *Einführung in die Mathematik* (München: Lehnen), 1958.

– 1929. *Process and Reality: An Essay in Cosmology.* Neuauflage 1978, hrsg. von D. R. Griffin und D. W. Sherburne (New York: Free Press), deutsche Ausgabe: *Prozess und Realität* (Frankfurt am Main: Suhrkamp), 1979, S. 91.

Whitehead, A. N., und Russell, B. 1910. *Principia Mathematica* (Cambridge: Cambridge University Press). 2. Auflage 1927, deutsche Ausgabe: *Principia mathematica* (Wien: Medusa), 1984.

Wigner, E. P. 1960. *Communications in Pure and Applied Mathematics*, Bd. 13, Nr. 1. Abgedruckt in Saatz, T. L., und Weyl, F. J., Hrsg. 1969. *The Spirit and the Uses of the Mathematical Sciences* (New York: McGraw-Hill).

Wilczek, F. 2006. *Physics Today*, 59 (November), 8. 2007. *Physics Today*, 60 (Mai), 8.

Witten, E. 1989. *Communications in Mathematical Physics*, 121, S. 351.

Wolfram, S. 2002. *A New Kind of Science* (Champaign, Illinois: Wolfram Media).

Wolterstorff, N. 1999. In Sorell, T., Hrsg. *Descartes* (Dartmouth: Ashgate).

Woodin, W. H. 2001a. *Notices of the American Mathematical Society*, 48 (6), S. 567.
2001b. *Notices of the American Mathematical Society*, 48 (7), S. 681.

Wright, C. 1997. In Heck, R., Hrsg. *Language, Thought und Logic: Essays in Honour of Michael Dummett* (Oxford: Oxford University Press).

Wußing, Hans, *6000 Jahre Mathematik*, 2 Bde. (Berlin, Heidelberg: Springer), 2009.

Zalta, E. N. 2005. «Gottlob Frege». In *Stanford Encyclopedia of Philosophy*, http://plato.stanford.edu/entries/frege/.

– 2007. «Frege's Logic, Theorem und Foundations for Arithmetic». In *Stanford Encyclopedia of Philosophy*, http://plato.stanford.edu/entries/frege-logic/.

Zweibach, B. A. 2004. *A First Course in String Theory* (Cambridge: Cambridge University Press).

BILDNACHWEIS

Abbildung 1, 2, 6, 14, 15, 17, 19, 23, 24, 53, 54, 55, 59, 60: Ann Feild
Abbildung 3, 27, 30, 32, 33, 34, 35, 36, 38, 39, 40, 45, 61, 62, 63, 64: Krista Wildt
Abbildung 4: © Scott Adams/Dist. by United Feature Syndicate, Inc. (© 2006 Thaves/Dist. by NEA, Inc.)
Abbildung 7, 10, 16, 21, 25, 42, 44, 46, 50, 52: Biblioteca Speziale di Matematica «Giuseppe Peano», mit freundlicher Hilfe von Laura Garbolino
Abbildung 8, 26: Mario Livio
Abbildung 9: Bibliothèque nationale de France, départment de la reproduction
Abbildung 11: akg-images/Erich Lessing
Abbildung 12: Mit freundlicher Genehmigung von Will Noel und dem Archimedes Palimpsest Project
Abbildung 13: Mit freundlicher Genehmigung von Roger L. Easton jr.
Abbildung 18, 20: Privatsammlung von Dr. Elliott Hinkes, übermittelt mit Hilfe der Milton S. Eisenhower Library an der Johns Hopkins University
Abbildung 22: Roger-Viollet, Paris
Abbildung 28: The University of Chicago Library, Special Collections Research Center, Joseph H. Schaffner
Abbildung 29: Sondersammlung an der Milton S. Eisenhower Library der Johns Hopkins University
Abbildung 31: Staatsbibliothek zu Berlin/Bildarchiv Preußischer Kulturbesitz
Abbildung 37: Bibliothek der Academia delle Scienze di Torino, mit freundlicher Hilfe von Laura Garbolino
Abbildung 41: akg-images/RIA Nowosti
Abbildung 43, 47: akg-images
Abbildung 48: ullstein bild/Keystone Pressedienst
Abbildung 49: ullstein bild/Granger Collection
Abbildung 51: Deutsches Museum München
Abbildung 57: Stacey Benn
Abbildung 58: Mit freundlicher Genehmigung von Steven Wasserman

PERSONENREGISTER